中等职业学校电气维修专业教学用书

中等职业技术教育规划教材

电力拖动控制与技能训练

中国机械工业教育协会
全国职业培训教学工作指导委员会 编
机电专业委员会

董桂桥 主编

机械工业出版社

本书是为适应中等职业学校机电类专业教学改革需要而编写的，是电气维修专业的技能课教材。全书共分为四个单元：第一单元为常用低压电器的安装、调试与维修，主要介绍低压开关、熔断器、接触器、继电器、主令电器等常用电器及其故障与维修；第二单元为电力拖动基本环节，主要介绍电动机的全压起动、减压起动、制动、调速等控制过程；第三单元为常用机床电气控制线路，主要介绍车床、钻床、铣床、镗床、磨床、电动葫芦、桥式起重机等设备的电气控制线路；第四单元为电机扩大机及电子技术在生产机械中的应用，主要介绍电机扩大机的控制过程、电子技术在实践中的应用及可编程序控制器的应用等。

本教材可供技工学校、中等职业技术学校使用。

图书在版编目（CIP）数据

电力拖动控制与技能训练/董桂桥主编．—北京：机械工业出版社，2005.4（2025.8 重印）
中等职业技术教育规划教材
ISBN 978-7-111-16313-8

Ⅰ. 电… Ⅱ. 董… Ⅲ. 电力传动-控制电路-专业学校-教材
Ⅳ. TM921.5

中国版本图书馆 CIP 数据核字（2005）第 026555 号

机械工业出版社（北京市百万庄大街 22 号 邮政编码 100037）
策划编辑：荆宏智
责任编辑：王振国 版式设计：霍永明 责任校对：李秋荣
责任印制：张 博
固安县铭成印刷有限公司印刷
2025 年 8 月第 1 版第 16 次印刷
184mm×260mm · 16.75 印张 · 413 千字
标准书号：ISBN 978-7-111-16313-8
定价：39.80 元

电话服务
客服电话：010-88361066
010-88379833
010-68326294

网络服务
机 工 官 网：www.cmpbook.com
机 工 官 博：weibo.com/cmp1952
金 书 网：www.golden-book.com
机工教育服务网：www.cmpedu.com

“中等职业技术教育规划教材”
编审委员会名单

本书主编　董桂桥

参　　编　宋卫红　朱　政

本书主审　刑怀喜

参　　审　戴成增

前　言

为贯彻落实“全国职业教育工作会议”精神，克服原有的教材专业设置落后，缺乏新的专业和复合专业，技术内容比较陈旧，理论课内容偏深、偏难的弊端，更好地满足中等职业技术教育教学改革的需要，中国机械工业教育协会和全国职业培训教学工作指导委员会机电专业委员会联合组织编写了这套适合新形势的中等职业技术教育规划教材。首批所选五个专业为机床切削加工、机械设备维修、模具制造与维修、数控机床加工、电气维修。本套教材的编写指导思想是：贯彻党的教育方针，依据《劳动法》、《职业教育法》的规定和《国家职业标准》的要求，更新教学内容，突出技能训练，强化创新能力的培养，以培养具备较宽理论基础和复合型技能的人才，使培养的人才适应科技进步、经济发展和市场的需要。其宗旨是：促职业教育改革，助技能人才培养。

为实现这一宗旨，中国机械工业教育协会和全国职业培训教学工作指导委员会机电专业委员会联合组织了30多所高、中级技工学校参加了首批五个专业教学计划、教学大纲的制定和教材的编审工作。各学校对新教材的专业选择、课程设置、学时安排、教学计划和教学大纲的制定、教材定位、编写方式等，参照《国家职业标准》相关工种中级工的要求和各校实际，经过三次会议进行了广泛的讨论和充分论证，首先完成了教学计划和教学大纲的制定和审定工作。在教材的编写过程中，贯彻了“简明、实用、够用”的原则，反映了新知识、新技术、新工艺和新方法，体现了科学性、实用性、代表性和先进性，正确处理了理论知识与技能的关系。同时通过对原有教材进行评价，针对其不足并在编写过程中进行了改进，以充分反映学校的实际需要。新教材的价值在于兼顾了学生学习真本领与达到职业技能鉴定考试两种要求。综上所述，本套教材具有以下特色：

1）职业性　专业设置参照有关专业目录，并根据职业发展变化和社会实际需求确定。

2）科学性　教学内容与现代科学技术发展和先进技术装备、技术水平相适应，体现了科学性和先进性。

3）实践性　重视实践性教学环节，加强了技能训练和生产实习教学，努力实现产教结合。

4）衔接性　与企业培训和其他类型教育相沟通，与国家职业资格证书体系相衔接。

5）实用性　教学内容符合职业标准及企业生产实际需要，有利于培养实用型人才。

与本教材配套的还有相应教材的习题集。

本套教材的编写工作得到了各学校领导的重视和支持，参加教材编审的人员均为各校的教学骨干，保证了本套教材能够按计划有序地进行，并为编好教材提供了良好的技术保证，在此对各个学校的支持表示感谢。

由于时间和编者水平有限，书中难免存在某些缺点或错误，敬请读者批评指正。

中国机械工业教育协会
全国职业培训教学工作指导委员会
机电专业委员会

目　　录

绪　论

一、课程的性质、内容及任务

本课程是电气维修专业中一门将专业课与技能训练融为一体的、实践性很强的课程。

课程的主要内容有常用低压电器，电力拖动基本环节，常用车、磨、钻、铣、镗等机床控制线路，起重机电气控制线路，电机扩大机及其控制系统，电子技术在生产机械中的应用。

课程的主要任务是通过理论学习和相应的技能训练，使学生掌握常用低压电器的主要性能、结构原理、选用方法和维修知识；掌握交直流电动机的起动、正反转、制动及调速的原理和方法（包括同步电动机的起动和制动），熟悉常用机床的电气控制线路，能对其进行简单的分析，并具备基本的维修知识；掌握几种典型机床，如 CA6140、Z37、M7475B、X6132、T610、M1432A 等机床，以及 20/5t 桥式起重机的电气控制原理；初步掌握电机扩大机与晶闸管-电动机自动调速线路的工作原理及其分析方法，晶体管时间继电器、接近开关等低压电器的工作原理和特点；了解 PLC 的一般应用知识。

二、电力拖动的组成部分

自 19 世纪有了电动机以来，由于电力在传输、分配、使用和控制等方面都比其他动力要方便得多，使电力拖动获得了广泛的应用。凡是由电动机拖动生产机械，并完成一定工艺要求的系统，都称为电力拖动系统。电力拖动系统的主要组成部分包括控制设备、电动机、传动装置和生产机构。

1）控制设备　控制设备是控制电动机的设备，是为了满足一定的加工工艺或运动的需要，使电动机完成起动、制动、反转和调速等自动控制的电气控制部分。它由各种控制电器（如开关、熔断器、接触器、主令电器等）组成。

2）电动机　电动机是驱动生产机械的原动机，是实现将电能转换成机械能的部件，有交流电动机和直流电动机之分，且具有各种类型和型号，可以满足不同生产机械的需要。

3）传动装置　传动装置是电动机与生产机械的生产机构之间传递动力的装置，如减速箱、传动带、联轴器等。

4）生产机构　生产机构是生产机械中直接进行生产加工的机械设备，可以认为是电动机的负载。

三、电力拖动的发展过程

按生产机械中电动机的数量来划分，电力拖动的发展过程大致经历了以下三个阶段。

1）成组拖动　最初采用一台大型电动机拖动传动轴，再由传动轴经过传动带或绳索来分别拖动许多生产机械。这种拖动方式不但结构复杂、传动效率较低，而且很不安全。电动机一旦出现故障，则大批生产机械都不能工作，因此已被淘汰。

2）单电动机拖动　采用一台电动机拖动一台生产机械，省去了大量的中间传动机构，效率提高很多，生产也很安全。目前，这种方式仍然被采用。

3）多电动机拖动　当生产机械的运动部件较多时，如果只用一台电动机拖动，机械结构就会十分复杂，因此出现了一台生产机械中由多台电动机分别拖动不同的运动部件的拖动方式，这种拖动方式被称为多电动机拖动。这种拖动方式既简化了生产机械的机械结构，同时又增加了生产机械的功能。目前大多数生产机械都采用这种拖动方式。

第一单元　常用低压电器的安装、调试与维修

电器就是接通、断开电路或调节、控制和保护电路与设备的电工器具和装置。

电器的用途广泛，功能多样，构造各异，种类繁多。

1）按工作电压等级分类　低压电器是指工作于交流 50Hz 或 60Hz、额定电压 1200V 以下或直流额定电压 1500V 以下电路中的电器；高压电器是指工作于交流额定电压 1200V 以上或直流额定电压 1500V 以上电路中的电器。

2）按动作原理分类　手动电器是指需要人工直接操作才能完成指令任务的电器；自动电器是指不需要人工操作，而是按照电信号或非电信号自动完成指令任务的电器。

3）按用途分类　控制电器是用于各种控制电路和控制系统的电器；主令电器是用于自动控制系统中发送控制指令的电器；保护电器是用于保护电路及用电设备的电器；配电电器是用于电能的输送和分配的电器；执行电器是用于完成某种动作或拖动功能的电器。

4）按工作原理分类　电磁式电器是依据电磁感应原理来工作的电器；非电量控制电器是依靠外力或某种非电物理量的变化而动作的电器。

本单元主要介绍几种常用低压电器，并通过对它们的结构、工作原理、型号、有关技术数据、图形和文字符号、选用原则及使用注意事项等内容的学习，为以后正确选择、合理使用低压电器打下基础。

课题一　低 压 开 关

低压开关的作用是接通、分断、隔离以及转换电路。

低压开关为非自动切换电器，常用的类型有刀开关、转换开关和断路器。

一、刀开关

刀开关是一种结构简单且应用最为广泛的低压电器，这里介绍两种具有熔断器的常用刀开关。

（1）开启式负荷开关　开启式负荷开关曾称瓷底胶盖刀开关（俗称胶盖闸），开启式负荷开关是由刀开关和熔丝组合而成的一种电器。瓷底板上有进线座、静触头、熔丝、出线座及两个或三个刀片式的触刀（动触头），再在上面覆上胶盖，以保证用电安全，其结构及外形如图 1-1 所示。

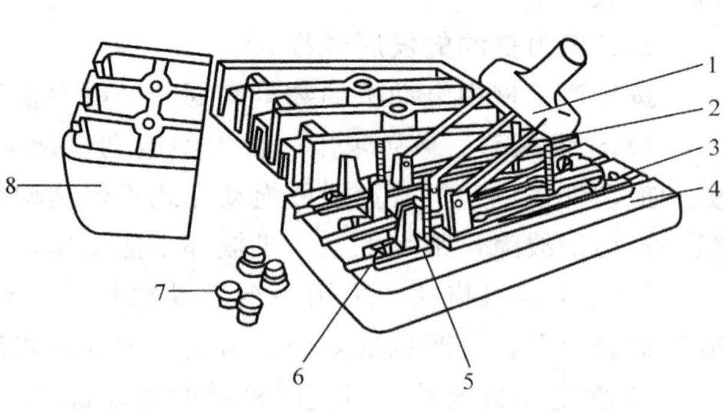

图 1-1　HK 系列开启式负荷开关

1—瓷柄　2—触刀（动触头）　3—出线座　4—瓷底　5—静触头　6—进线座　7—胶盖紧固螺钉　8—胶盖

HK 系列开启式负荷开关没有专门的灭弧装置，仅仅靠胶盖的遮护来防止

电弧灼伤操作人员，因此不宜带负载操作，若带一般性负载操作时，操作者应站在刀开关侧面，迅速地闭合或断开开关，使电弧快速熄灭，一方面防止灼伤人员，同时也减少电弧对动触刀和静触头的灼损。

由于这种刀开关易被电弧灼伤而出现接触不良等故障，因此不宜用于频繁操作和带负载的电路。但因其价格便宜，结构简单，操作方便，所以在一般的照明电路和功率小于5.5kW电动机的控制电路中仍常被采用。用于照明电路时，可选用额定电压为250V、额定电流等于或大于电路最大工作电流的两极开关；用于电动机直接起动时，可选用额定电压为380V或500V、额定电流等于或大于电动机额定电流3倍的三极开关。

这种开关可分两极和三极两种，HK1系列开启式负荷开关的基本技术参数见表1-1。

表1-1　HK1系列开启式负荷开关基本技术参数

型　号	极数	额定电流/A	额定电压/V	可控制电动机最大功率/kW		配用熔丝规格			
						熔丝含量(质量分数)(%)			熔丝线径/mm
				220V	380V	铅	锡	锑	
HK1—15/2	2	15	220	—	—	98	1	1	1.45～1.59
HK1—30/2	2	30	220	—	—				2.30～2.52
HK1—60/2	2	60	220	—	—				3.36～4.00
HK1—15/3	3	15	380	1.5	2.2				1.45～1.59
HK1—30/3	3	30	380	3.0	4.0				2.30～2.52
HK1—60/3	3	60	380	4.5	5.5				3.36～4.00

刀开关在电气原理图中的图形和文字符号如图1-2所示。

HK1系列开启式负荷开关型号的意义如下：

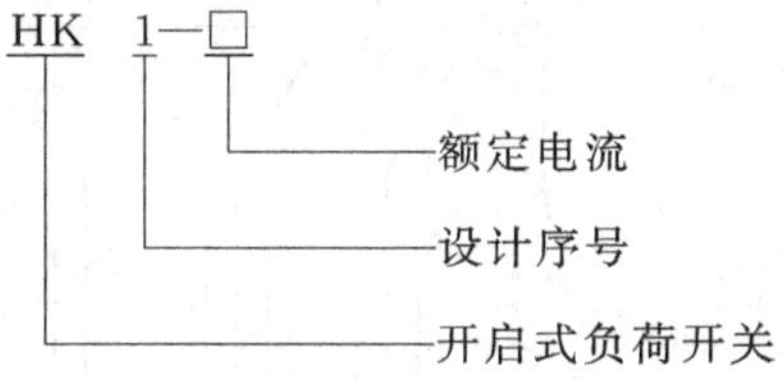

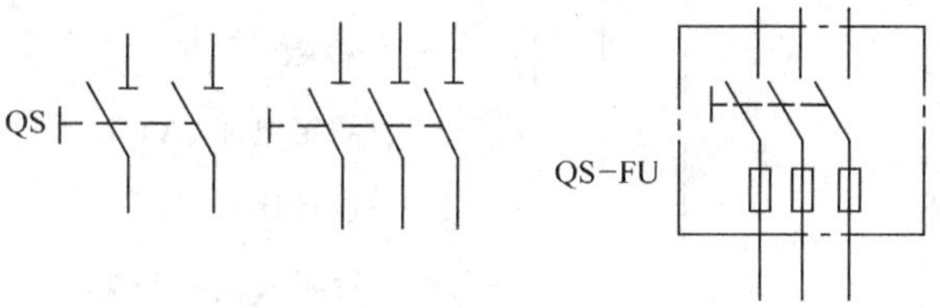

a)　　b)

图1-2　刀开关图形和文字符号

a）刀开关　b）带熔断器刀开关

刀开关安装时应注意以下事项：

1）一般说必须垂直安装在控制屏或开关板上，不能横装或倒装。

2）接通状态时手柄应朝上。

3）接线时进线在上，出线在下，不可接反，否则在更换熔丝时会发生触电事故。

开启式负荷开关用于控制电动机时，应将开关的熔丝部分用铜导线连接，另加熔断器作短路保护。

(2) 封闭式负荷开关　封闭式负荷开关又称为铁壳开关。常用的HH系列封闭式负荷开关的结构及外形如图1-3所示。这种封闭式负荷开关一般装有速断弹簧。对于容量较大的封闭式负荷开关，当触刀断开电路时，触刀与静夹座之间的电压很高，将产生很大的电弧，如不将电弧迅速熄灭，则将烧坏触刀，因此在封闭式负荷开关的操作手柄转轴与底座之间装有一个速断弹簧，用钩子扣在转轴上，当扳动操作手柄进行分闸或合闸时，开始阶段U形动触刀并不移动，只拉伸了弹簧，当转轴转到一定角度时，弹簧力就使U形动触刀快速从静夹座中拉出或将触刀迅速嵌入静夹座中，电弧会很快熄灭。

常用的三极封闭式负荷开关的额定电压为380V，额定电流有15A、30A、60A、100A和200A等多种。60A及以下的用铸铁制成壳体，内部安装的熔断器类似RC1A型；60A以上用薄钢板制成壳体，内部安装的熔断器类似RM型。动触刀基本上有两种结构形式，30A以下的采用U形双断点触刀；30A以上的采用单触刀，不但附有弧触刀，在静触座上通常还装有灭弧罩。

使用封闭式负荷开关时应注意以下事项：

1）开关外壳应可靠接地，防止意外漏电而造成触电事故。

2）封闭式负荷开关不允许随意放在地面上使用。

3）操作时要站在封闭式负荷开关的手柄侧，不准面对开关，避免因意外故障致使开关爆炸，铁壳飞出伤人。

封闭式负荷开关在电气原理图中的图形和文字符号，如图1-4所示。

HH4系列封闭式负荷开关型号的意义如下：

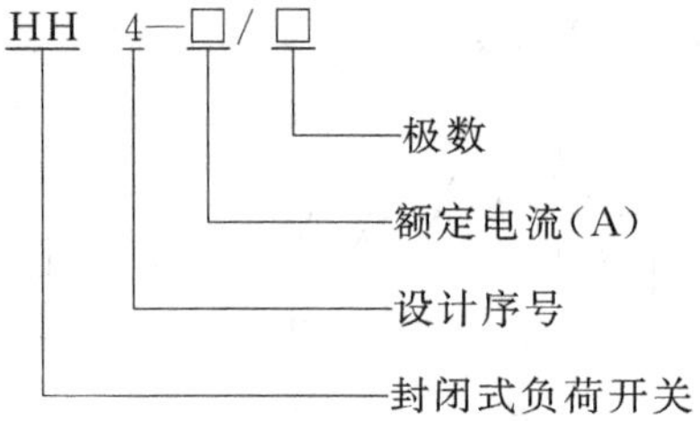

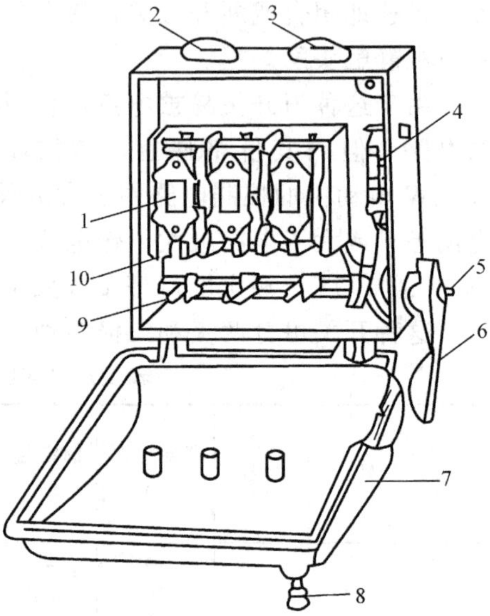

图1-3 HH系列封闭式负荷开关

1—瓷插式熔断器 2—进线孔 3—出线孔 4—速断弹簧 5—转轴 6—操作手柄 7—开关盖 8—开关盖锁紧螺钉 9—U形动触刀 10—静夹座

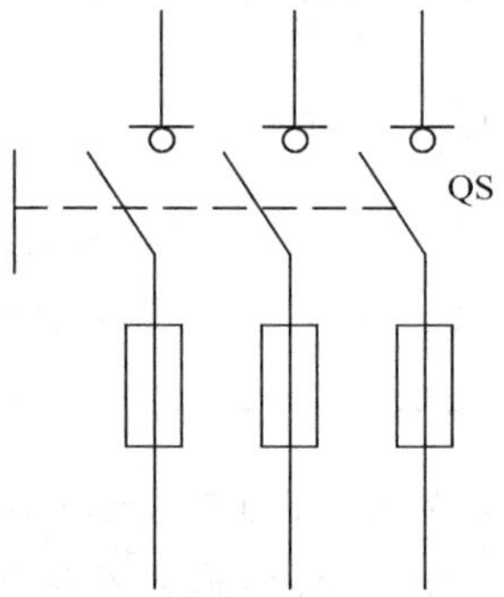

图1-4 封闭式负荷开关的图形及文字符号

二、组合开关

HZ系列组合开关有HZ5、HZ10、HZ15等系列产品，其中HZ10系列组合开关具有使用寿命长、使用性能可靠、结构简单等优点，适用于交流50Hz、380V以下和直流220V及以下的电源，控制5kW以下小容量电动机的直接起动、电动机的正反转控制及机床照明控制电路中。

HZ10—10/3型组合开关的外形、内部结构及在电气原理图中的图形和文字符号，如图1-5所示。它是由多节触头组合而成，所以又称为组合开关。

图1-5所示的组合开关有三个静触头，分别装在三层绝缘垫板上，并附有接线柱，伸出盒外，以便和电源及用电设备相连接，三个动触头是由两个磷铜片或硬纯铜片和灭弧性能良好的绝缘钢纸板铆合而成的，和绝缘垫板一起套在附有手柄的绝缘杆上，手柄每次转90°角，带动三个动触头分别与三对静触头接通和断开，顶盖部分由凸轮、弹簧及手柄等零件构成操作机构，这个机构由于采用了弹簧储能装置使开关快速闭合或断开。

HZ10系列组合开关是根据电源种类、电压等级、所需触头数、电动机的容量进行选用

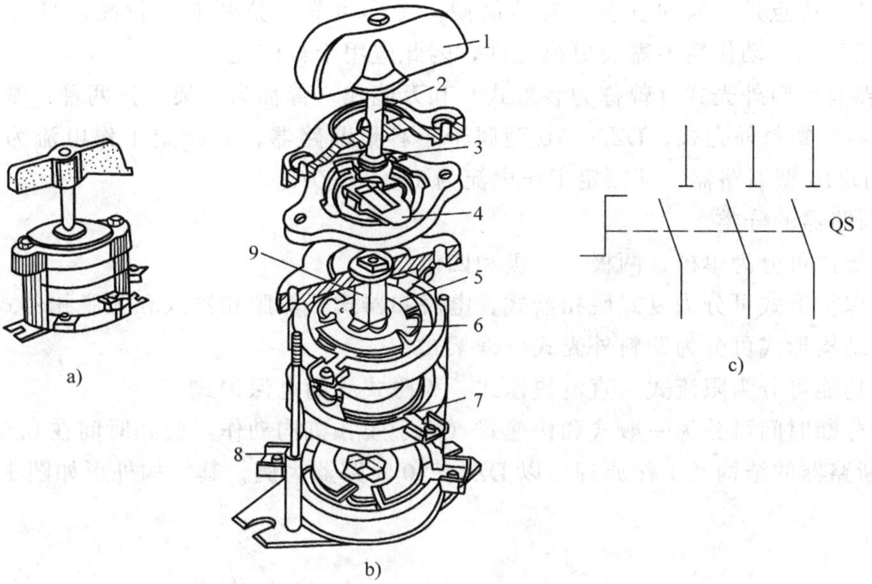

图 1-5 HZ10—10/3 型组合开关

a）外形 b）结构 c）图形和文字符号

1—手柄 2—转轴 3—弹簧 4—凸轮 5—绝缘垫板 6—动触头 7—静触头 8—接线柱 9—绝缘杆

的。开关的额定电流一般取电动机额定电流的 1.5～2.5 倍。

HZ10 系列组合开关的额定电压及额定电流，见表 1-2。

表 1-2 HZ10 系列组合开关额定电压及额定电流

型号	极数	额定电流/A	额定电压/V	
HZ10—10	2、3	10	直流	交流
HZ10—25	2、3	25	220	380
HZ10—60	2、3	60		
HZ10—100	2、3	100		

HZ 系列组合开关型号的意义如下：

HZ 10—□□/□

- □ —极数
- □ —开关的专门用途代号
- □ —额定电流（A）
- 10 —设计序号
- HZ —组合开关

三、断路器

断路器是低压配电网络和电力拖动系统中一种非常重要的电器。它集控制和多种保护功能于一体，当电路中发生短路、欠电压、过载等非正常现象时，能自动切断电路，也可以在正常情况下用作不太频繁的切换电路。

断路器的优点是：操作安全，安装简便，工作可靠，分断能力较高，具有多种保护功能，动作值可调，动作后不需要更换元件，因此应用十分广泛。

断路器有塑料外壳式（曾称为装置式）和万能式（曾称为框架式）两种。常用的DZ5—20型断路器为塑料外壳式。DZ5—20型属于小容量断路器，其额定工作电流为20A。容量较大的是DZ10型断路器，其额定工作电流为100～600A。

（1）断路器的分类

1）按极数可分为单极、两极、三极和四极。

2）按保护形式可分为复式脱扣器式、电脱扣器式、热脱扣器式和无脱扣器式。

3）按结构形式可分为塑料外壳式、框架式。

4）按功能可分为限流式、直流快速式、灭磁式和漏电保护式。

5）按分断时间可分为一般式和快速式（先于脱扣机构动作，脱扣时间在0.02s以内）。

（2）断路器的结构及工作原理　以DZ5—20断路器为例，其结构外形如图1-6所示。

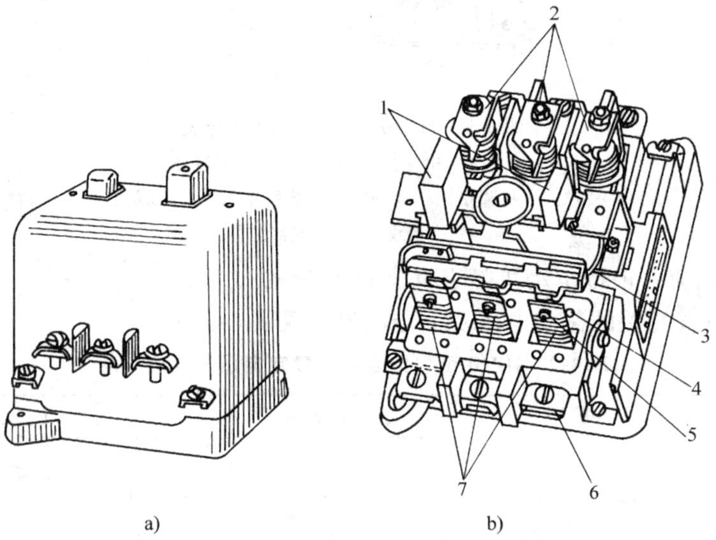

图1-6　DZ5—20型断路器

a）外形　b）结构

1—按钮　2—电磁脱扣器　3—自动脱扣器　4—动触头　5—静触头

6—接线柱　7—热脱扣器

DZ5系列断路器由动触头、静触头、灭弧室和操作机构、热脱扣器、电磁脱扣器、手动脱扣操作机构及外壳等部分组成。有的断路器还带有欠电压脱扣器，如DZ10系列塑料外壳式和DW10系列万能式断路器。DZ5—20型断路器其结构采用立体布置，操作机构在中间，外壳顶部突出的红色按钮（分钮）和绿色按钮（合钮）通过储能弹簧连同杠杆机构实现开关的接通或断开；热脱扣器由热元件和双金属片构成，起过载保护作用；电流调节盘用以调节整定电流的大小；电磁脱扣器由电流线圈和铁心组成，起短路保护用；电流调节装置用以调节瞬时脱扣整定电流的大小；主触头系统在操作机构下面，由动触头和静触头组成，用以接通或断开主电路大电流并采用栅片灭弧；另外还有动合、动断辅助触头各一对；主、辅触头接线柱伸出壳外便于接线。

断路器的工作原理及在电气原理图中的图形和文字符号如图1-7所示。

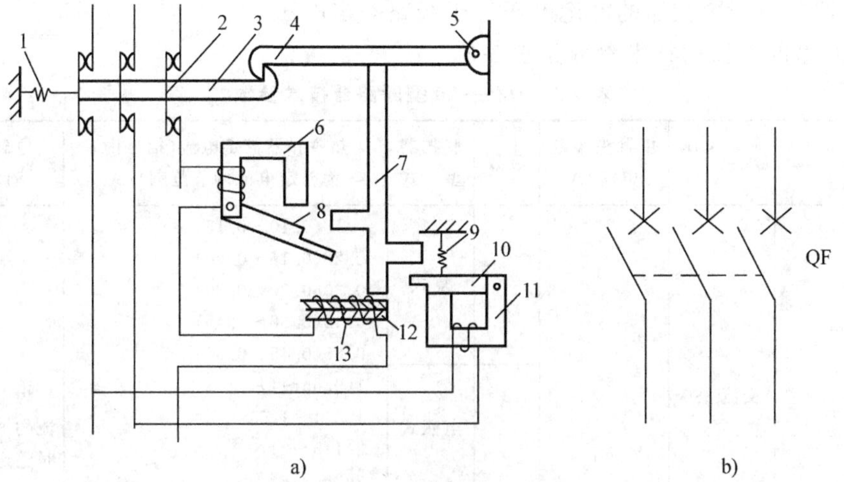

图 1-7 断路器工作原理图

a）原理图 b）图形和文字符号

1—弹簧 2—主触头 3—锁键 4—搭钩 5—轴 6—电磁脱扣器 7—杠杆

8、10—衔铁 9—弹簧 11—欠电压脱扣器 12—双金属片 13—热元件

图 1-7 中 2 为断路器的三对主触头，串联在被保护的三相主电路中。当按下绿色按钮时，主电路中三对主触头 2 由锁键 3 钩住搭钩 4，克服弹簧 1 的拉力，使触头保持在闭合状态。搭钩 4 可以绕轴 5 转动。

当线路正常工作时，电磁脱扣器 6 的线圈所产生的吸力不能将它的衔铁 8 吸合。如果线路发生短路或产生很大过电流时，电磁脱扣器的吸力增大，将衔铁 8 吸合，并撞击杠杆 7，把搭钩 4 顶上去，切断主触头 2。如果线路上电压降低或失去电压时，欠电压脱扣器 11 的吸力减小或失去吸力，则衔铁 10 被弹簧 9 拉开，撞击杠杆 7，把搭钩 4 顶开，切断触头 2。

线路发生过载时，过载电流流过热元件 13 使双金属片 12 受热弯曲，将杠杆 7 顶开，切断主触头 2。

（3）断路器的一般选用原则

1）断路器的额定工作电压应大于或等于线路的额定电压。

2）断路器的额定电流应大于或等于线路设计负载电流。

3）热脱扣器的整定电流 I_z 应等于所控制负载的额定电流。

4）电磁脱扣器的瞬时整定电流 I_z 应大于负载电路正常工作时的峰值电流。

单台电动机瞬时脱扣整定电流，应按下式进行计算：

$$I_z \geqslant KI_{st}$$

式中 K——安全系数，取 1.5～1.7；

I_{st}——电动机起动电流（A）。

多台电机时应按下式计算：

$$I_z \geqslant K(I_{st\,max} + \Sigma I_n)$$

式中 K——取 1.5～1.7；

$I_{st\,max}$——最大容量的一台电动机的起动电流（A）；

ΣI_n——其余电动机额定电流的总和（A）。

5）断路器欠电压脱扣器的额定电压等于线路额定电压。

DZ5—20 型断路器的技术参数见表 1-3。

表 1-3 DZ5—20 型断路器技术参数

型　　号	额定电压/V	主触头额定电流/A	极数	脱扣器型　式	热脱扣器额定电流（括号内为整定电流调节范围）/A	电磁脱扣器瞬时动作整定值/A
DZ5—20/330	交流 380 直流 220	20	3	复式	0.15(0.10～0.15) 0.20(0.15～0.20) 0.30(0.20～0.30) 0.45(0.30～0.45) 0.65(0.45～0.65) 1(0.65～1) 1.5(1～1.5) 2(1.5～2) 3(2～3) 4.5(3～4.5) 6.5(4.5～6.5) 10(6.5～10) 15(10～15) 20(15～20)	为电磁扣器额定电流的 8～12 倍（出厂时整定于 10 倍）
DZ5—20/230			2			
DZ5—20/320			3	电磁式		
DZ5—20/220			2			
DZ5—20/310			3	热脱扣器式		
DZ5—20/210			2			
DZ5—20/300			3	无脱扣器式		
DZ5—20/200			2			

DZ5—20 型断路器型号的意义如下：

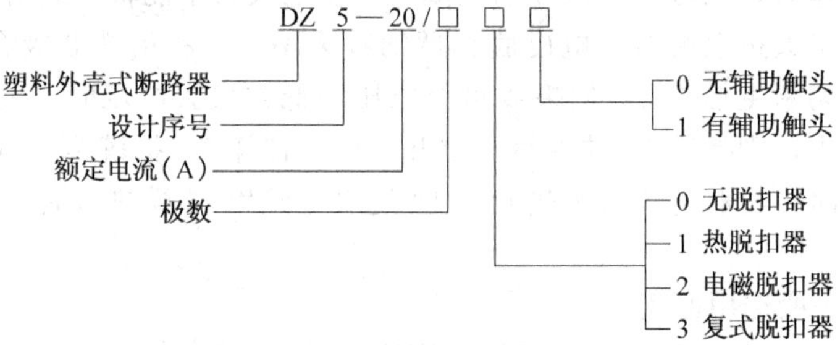

四、操作技能训练 1-1　低压开关的拆装与调试

（1）教学要求　掌握低压开关的拆装与调试。

（2）准备工作

1）工具：电工通用工具一套：验电器、螺钉旋具（一字形和十字形）、尖嘴钳等。

2）仪表：万用表。

3）器材：HK1—15 型开启式负荷开关、HH4—30/3 型封闭式负荷开关、HZ10—10/3 型组合开关、DZ5 系列断路器。

（3）训练内容

1）HK 系列开启式负荷开关的拆装与调试。

2）HH 系列封闭式负荷开关的拆装与调试。

3）HZ 组合开关的拆装与调试。

4）DZ5 系列断路器的检查。

(4) 训练步骤及要求

1) 根据图样正确拆装低压开关，指出各零部件的名称。重点是按步骤正确拆装，而且要做到分开摆放。

2) 装配并恢复零部件的完整性，用万用表检查各接触头的通断情况。如出现受损零部件，予以修理或更换。

3) 对于 DZ5 系列断路器，要检查动触头、静触头、灭弧室和操作机构、热脱扣器、电磁脱扣器、手动脱扣操作机构及外壳等部分。对于带有欠电压脱扣器的断路器，要检查欠电压脱扣器质量的好坏。用万用表检查外壳顶部突出的红色按钮（分钮）和绿色按钮（合钮）的接通和分断。

(5) 注意事项

1) 在检查零部件前，对于万用表电阻档量程的选择，应按照万用表的要求进行合理选用。

2) 拆装时，注意各零部件不要丢失，而且要记住零部件的拆卸顺序，以便于复原。

3) 对于 DZ5 系列断路器，要注意动触头、静触头、灭弧室的安装，避免在以后使用时产生弧光。

4) 自检工作完毕后，经生产实习指导教师检查合格后，方可通电试运行。

5) 操作练习应在规定的时间内完成，同时要做到安全操作和文明生产。

(6) 评分标准见表 1-4。

表 1-4 低压开关拆装与调试考核标准

序号	主要内容	考核要求	评分标准	配分/分	扣分/分	得分/分
1	低压开关的拆装与调试	1. 零部件的作用 2. 拆装方法及步骤	1. 不明白零部件作用扣 5～20 分 2. 错、漏装一处扣 10 分 3. 拆装方法步骤不正确，扣 5～20 分	50		
2	校验元件	装配恢复零部件的完整性	装配方法及步骤不正确，扣 5～20 分	20		
3	仪表使用	仪表使用注意事项	量程选择、调零和读数有错误扣 5～20 分	20		
4	安全文明生产	1. 劳动保护用品穿戴整齐 2. 电工工具佩带齐全 3. 遵守操作规程 4. 尊重老师，讲文明礼貌 5. 考试结束要清理现场	1. 各项考试中，违犯安全文明生产考核要求的任何一项扣 2 分，扣完为止 2. 学生在不同的技能试题中，违犯安全文明生产考核要求同一项内容的，要累计扣分 3. 当老师发现学生有重大事故隐患时，要立即予以制止，并每次扣学生安全文明生产总分 5 分	10		
备注			合计： 老师签字： 年 月 日			

课题二　熔　断　器

熔断器是配电电路和电力拖动系统中应用较广的一种电器。使用时，熔断器应串接在所保护的电路中，当该电路发生过载或短路故障时，通过熔断器的电流达到或超过某一数值，其自身产生的热量可熔断熔体，从而达到自动切断电路的作用。它具有经济耐用、结构简单、使用维护方便、重量轻、体积小等优点，所以应用广泛。

熔断器主要由熔体和安装熔体的熔管或熔座组成。熔体常制成片状或丝状，是熔断器的主要部分；熔管或熔座是熔体的保护外壳，在熔体熔断时兼有灭弧作用。

熔体材料有三种：一种是低熔点材料，如锡铅等合金材料制成的各种直径的圆丝，多用于小电流电路中。另一种是高熔点材料，如银、铜等，多用在大电流电路中。第三种材料是锌，多制成片状，其熔点介于以上两种材料之间，多用在 RM10 系列的熔断器上。

每种规格的熔体都有两个参数，即额定电流和熔断电流。熔体的额定电流是指长时间通过熔体而不熔断熔体的最大电流值。熔断电流值一般是额定电流值的 1.5～2 倍。

熔管有三个参数，即额定工作电压、额定工作电流和断流能力。根据切断电网故障电流的要求：常用熔管的交流额定电压是 500～600V，额定电流为 500～600A，断流能力可达 200kA。

一、常用低压熔断器

1. RC1A 系列插入式熔断器　插入式熔断器是由瓷盖、瓷座、熔丝、动触头和静触头五部分组成，其外形及结构如图 1-8 所示。

瓷盖和瓷座均由电工瓷制成；电源线和负载线可分别连接在瓷座两端的静触头上，熔丝连接在瓷盖的动触头上。瓷座中间有一空腔与瓷盖的突出部构成灭弧室。容量较大的熔断器在灭弧室内垫有石棉垫，以加强熄弧效果。

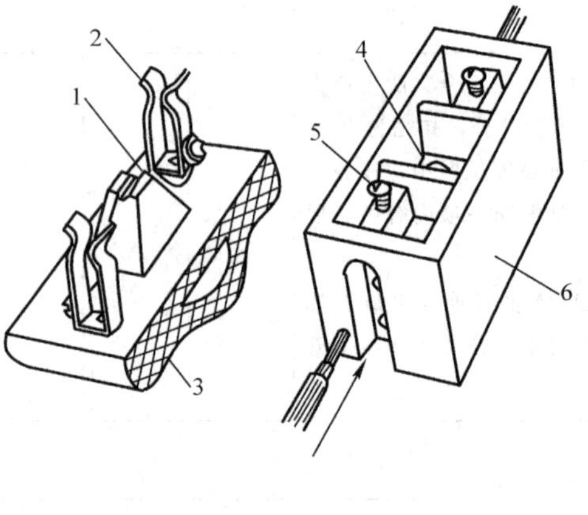

图 1-8　RC1A 系列插入式熔断器

1—熔丝　2—动触头　3—瓷盖

4—空腔　5—静触头　6—瓷座

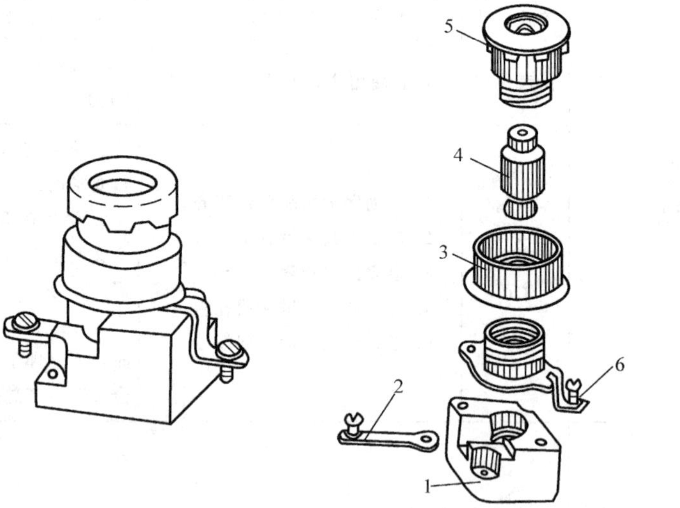

a)　　b)

图 1-9　RL1 系列螺旋式熔断器

a）外形　b）结构

1—瓷座　2—下接线端　3—瓷套　4—熔断管　5—瓷帽　6—上接线端

RC1A 系列熔断器结构简单，价格便宜，更换方便，广泛用于照明和小容量电动机的短路保护。其规格见表 1-5。

2. RL1 系列螺旋式熔断器　它主要由瓷帽、熔断管、瓷套、上接线端，下接线端及底座六部分组成。常用 RL1 系列螺旋式熔断器的外形如图 1-9 所示。

RL1 系列螺旋式熔断器的熔断管内，除了装有熔体外，还在熔体周围填满灭弧用的石英砂。熔断管的两端有金属盖，其中一端金属盖中央凹处有一个标有不同颜色的熔断指示标志，熔体熔断后色点会自动脱落，表明熔体已断。

使用时，使熔断器有色点的一端插入瓷帽，瓷帽上有螺纹，将瓷帽连同熔断管一起拧进底座，熔体便连接在电路中。在装接时，电源线应连接到下接线端，负载线应连接到上接线端，这样在更换熔断管时，旋出瓷帽后螺纹壳上不会带电，从而保证了人身安全。

RL1 螺旋式熔断器的断流能力大，体积小，安装面积小，更换熔体方便，安全可靠，熔体熔断后有明显指示，因此广泛用于额定电压 500V、额定电流 200A 以下的交流电路或电动机控制电路中作为过载或短路保护。其规格见表 1-5。

3. RM10 系列无填料密闭管式熔断器　它主要由熔断管、熔体、夹座等部分组成，其外形及结构如图 1-10 所示。

图 1-10a 左面是熔断管为 15A 和 60A 的熔断器的外形，右面是熔断管为 100A 及以上的熔断器的外形；图 1-10b 是熔断管为 100A 及以上的熔断器的结构。它用两排铆钉固定住钢纸管，两端紧套黄铜套管，以防止熔断时钢纸管爆破；在套管上旋有黄铜帽用来固定熔体；熔体在装入钢纸管前，应用螺钉固定在插刀上，使用时插刀插入夹座中。熔断器的熔体用锌片制成，锌片冲成宽窄不同的截面，宽处电阻小，窄处电阻大。当有大电流通过时，窄处温度上升比宽处快，首先达到熔化温度而熔断。

额定电流为 15A 和 60A 的熔断器不用插刀导通电流，电流是经由黄铜帽流过熔体的。

为保证可靠地切断所规定的断流能力的电流，按规定，RM10 系列熔断器在切断过三次相当于断流能力的电流后，必须更换为新的。

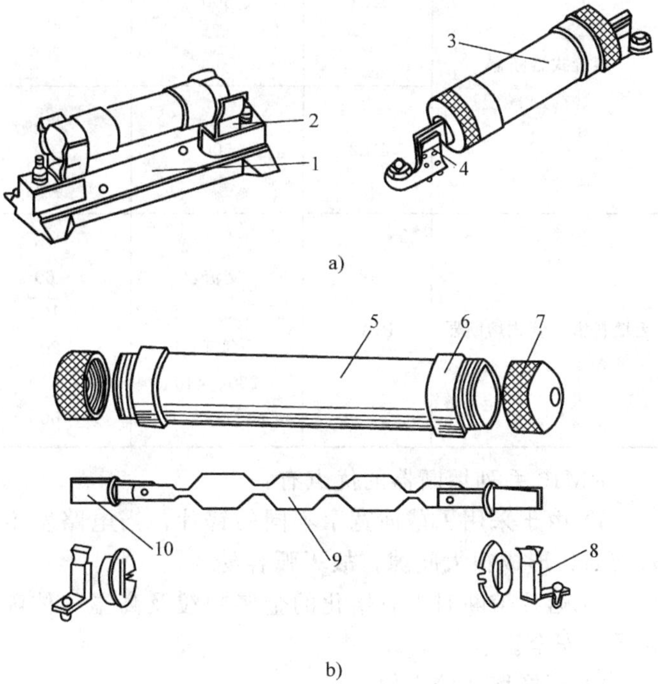

图 1-10　RM10 系列无填料密闭管式熔断器

a) 外形　b) 结构

1—底座　2、4—夹座　3—熔断管

5—钢纸管　6—黄铜套管　7—黄铜帽

8—夹座　9—熔体　10—插刀

RM10 系列无填料密闭管式熔断器的规格见表 1-5。

表 1-5　常用低压熔断器的规格

类　别	型　号	额定电压/V	额定电流/A	熔体额定电流等级/A
插入式熔断器	RC1A	380	5	1、2、3、5
			10	2、4、6、10
			15	6、10、15
			30	15、20、25、30
			60	30、40、50、60
			100	60、80、100
			200	100、120、150、200
有填料封闭管式熔断器	RT0	380	100	30、40、50、60、80、100
			200	80、100、120、150、200
			400	150、200、250、300、350、400
			600	350、400、450、500、550、600
			1000	700、800、900、1000
螺旋式熔断器	RL1	500	15	2、4、5、6、10、15
			60	20、25、30、35、40、50、60
			100	60、80、100
			200	100、125、150、200
	RL2	500	25	2、4、6、10、15、20、25
			60	25、35、50、60
			100	80、100
无填料密闭管式熔断器	RM10	交流： 220、380、500 直流： 220、440	15	6、10、15
			60	15、20、25、35、45、60
			100	60、80、100
			200	100、125、160、200
			350	200、225、260、300、350
			600	350、450、500、600

RM10 系列熔断器的优点有：

1）由于采用了截面宽窄不同的锌片，当电路发生过载或短路时，锌片几处狭窄部位同时熔断，形成很大间隙，故灭弧容易。

2）熔片熔断时没有熔化的金属颗粒及高温气体喷出，同时也看不到电弧的闪光，操作人员较安全。

3）更换熔片较方便。

它的缺点有：

1）材料消耗多，其中制作黄铜套管和黄铜帽需要大量黄铜，为了节约铜材，目前正推广采用三聚氰胺绝缘材料压制成熔管并采用塑料套管和帽子做成新型塑料熔断器。

2）价格较贵。

RM10 系列无填料密闭管式熔断器常用于电气设备的短路保护及电缆的过载保护。

4. RT0 系列有填料封闭管式熔断器　随着低压电网容量的增大，当线路发生短路故障时，短路电流常高达 25～50kA。上面三种系列的熔断器都不能分断这么大的短路电流，必须采用 RT0 系列有填料封闭管式熔断器。

RT0 系列熔断器的外形及结构如图 1-11 所示。其中，熔断管采用高频陶瓷制成，它具有耐热性强、机械强度高、外表面光洁美观等优点。熔体是两片网状的纯铜片，中间用锡把它们焊接起来，这部分被称为“锡桥”，如图 1-11c 所示。熔断管内填满石英砂，在切断电流时起迅速灭弧的作用；熔断指示器为一机械信号装置，指示器有与熔体并联的康铜熔丝，它能在熔体烧断后立即烧断，并弹放出红色醒目的指示熔断信号；熔断器的插刀插在底座的插座内。

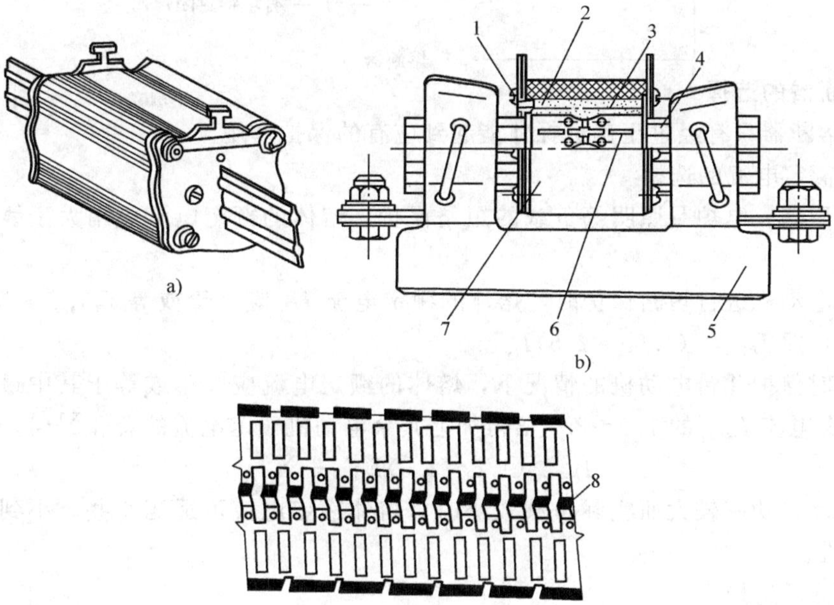

图 1-11 RT0 有填料封闭管式熔断器

a）外形 b）结构 c）锡桥

1—熔断指示器 2—石英砂填料 3—指示器熔丝 4—插刀 5—底座

6—熔体 7—熔断管 8—锡桥

RT0 系列有填料封闭管式熔断器规格参数见表 1-5 和表 1-6。

表 1-6 RT0 有填料封闭管式熔断器规格参数

型号	熔断器额定电压/V	熔断器额定电流/A	熔体额定电流等级/A	极限断流能力/kA	功率因数
RT0—100	交流 380	100	30，40，50，60，100	交流 50	>0.3
RT0—200		200	120，150，200		
RT0—400	直流 400	400	250，300，350，400	直流 25	
RT0—600		600	450，500，550，600		

RT0 熔断器的优点是极限断流能力大，可达 50kA，用于有较大短路电流的电力输配电系统中；其缺点是，当熔体熔断后，不易拆换，制造工艺较复杂。

熔断器型号的意义如下：

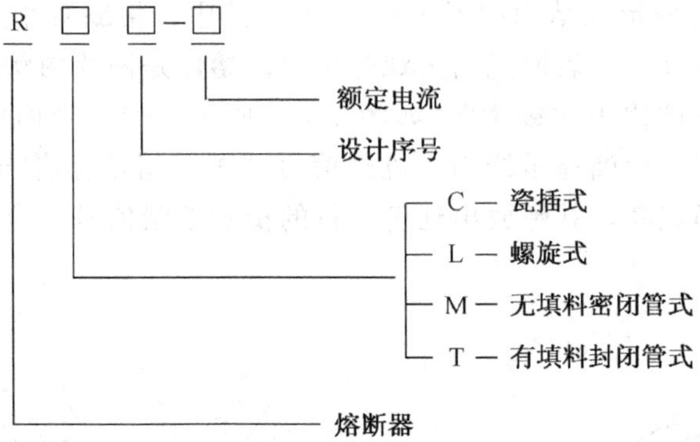

二、熔断器的选择

熔体和熔断器只有经过正确选择才能起到应有的保护作用。

1. 熔体额定电流的选择

1）对变压器、电炉及照明等负载的短路保护，熔体的额定电流应稍大于线路负载的额定电流。

2）对一电动机进行短路保护时，熔体的额定电流 I_{FN} 应大于或等于 1.5～2.5 倍电动机额定电流 I_N，即 $I_{FN} \geqslant (1.5 \sim 2.5) I_N$。

3）在同时保护几台电动机的情况下，熔体的额定电流应大于或等于其中最大容量的一电动机的额定电流 $I_{N\max}$ 的 1.5～2.5 倍再加上其余电动机额定电流的总和 $\sum I_N$，即

$$I_{FN} \geqslant (1.5 \sim 2.5) I_{N\max} + \sum I_N$$

4）在电动机功率较大而实际负载较小时，熔体额定电流可适当小些，小到以起动时熔体不熔断为准。

2. 熔断器的选择

1）熔断器的额定电压必须大于或等于线路的工作电压。

2）熔断器的额定电流必须大于或等于所装熔体的额定电流。熔断器在电气原理图中的图形及文字符号如图 1-12 所示。

图 1-12　熔断器的图形和文字符号

三、操作技能训练 1-2　熔断器的拆装与调试

（1）教学要求　掌握熔断器的拆装与调试。

（2）准备要求

1）工具：电工通用工具一套：验电器、螺钉旋具（一字形和十字形）、尖嘴钳等。

2）仪表：万用表。

3）器材：各种型号及规格熔断器。

（3）训练内容　各种型号及规格熔断器的拆装与调试。

（4）训练步骤及要求

1）了解各熔断器的特点和使用场合。

2）根据图样正确拆装熔断器，指出各零部件的名称。重点是按步骤正确拆装，而且要做到分开摆放。

3）装配并恢复零部件的完整性，用万用表检查各接触点的通断情况。如出现受损零部

件，予以修理或更换。

4）在安装螺旋式熔断器时，要求下接线端向上，上接线端向下。

5）检查有填料式熔断器的“锡桥”是否焊接牢固。

6）检查无填料式熔断器锌片的完整性。

7）根据熔断器选择合适的熔丝。

（5）注意事项

1）在检查零部件前，对于万用表电阻档量程的选择，应按照万用表的要求进行合理选用。

2）拆装时，注意各零部件不要丢失，而且要记住零部件的拆卸顺序，以便于恢复。

3）自检工作完毕后，经生产实习指导教师检查合格后，方可通电试运行。

4）操作练习应在规定的时间内完成，同时要做到安全操作和文明生产。

（6）评分标准　见表 1-7。

表 1-7　熔断器拆装与调试考核标准

序号	主要内容	考核要求	评分标准	配分/分	扣分/分	得分/分
1	熔断器的拆装与调试	1. 零部件的作用 2. 拆装方法及步骤	1. 不明白零部件作用扣 5～20 分 2. 错、漏装一处扣 10 分 3. 拆装方法步骤不正确，扣 5～20 分	50		
2	校验元件	装配恢复零部件的完整性	装配方法步骤不正确，扣 5～20 分	20		
3	仪表使用	仪表使用注意事项	量程选择、调零和读数有错误扣 5～20 分	20		
4	安全文明生产	1. 劳动保护用品穿戴整齐 2. 电工工具佩带齐全 3. 遵守操作规程 4. 尊重老师，讲文明礼貌 5. 考试结束要清理现场	1. 各项考试中，违犯安全文明生产考核要求的任何一项扣 2 分，扣完为止 2. 学生在不同的技能试题中，违犯安全文明生产考核要求同一项内容的，要累计扣分 3. 当老师发现学生有重大事故隐患时，要立即予以制止，并每次扣学生安全文明生产总分 5 分	10		
备注			合计： 老师签字： 年　月　日			

课题三　接　触　器

接触器是一种遥控电器，在机床电气自动控制中常用它来频繁地接通和切断交直流电路。它具有低电压释放保护功能、控制容量大，能实现远距离控制等优点，因此在自动控制系统中应用非常广泛；但也存在噪声大、寿命短等缺点。

接触器是利用电磁吸引力和弹簧反作用力来驱动触头的，从而实现触头的闭合或断开。按其触头通过电流的种类不同，可分为交流接触器和直流接触器。

一、交流接触器

交流接触器有 CJ0、CJ10、CJ12、CJ20 等系列的产品，常用的交流接触器的外形如图 1-13 所示。

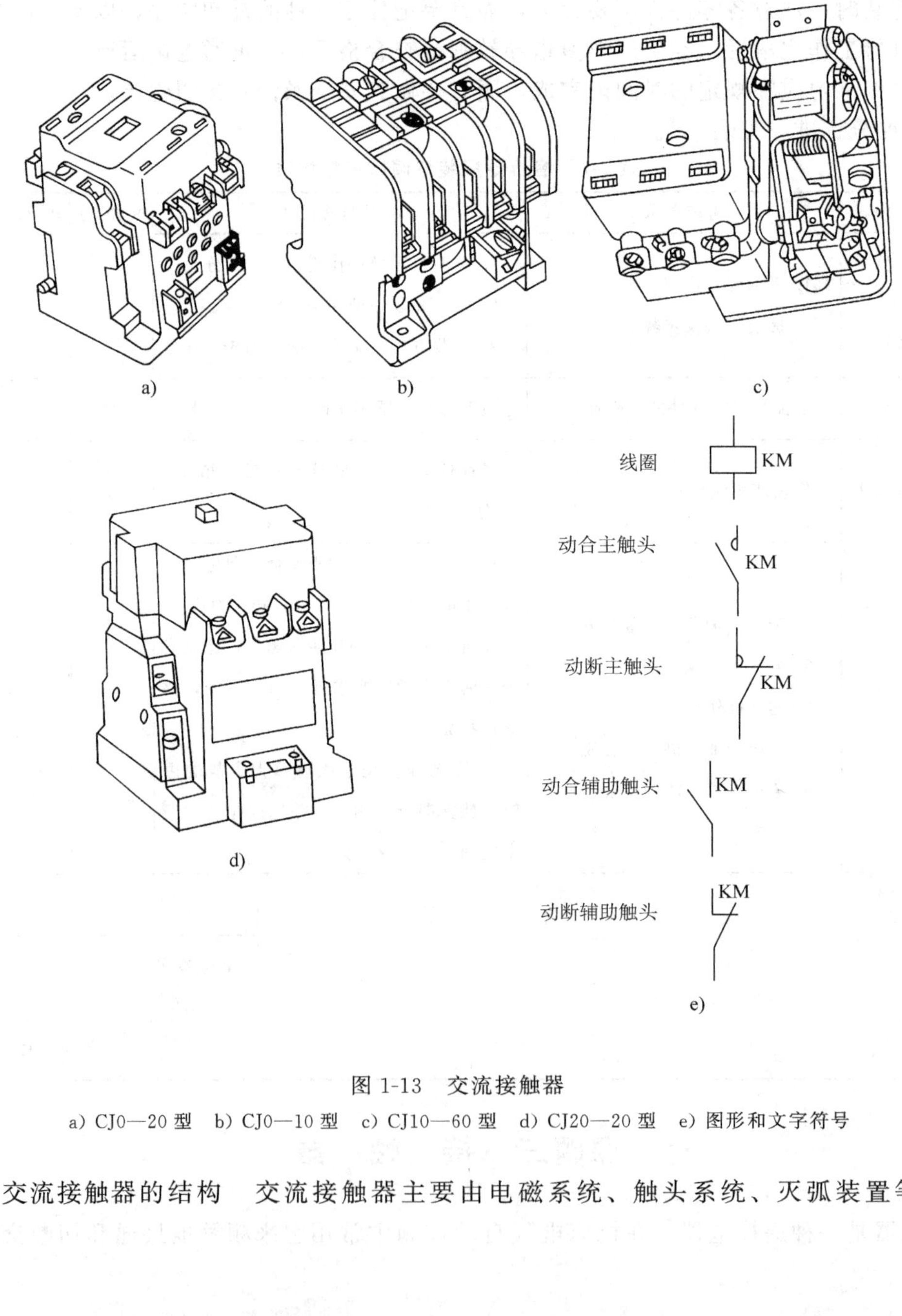

图 1-13　交流接触器

a) CJ0—20 型　b) CJ0—10 型　c) CJ10—60 型　d) CJ20—20 型　e) 图形和文字符号

1. 交流接触器的结构　交流接触器主要由电磁系统、触头系统、灭弧装置等部分组成。

(1) 电磁系统　电磁系统是用来操作触头闭合或断开的，包括线圈、动铁心和静铁心。交流接触器的铁心一般用硅钢片叠压铆成，以减少交变磁场在铁心中产生涡流及磁滞损耗，避免铁心过热。

交流接触器的铁心上装有一个短路环，又称为减振环，如图 1-14 所示。短路环的作用是减小交流接触器吸合时产生的振动和噪声。当电磁线圈中通有交流电时，在铁心中产生的是交变的磁通，所以它对衔铁的吸力是变化的，当磁通经过零值时，铁心对衔铁的吸力也为零，衔铁在弹簧反作用力的作用下有释放的趋势，这样衔铁不能被铁心紧紧吸牢，从而在铁心上产生振动，发出噪声；这使衔铁与铁心极易磨损，并造成触头接触不良，产生电弧火花灼伤触头，且噪声使人易感疲劳。如图 1-14 所示，为了消除这一现象，在铁心柱端面上嵌装一个短路环，此短路环相当于变压器的二次绕组，电磁线圈通入交流电后，线圈电流产生磁通 Φ_1，短路环中产生感应电流而形成磁通，由于两种电流的相位不同，所以 Φ_1 与 Φ_2 的相位也不同，即 Φ_1 与 Φ_2 不同时为零，这样，磁通 Φ_1 经过零时、Φ_2 就不为零而产生的吸力吸住衔铁，从而使衔铁始终被铁心所吸牢，振动和噪声会显著减小。气隙越小，短路环的作用越大，振动和噪声就越小。短路环一般用铜、康铜或镍铬合金等材料制成。

为了增加铁心的散热面积，交流接触器的线圈一般采用粗而短的圆筒形电压线圈，并与铁心之间有一定间隙，以避免线圈与铁心直接接触而受热烧坏。

(2) 触头系统　交流接触器的触头起到断开或闭合电路的作用，因此要求触头的导电性能良好，触头通常用纯铜制成。铜的表面容易氧化而生成一层不良导体氧化铜，而银的接触电阻小，且银的黑色氧化层对接触电阻影响不大，故在触头的上半部分镶嵌银块。触头系统可分为主触头和辅助触头两种，主触头用以通断电流较大的主电路，体积较大，一般由三对动合触头组成；辅助触头用以通断小电流的控制线路，体积较小，它有动合和动断两种触头。所谓动合、动断是指电磁系统未通电动作前触头的状态。动合和动断触头是一起动作的，当线圈通电时，动断触头先断开，动合触头随即闭合，线圈断电时，动合触头先恢复到断开状态，随即动断触头恢复原来的闭合状态。图 1-13a 所示的 CJ0—20 系列交流接触器有三对动合触头，有两对动合辅助触头和两对动断辅助触头。

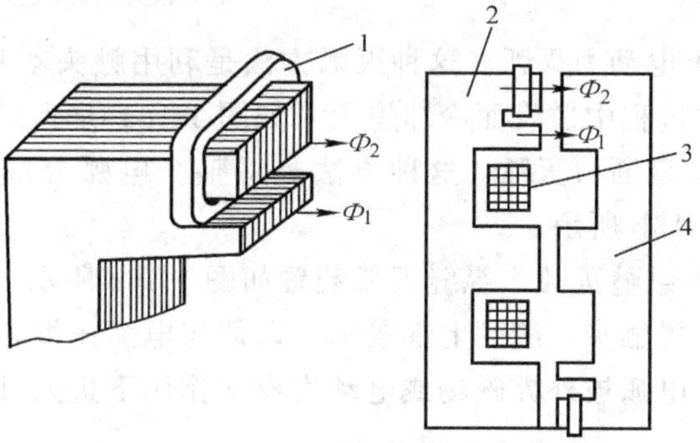

图 1-14　交流电磁铁的短路环

1—短路环　2—铁心　3—线圈　4—衔铁

交流接触器触头的主要结构型式，如图 1-15 所示。

1) 桥式触头　图 1-15a 左侧为一对点接触的桥式触头，适用于电流不大且触头压力小的电路，如辅助触头。图 1-15a 右侧为一对面接触的桥式触头，适用于大电流的电路，如主触头。

2) 线接触指形触头　图 1-15b 所示为线接触指形触头，它的接触区域为一条直线，触头通断产生滚动接触，这种触头适用于接触次数多、电流大的电路，如主触头。

为了使触头接触得更加紧密，以减小接触电阻，并消除开始接触时产生的有害振动，在触头上装有接触弹簧，随着触头的闭合逐渐加大触头间的相互压力。

（3）灭弧装置　交流接触器在断开大电流电路或高电压电路时，在动、静触头之间会产生很大的电弧。电弧是触头间气体在强电场作用下产生的放电现象，会发光发热，灼伤触头，并使电路切断时间延长，甚至会引起其他事故，因此我们希望电弧能迅速熄灭。在交流接触器中常采用以下几种灭弧方法。

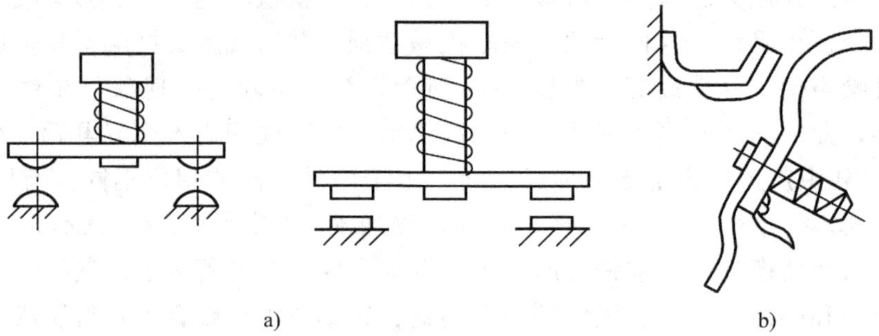

图 1-15　接触器的触头结构

a）桥型触头　b）线接触指形触头

1）电动力灭弧　这种灭弧方法是利用触头本身的电动力 F 把电弧拉长，使电弧热量在拉长的过程中散发而冷却熄灭，如图 1-16a 所示。

2）双断口灭弧　这种方法是将整个电弧分成两段，同时利用上述电动力将电弧熄灭，如图 1-16b 所示。

3）纵缝灭弧　纵缝灭弧装置如图 1-16c 所示，灭弧罩内只有一个纵缝，缝的下部较宽，便于放置触头；缝的上部较窄，以便将电弧压缩，使它和灭弧室壁有很好的接触。当触头断开时，电弧被外界磁场或电动力横吹作用下进入缝内，使电弧的热量传递给室壁而迅速冷却熄弧。

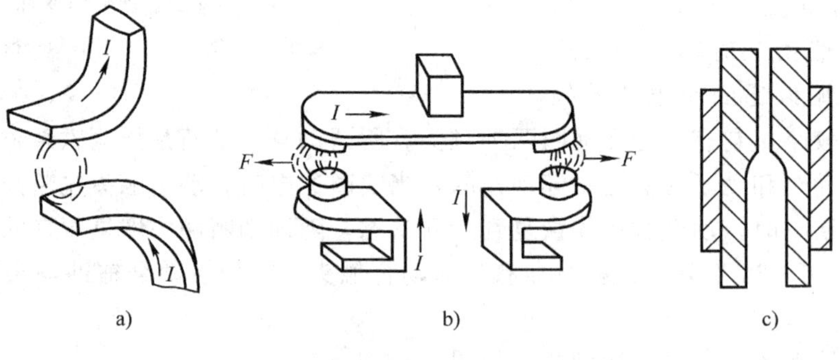

图 1-16　灭弧装置

a）电动力灭弧　b）双断口灭弧　c）纵缝灭弧

4）栅片灭弧　栅片灭弧装置的结构及原理如图 1-17 所示。

图 1-17 中，动触头与静触头处于断开过程，触头间产生了电弧，灭弧栅片用镀铜的薄铁片制成，薄铁片插在由陶土或石棉水泥材料压制成的灭弧罩中，各片之间是相互绝缘的。

当动触头与静头分开时，触头间产生电弧，电弧的周围产生磁场，由于薄铁片的磁阻比空气的磁阻小得多，因此，电弧上部的磁通容易通过灭弧栅片而形成闭合磁路；在电弧上部的磁通非常稀疏，而电弧下部的磁通却非常稠密，这种上稀下密的磁通就会把电弧拉到灭弧栅片当中去；栅片将电弧分割成若干短弧，每个栅片就成为短电弧的电极，栅片间的短电弧电压低于触头间电弧电压，同时，栅片将电弧的热量散发，促使电弧熄灭。

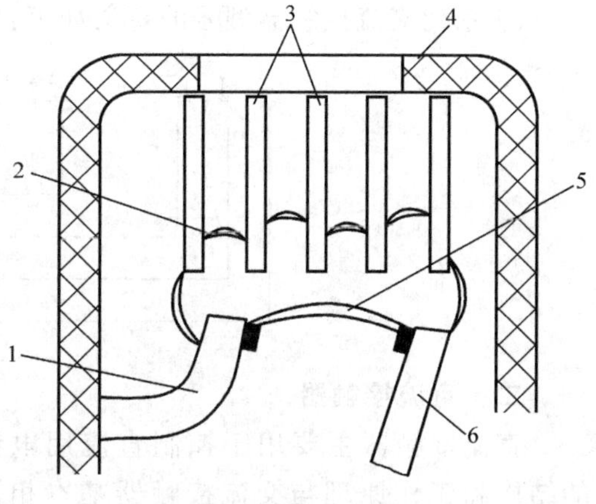

图 1-17　栅片灭弧装置

1—静触头　2—短电弧　3—灭弧栅片
4—灭弧罩　5—电弧　6—动触头

(4) 其他部分　交流接触器的其他部分包括反作用弹簧、缓冲弹簧、触头压力弹簧片，传动机构和接线柱等。

反作用弹簧的作用是当线圈断电时，使触头复位断开。缓冲弹簧是一个安装在静铁心与胶木底座之间的钢性较强的弹簧，它的作用是缓冲动铁心在吸合时对静铁心的冲击力，保护胶木外壳免受冲击和损坏。触头压力弹簧片的作用是增加动、静触头之间的压力，从而增大接触面积，以减小接触电阻；否则由于动、静触头之间的压力不够，使动、静触头之间的接触面积减小，接触电阻增大，会使触头因过热而灼伤。

2. 交流接触器的工作原理　电磁线圈接通电源，线圈中的电流产生一定磁场，使静铁心产生足够的吸力，以致能够克服弹簧的反作用力，将动铁心向下吸合，三对动合主触头闭合，同时动断辅助触头断开，动合辅助触头闭合。当接触器线圈断电时，静铁心吸力消失，动铁心在反作用弹簧力的作用下复位，各触头也一起复位。

常用交流接触器触头压力数据，见表 1-8。

表 1-8　CJ10 系列交流接触器触头压力数据

型号	主触头				辅助触头					
	开距/mm	超程/mm	初压力/N	终压力/N	开距/mm		超程/mm		初压力/N	终压力/N
					动合	动断	动合	动断		
CJ10—5	3～3.3	1.6～2.2	1.1～1.3	1.35～1.6	3～3.3		1.6～2.2		1.1～1.3	1.35～1.6
CJ10—10	3.4～4.1	1.8～2.2	1.6～2.0	2.0～2.4	3.9～4.6	3.0～4.6	1.3～1.7	1.8～2.6		1.17～1.43
CJ10—20	3.9～4.6	2.0～2.4	3.6～4.4	4.5～5.5	4.4～5.1	3.7～4.4	1.5～1.9	2.0～2.8		1.08～1.4
CJ10—40	4.4～5.1	2.3～2.7	7.2～8.8	8.55～10.45	4.9～5.6	4.3～5.0	1.72～2.3	2.2～3.0		1.08～1.32
CJ10—60	4.5～5.0	2.8～3.3	13～16	16～20						
CJ10—100	5.0～5.5	2.7～3.3	20～24	24～30	3.0～3.6		1.8～2.6		1.04～1.28	1.44～1.76
CJ10—150	5.5～6.0	3.2～3.8	27～33	30～38						

接触器在电气原理中的图形及文字符号如图 1-13e 所示。

CJ 系列交流接触器型号的意义如下：

C J □ — □ / □

- □（末位）——主触头数
- □（中位）——主触头额定电流（A）
- □（首位）——设计序号
- J——交流
- C——接触器

二、直流接触器

直流接触器主要用于控制直流用电设备，它的结构和工作原理与交流接触器基本相同。它的结构如图 1-18 所示。

图 1-18 中示出了灭弧罩、磁吹线圈、指形主触头、桥式辅助触头、复位弹簧及吸引线圈等组成部件。

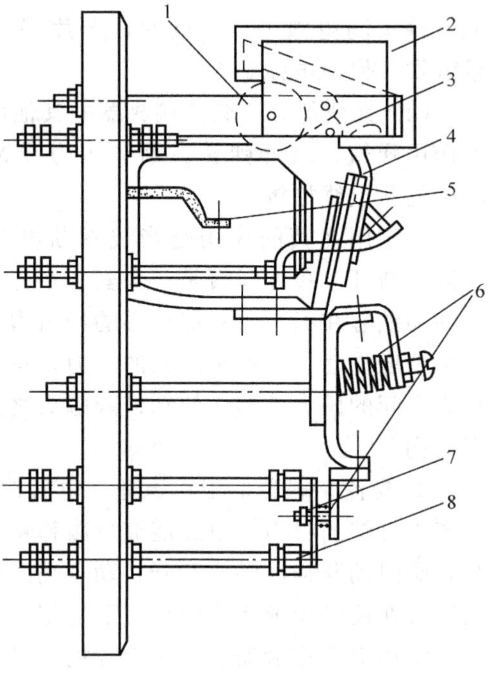

图 1-18　直流接触器

1—磁吹线圈　2—灭弧罩　3—静触头　4—动触头　5—吸引线圈　6—复位弹簧　7—桥式辅助动触头　8—辅助静触头

直流接触器由电磁系统、触头系统和灭弧装置等三个主要部分组成。

（1）电磁系统　直流接触器的电磁系统是由线圈、静铁心和动铁心组成的。

直流接触器的铁心与交流接触器的铁心不同，因为线圈中通的是直流电，铁心中不会产生涡流，故铁心可用整块铸钢或铸铁制成。铁心中没有涡流，故不易发热；而线圈匝数较多，电阻大，铜损大，所以线圈本身发热是主要的发热源。为使线圈散热良好，通常将线圈做成长而薄的圆桶状。为了保证动铁心能够可靠释放，常在磁路中夹有非磁性垫片，以减小剩磁的影响。

（2）触头系统　直流接触器有主触头和辅助触头，主触头一般做成单极或双极，由于通断电流大，故采用滚动接触的指形触头；辅助触头通断电流小，常采用点接触的桥式触头。

（3）灭弧装置　直流接触器的主触头在断开直流电路时，如电流过大，会产生强烈的电弧反应，故一般装有磁吹式灭弧装置，其结构如图 1-19 所示。

磁吹式灭弧装置由磁吹线圈 1、灭弧罩 6 和灭弧角 5 所组成。

磁吹线圈 1 由扁铜条弯成，中间装有铁心 2，磁吹线圈与铁心之间隔有绝缘套筒 3，铁心的两端装有两片铁夹板 4，夹持在灭弧罩的两边，放在灭弧罩 6 内的触头就处在铁夹板之间。灭弧罩由石棉水泥板或陶土制成，它把动触头 7 和静触头 8 罩住，触头就在灭弧罩内闭合或断开。图 1-19 中表示动、静触头已断开，并已形成电弧（图 1-19 中用粗黑线表示）。磁吹线圈是和主触头串联的（即与电弧串联），因此，流过主触头的电流就是流过磁吹线圈的电流，电流的方向如图 1-19 中箭头所示。当动、静触头断开而产生电弧时，电弧电流在电弧周围形成一个磁场，磁场的方向可用右手螺旋定则确定（如图 1-19 所示），在电弧上方磁场方向是引出纸面，用“⊙”表示，电弧下方是进入纸面，用“⊗”表示；在电弧周围还有一个由磁吹线圈电流所产生的磁场，其在铁心中产生的磁通，从一个夹板穿过空隙进入另一个夹板，形成闭合磁路，磁场方向可根据右手螺旋则确定，如图 1-19 所示是进入纸面的，用“×”表示。这样，在电弧的上方，因磁吹线圈电流与电弧电流所产生的两磁通方向相反而相互消弱；在电弧的下方，两个磁通的方向相同而磁通增加，电弧将从磁场强的一边拉向弱的一边，于是电弧就被迫向上运动。灭弧角 5 和静触头 8 相连接，它的作用是引导电弧向上运动。电弧自下而上运动，并迅速被拉长，同时和空气产生了相对运动，使电弧温度降低而熄灭；同时，电弧被吹进灭弧罩上部时，电弧的热量被传给了灭弧罩，降低了电弧的温度而加速熄灭过程。另外，电弧在向上运动的过程中，在静触头上的弧根将逐渐移到灭弧角 5 上，弧根向上移动就会使电弧继续被拉长，当电源电压不足以维持电弧燃烧时，电弧就熄灭了。由此可见，磁吹式灭弧装置的灭弧机理是靠磁吹力的作用使电弧拉长，并在空气中得以很快冷却，从而使电弧迅速熄灭。

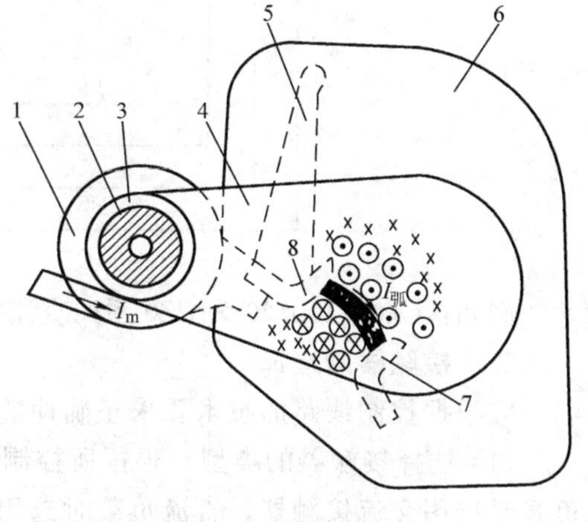

图 1-19　磁吹式灭弧装置

1—磁吹线圈　2—铁心　3—绝缘套管
4—铁夹板　5—灭弧角　6—灭弧罩
7—动触头　8—静触头

直流接触器有 CZ0、CZ16、CZ17 和 CZ18 等系列产品，其中 CZ0 系列直流接触器的技术数据，见表 1-9。

表 1-9　CZ0 系列直流接触器技术数据

型　号	额定电压/V	额定电流/A	额定操作频率/次·h^{-1}	主触头形式及数目		分断电流/A	辅助触头形式及数目		吸引线圈电压/V	吸引线圈消耗功率/W
				动合	动断		动合	动断		
CZ0—40/20		40	1200	2	—	160	2	2		22
CZ0—40/02		40	600	—	2	100	2	2		24
CZ0—100/10		100	1200	1	—	400	2	2		24
CZ0—100/01		100	600	—	1	250	2	1		180/24
CZ0—100/20		100	1200	2	—	400	2	2		30
CZ0—150/10	440	150	1200	1	—	600	2	2	24、48	
CZ0—150/01		150	600	—	1	375	2	1	110、220	300/25
CZ0—150/20		150	1200	2	—	600	2	2	440	40
CZ0—250/10		250	600	1	—	1000	—	—		220/31
CZ0—250/20		250	600	2	—	1000	—	—		290/40
CZ0—400/10		400	600	1	—	1600	—	—		350/28
CZ0—400/20		400	600	2	—	1600	—	—		430/43
CZ0—600/10		600	600	1	—	2400	—	—		320/50

直流接触器的线圈及触头在电气原理图中的图形符号与交流接触器相同。

CZ 系列直流接触器型号的意义如下：

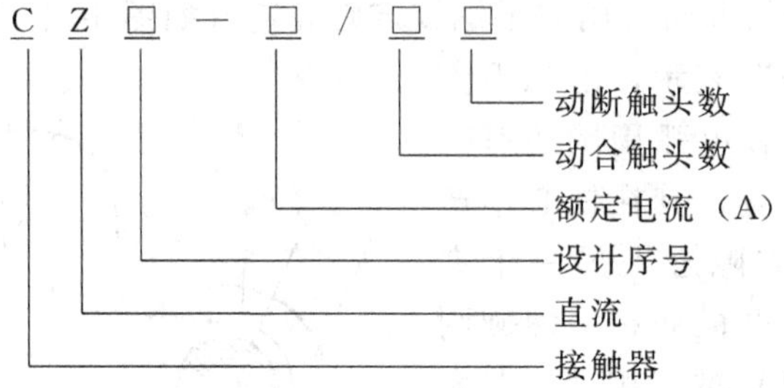

例如：CZ0—100/20 为 CZ0 系列直流接触器，它的额定电流为 100A，有两对动合触头。

三、接触器的选择

应根据控制线路的技术要求正确地选用接触器。

（1）选择接触器的类型　根据所控制的电动机或负载电流的类型来选择接触器，即交流负载时选用交流接触器，直流负载时选用直流接触器。如果控制系统中以交流电机为主，而直流电机或直流负载的容量比较小，也可全部选用交流接触器进行控制，但是触头的额定电流应适当地选用得大些。

（2）选择接触器触头的额定电压　通常情况下，所选择的接触器触头的额定电压应大于或等于负载回路的额定电压。

（3）选择接触器主触头的额定电流　所选用的接触器主触头的额定电流应大于或等于电动机的额定电流。

电动机的额定电流，可按下式进行计算，即

$$I_N=\frac{P_N\times10^3}{\sqrt{3}U_N\eta\cos\varphi}$$

额定电压为 380V、功率为 100kW 以下的电动机，其中 $\eta\cos\varphi$ 约为 0.7～0.82 故

$$I_N=\frac{P_N\times10^3}{\sqrt{3}\times380\times(0.7\sim0.82)}=(1.85\sim2.17)\ P_N=2P_N$$

式中　I_N——电动机的额定电流（A）；

P_N——电动机的额定功率（W）；

U_N——电动机的额定电压（V）；

$\cos\varphi$——电动机的功率因数；

η——电动机的效率。

三相电动机的额定电压为 220V 时，电动机的额定电流 $I_N\approx3.5P_N$

三相电动机的额定电压为 660V 时，电动机的额定电流 $I_N\approx1.2P_N$

若接触器在频繁起动、制动和频繁正反转的场合下使用，一般将接触器主触头的额定电流降低一个等级或将可控制的电动机最大功率减半选用。

（4）选择接触器吸引线圈的电压　接触器吸引线圈电压一般出于人身和设备安全角度考虑要选得低一些；但是当线路比较简单、用电量不大时，为了节省变压器，则可选用吸引线圈电压为 380V 的接触器。

（5）接触器的触头数目、种类选择　接触器的触头数目、种类等应满足控制线路的要求。

四、接触器的安装和使用

1）接触器安装前，应先检查接触器的线圈电压，判定它是否符合实际使用需求；然后将铁心极面上的防锈油擦净，以免因油垢粘滞而造成接触器线圈断电后铁心也不释放；同时，用手分合接触器的活动部分，检查各触头接触是否良好，有否卡阻现象。

2）接触器安装时，其底面与地面间的倾斜度应小于5°；安装CJ10系列接触器时，应使有孔的两端面放在上下方向，以利于散热。

3）接触器的触头不允许涂防锈油，当触头表面因电弧作用而形成金属小珠时，应及时通过锉削方法将其除掉；但银及银合金触头表面产生一定的氧化膜，如其接触电阻很小，不必锉修，否则将缩短触头的使用寿命。

五、操作技能训练1-3　交流接触器的拆装与调试

（1）教学要求　掌握交流接触器的拆装、调试。

（2）准备要求

1）工具：电工通用工具一套：验电器、旋具（一字形和十字形）、尖嘴钳等。

2）仪表：万用表。

3）器材：CJ10—10、CJ10—20接触器。

（3）训练内容　交流接触器的拆装与调试。

（4）训练步骤及要求

1）了解交流接触器的特点和使用场合。

2）根据图样正确拆装接触器，指出各零部件的名称。重点是按步骤正确拆装，而且要做到分开摆放。

3）装配并恢复零部件的完整性，用万用表检查各接触点的通断情况。如出现受损零部件，予以修理或更换。

4）要求交流接触器触头的导电性和接触必须良好。首先检测动断触头，可用万用表电阻档的×10或×100档位进行检测，电阻值应为0。在检测动合触头时，用工具压下动铁心，同样用万用表电阻档的×10或×100档位进行检测，电阻值也应为0。检测线圈时，万用表显示一定的阻值，阻值的大小与线圈的匝数有关，且线圈的匝数与阻值成正比，这也是判断线圈质量好坏的一种方法。

5）在检测触头时，触头应保持较高的光洁度，这是减小电弧产生最有效的方法之一。当触头表面出现氧化物或其他污物时，可使用工具予以清除。

（5）注意事项

1）在检查零部件前，对于万用表电阻档量程的选择，应按照万用表的要求进行合理选用。

2）拆装时，注意各零部件不要丢失，而且要记住零部件的拆卸顺序，以便于恢复。

3）安装好交流接触器的短路铜环，以避免产生振动和噪声。

4）交流接触器的衔铁与弹簧应安装正确，以避免磨损或造成触头接触不良。

5）反作用弹簧、缓冲弹簧、触头压力弹簧片的压力一定要调整好，避免触头过热。

6）自检工作完毕后，经生产实习指导教师检查合格后，方可通电试运行。

7）操作练习应在规定的时间内完成，同时要做到安全操作和文明生产。

（6）评分标准　见表1-10。

表 1-10　交流接触器拆装与调试考核标准

序号	主要内容	考核要求	评分标准	配分/分	扣分/分	得分/分
1	接触器的拆装与调试	1. 零部件的作用 2. 拆装方法及步骤	1. 不明白零部件作用扣 5～20 分 2. 错、漏装一处扣 10 分 3. 拆装方法步骤不正确，扣 5～20 分	50		
2	校验元件	装配恢复零部件的完整性	装配方法及步骤不正确，扣 5～20 分	20		
3	仪表使用	仪表使用注意事项	量程选择、调零和读数有错误扣 5～20 分	20		
4	安全文明生产	1. 劳动保护用品穿戴整齐 2. 电工工具佩带齐全 3. 遵守操作规程 4. 尊重老师，讲文明礼貌 5. 考试结束要清理现场	1. 各项考试中，违犯安全文明生产考核要求的任何一项扣 2 分，扣完为止 2. 学生在不同的技能试题中，违犯安全文明生产考核要求同一项内容的，要累计扣分 3. 当老师发现学生有重大事故隐患时，要立即予以制止，并每次扣学生安全文明生产总分 5 分	10		
备注			合计： 老师签字： 年　月　日			

课题四　继　电　器

继电器是根据电量（电压、电流等）或非电量（时间、温度、转速等）的变化接通或断开控制电路，实现保护或自动控制电力拖动装置的一种电器。一般情况下，继电器不直接用于控制电流较大的主电路，而主要用于反映或放大控制信号。与接触器相比较，继电器触头的分断能力很小，不设灭弧装置，因而体积较小，结构较简单；但是对继电器动作的准确性要求很高。

继电器的种类很多，按照继电器在电力拖动自动控制系统中的作用，可分为保护继电器和控制继电器两种。通常情况下，电流继电器、电压继电器和热继电器被称为保护继电器，而中间继电器和速度继电器、时间继电器被称为控制继电器。

一、热继电器

热继电器是一种利用电流的热效应来推动动作机构，进而使触头系统实现闭合或断开的保护电器。其用途是作为电动机的过载断相、三相电流不平衡运行的保护及电气设备发热状态的控制。

(1) 热继电器的外形及结构　热继电器的外形及结构如图 1-20 所示。它由热元件、触头、动作机构、复位按钮和调整整定电流装置等几部分组成，如图 1-20b 所示。

1）热元件共有两片，是热继电器的主要组成部分。它是由双金属片及围绕在双金属片外面的电阻丝组成的。双金属片是由两种热膨胀系数不同的金属片复合而成的，如铁镍铬合金和铁镍合金。电阻丝一般用康铜、镍铬合金等材料做成，使用时，将电阻丝直接串联在异步电动机的两相电路中。

2）动作机构是利用杠杆传递及弹簧跳跃式机构完成触头动作的。触头多为单断点弹簧跳跃式动作，一般为一个触头动断、一个触头动合。

3）复位机构有手动和自动两种形式，可根据使用要求自行选择调整。

4）电流整定装置是通过旋钮和偏心轮来调节整定电流值的。

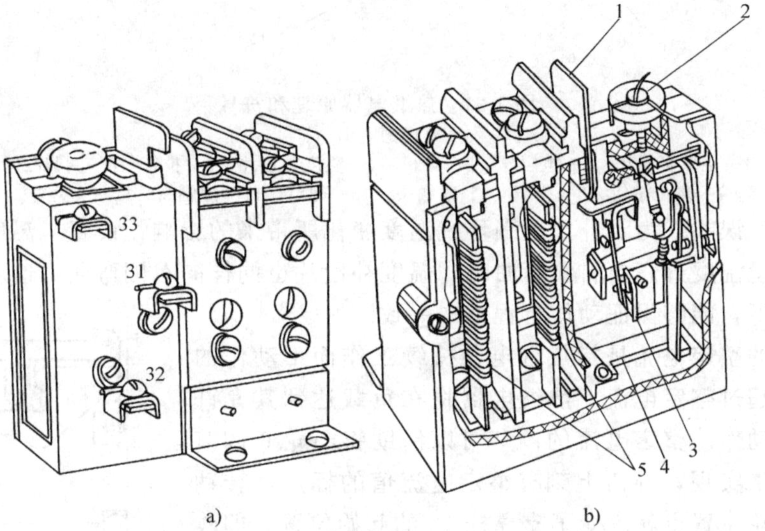

图 1-20　热继电器

a）外形　b）结构

1—复位按钮　2—调整整定电流装置　3—动断触头

4—动作机构　5—热元件

(2) 热继电器的工作原理　原理图如图 1-21 所示。

当电动机过载时，过载电流通过串联在定子电路中的电阻丝 2 使其发热，主双金属片 1 受热膨胀，因左侧金属的热膨胀系数较大，所以双金属片向右侧弯曲，通过导板 3 推动温度补偿片 4，使推杆 5 绕轴转动，它又推动动触头 9，使动断触头断开。由于该动断触头串联在接触器线圈回路中，当其断开后，接触器线圈断电，使主触头也断开，于是电动机便脱离电源得到保护。电源切断后，电流随即消失，双金属片逐渐冷却，经过一段时间后又恢复原状，于是动触头在失去作用力的情况下，靠自身弹簧自动复位与静触头闭合。

这种热继电器也可采用手动复位，将螺钉 10 向外调节到一定位置，使动触头弹簧的转动超过一定角度进而失去反弹性；在此情况下，即使主双金属片冷却复原，动触头也不能自动复位。必须采用手动复位。按下复位按钮 7 使动触头弹簧恢复到具有弹性的角度，使之与静触头恢复闭合状态，这对于某些要求故障未被消除而防止带故障投入运行的场合是必要的。

热继电器的动作电流还与周围环境温度有关。当环境温度变化，主双金属片会发生所谓零点漂移（即热元件未通过电流时主双金属片所产生的变形），因而在一定动作电流下的动

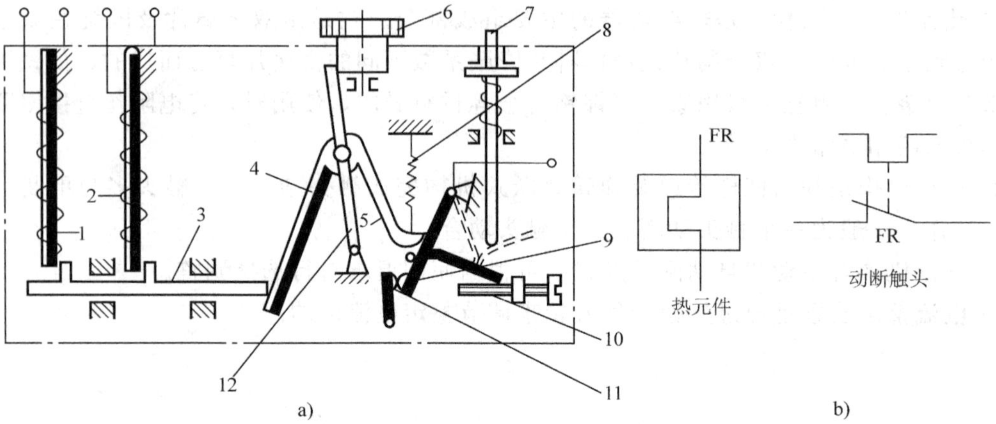

图 1-21　热继电器原理和符号

a）原理图　b）符号

1—主双金属片　2—电阻丝　3—导板　4—温度补偿片　5—推杆　6—调节凸轮　7—复位按钮　8—弹簧　9—动触头　10—螺钉　11—静触头　12—支持杆

作时间也会产生误差。为了补偿周围环境温度变化所带来的影响，设置了温度补偿片，当主双金属片因环境温度升高向右侧弯曲时，温度补偿片也同样向右侧弯曲，这就使热继电器在同一整定电流下，能够保证动作行程基本一致。

热继电器的整定电流是指热继电器持续工作而不动作的最大电流。若超过整定电流，热继电器将在负载达到其允许过载极限之前动作。整定电流的调节可以借助将凸轮 6 调节到不同的位置来实现，旋钮上刻有整定电流值的标尺，转动旋钮来改变凸轮位置也就改变了支撑杆 12 的起始位置，即改变了推杆与动触头 9 间的距离，调节范围可达 1∶1.6。

（3）带断相保护的热继电器　当电动机出现断相运行时，若负载不变，则绕组中的电流就会增大，将电动机烧毁。为了尽可能地对断相运行的电动机实现过载保护，需采用带断相保护的热继电器。JR16 系列带有差动式断相运行保护装置的热继电器结构和动作原理，如图 1-22 所示。

图 1-22a 所示为未通电时的状态。图 1-22b 所示为三相接通额定电流时，此时三相双金属片 U、V、W 均匀受热，同时向左侧弯曲，内外导板一齐平行左移一段距离达到临界位置，触头不动作。图 1-22c 所示为三相均过载状态，三相双金属片都受热向左弯曲，推动外导板（还同时带动内导板左移，超过临界位置，通过温度补偿片和推杆等机构的带动作用，使动断触头瞬时脱离静触头，从而切断控制回路，达到保护电动机的目的。图 1-22d 所示为当电动机发生一相（如 W 相）断线故障时，该相双金属片 W 逐渐冷却，向右移动，并带动内导板同时右移，其余两相的双金属片 U、V 则继续向左移动，并带动外导板向左移动，这样内外导板产生一左

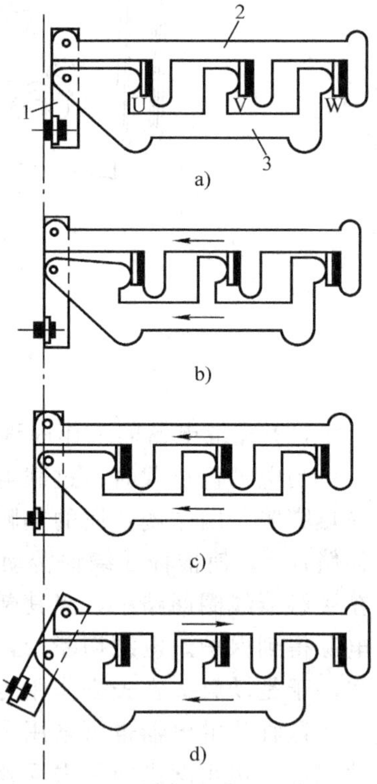

图 1-22　差动式断相保护装置结构和动作原理图

a）未通电　b）三相通额定电流　c）三相同时过载　d）一相断电

1—杠杆　2—内导板　3—外导板

一右的反向移动，就形成了差动作用，通过杠杆的放大作用使继电器迅速动作，切断控制回路，使电动机得到保护。

（4）热继电器的型号及选用　常用热继电器的技术数据见表 1-11。

表 1-11　JR0 和 JR16 系列热继电器技术数据

型　号	额定电流/A	热元件等级		主要用途
		额定电流/A	分度电流调节范围/A	
JR0—20/3 JR0—20/3D JR16—20/3 JR16—20/3D	20	0.35 0.50 0.72 1.1 1.6 2.4 3.5 5 7.2 11 16 22	0.25～0.35 0.32～0.50 0.45～0.72 0.68～1.1 1.0～1.6 1.5～2.4 2.2～3.5 3.2～5 4.5～7.2 6.8～11 10～16 14～22	供交流 500V 以下的电气回路中作为电动机的过载保护之用 D 表示带有断相装置
JR0—40 JR16—40/3D	40	0.64 1 1.6 2.5 4 6.4 10 16 25 40	0.4～0.64 0.64～1 1～1.6 1.6～2.5 2.5～4 4～6.4 6.4～10 10～16 16～25 25～40	

选择热继电器时，其额定电流和热元件的额定电流均应大于电动机的额定电流；在一般情况下，可选用两相结构的热继电器；但对于电网电压的均衡性较差、工作环境恶劣或较少有人照管的电动机，可选三相结构的热继电器；对于三角形联结的电动机，应选用带断相保护装置的热继电器，热元件的整定电流通常整定到与电动机的额定电流相等；但如果电动机拖动的是冲击性负载（如冲床等）或起动时间较长或所拖动的设备不允许停电的情况下，选择热继电器热元件的整定电流可比电动机的额定电流高 1.1～1.5 倍。

热继电器在电气原理图中的符号如图 1-21b 所示。

JR 系列热继电器型号的意义如下：

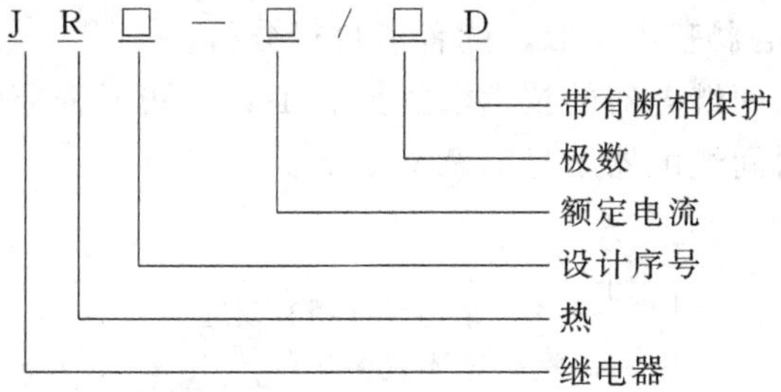

例 1-1　某机床的电动机额定电流为 14.6A，额定电压为 380V，试选择热继电器的型号规格。

解　根据电动机的额定电流为 14.6A，由表 1-11 查出应选用额定电流为 16A 的热元件，它的额定电流调节范围为10～16A，可将其电流整定在14.6A，热继电器的型号为JR0—20/3。

二、时间继电器

时间继电器是一种利用电磁原理或机械动作原理来延迟触头闭合或分断的自动控制电器。它的种类很多，有电磁式、电动式、空气阻尼式（又称气囊式）及晶体管式等。其中电动式时间继电器的延时精确度高，且延时时间较长（由几秒钟到几十小时），但价格昂贵；电磁式时间继电器的结构简单，价格也较便宜，但延时较短（由0.3～0.6s），且只能用于直流电路和断电延时场合，体积和质量均较大；空气阻尼式时间继电器的结构简单，延时范围较长（0.4～180s），可用于交流电路，更换线圈也可用于直流电路，缺点是延时准确度较差。下面仅介绍常用的空气阻尼式时间继电器和电动式时间继电器。

1. 空气阻尼式时间继电器　JS7—A系列空气阻尼式时间继电器是利用空气通过小孔节流的原理来获得延时动作的。根据触头的延时特点，它可分为通电延时（JS7—1A和JS7—2A）与断电延时（JS7—3A和JS7—4A）两种。

JS7—A系列时间继电器的外形及结构如图1-23所示。

(1) JS7—A系列时间继电器的结构　JS7—A系列时间继电器由电磁系统、工作触头、气室及传动机构等四部分组成。

1）电磁系统　主要由线圈、衔铁和铁心组成，还有反力弹簧和弹簧片。

2）工作触头　由两对瞬时触头（一对瞬时闭合，另一对瞬时分断）及两组延时触头组成。

3）气室　气室内有一块橡胶薄膜和活塞随空气量的增减而移动，气室上面的调节螺钉可以调节延时的长短。

4）传动机构　由杠杆、推板、推杆和宝塔弹簧等组成。

(2) JS7—A系列时间继电器的动作原理

1）断电延时的时间继电器　图1-23b为断电延时时间继电器。当线圈通电后，衔铁克服反力弹簧的阻力与铁心吸合，在推板的作用下，压缩截锥螺旋弹簧，带动气室内的橡胶薄膜和活塞迅速向右移动，此时，通过弹簧片使瞬时触头和通过杠杆使延时触头都瞬时动作；当线圈断电后，衔铁在反力弹簧的作用下迅速释放，瞬时触头瞬时复位，而推杆在截锥螺旋弹簧的作用下，带动橡胶薄膜和活塞向左移动，移动的速度要视气室内进气口的节流程度而定（可通过调节螺钉调节），经过一定的延时时间后，推杆才回到最左端，此时，延时触头通过杠杆才动作。

2）通电延时的时间继电器　将电磁铁翻转180°安装后，即成为通电延时时间继电器，其动作原理与断电延时时间继电器基本类似，读者可自行分析。

JS7—A系列空气阻尼式时间继电器的技术数据见表1-12。图形符号如图1-23c所示。

JS7—A系列空气阻尼式时间继电器型号的意义如下：

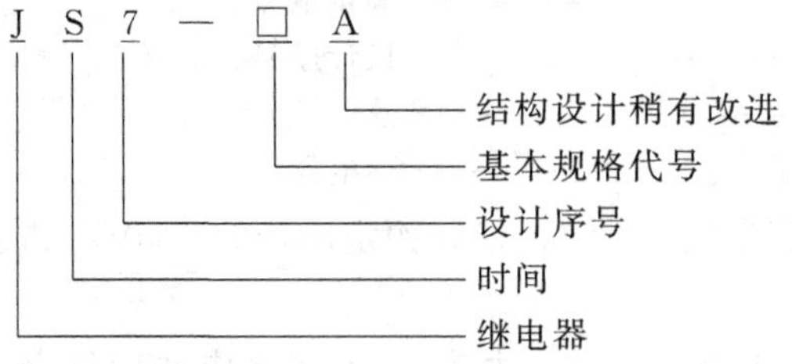

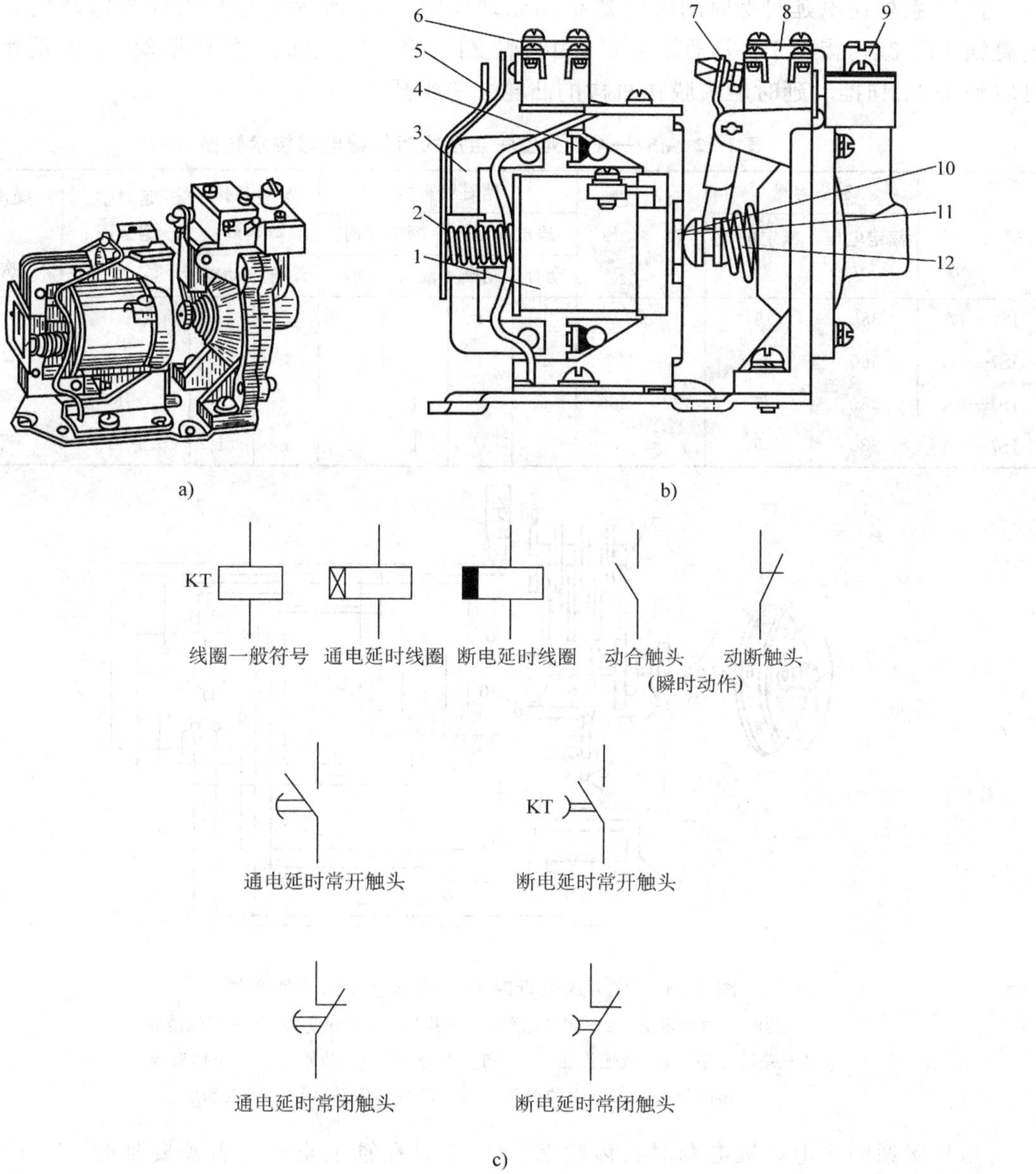

图 1-23　JS7—A 系列时间继电器

a）外形　b）结构　c）符号

1—线圈　2—反力弹簧　3—衔铁　4—铁心　5—弹簧片　6—瞬时触头　7—杠杆　8—延时触头　9—调节螺钉　10—推板　11—推杆　12—截锥螺旋弹簧

2. 电动式时间继电器　电动式时间继电器是由同步电动机带动减速齿轮以获得延时的时间继电器。目前应用较普遍的为 JS17 系列，它适用于交流 50Hz、额定电压 500V 及以下的电气自动控制电路中，用于由一个电路向另一个需要延时的被控电路发送信号。

从动作方式来看，JS17 系列时间继电器也有通电延时型和断电延时型两种。但应该强调的是，这里所说的通电和断电并不是指接通或分断电源，而是指离合电磁铁线圈的通电或断电。

JS17 系列通电延时型时间继电器结构原理如图 1-24 所示。它是由同步电动机 8、离合电磁铁 13、减速齿轮 7、差动轮系 6（由齿轮 Z1、Z2、Z3 组成、复位游丝 5、瞬动触头 12、延时触头 11 和推动延时触头脱扣机构的凸轮 9 等组成。

表 1-12　JS7—A 系列空气阻尼式时间继电器技术数据

型　　号	触头容量		吸引线圈电　压/V	延时触头数				瞬时动作触头数		延时整定范围/s	操作频率/（次·h⁻¹）
	额定电压/V	额定电流/A		通电延时		断电延时					
				动合	动断	动合	动断	动合	动断		
JS7—1A	380	5		1	1						
JS7—2A	380	5	36　127	1	1			1	1		
JS7—3A	380	5	220　380			1	1			0.4～60 及	
JS7—4A	380	5				1	1	1	1	0.4～180	600

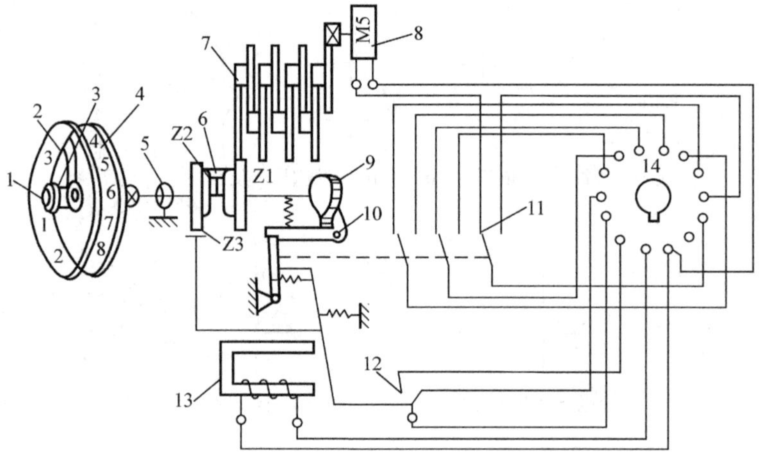

图 1-24　JS17 通电延时型时间继电器结构原理图

1—延时长短整定值　2—定位指针　3—指针　4—分度表　5—复位游丝
6—差动轮系　7—减速齿轮　8—同步电动机　9—凸轮　10—脱扣机构
11—延时触头　12—瞬动触头　13—离合电磁铁　14—接线插座

当只接通同步电动机电源时，齿轮 Z2 和 Z3 只在轴上空转。若需要延时时，只要接通（或断开）离合电磁铁线圈电源，这时齿轮 Z3 被制动，Z2 仍继续在轴上空转，同时以齿轮 Z3 为轨迹连同轴作圆周运动，因凸轮 9 与轴固定，从而推动脱扣机构 10 使延时触头 11 发出信号，同时断开同步电动机电源。当需要去除信号时，只要断开（或接通）离合电磁铁线圈电源，这时指针在复位游丝 5 的作用下返回始点，并为下一次动作做好准备。延时时间的长短可通过改变指针 3 在分度盘 4 上的定位指针 2 来实现。实质上就是改变凸轮 9 的起始位置。

注意事项：当需要较精确地延时时，可先接通同步电动机电源，这样可减少由于起动时所引起的误差；调整通电延时型继电器的定位指针时，必须在断开离合电磁铁线圈电源时才能进行。

JS17 系列通电延时型时间继电器型号的意义如下：

J S 17 — □ □

- 继电器 —— J
- 时间 —— S
- 设计序号 —— 17
- 延时调节范围 —— 第一个□：
  - 1 —0～8s
  - 2 —0～40s
  - 3 —0～4min
  - 4 —0～10min
  - 5 —0～2h
  - 6 —0～12h
  - 7 —0～72h
- 第二个□ ——（1表示通电延时，2表示断电延时）

3. 时间继电器的选择和使用

（1）时间继电器的选择

1）延时方式的选择　时间继电器有通电延时型或断电延时型两种，应根据控制电路的要求来选择哪一种延时方式的时间继电器。

2）类型选择　凡是在延时精度要求不高的场合，一般宜采用价格较低的JS7—A系列空气阻尼式时间继电器；反之，如在延时精度要求较高的场合，则采用JS17系列电动式时间继电器。

3）线圈电压选择　根据控制电路电压来选择时间继电器吸引线圈的电压。

（2）时间继电器的使用

JS7—A系列时间继电器的使用

1）通电延时和断电延时可在整定时间范围内自行调整。

2）由于无刻度，所以要准确调整延时时间较为困难。

3）要经常清除灰尘及油污，否则，延时误差将增大。

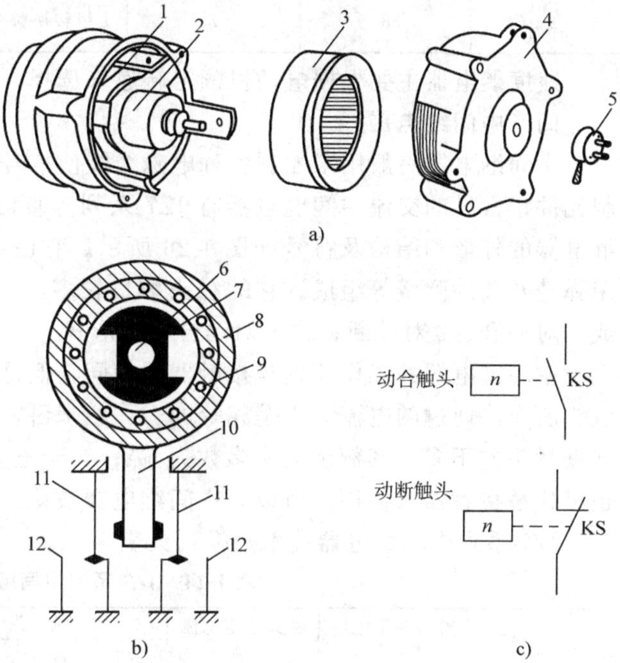

图 1-25　JY1 型速度继电器

a）外形　b）结构　c）符号

1—可动支架　2—转子　3—定子　4—端盖　5—连接头　6—电动机轴　7—转子（永久磁铁）　8—定子　9—定子绕组　10—胶木摆杆　11—簧片（动触头）　12—静触头

三、速度继电器

速度继电器又称反接制动继电器，它的作用是与接触器相配合来实现电动机的制动，在机床控制中常用的速度继电器有JY1和JFZ0两种类型。

JY1型速度继电器的外形、结构及符号如图1-25所示。

速度继电器的工作原理：转子是一块永久磁铁，它和被控制的电动机轴连接在一起，定子固定在支架上。定子由硅钢片叠压而成，并装有笼型的短路绕组。当电动机轴转动时，永久磁块（转子）也一起转动，这样相当于一个旋转磁场，在绕组里感应出感应电压，产生电流，使定子也和转子一起转动，于是胶木摆杆也跟着转动，从而使簧片（动触头）与静触头闭合（按轴转动方向而定）。静触头又作为挡块来使用，它限制了胶木摆杆继续转动。总之，永久磁铁转动时，定子只能转过一个不大的角度，当轴上转速接近于零（小于 100r/min）时，胶木摆杆回复原来状态，触头又分断。

JY1 型速度继电器的转速在 3000r/min 以下时能可靠地工作，当转速小于 100r/min 时，触头就回复原状。这种速度继电器在机床中用得较广泛。速度继电器的动作转速一般不低于 300r/min，复位转速约在 100r/min 以下。使用速度继电器时，应将其转子安装在被控制电动机的同一轴上，而将其动合触头串联在控制电路中，通过接触器就能实现反接制动。

JY1 型和 JFZ0 型速度继电器的技术数据，见表 1-13。

表 1-13　JY1、JFZ0 型速度继电器技术数据

型　　号	触头额定电压/A	触头额定电流/A	触　头　数		额定工作转速/（$r\cdot min^{-1}$）	允许操作频率/（次$\cdot h^{-1}$）
			正转时动作	反转时动作		
JY1	380	2	Ⅰ组转换触头	Ⅱ组转换触头	100～3600	<30
JFZ0					300～3600	

速度继电器主要根据电动机额定转速来选择。

四、中间继电器

中间继电器一般用来控制各种电磁线圈使信号得到放大，或者将信号同时传递给几个控制元件，常见的交流中间继电器有 JZ7 系列，直流中间继电器有 JZ12 系列。JZ7 系列中间继电器的外形和结构及符号如图 1-26 所示。它由线圈、静铁心、动铁心、触头系统、反作用弹簧及缓冲弹簧等组成。它的触头数目较多，一般有 8 对，可组成 4 对动合、4 对动断，或 6 对动合、2 对动断；或 8 对动合三种形式。

中间继电器的工作原理与接触器的相同，但是在它的触头系统中没有主、辅之分，各对触头所允许通过的电流大小是相等的。一般来讲，中间继电器的触头容量较小，与接触器的辅助触头差不多，其额定电流多数为 5A；对于电动机额定电流不超过 5A 的电气控制系统，也可代替接触器来使用，所以，中间继电器被认为是小容量的接触器。

JZ7 系列中间继电器技术数据，见表 1-14。

表 1-14　JZ7 系列中间继电器技术数据

型　　号	触头额定电压/V	触头额定电流/A	触　头　数		吸引线圈电压/V	操作频率/（次$\cdot h^{-1}$）
			动　　合	动　　断		
JZ7—44	500	5	4	4	12、24、36、48	1200
JZ7—62	500	5	6	2	110、127、380	
JZ7—80	500	5	8	0	420、440、500	

对于中间继电器，主要是根据控制电路的电压等级以及所需触头的数量、种类及容量等要求来选择合适的类型。

JZ 系列中间继电器型号的意义如下：

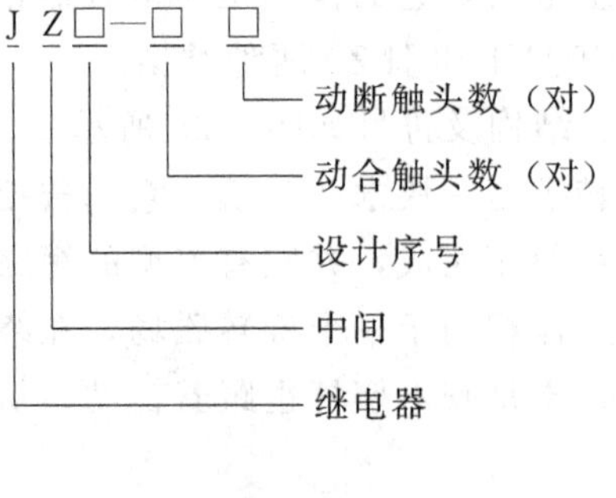

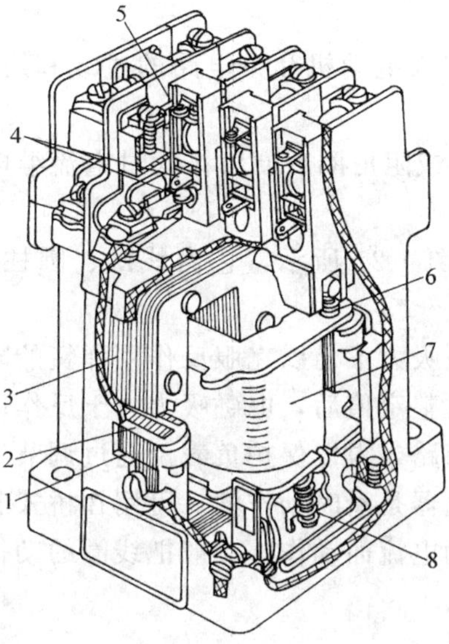

a)

b)

图 1-26　JZ7 系列中间继电路

a）外形及结构　b）符号

1—静铁心　2—短路环　3—动铁心　4—动合触头　5—动断触头

6—反作用弹簧　7—线圈　8—缓冲弹簧

五、过电流继电器

过电流继电器的线圈串联在电路中，当主电路的电流高于允许值时，过电流继电器吸合

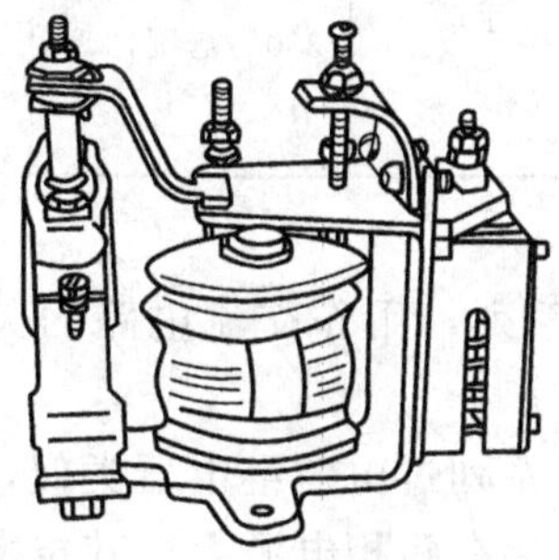

a)

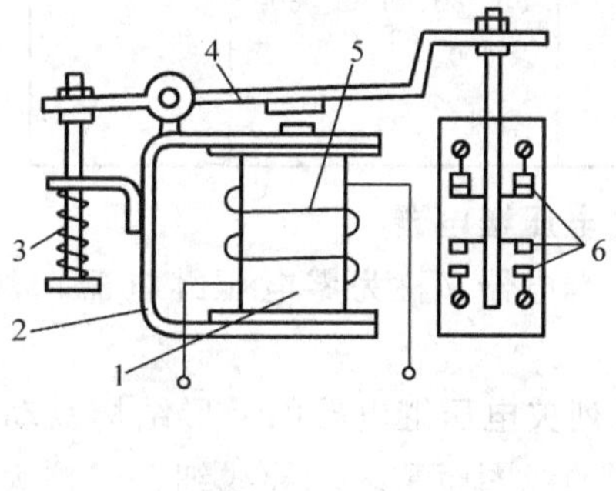

b)

c)

图 1-27　JT4 系列过电流继电器

a）外形　b）结构　c）符号

1—铁心　2—磁轭　3—反作用弹簧　4—衔铁　5—线圈　6—触头

动作。

过电流继电器主要用于重载频繁起动的场合，作为电动机和主电路的过载和短路保护，常用的有 JT4、JL12 和 JL14 系列过电流继电器。

JT4 系列为交流通用继电器，即加上不同的线圈或阻尼圈后便可作为过电流继电器、过电压继电器或中间继电器使用。

JT4 系列过电流继电器的外形、结构及符号如图 1-27 所示，它由线圈、圆柱静铁心、衔铁、触头系统及反作用弹簧等组成。

当通过线圈的电流为额定值时，它所产生的电磁吸力不足以克服反作用弹簧的阻力，动断触头仍保持闭合状态；只有当通过线圈的电流超过整定值后，电磁吸力大于反作用弹簧的作用力，铁心吸引衔铁使动断触头分断，切断控制回路，得以保护负载。通过调节反作用弹簧，可以整定继电器的动作电流值。这种过电流继电器是瞬时动作的，可用在桥式起重机电路中，为了避免它在电动机起动时因具有较大的起动电流而动作，一般把线圈的动作电流整定在较大的数值上（一般为起动电流的 1.1～1.3 倍）。

JT4 系列过电流继电器的技术数据，见表 1-15。

表 1-15　JT4 系列过电流继电器技术数据

<table>
<tr><th>型　号</th><th>吸引线圈规格/A</th><th>消耗功率/W</th><th>触　头　数</th><th>复位方式</th><th>动作电流</th><th>返回系数</th></tr>
<tr><td>JT4—□□L</td><td rowspan="2">5、10、15、20、40、80、150、300 及 600</td><td rowspan="2">5</td><td rowspan="2">2 动合 2 动断
或
1 动合 1 动断</td><td>自动</td><td rowspan="2">吸引电流在线圈额定电流的 110%～350%范围内调节</td><td>0.1～0.3</td></tr>
<tr><td>JT4—□□S
（手动复位）</td><td>手动</td><td></td></tr>
</table>

六、欠电压继电器

欠电压继电器又称为零电压继电器，常用的有 JT4 系列，用作交流电路的欠电压或零电压保护。

JT4 系列欠电压继电器的外形结构及动作原理与 JT4 系列过电流继电器类似，不同点是电压继电器的线圈匝数多、导线细、阻抗大，并可直接并接在两相电源上。其技术数据见表 1-16。

表 1-16　JT4 欠电压继电器技术数据

型号	吸引线圈规格/V	消耗功率/W	触头数	复位方式	动作电压	返回系数
JT4P	110、127、220 及 380	75	2 动合、2 动断 或 1 动合、1 动断	自动	吸引电压在线圈额定电压的 60%～85%范围内调节，释放电压在线圈额定电压的 10%～35%范围内调节	0.2～0.4

欠电压继电器在电气原理图中的符号如图 1-28 所示。

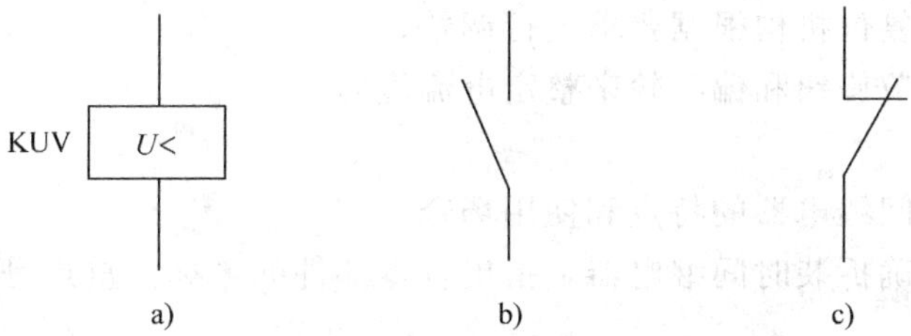

图 1-28 欠电压继电器符号

a）欠电压线圈 b）动合触头 c）动断触头

对于欠电压继电器，可根据电源电压、控制电路所需触头的种类和数量来选择。

JT4 系列欠电压继电器型号的意义如下：

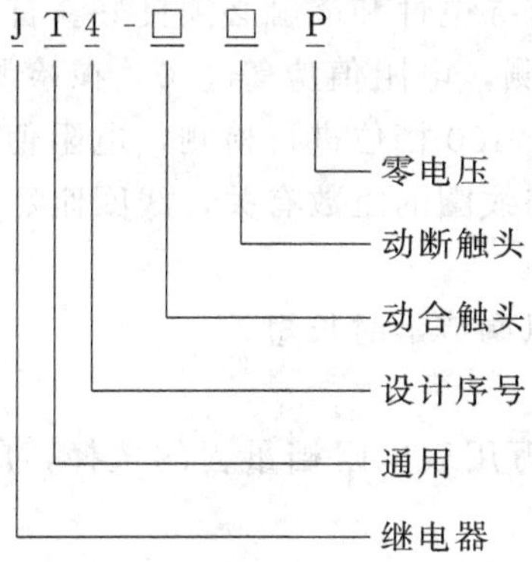

七、操作技能训练 1-4 继电器的拆装与调试

(1) 教学要求 掌握继电器的拆装、调试。

(2) 准备要求

1) 工具：电工通用工具一套：验电器、旋具（一字形和十字形）、尖嘴钳等。

2) 仪表：万用表。

3) 器材：JR16—20/3 热继电器

JS7—2A 时间继电器

(3) 训练内容

1) 热继电器的拆装与调试。

2) 时间继电器的拆装与调试。

(4) 训练步骤及要求

1) 热继电器

① 了解各种热继电器的特点和使用场合。

② 根据图样正确拆装热继电器，指出各零部件的名称。重点是按步骤正确拆装，而且要做到分开摆放。

③ 装配并恢复零部件的完整性，用万用表检查各接触头的通断情况。如出现受损零部件，予以修理或更换。

④ 检查热继电器热元件的电阻丝缠绕在双金属片是否紧密，有无断开处。

⑤ 动作机构的杠杆和簧跳跃式机构连接合理，按照图 1-21 所示进行安装。动触头应

连接在动断触头上。复位机构根据要求进行调整。

⑥ 根据需要调节旋钮和偏心轮来整定电流值的。

2）时间继电器

① 了解各种时间继电器的特点和使用场合。

② 根据图样正确拆装时间继电器，指出各零部件的名称。重点是按步骤正确拆装，而且要做到分开摆放。

③ 装配并恢复零部件的完整性，用万用表检查各接触头的通断情况。如出现受损零部件，予以修理或更换。

④ 检查时间继电器气囊是否有漏气现象，进气孔有无堵塞，传动机构的工作是否正常。

⑤ 时间继电器的触头要求导电性和接触必须良好。首先检测动断触头，用万用表电阻档的×10 或×100 档位进行检测，电阻值应等于 0。在检测动合触头时，用工具压下动铁心，用万用表电阻档的×10 或×100 档位进行检测，电阻值也等于 0。检测线圈时，万用表显示一定的阻值，阻值的大小与线圈的匝数有关，线圈匝数与阻值成正比，这也是判断线圈好坏的一种方法。

⑥ 用工具调整调节螺钉以调节延时长短。

（5）注意事项

1）在检查零部件前，对于万用表电阻档量程的选择，应按照万用表的要求进行合理使用。

2）拆装时，注意各零部件不要丢失。对于拆卸下来的零部件，要记住拆卸顺序，以便于恢复。

3）三相双金属片通过补偿片和推杆等机构的带动，使动断动触头瞬时脱离静触头。其主要目的是检测触头是否有氧化和污物，动作机构是否灵活。

4）注意在安装线圈时，根据需要调整线圈的方向。

5）检查触头通、断状况是否良好。如接触不良，可调节杠杆上的螺钉或线圈的位置。

6）自检工作完毕后，经生产实习指导教师检查合格后，方可通电试运行。

7）练习应在规定的时间内完成，同时要做到安全操作和文明生产。

（6）评分标准　见表 1-17 和表 1-18。

表 1-17　热继电器拆装与调试考核标准

序号	主要内容	考核要求	评分标准	配分/分	扣分/分	得分/分
1	热继电器的拆装与调试	1. 零部件的作用 2. 拆装方法及步骤	1. 不明白零部件作用扣 5～20 分 2. 错、漏装一处扣 10 分 3. 拆装方法及步骤不正确，扣 5～20 分	50		
2	校验元件	装配恢复零部件的完整性	装配方法及步骤不正确，扣 5～20 分	20		
3	仪表使用	仪表使用注意事项	量程选择、调零和读数有错误扣 5～20 分	20		

（续）

序号	主要内容	考核要求	评分标准	配分/分	扣分/分	得分/分
4	安全文明生产	1. 劳动保护用品穿戴整齐 2. 电工工具佩带齐全 3. 遵守操作规程 4. 尊重老师，讲文明礼貌 5. 考试结束要清理现场	1. 各项考试中，违犯安全文明生产考核要求的任何一项扣 2 分，扣完为止 2. 学生在不同的技能试题中，违犯安全文明生产考核要求同一项内容的，要累计扣分 3. 当老师发现学生有重大事故隐患时，要立即予以制止，并每次扣学生安全文明生产总分 5 分	10		
备注			合计： 老师签字： 年 月 日			

表 1-18 时间继电器拆装与调试考核标准

序号	主要内容	考核要求	评分标准	配分/分	扣分/分	得分/分
1	时间继电器的拆装与调试	1. 零部件的作用 2. 拆装方法及步骤	1. 不明白零部件作用扣 5～20 分 2. 错、漏装一处扣 10 分 3. 拆装方法及步骤不正确，扣 5～20 分	50		
2	校验元件	装配恢复零部件的完整性	装配方法及步骤不正确，扣 5～20 分	20		
3	仪表使用	仪表使用注意事项	量程选择、调零和读数有错误扣 5～20 分	20		
4	安全文明生产	1. 劳动保护用品穿戴整齐 2. 电工工具佩带齐全 3. 遵守操作规程 4. 尊重老师，讲文明礼貌 5. 考试结束要清理现场	1. 各项考试中，违犯安全文明生产考核要求的任何一项扣 2 分，扣完为止 2. 学生在不同的技能试题中，违犯安全文明生产考核要求同一项内容的，要累计扣分 3. 当老师发现学生有重大事故隐患时，要立即予以制止，并每次扣学生安全文明生产总分 5 分	10		
备注			合计： 老师签字： 年 月 日			

课题五　主令电器

主令电器是用在自动控制系统中发出指令的操纵电器，用来控制接触器、继电器或其他电器，使电路接通或分断来实现生产机械的自动控制。

常用的主令电器有按钮、万能转换开关、主令控制器和行程开关等。

一、按钮

按钮是一种以短时接通或分断小电流电路的电器。

按钮的触头，允许通过的电流很小，一般不超过5A，其外形结构如图1-29所示。

按钮按用途和触头的结构不同，其可分为停止按钮（动断按钮）、起动按钮（动合按钮）和复合按钮（动合和动断组合按钮），如图1-29a所示。

在机床中，常用的产品有LA2、LA10、LA18和LA19系列，外形分别如图1-29a、b、c所示。其中，LA18系列按钮采用积木式结构，触头数目可按照需要拼装，一般拼装成2对动合、2对动断；也可拼装成6对动合、6对动断；结构形式有揿钮式，钥匙式和旋钮式。LA19系在按钮内有信号灯，除了作为控制电路的主令电器外，尚可兼作信号指示灯使用。

常用按钮的技术数据见表1-19。

表1-19　常用按钮开关技术数据

型　号	额定电压/V	额定电流/A	结构形式	触头数		按　钮	
				动合	动断	钮数	颜　色
LA2	500	5	元件	1	1	1	黑或绿或红
LA10—2K			开启式	2	2	2	黑或绿或红
LA10—3K			开启式	3	3	3	黑、绿、红
LA10—2H			保护式	2	2	2	黑或绿或红
LA10—3H			保护式	3	3	3	黑、绿、红
LA18—22J			元件（紧急式）	2	2	1	红
LA18—44J	500	5	元件（紧急式）	4	4	1	红
LA18—66J			元件（紧急式）	6	6	1	红
LA18—22Y			元件（钥匙式）	2	2	1	黑
LA18—44Y			元件（钥匙式）	4	4	1	黑
LA18—22X			元件（旋钮式）	2	2	1	黑
LA18—44X			元件（旋钮式）	4	4	1	黑
LA18—66X			元件（旋钮式）	6	6	1	黑
LA19—11J			元件（紧急式）	1	1	1	红
LA19—11D			元件（带指示灯）	1	1	1	红或绿或黄或蓝或白

按钮在电气原理图中图形符号如图1-29d所示。

按钮主要根据使用场合、触头数和所需颜色选择。

LA系列按钮型号的意义如下：

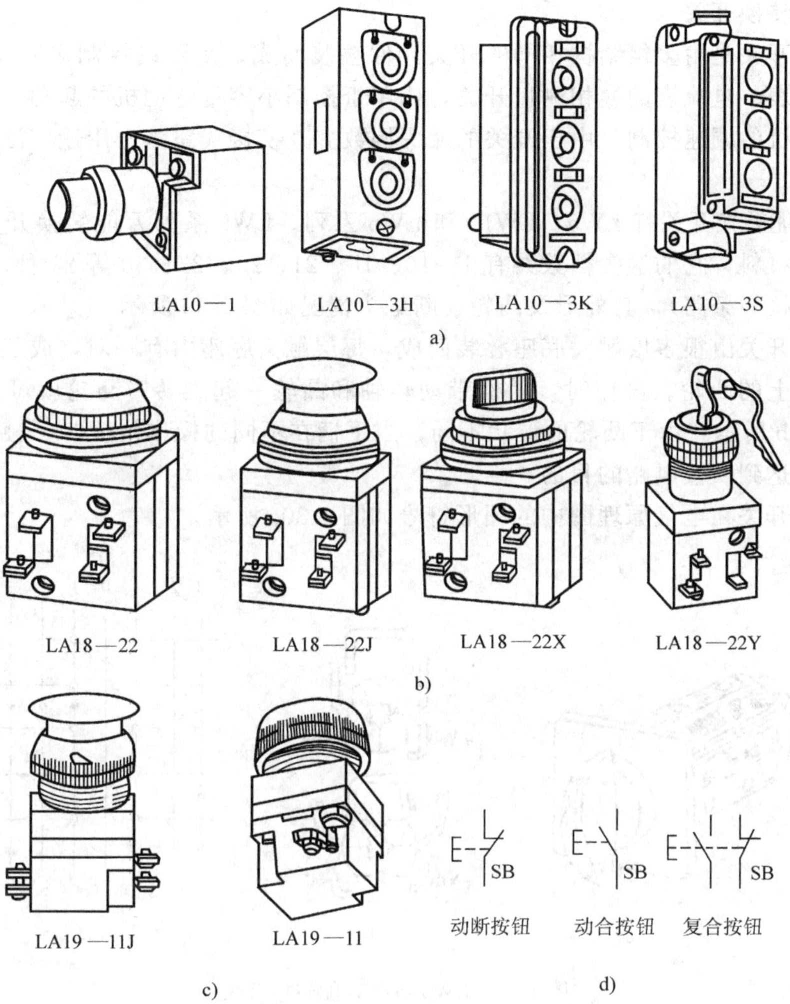

图 1-29 按钮

a) LA10 系列 b) LA18 系列 c) LA19 系列 d) 符号

L A □—□ □ □

- □：结构形式 K——开启式 S——防水式
  - J——紧急式 X——旋钮式
  - H——保护式 F——防腐式
  - Y——钥匙式 D——带指示灯
- □：动断触头数
- □：动合触头数
- □：设计序号
- A：按钮
- L：主令电器

二、万能转换开关

万能转换开关是由多组结构相同的开关元件叠装而成，是可以控制多回路的主令电器。它可作为电压表、电流表的换相测量开关，或用于控制小容量电动机的起动、制动、正反转换向及双速电机的调速控制。由于开关的触头档数多、换接线路多、用途广泛，所以称为万能转换开关。

常用的万能转换开关有 LW5、LW15 和 LW6 系列。LW5 系列万能转换开关的绝缘结构大量采用热塑材料，它的触头档数共有 1～16、18、21、24、27、30 等 21 种。其中 16 档以下为单列（换接一条路），其外形及凸轮通断触头情况如图 1-30 所示。

万能转换开关由很多层触头底座叠装而成，每层触头底座内有一对（或三对）触头和一个安装在转轴上的凸轮。操作时，手柄带动转轴和凸轮一起旋转，凸轮就可接通或分断触头，如图 1-30b 所示。由于凸轮的形状不同，当手柄在不同的操作位置时，触头的分合情况也不同，从而达到换接电路的目的。

万能转换开关在电气原理图中的图形符号如图 1-30c 所示。

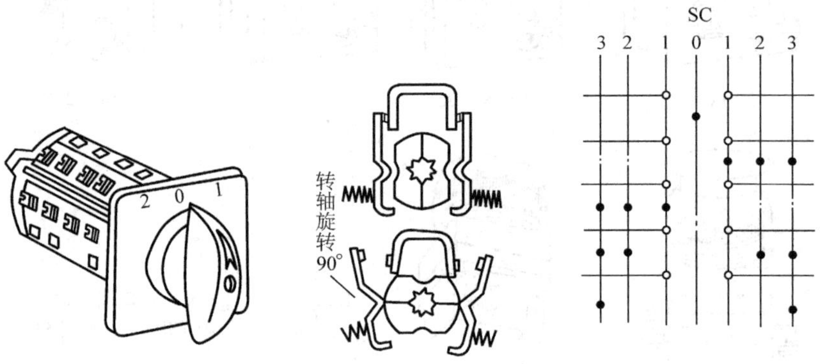

a)　　b)　　c)

图 1-30　LW5 系列万能转换开关

a) 外型　b) 凸轮通断触头　c) 符号

图 1-30c 中所示“—◦◦—”代表一路触头，而每一根竖的点划线表示手柄位置，在某一个位置上哪一路接通，就在哪一路的下面用黑点“●”表示。

LW5 系列万能转换开关的额定电压在 380V 时，额定电流为 12A；额定电压在 500V 时，额定电流为 9A。额定操作频率为每小时 120 次，机械寿命为 100 万次。

根据万能转换开关的用途，可选择所需其触头档数和额定电流。

LW5 系列万能转换开关型号的意义如下：

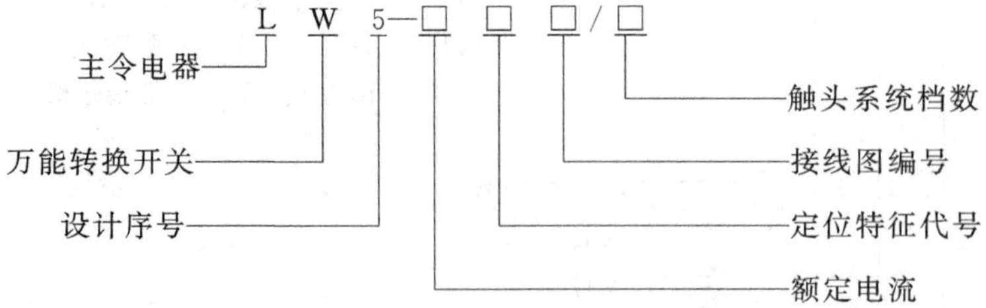

例如：LW5—15D0321/2 表示有 2 档触头；接线图编号为 0321；定位特征代号为 D，定位式，手柄有顺 45°、0°及逆 45°三种位置；额定电流为 15A。

三、行程开关

行程开关（也称为限位开关）的工作原理与按钮相同，只是其触头的动作不是依靠手动操作而是利用生产机械中某些运动部件的碰撞使其触头动作来实现接通或分断某些电路，使之达到一定的控制要求。为了适应各种条件下的碰撞，行程开关有很多构造形式。常用的有滚轮式（即旋转式）和按钮式（即直动式），用它来限制机械运动的位置改变，使运动机械按一定行程自动停车、反转或变速，以实现自动控制。常用的行程开关有 LX19 和 JLXK1 系列。对于各种系列的行程开关，其基本结构相同，区别仅在于使行程开关动作的传动装置和动作速度不同。JLXK1 系列行程开关的外形如图 1-31 所示，其结构和动作原理如图 1-32 所示。

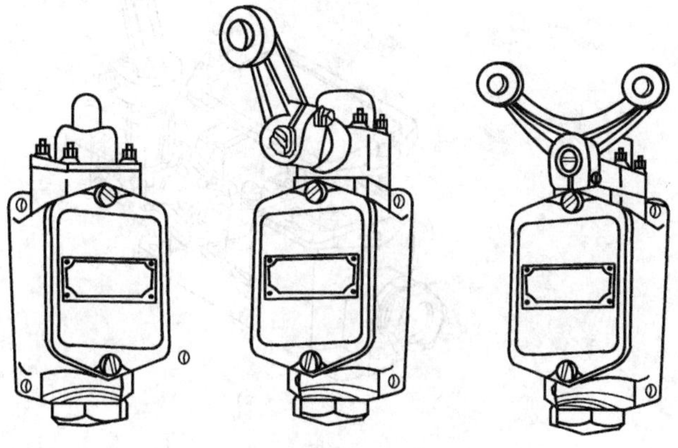

a)　　b)　　c)

图 1-31　JLXK1 系列行程开关外形

a) JLXK1—311 按钮型　b) JLXK1—111 单轮旋转型　c) JLXK1—211 双轮旋转型

当运动机械的挡铁撞到行程开关的滚轮上时，传动杠杆连同转轴一起转动使凸轮推动撞块，当撞块被挤压到一定位置时，推动微动开关快速动作，使其动断触头分断、动合触头闭合；当滚轮上的挡铁移开后，复位弹簧就使行程开关各部分回复到原始位置，这种单轮自动恢复的行程开关在生产机械的自动控制中应用较为广泛。图 1-31c 中的 JLXK1—211 双轮行程开关不能自复位，它是依靠运动机械反向移动时，挡块碰撞另一滚轮将其复位的。

常用的 LX19 和 JLXK1 系列行程开关技术见表 1-20。

表 1-20　LX19 和 JLXK1 系列行程开关技术数据

型　号	额定电压 额定电流	结　构　特　点	触头数		工作行程	超行程	触头转换时间/s
			动合	动断			
LX19	380V 5A	元件	1	1	3mm	约 20°	≤0.04
LX19—111		单轮，滚轮装在传动杆内侧，能自动复位	1	1	约 30°	约 20°	
LX19—121		单轮，滚轮装在传动杆外侧，能自动复位	1	1	约 30°	约 20°	
LX19—131		单轮，滚轮装在传动杆凹槽内，能自动复位	1	1	约 30°	约 15°	
LX19—212		双轮，滚轮装在 U 形传动杆内侧，不能自动复位	1	1	约 30°	约 15°	
LX19—222		双轮，滚轮装在 U 形传动杆外侧，不能自动复位	1	1	约 30°	约 15°	
LX19—232		双轮，滚轮装在 U 形传动杆内外侧各一，不能自动复位	1	1	约 30°	约 15°	
LX19—001		无滚轮，仅径向传动杆，能自动复位	1	1	<4mm	3mm	
JLXK1—111	500V 5A	单轮防护式	1	1	12～15°	≤30°	≤0.04
JLXK1—211		双轮防护式	1	1	约 45°	≤45°	
JLXK1—311		直动防护式	1	1	1～3mm	2～4mm	
JLXK1—411		直动滚轮防护式	1	1	1～3mm	2～4mm	

行程开关在电气原理图中符号如图 1-32c 所示。

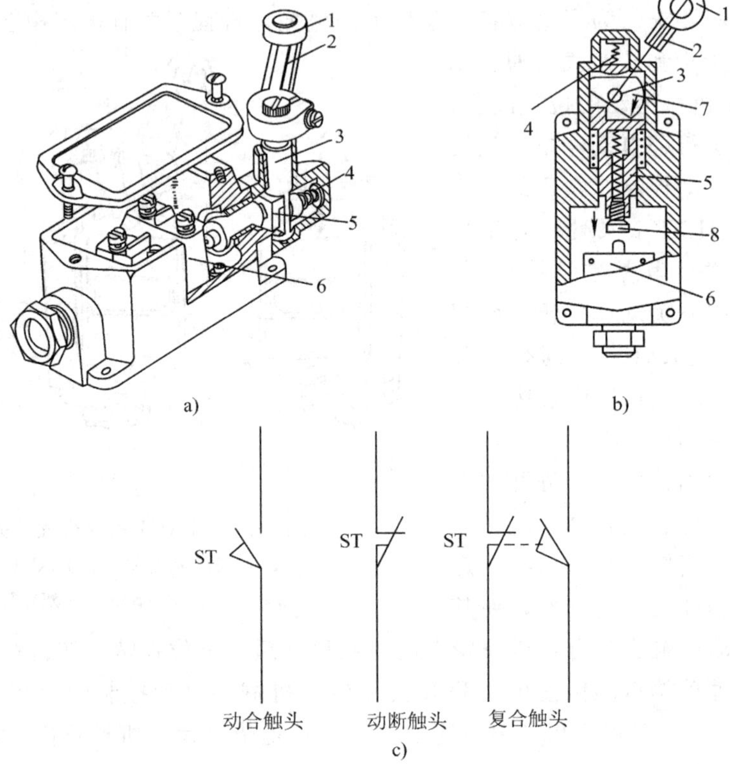

图 1-32　JLXK1 系列行程开关结构和动作原理

a）结构　b）动作原理　c）符号

1—滚轮　2—杠杆　3—转轴　4—复位弹簧　5—撞块

6—微动开关　7—凸轮　8—调节螺钉

对于行程开关，可根据电路的动作要求和触头的数量来选择。

LX 和 JLXK1 系列行程开关型号的意义如下：

L X □—□ □ □

主令电器——L

行程开关——X

设计序号——第一个□

第四个□——1—— 能自动复位　2—— 不能自动复位

第三个□——0—— 反径向传动杆

滚轮装在传动杆内侧

滚轮装在传动杆外侧

滚轮在传动杆凹槽内或内外侧

第二个□——0—— 无滚轮　1—— 单轮

2—— 双轮　3—— 直动不带轮

4—— 直动带轮

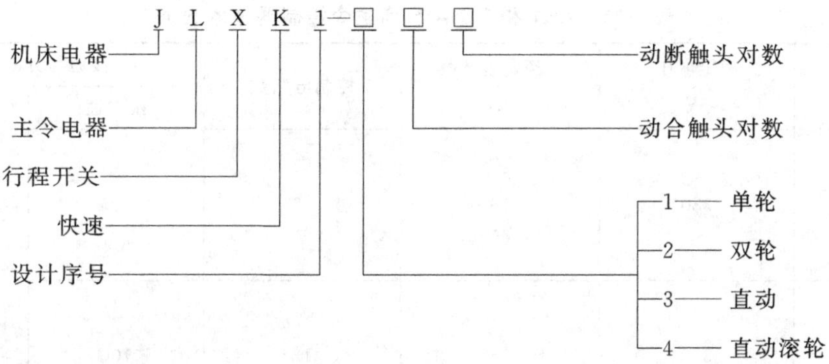

四、主令控制器

主令控制器是一种用于频繁地按顺序操纵多个控制回路的主令电器。它可在控制系统中发布命令，通过接触器来实现控制电动机的起动、制动、调速和反转。

主令控制器的外形及结构如图 1-33 所示。

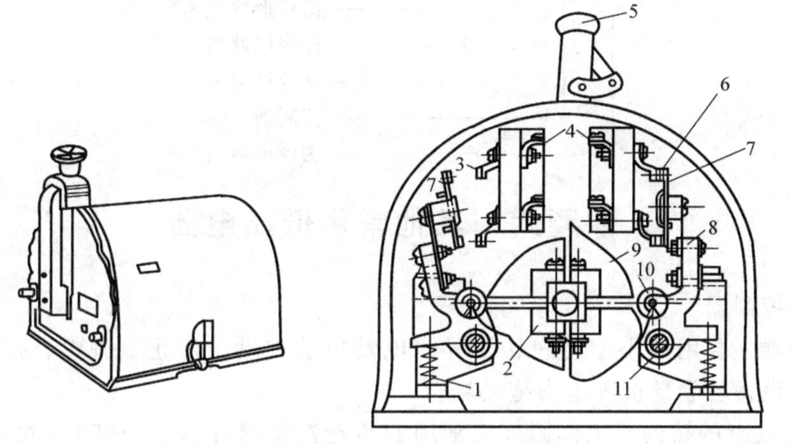

a) b)

图 1-33 主令控制器

a) 外形 b) 结构

1—弹簧 2、9—凸轮块 3、6—静触头 4—接线柱 5—手柄 7—动触头 8—支杆 10—小轮 11—轴

它有铸铁的底座和支架，在支架上装有由动、静触头及凸轮盘所组成的接触系统，图中 2 与 9 表示固定于方形转轴上的凸轮块；4 是固定触头的接线柱，由它连接被操作回路，固定触头 3 和桥式动触头 7 来完成闭合与分断的动作；动触头 7 固定于能绕轴 11 转动的支杆 8 上。当转动手柄 5 使凸轮块 9 转动时，推压小轮 10 使支杆 8 绕轴 11 转转，使动触头 7 与静触头触发分断，将被操作回路分断；相反，当转动手柄 5 使小轮 10 位于凸轮块凹槽处，由于弹簧 1 的作用，使动触头 7 与静触头 6 闭合，接通被操作回路。可见，触头的闭合与分断的顺序是由凸轮块的形状所决定的。

常用的主令控制器有 LK1—12 和 LK14—12 系列，其技术数据见表 1-21。

对于主令控制器，可根据额定电流和所需控制电路数来选择。

主令控制器在电气原理图中的符号同万能转换开关。

表 1-21　LK1 和 LK14 系列主令控制器技术数据

型　　号	额定电压/V	额定电流/A	控制电路数	接通与分断能力/A	
				接　通	分　断
LK1—12/90 LK1—12/96 LK1—12/97	380	15	12	100	15
LK14—12/90 LK14—12/96 LK14—12/97	380	15	12	100	15

LK1 系列主令控制器型号的意义如下：

L　K　1—□/□

- □（第二个）——结构形式代号
- □（第一个）——控制回路数
- 1——设计序号
- K——控制器
- L——主令电器

课题六　其他常用低压电器

一、凸轮控制器

凸轮控制器主要用于小型绕线转子异步电动机的起动、停止、调整、换向、制动的控制。如：起动设备、卷扬机等电力拖动场合。

1. 凸轮控制器的结构与工作原理　常用的凸轮控制器有 KTJ1—50/1 型和 KT10 系列。KT14 系列是 KT12 系列的取代产品，并已为新系列起重机所采用。此外，近年来又发展了 KTJ15、KTJ16 两种交流凸轮控制器。它们的额定工作电压都是 380V，机械寿命为 300 万次，电寿命为 30 万次。

凸轮控制器的外形及结构如图 1-34 所示。

凸轮控制器由静触头、动触头、灭弧罩、凸轮、转轴及手轮等组成。

KTJ1—50/1 型凸轮控制器有一排触头，且只有四个触头配有石棉水泥制的灭弧罩；凸轮控制器的动触头与凸轮固定在转轴上，每个凸轮控制着一对触头；当扳动手轮旋转时，则转轴带动凸轮转，从而控制了触头的接通和分断。

KTJ1—50/1 型凸轮控制器，共有 12 对触头，3 对动断，9 对动合。其中 4 对动合触头接在主电路中用作控制电动机的正、反转（配有四个灭罩）；另外 5 对动合触头与转子电阻相连接，用来逐级切除转子电阻，控制电动机的起动与调速；还有 3 对触头应用在控制回路中。凸轮控制器的技术数据见表 1-22。

2. 凸轮控制器触头分合展开图　凸轮控制器的触头分合情况，通常用展开图来表示。

KTJ1—50/1 型凸轮控制器的触头分合展开图如图 1-35 所示。

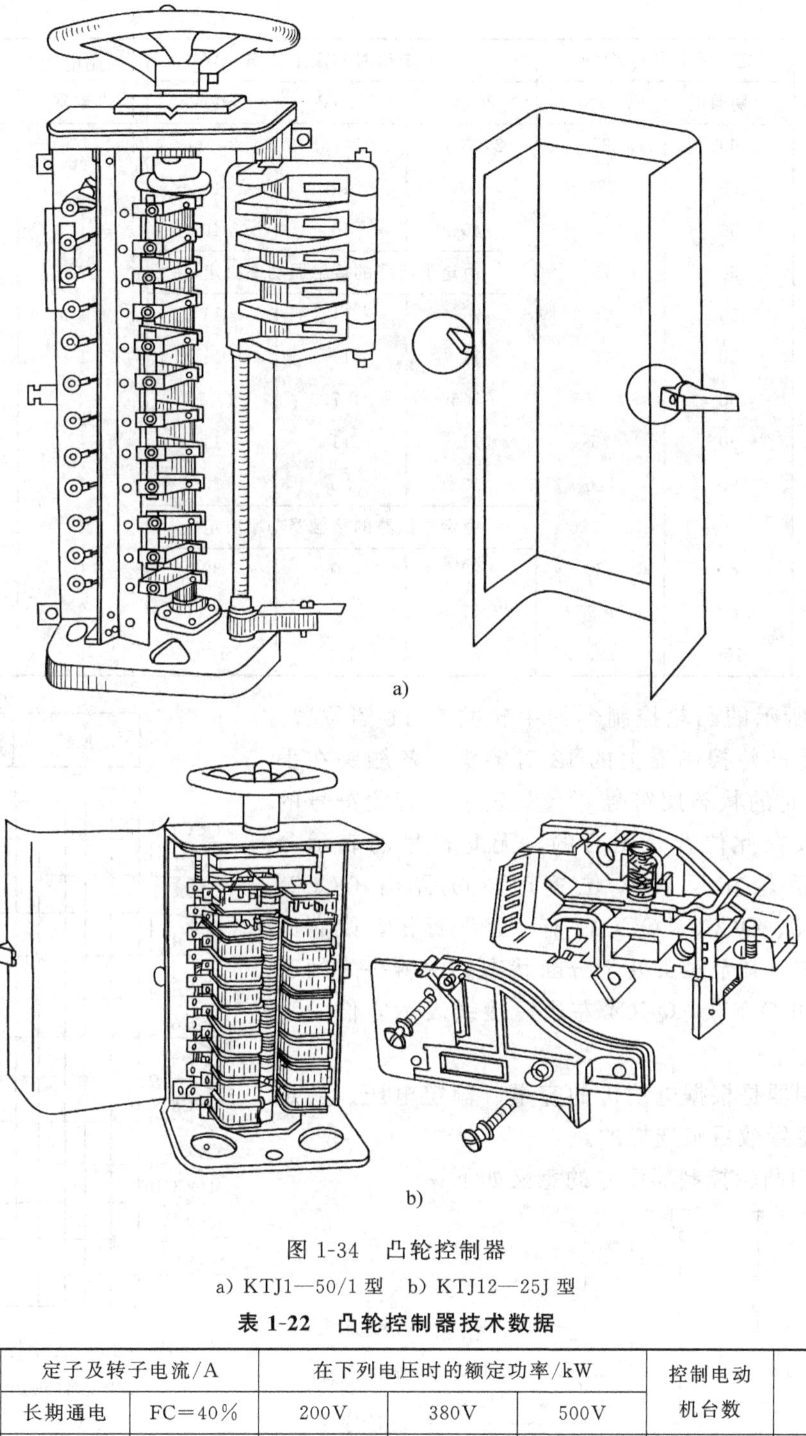

a)

b)

图 1-34　凸轮控制器

a) KTJ1—50/1 型　b) KTJ12—25J 型

表 1-22　凸轮控制器技术数据

型　号	定子及转子电流/A		在下列电压时的额定功率/kW			控制电动机台数	每小时闭合次数不大于
	长期通电	FC=40%	200V	380V	500V		
KT12—25J/4	25	25		11	16		
KT12—25J/2	25			2×5	2×7.5		
KT12—25J/3	25			7.5	11		
KT12—60/1	60	60		20	30		

（续）

型　　号	定子及转子电流/A		在下列电压时的额定功率/kW			控制电动机台数	每小时闭合次数不大于
	长期通电	FC=40%	200V	380V	500V		
KT12—60/2	60	25	2×3.6	2×7.5	2×11		
KT12—60/3	60	380		11	16		
KTJ1—50/1	50	75	40	40	40	1	600
KTJ1—50/2	50	75	由定子回路的接触器功率决定			2	600
KTJ1—50/3	50	75	7.5	11	11	1	600
KTJ1—50/4	50	75	11	11	11	1	600
KTJ1—50/5	50	2×75	2×5	2×7.5	2×11	2	600
KTJ1—50/6	50	75	11	11	11	1	600
KTJ1—80/1	80	120	22	30	30	1	600
KTJ1—80/2	80	2×120	由定子回路的接触器功率决定			2	600
KTJ1—80/3	80	120	22	30	30	1	600
KTJ1—80/5	80	2×75	2×7.5	2×11	2×11	2	600
KTJ1—150/1	150	225	60	100	100	1	600

图 1-35 所示的凸轮控制器的手轮共有 11 档位置。框图左侧就是凸轮控制器上的 12 对触头，各触头在手轮 11 个位置时的状态用符号“×”表示，有此符号的表示对应触头在此位置是闭合的，无此符号的表示分断。例如：手轮在反转 3 位置时，可看出 QCC2、QCC4、QCC5、QCC6、QCC11 有“×”标记，则它们处于闭合状态，其余触头处于分断状态。两触头之间有短接线的（如 QCC3～QCC4 左边短接线表示它们一直是接通的）。

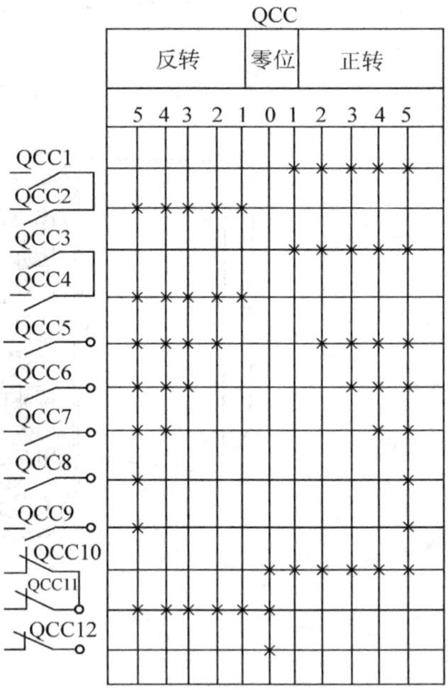

图 1-35　凸轮控制器触头分合展开图

凸轮控制器是根据电动机的容量、额定电压、额定电流和控制位置数目来选择的。

KTJ 系列凸轮控制器型号的意义如下：

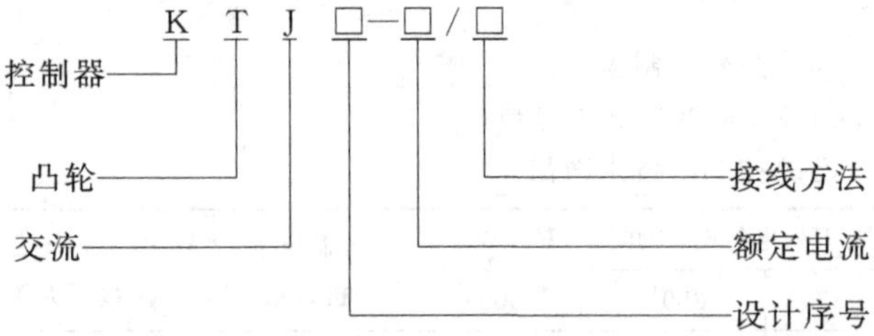

二、操作技能训练 1-5　凸轮控制器的拆装与调试

(1) 教学要求　掌握凸轮控制器的拆装、调试。

(2) 准备要求

1) 工具：电工通用工具一套：验电器、旋具（一字形和十字形）、尖嘴钳等。

2）仪表：万用表。

3）器材：凸轮控制器。

（3）训练内容　凸轮控制器的拆装与调试。

（4）训练步骤及要求

1）了解各凸轮控制器的特点和使用场合。

2）根据图样正确拆装凸轮控制器，指出各零部件的名称。重点是按步骤正确拆装，而且要做到分开摆放。

3）装配并恢复零部件的完整性，用万用表检查各接触点的通断情况。如出现受损零部件，予以修理或更换。

4）凸轮控制器的触头要求触头导电性和接触必须良好。首先检测动断触头，用万用表电阻档的 $R\times10$ 或 $R\times100$ 档位进行检测，电阻值应等于 0。在检测动合触头时，用工具压下动铁心，在万用表电阻档的 $R\times10$ 或 $R\times100$ 档位进行检测，电阻值也等于 0。

5）在检测触头时，查看触点的光洁度，这是减小弧光最有效的方法之一。触头出现氧化或有污物时，可使用工具清除。

6）检查灭弧罩的完整性，出现损坏的进行更换。

7）转轴旋转要灵活，手柄固定要牢固。

（5）注意事项

1）在检查零部件前，对于万用表电阻档量程的选择，应按照万用表的要求进行合理选用。

2）拆装时，注意各零部件不要丢失。对于拆卸下来的零部件，要记住拆卸顺序，便于恢复。

3）触头位置调整准确，安装合理。

4）自检工作完毕后，经生产实习指导教师检查合格后，方通电试运行。

5）练习应在规定的时间内完成，同时要做到安全操作和文明生产。

（6）评分标准　见表 1-23。

表 1-23　凸轮控制器拆装与调试考核标准

序号	主要内容	考核要求	评分标准	配分/分	扣分/分	得分/分
1	凸轮控制器的拆装与调试	1. 零部件的作用 2. 拆装方法及步骤	1. 不明白零部件作用扣 5～20 分 2. 错、漏装一处扣 10 分 3. 拆装方法及步骤不正确，扣 5～20 分	50		
2	效验元件	装配恢复零部件的完整性	装配方法及步骤不正确，扣 5～20 分	20		
3	仪表使用	仪表使用注意事项	量程选择、调零和读数有错误扣 5～20 分	20		

（续）

<table>
<tr><th>序号</th><th>主要内容</th><th>考核要求</th><th>评分标准</th><th>配分/分</th><th>扣分/分</th><th>得分/分</th></tr>
<tr><td>4</td><td>安全文明生产</td><td>1. 劳动保护用品穿戴整齐
2. 电工工具佩带齐全
3. 遵守操作规程
4. 尊重老师，讲文明礼貌
5. 考试结束要清理现场</td><td>1. 各项考试中，违犯安全文明生产考核要求的任何一项扣 2 分，扣完为止
2. 学生在不同的技能试题中，违犯安全文明生产考核要求同一项内容的，要累计扣分
3. 当老师发现学生有重大事故隐患时，要立即予以制止，并每次扣学生安全文明生产总分 5 分</td><td>10</td><td></td><td></td></tr>
<tr><td rowspan="2">备注</td><td colspan="3" rowspan="2"></td><td colspan="3">合计：</td></tr>
<tr><td colspan="3">老师签字：
年　月　日</td></tr>
</table>

三、电磁铁

电磁铁是利用电磁吸力来操纵牵引机械装置以完成预期的动作，或用于钢铁零部件的吸持固定、铁磁物体的起重搬运等。因此，它是将电能转换为机械能的一种低压电器。

电磁铁主要由铁心、衔铁、线圈及工作机械四部分组成。

电磁铁的种类较多，按电流类型可分为交流电磁铁、直流电磁铁；按电流相数分为 220V 和 380V；按功能可分为牵引电磁铁、阀用电磁铁、制动电磁铁和起重电磁铁。下面仅介绍两种常用的电磁铁。

1. 制动电磁铁　制动电磁铁通常与闸瓦制动器配合使用。在电气传动装置中用于电动机的机械制动，以达到准确和迅速停车的目的。电磁铁的线圈与电动机定子绕组并联于电源上，所以制动电磁铁与电动机是同步供电和同步工作的。制动电磁铁的种类，按衔铁行程分为长行程和短行程两种。下面以交流短行程制动电磁铁为例进行简要分析。

交流短行程制动电磁铁为转动式，制动力矩较小，多为单相或两相。外形及结构如图 1-36 所示。

图 1-36 所示为 MZD1 型交流短行程电磁铁，常与 TJ2 型闸瓦式制动器配合使用，共同组成电磁机构制动装置。制动电磁铁包括铁心，衔铁和线圈三部分；闸瓦制动器包括闸轮、闸瓦、杠杆和弹簧等部分。闸轮安装在被制动轴上。当线圈通电后，U 形衔铁绕轴旋转而吸合，衔铁克服弹簧拉力，迫使制动杠杆向左或向右移动，使闸瓦与闸轮脱离松开，轴可以自由转动。当线圈断电后，衔铁会释放，在弹簧拉力作用下，使制动杠杆同时向里移动，带动闸瓦和闸轮紧紧抱住完成刹车制动。

MZD1 型交短行程制动电磁铁技术数据见表 1-24。

2. 牵引电磁铁　自动控制设备中常采用牵引电磁铁，牵引或推斥其他机械装置，以达到遥控或自动控制的目的。牵引电磁铁具有装甲螺管式结构，因为这种结构吸力特性较平坦能在长行程下获得较大吸力，可做成推动式和拉动式两种结构。

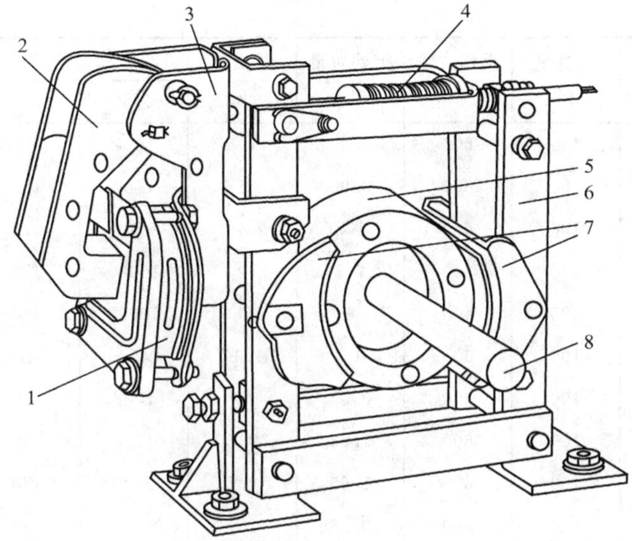

a)

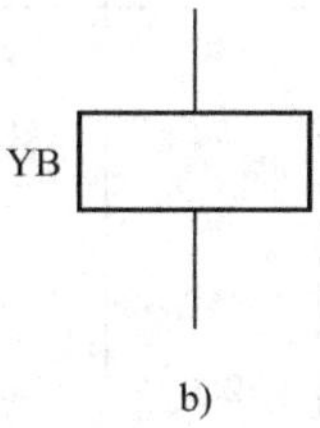

b)

图 1-36 MZD1 型交流短行程制动电磁铁外形及结构

a) 外型及结构 b) 符号

1—线圈 2—衔铁 3—铁心 4—弹簧 5—闸轮 6—杠杆 7—闸瓦 8—轴

表 1-24 MZD1 型短行程制动电磁铁技术数据

型号	电磁铁转矩/N·cm 通电持续率 40%	电磁铁转矩/N·cm 通电持续率 100%	衔铁的重力转矩/N·cm	回转角	额定回转角度下制动杆的位移/mm	反复短时工作制时/次·h^{-1}
MZD1—100	550	300	50	7.5	3	
MZD1—200	4000	2000	360	5.5	3.8	300
MZD1—300	10000	4000	920	5.5	4.4	

常用的牵引电磁铁有 MQ1 系列，其结构示意图如图 1-37 所示。

MQ1 系列单相交流牵引电磁铁的工作原理如下所述。当线圈通电时，衔铁被吸引的同时经过连杆或推杆驱动被操作的机构，达到控制目的。衔铁无复位装置，靠自重或外来机械力在线圈断电后复位。

铁心和衔铁是由硅钢片叠压而成的，使用时将铁心板固定在支架上。对于拉动式电磁铁，应用销子将衔铁与被位的牵引杆相连接；而推动式则需要停挡与被推的顶杆保持接触。MQ1 系列交流电磁铁的主要技术数据见表 1-25。电磁铁的图形文字符号如图 1-36b 所示。

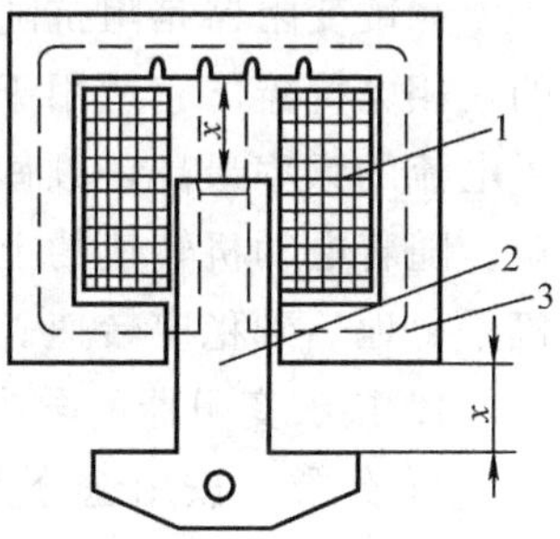

图 1-37 MQ1 系列电磁铁结构示意图

1—线圈 2—衔铁 3—铁心

表 1-25 MQ1 系列交流电磁铁技术数据

型号	额定吸力/N	额定行程/mm	通电率(%)	操作次数/次·h^{-1}	衔铁质量/kg	总质量/kg	消耗功率/W 起动	消耗功率/W 吸持	备注
MQ1—5101	15	20	100	600	0.25	1.1	450	67	

（续）

型号	额定吸力/N	额定行程/mm	通电率（%）	操作次数/次·h^{-1}	衔铁质量/kg	总质量/kg	消耗功率/W		备注
							起动	吸持	
MQ1—5111	30	25	100	600	0.45	1.5	1000	94	型号后第一位数字5表示拉动式、6表示推动式
MQ1—5121	50	25	100	600	0.90	3	1700	120	
MQ1—5131	80	25	100	600	1.3	4	2200	170	
MQ1—5141	150	50	100	300	2.3	9	10000	470	
MQ1—5151	250	30	100	600	4	15.6	10000	810	
MQ1—6101	15	20	100	600	0.3	1.17	450	67	
MQ1—6111	30	25	100	600	0.55	1.7	1000	94	
MQ1—6121	50	25	100	600	1.23	3.7	1700	120	
MQ1—6131	80	25	100	600	1.65	4.7	2200	170	
MQ1—5102	30	20	10	400	0.25	1.1			
MQ1—5112	50	25	10	400	0.45	1.5			
MQ1—5122	80	25	10	400	0.9	3			
MQ1—5132	150	25	10	400	1.3	4			
MQ1—6102	30	20	10	400	0.3	1.17			
MQ1—6112	50	25	10	400	0.55	1.7			
MQ1—6122	80	25	10	400	1.23	3.7			
MQ1—6132	150	25	10	400	1.65	4.7			

电磁铁的选用主要是根据机械负载的具体要求而定。其主要技术数据有工作行程、操作频率、工作方式、转矩和通电持续率等。

四、频敏变阻器

频敏变阻器是阻抗随频率明显变化，静止的无触头电磁元件。它实质上是一个铁心损耗的三相电抗器，它适用于异步集电环的绕线转子回路中供电机起动用。在电动机起动瞬间转子电流的频率最高，频敏变阻器的阻抗最大，从而限制了起动电流，保持了一定的起动转矩。随着电动机转速的上升，转子电流频率逐渐下降，变阻器阻抗也逐渐下降，最后使电动机平稳地达到稳定转速。

1. 频敏变阻器的分类和结构

1）分类。按用途分类可两类：BP1—200、BP1—300型适用偶尔起动的传动设备，如水泵、轧钢机、锯床等；BP1—400、BP1—500型适用于重复短时工作制的传动设备，如升降台、起重机等电动机的起动和反接。

2）结构。变阻器为开启式，铁心由山字形钢板制成，上、下铁心由四根螺栓固定，拧开拉紧螺栓上的螺母，以在上、下铁心之间增减非磁性垫片来调整气隙的大小。出厂时上、下铁心之间气隙为零。频敏变阻器上有四个抽头，一个抽头在绕组背面，标号为N，另外三个抽头在绕组的正中，标号分别为1、2、3。抽头1-N间有100%匝数，2-N间有85%匝数，3-N间有71%匝数。出厂时三组线圈均接在85%匝数抽头处，接线方式为星形联结。

2. 频敏变阻器的性能介绍　常见的生产机械起动负载按其特性可分为两种。

1）轻载。其特征是阻力转矩小，转动惯量也小，例如空压机、水泵。

2）重轻载。其可分为两种情况。一是阻力转矩开始较大，后来变小，转动惯量大，如带飞轮的轧钢主电动机等；另一种情况是阻力转矩小，转动惯量大，如锯床，真空泵等。

变阻器装配在电动机上，经适当调整后，应符合以下规定：

第一，对轻载系列，起动转矩倍数 $k_{st}=0.7$；转子起动电流倍数$\frac{I_{st}}{I_N}=1.25\sim1.6$。

第二，对重轻载系列，起动转矩倍数 $k_{st}=1.0$，转子起动电流倍数$\frac{I_{st}}{I_N}=1.6\sim2.0$。

第三，变阻器允许连续起动多次，但对总起动时间的要求是：轻载系列不超过 30s；重载系列不超过 120s。

频敏变阻器系列型号与电动机组合使用如表 1-26 所示。

表 1-26　单组接法频敏变阻器系列表

电　动　机		轻载起动用	重轻载起动用
P_N/kW	I_{2N}/A	型　号	型　号
22～28	51～63		BP1—205/10005
	64～80		BP1—205/8006
	81～100		BP1—205/6308
	101～125		BP1—205/5010
29～35	51～63		BP1—206/10005
	64～80		BP1—206/8006
	81～100		BP1—206/6308
	101～125		BP1—206/5010
36～45	51～63	BP1—201/16003	BP1—208/10005
	64～80	BP1—204/12504	BP1—208/8006
	81～100	BP1—204/10005	BP1—208/6308
	101～125	BP1—204/8006	BP1—208/5010
46～55	64～80	BP1—205/12504	BP1—210/8006
	81～100	BP1—205/10005	BP1—210/6308
	101～125	BP1—205/8006	BP1—210/5010
	126～160	BP1—205/6308	BP1—210/4012
56～70	126～160	BP1—206/6308	BP1—212/4012
	161～200	BP1—206/5010	BP1—212/3216
	201～250	BP1—206/4012	BP1—212/2520
	251～315	BP1—206/3216	BP1—212/2025
71～90	161～200	BP1—208/5010	BP1—305/5016
	201～250	BP1—208/4012	BP1—305/4020
	251～315	BP1—208/3216	BP1—305/3225
	316～400	BP1—208/2520	BP1—305/2532

（续）

电　动　机		轻载起动用	重轻载起动用
P_N/kW	I_{2N}/A	型　号	型　号
91～115	161～200	BP1—210/5010	BP1—306/5016
	201～250	BP1—210/4012	BP1—306/4020
	251～315	BP1—210/3216	BP1—306/3225
	316～400	BP1—210/2520	BP1—306/2532
120～140	201～250	BP1—212/4012	BP1—308/4020
	251～315	BP1—212/3216	BP1—308/3225
	316～400	BP1—212/2520	BP1—308/2532
	401～500	BP1—212/2025	BP1—308/2040
145～180	201～250	BP1—305/6312	BP1—310/4020
	251～315	BP1—305/5016	BP1—310/3225
	316～400	BP1—305/4020	BP1—310/2532
	401～500	BP1—305/3225	BP1—310/2040
185～225	201～250	BP1—306/6312	BP1—312/4020
	251～315	BP1—306/5016	BP1—312/3225
	316～400	BP1—306/4020	BP1—312/2532
	401～500	BP1—306/3225	BP1—312/2040

注：轻载及重轻载起动用各型号变阻器的组数及接法均为一组。

课题七　低压电器的常见故障与维修

各种电器元件经过长期使用或因使用不当都会造成损坏，损坏后必须及时予以维修。

电气线路中所使用的电器种类很多，且结构繁简程度也各不相同。这里，首先分析各电器共有零部件的常见故障与维修方法，然后再分析一些常用电器的常见故障及其维修方法。

一、电器零部件常见故障与维修

一般电器通常由触头系统、电磁系统和灭弧装置等三部分组成，这些部分经长期使用或因使用不当都可能产生故障而影响电器的正常工作。下面分别介绍它们的故障原因及其维修方法。

1. 触头的故障与维修　触头的故障一般有触头过热、磨损及熔焊。

(1) 触头过热　触头接通时，有电流通过便会发热，正常情况下触头是不会过热的。当动、静触头接触电阻过大或通过电流过大，则会引起触头过热，当触头温度超过允许值时，会使触头特性变坏，甚至产生熔焊。产生触头过热的具体原因分析如下：

1) 通过动、静触头间的电流过大。任何电器的触头都必须在其额定电流值下运行，否则触头会过热。造成触头电流过大的原因有系统电压过高；用电设备超载运行；电器触头容量选择不当和故障运行四种情况。

2) 动、静触头间的接触电阻变大。接触电阻的大小直接关系到触头的发热程度，其增大的原因有：一是因触头压力弹簧失去弹性而造成压力不足或触头磨损变薄，针对这种情况应更换弹簧或触头；二是触头表面接触不良。例如：在运行过程中，粉尘、油污等杂物覆盖在触头表面，加大了接触电阻；又如，触头闭合分断时，因有电弧会使触头表面烧毛、灼伤，致使残缺不平及接触面积减小，而造成接触不良。因此，应注意对运行中的触头加强保养。对铜质触头表面氧化层和灼伤的各种触头，可用刮刀或细锉修整；对大、中容量触头的表面，不要求光滑，重要的是保持平整；对小容量触头则要求表面质量好；对银及银基触头只需用棉花浸汽油或四氯化碳清洗即可，其氧化层并不影响接触性能。

维修人员在修磨触头时切记不要刮削或锉削太多，以免影响使用寿命，同时不要使用砂布或砂轮修磨，以免石英砂粒嵌于触头表面，反而影响触头的接触性能。

对于触头压力的测试可用纸条凭经验来测定。将一条比触头略宽的纸条夹在动、静触头间，并使其处于闭合位置，然后用手拉纸条，一般小容量的电器稍用力，纸条即可拉出；对于较大容量的电器，纸条拉出后有撕裂现象；以上现象表明触头压力比较合适。若纸条能够被轻易拉出，则说明压力不够；若纸条被拉断，说明触头压力太大。

用弹簧秤可准确地测定触头的压力，其方法如图 1-38 所示。弹簧秤的拉力值应满足下列关系式即

$$I_N = K_1 \frac{I_N}{10}$$

$$F_Z = K_2 F_C$$

式中 I_N——触头额定电流（A）；

F_C——触头出压力（N）；

K_1——系数，取 1～3，容量小时 K_1 取较小值；

F_Z——触头终压力（N）；

K_2——系数，取 1.2～1.8（A）。

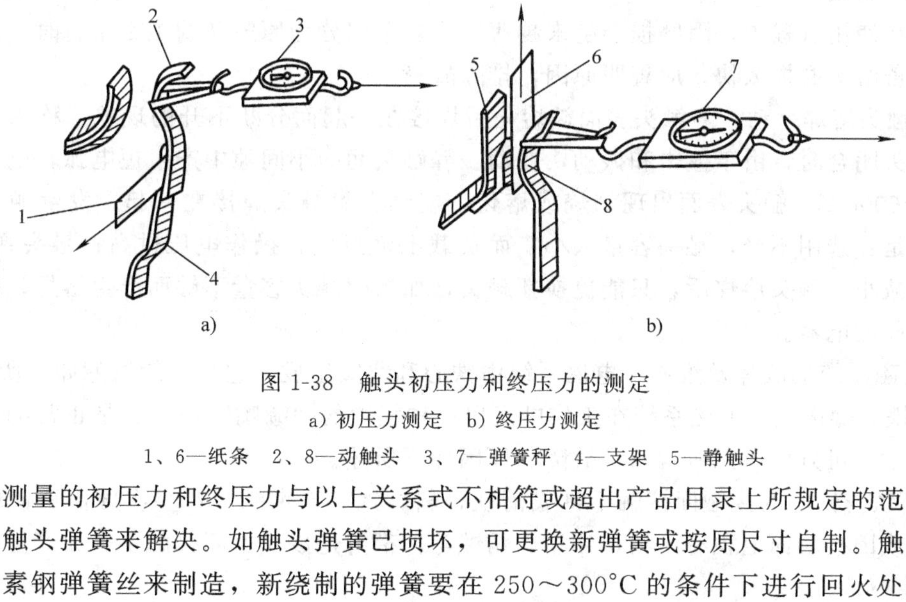

图 1-38 触头初压力和终压力的测定

a）初压力测定 b）终压力测定

1、6—纸条 2、8—动触头 3、7—弹簧秤 4—支架 5—静触头

如果测量的初压力和终压力与以上关系式不相符或超出产品目录上所规定的范围，则可通过调整触头弹簧来解决。如触头弹簧已损坏，可更换新弹簧或按原尺寸自制。触头压力弹簧常用碳素钢弹簧丝来制造，新绕制的弹簧要在 250～300°C 的条件下进行回火处理，且保持时间约为 20～40min，钢丝直径越大，所需时间越长。镀锌弹簧要进行去氧处理，在 200°C左右温度中保持 2h，以便消去脆性。

CJ10 系列交流接触器触头压力值见表 1-27。

表 1-27　CJ10 系列交流接触器触头压力数据

<table>
<tr><th rowspan="3">型号</th><th colspan="4">主　触　头</th><th colspan="6">辅　助　触　头</th></tr>
<tr><th rowspan="2">开距/mm</th><th rowspan="2">超程/mm</th><th rowspan="2">初压力/N</th><th rowspan="2">终压力/N</th><th colspan="2">开距/mm</th><th colspan="2">超程/mm</th><th rowspan="2">初压力/N</th><th rowspan="2">终压力/N</th></tr>
<tr><th>动断</th><th>动合</th><th>动断</th><th>动合</th></tr>
<tr><td>CJ10—5</td><td>3～3.3</td><td>1.6～2.2</td><td>1.1～1.3</td><td>1.35～1.6</td><td>3～3.3</td><td></td><td>1.6～2.2</td><td></td><td>1.1～1.3</td><td>1.35～1.6</td></tr>
<tr><td>CJ10—10</td><td>3.4～4.1</td><td>1.8～2.2</td><td>1.6～2.0</td><td>2.0～2.4</td><td>3.9～4.6</td><td>3.0～4.6</td><td>1.3～1.7</td><td>1.8～2.6</td><td></td><td>1.17～1.43</td></tr>
<tr><td>CJ10—20</td><td>3.9～4.6</td><td>2.0～2.4</td><td>3.6～4.4</td><td>4.5～5.5</td><td>4.4～5.1</td><td>3.7～4.4</td><td>1.5～1.9</td><td>2.0～2.8</td><td></td><td>1.08～1.4</td></tr>
<tr><td>CJ10—40</td><td>4.4～5.1</td><td>2.3～2.7</td><td>7.2～8.8</td><td>8.55～10.45</td><td>4.9～5.6</td><td>4.3～5.0</td><td>1.72～2.3</td><td>2.2～3.0</td><td></td><td>1.08～1.32</td></tr>
<tr><td>CJ10—60</td><td>4.5～5.0</td><td>2.8～3.3</td><td>13～16</td><td>16～20</td><td colspan="2" rowspan="3">3.0～3.6</td><td colspan="2" rowspan="3">1.8～2.6</td><td rowspan="3">1.04～1.28</td><td rowspan="3">1.44～1.76</td></tr>
<tr><td>CJ10—100</td><td>5.0～5.5</td><td>2.7～3.3</td><td>20～24</td><td>24～30</td></tr>
<tr><td>CJ10—150</td><td>5.5～6.0</td><td>3.2～3.8</td><td>27～33</td><td>30～38</td></tr>
</table>

（2）触头磨损　触头磨损有两种情况：一种是电磨损，由于触头间电火花或电弧的高温使触头金属汽化所造成；另一种是机械磨损，由于触头闭合时的撞击及触头接触面滑动摩擦等原因所造成。

触头在使用过程中，因磨损会越来越薄，当剩余部分为原厚度的 1/2 左右时，就应更换新触头；若触头磨损太快，应查明原因，排除故障。

（3）触头熔焊　动、静触头表面被熔化后焊接在一起而分断不开的现象，称为触头的熔焊。当触头闭合时，由于撞击和振动，在动、静触头间的小间隙中产生短电弧，电弧温度高达 3000～6000℃，触头表面出现灼烧或熔化，使动、静触头焊接在一起。发生触头熔焊的常见原因是：选用不当，触头容量太小，而负载电流过大；操作电压过高；触头弹簧损坏，使初压力减小。触头熔焊后，只能更换新触头，如果因触头容量不够而产生熔焊，则应选用容量大一些的电器。

2. 电磁系统的故障及维修　电磁系统由铁心和线圈组成，它的一般故障如下所述。

（1）铁心噪声大　电磁系统在工作中发出一种轻微的“嗡嗡”声，这是正常的；若声音过大或异常，可判定电磁机构出了故障。原因如下所述。

1）衔铁与铁心的接触面接触不良或衔铁歪斜。铁心与衔铁经过多次磁撞后使端面变形和磨损，或因接触面上积有尘垢、油垢、锈蚀等，都将造成相互间接触不良而产生振动和噪声。

铁心的振动会使线圈过热。严重时会烧毁线圈，对于 E 形铁心，铁心中柱和衔铁之间留有 0.1～0.2mm 的气隙，铁心端面变形会使气隙减小，也会增大铁心噪声。

铁心端面若有油垢，应拆下清洗；端面若有变形或磨损，可用细砂布平铺在平板上，来回推动铁心可将端面修复平整。

2）短路环损坏。铁心经过多次碰撞后，安装在铁心槽内的短路环可能会出现断裂或脱落。短路环断裂现象常发生在槽外的转角或槽口部分，维修时可将断裂处焊牢后，将两端用环氧树脂固定；若不能焊接也可更换短路环或铁心。若短路环跳出槽外，将短路环压入槽内即可。

3）机械方面的原因。如果触头压力过大或因活动部分运动受卡阻，致使铁心不能完全吸合，都会产生较强的振动和噪声。

(2) 线圈的故障及维修

1）线圈的故障。当线圈两端的电压一定时，它的阻抗越大，通过的电流就越小。当衔铁处于分离位置时，线圈阻抗最小，通过的电流最大；铁心吸合过程中，衔铁与铁心间的间隙逐渐减小，线圈的阻抗逐渐增大，当衔铁完全吸合后，线圈电流最小；如果衔铁与铁心间不管是何种原因，出现不完全吸合现象时，会使线圈中的电流增大，进而线圈过热，甚至烧毁。如果线圈绝缘损坏或受机械损伤而形成匝间短路，或对地短路，在线圈局部就会产生很大的短路电流，使温度剧增，直至使整个线圈烧毁。另外，如果线圈电源电压偏低或操作频率过高，都会造成线圈过热烧毁。

2）线圈的修理。线圈烧毁后一般应进行重新绕制。如果短路的匝数不多，短路又在接近线圈的端头处，其他部分完好，即可拆去已损坏的几圈，其余的可继续使用，这时对电器的工作性能的影响不会很大。

线圈重绕时，可以从铭牌或手册上查出线圈的匝数与线径；也可以从烧坏线圈中得知匝数和线径。线圈绕好后，先放入105～110°C的烘箱中预烘3h，再冷却到60～70°C后浸绝缘漆，滴尽余漆后，放入110～120°C的烘箱中烘干，冷却至常温即可使用。

(3) 灭弧装置的故障及维修　灭弧装置的故障是指灭弧罩破损、受潮、炭化，磁吹线圈匝间短路，灭弧角和栅片脱落等。这些故障均能引起不能灭弧或灭弧时间延长。

若灭弧罩受潮，烘干后即可使用；炭化时可将积垢刮除；磁吹线圈短路时可用一字槽螺钉旋具拨开短路处；灭弧角脱落后应重新装上；栅片脱落和烧毁后可用铁片按原尺寸配做。

二、常用电器故障与维修

设备电气控制中使用的电器颇多，除了上述元件故障外，还有本身整体特有的故障。以下我们将重点分析接触器、热继电器、时间继电器和速度继电器四种常用电器的故障及维修。

1. 接触器的故障及维修　除去上边已经介绍过的触头和电磁系统的故障分析和维修外，其他常见故障如下所述。

1）触头断相。因某相触头接触不良或联接螺钉松脱造成断相，使电动机断相运行。此时电动机也能转动，但转速低并发出较强的“嗡嗡”声。发现这种情况，要立即停车检修。

2）触头熔焊。接触器操作频率过高、过载运行，负载侧短路、触头表面有导电颗粒或触头弹簧压力过小等原因，都会引起触头熔焊。发生此故障后即使按下停止按钮，电动机也不会停止转动，应立即切断前一级开关，再进行检修。

3）相间短路。由于接触器正反转联锁失效，或因误动作致使两台接触器同时投入运行而形成相间短路；或因接触器动作过快，转换时间短，在转换过程中发生的电弧短路。凡此类故障，可在控制线路中采用接触器、按钮复合联锁控制电机的正反转。

2. 热继电器的故障及维修　热继电器的故障一般有热元件烧坏、误动作和不动作等现象。

1）热元件烧断。当热继电器动作频率太高，负载侧发生短路或过载，致使热元件烧断。欲排除此故障应先切断电源，检查电路排除短路故障，再重新选用合适的热继电器，并重新调整定值。

2）热继电器误动作。这种故障的原因是：整定值偏小，以致未过载就动作；电动机起动时间过长，使热继电器在过程中就有可能脱扣；操作频率过高，使热继电器经常受起动电流的冲击；使用场所出现强烈的冲击和振动，使热继电器动作机构松动脱扣；另外，如果连接导线太细也会引起热继电器误动作。针对上述故障现象应调换适合上述工作性质的热继电器，并合理调速整定值，或更换合适的连接导线。

3）热继电器不动作。由于热元件烧断或脱落，电流整定值偏大，以致长时间过载仍不动作；导板脱扣；连接导线太粗等原因，使热继电器不动作，因此对电动机也就起不到保护作用。根据上述原因，可进行针对性修理。另外热继电器动作脱扣后，不可立即手动复位，应在 2min 后，待双金属片完全冷却后，再使触头复位。

3. 时间继电器的故障维修　空气式时间继电器的气囊损坏或密封不严而漏气，使延时动作时间缩短，甚至不产生延时；空气室内要求极清洁，若在拆装过程中使灰尘进入气道内，气道将会阻塞，时间继电器的延时时间会变得很长；针对上述情况可拆开气室，更换橡胶薄膜或清除灰尘，即可解决故障。

空气式时间继电器受到环境湿度变化的影响，以及长期存放都会使延时时间发生变化，可针对具体情况适当调整。

4. 速度继电器的故障和维修　速度继电器发生故障后，一般表现为电动机停车时，不能制动和停止转动。造成此故障的原因不是触头接触不良，就是调整螺钉调整不当或胶木摆杆断裂。只要拆掉速度继电器的后盖进行维修即可。

复习思考题

1. 某工地有一台额定功率为 1.1kW、额定电压为 380V 的三相笼型异步电动机，应选用什么型号、规格的刀开关？

2. 交流接触器在衔铁吸合前瞬间为什么在线圈中会产生很大的冲击电流？直流接触器会不会产生同样现象？为什么？

3. 交流接触器在运行中产生很大噪声的原因有哪些？触头发黑或发毛时，应如何处理？

4. 交流接触器在运行中触头熔焊的原因有哪些？

5. 接触器和继电器的触头为什么要采用银合金？

6. 热继电器有哪几种类型？如何选用？

7. 热继电器如何调节成自动复位和手动复位？

8. 如何选用交流接触器？

9. 交流接触器短路环的作用是什么？

10. 行程开关的作用是什么？常用型号有哪些？

11. 电动机的起动电流较大，当电动机起动时，热继电器会不会动作，为什么？

12. 在电动机的主电路中装有熔断器，为什么还要装热继电器？

13. 常用熔断器有哪些型号？各有什么特点？

14. 如何正确选用熔断器？

15. 在安装和使用接触器时，应注意哪些事项？

16. 常用的时间继电器有哪些类型？

17. 如何选用和使用时间继电器？

18. 中间继电器和接触器有何异同处？

19. 速度继电器的用途和工作原理是什么？

20. 频敏变阻器的作用是什么？

21. 画出 KTJ1—50/1 型凸轮控制器触头分合展开图。

22. 已知交流三相异步电动机，额定功率为 7kW，额定电流为 14.5A，电压为 380V，试选择热继电器、接触器、熔断器的型号及规格。

23. 什么是制动电磁铁？它有何用途？

24. 普通的两相或三相结构的热继电器，为什么不能对三角形联结的电动机进行断相保护？

25. 电磁机构常见故障表现有哪几种？故障原因是什么？

26. 交流接触器在运行中，有时线圈断电后，衔铁仍掉不下来，是何原因？

27. 能否将接触器的灭弧罩取下后，在带负载的情况下观察和试验接触器的通断？为什么？

28. 画出和写出接触器、中间继电器、速度继电器的图形符号和文字符号。

29. 画出和写出热继电器、熔断器、过电流继电器、欠电压继电器的图形符号及文字符号。

30. 画出和写出凸轮控制器、万能转换开关、刀开关、断路器的图形符号和文字符号。

第二单元　电力拖动基本环节

用电动机拖动生产机械时，必须有相应的电气线路来控制电动机，以实现生产机械的各项功能。实现简单功能的电气线路叫基本环节电路。任何复杂的电气线路都是由一些基本电路所组成的，所以，掌握基本电路的工作原理是掌握机床电气运行、安装、检修的必由之路。

电力拖动常用的基本环节有全压起动、减压起动、制动和调速等控制线路。

课题一　电动机的全压起动控制

电动机接通电源后由静止状态逐渐加速到稳定运行状态的过程，称为电动机的起动。若将额定电压直接加到电动机的定子绕组上，使电动机起动旋转，称为全压起动，也称直接起动。全压起动的优点是所用电气设备少、线路简单、维修量较小；缺点是起动电流大，且因电网电压降低而影响其他电气设备的稳定运行。判断一台交流电动机能否采用直接起动可按下面的条件来确定

$$\frac{I_{st}}{I_N} \leqslant \frac{3}{4} + \frac{S_t}{4P_N}$$

式中　I_{st}——电动机全压起动电流（A）；

I_N——电动机额定电流（A）；

S_t——电源变压器容量（kV·A）；

P_N——电动机功率（kW）。

满足此条件即可全压起动，否则应采用减压起动。

一、原理图的绘制原则

机床的电气线路图，按其用途可分为电气原理图和电气接线图两种。电气原理图反映电气线路的各项控制和保护功能，是安装、调试和分析机床电气故障的理论依据。但原理图不能反映线路中各种控制和保护器件的电气结构实体、安装位置及器件间接线的实际走向。为克服上述不足，以利于实际工作，所以必须要有电气接线图。电气接线图是将原理图具体化的结果，是配线的实际用图。

1. 原理图绘制的一般原则

1）以国标图形符号表示电气元器件。

2）通常将主电路与辅助电路分开，主电路画在辅助电路的左边或上部，辅助电路画在主电路的右边或下部。

3）可以将同一电气元器件分解为几部分，画在不同的电路中，但必须以同一文字符号标注。

4）各电气元器件的触头位置都按电路未受外力作用时的常态位置画出。促使触头动作的外力方向必须是：当图形垂直放置时为从左向右，即在垂线左侧的触头为动合触头，在垂

线右侧的触头为动断触头；当图形水平放置时为从下向上，即在水平线下方的触头为动合触头，在水平线上方的触头为动断触头。

5）对有直接电联系的交叉导线连接点，要用小黑点表示，如“┼”；无直接电联系的交叉导线连接点则不画小黑点，如“十”。当两条连接导线丁线相交时，画或不画小黑点均表示有直接电联系。

2. 电路各接点标记

1）三相交流电源引入线采用 L1、L2、L3 标记。

2）电源开关之后的三相交流电源主电路分别按 U、V、W 顺序标记。

3）各电动机分支电路的各接点标记常采用三相文字代号后面加两位阿拉伯数字来表示，如 U12、V12、W12。

4）控制电路采用阿拉伯数字编号，标注方法按“等电位”原则进行，标号顺序一般由上而下和由左至右编号，凡被线圈、触头、电阻、电容、熔断器等元件所间隔的线段，都应标以不同的编号。

3. 阿拉伯数字与电气图形文字符号组合方法　常采用阿拉伯数字放在电气设备、元器件文字符号的后面，如 KM1、KA1 等。

二、电力拖动基本环节电路的安装方法和步骤

1. 画电气接线图　首先应以电气原理图主电路为线索，确定各电器的安装位置。然后对照电气原理画出电气接线图。

主电路从电源到电动机端子，一般要依次经过电源开关、控制板的电源进线接线板、熔断器、接触器动合主触头、热继电器及出线接线板。但由于电动机和电源开关属于板外电路，可不画出，其余电器应依次排列在控制板上。为方便配线和检修，同类电器（例如三只熔断器）应排成一列，左右留出 10～15mm 的空间距离，不宜太近或太远。太近，不便于配线或维修；太远，则松散不美观。不同类型的电器，前后之间的距离也不宜太远或太近，以不妨碍配线为原则。

电气接线图中的电器，主要是画出其电气结构件如触头、线圈等。所以，电器布线图中电器的轮廓尺寸和安装距离，在电气接线图上只能作大体的参考。在不改变电器位置关系的前提下，以能清晰地画出接线图，并能据此进行实际配线为准。画电气接线图时，应注意以下几点。

1）同一电路中所有元器件（例如同一接触器的主、辅触头和线圈），应根据线路走向按实体轮廓集中画在一起。各元器件的图形符号应和电气原理图中的符号相同。

2）连接导线应画得横平竖直，转弯处应画成直角。按主、控电路分类，凡同类（主或控）电路同一配线路径的若干根连接线，应合并成一根汇总线（即所谓集束表达方式）画出。当从某一接线桩引下来的导线进入或离开汇总线时，进、出汇交点应面得倾斜，以示出导线的来路和去向。

3）各元件接线桩标号，应和电气原理图中的相应线端标号一致；通过导线直接短接的若干个接线桩的接线标号应相同。

4）按钮、行程开关、速度继电器等板外电器，一律画在板外；板内与板外电器有连接关系时，一律通过板上的接线板相接。

5）画完接线图之后，应进行复查：各接线桩的标号，与电气原理图是否一致；接线标号相同的接线桩之间，连线标号是否相同。

图 2-1a 所示为具有过载保护的电动机正转控制原理图。图 2-1b 所示为具有过载保护的电动机正转控制接线图。它是根据图 2-1a 所示的原理图，且考虑到各电器元件的安装位置而绘制的。

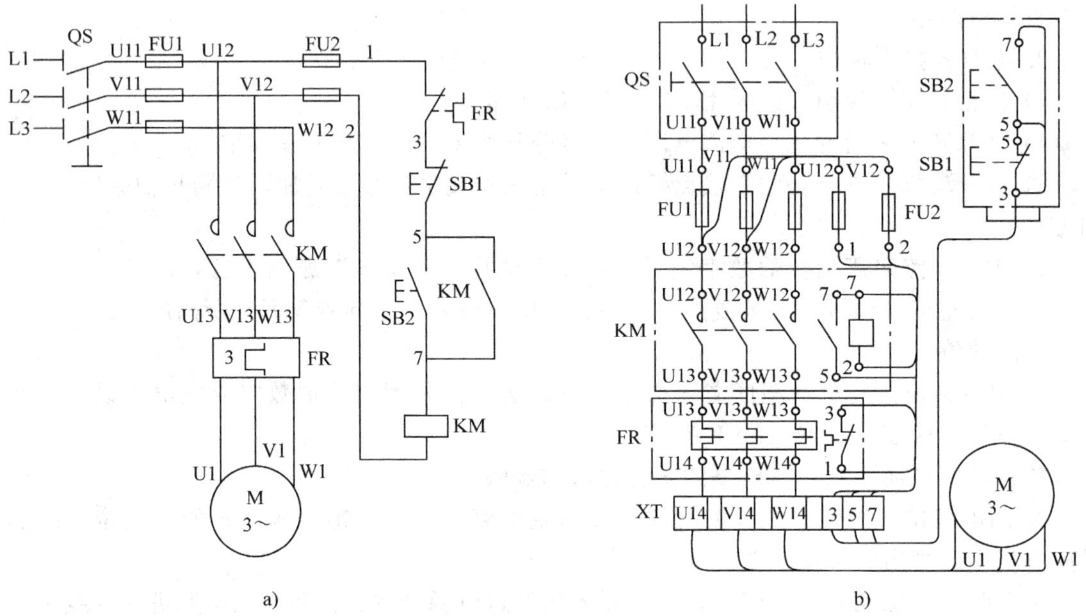

图 2-1　具有过载保护的电动正转控制电路

a）原理图　b）接线图

2. 清点和检查电器元件　根据电器布置图，清点电器元件。查种类、数量、型号规格及元件功能是否正常或损坏，否则应进行修理或更换。

3. 电器元件的安装　根据电器布置图，将电器元件，用木螺钉牢固地安装在控制板指定位置。由于电器的安装孔大都在陶瓷或胶木压制品上，拧木螺钉时，不可用力过猛，否则会拧破安装孔。要求元器件与底板保持横平竖直，所有元器件在底板上的固定应牢固，不得有松动现象。安装接触器时，要求散热孔朝上。

4. 控制箱的配线　控制箱配线常用的有明配线、塑料穿线槽的配线和暗配线。

（1）明配线　明配线又称板前配线，如图 2-2 所示。它是将电器元件之间的连接部分全部安装在板前。主电路的连接线一般采用较粗的 2.5mm² 的单股塑料铜芯线；控制电路一般采用 1mm² 的单股塑料铜芯线，并且要用不同颜色的导线来区别主电路、控制电路和地线。

明配线安装的特点是，线路整齐美观，导线去向清晰，便于查找故障。

（2）塑料穿线槽配线　当电气控制柜内的空间较大时，可应用塑料穿线槽的配线方式。塑料穿线槽由盖板及槽底座组成，其外形如图 2-3 所示。槽中空间容纳导线，缺口供导线进出用。由于电器元件的所有连接导线都要通过塑料穿线槽，所以在电气安装板的四周都需配置穿线槽。塑料穿线槽可用螺钉固定在底板上。

塑料穿线槽配线的特点是，配线效率高，省工时；对电器元件在底板上的排列方式没有特殊要求；在维修过程中更换元器件时，对线路的完整性也无影响。但配线所用导线的数量较多。

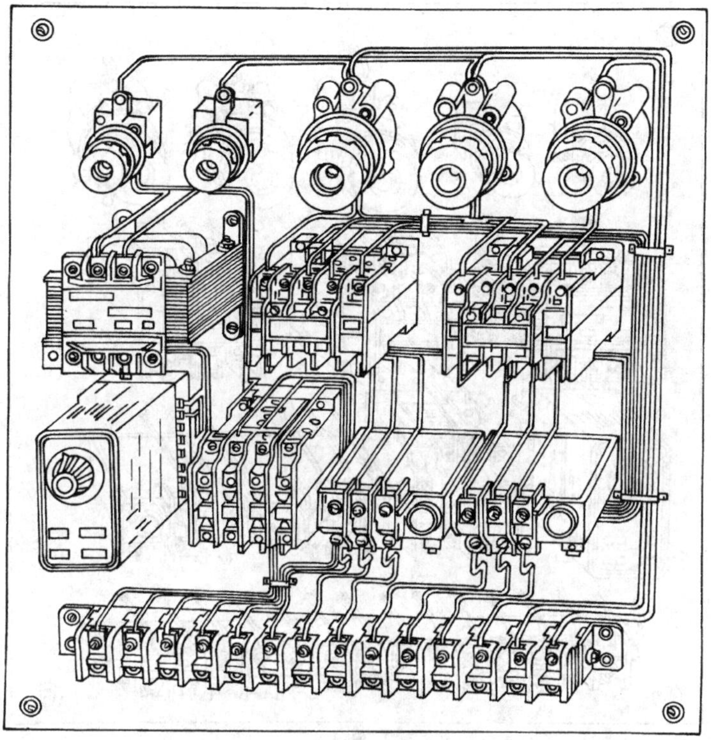

图 2-2　配电板的明配线

(3) 暗配线　暗配线又称板后配线，如图 2-4 所示。当各电器元件在配电板上的位置确定后，在每一个电器元件的接线端处钻削出比连接导线外径略大的孔，并在孔中插进塑料套管，即可穿线。

暗配线的特点是，配线速度较快，容易长时间保持板面的整洁。其缺点是维修时如导线磨损或导线管脱落，查对线号较困难。

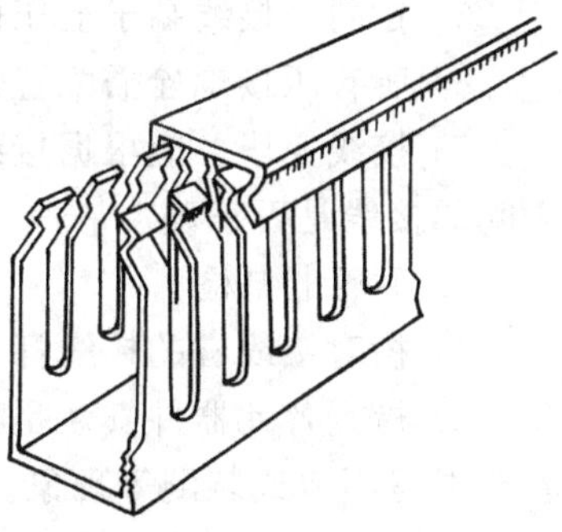

图 2-3　塑料穿线槽

(4) 配电板配线时的注意事项

1) 配电板上导线应配置整齐美观、横平竖直，转弯处尽可能是直角。成排、成束的导线应有线夹固定在配电板上。

2) 明配线时，配电板上的导线不应妨碍电器元件的拆卸。

3) 连接线的两端应根据电气原理图或接线图套上相应的线号。线号的印制方法有：用压印机在异形塑料管上压出线号；将数字或字母印在白色塑料套管上；有时也采用人工书写的方法来制成线号，此时除了书写要端正、清晰外，还应保证线号能长时间不消失。在线端上套（或贴）号码时，要遵循制图标准。

在聚氯乙烯软管上书写线号的药水，可用环己酮和龙胆紫调和成的墨水，也可用 300mL 的二氯乙烷（或二氯乙烯）加 2g 龙胆紫（或 3.5g 苯胺黑）调和后，再滴入 30 滴冰醋酸而成。书写完毕后，可适当加温，以防止字迹模糊、消失。

4) 根据两端接线端子的要求，将削去绝缘的导线线头按螺栓拧紧方向弯成圆环或直接压上，多股线压头处应烫上焊锡。

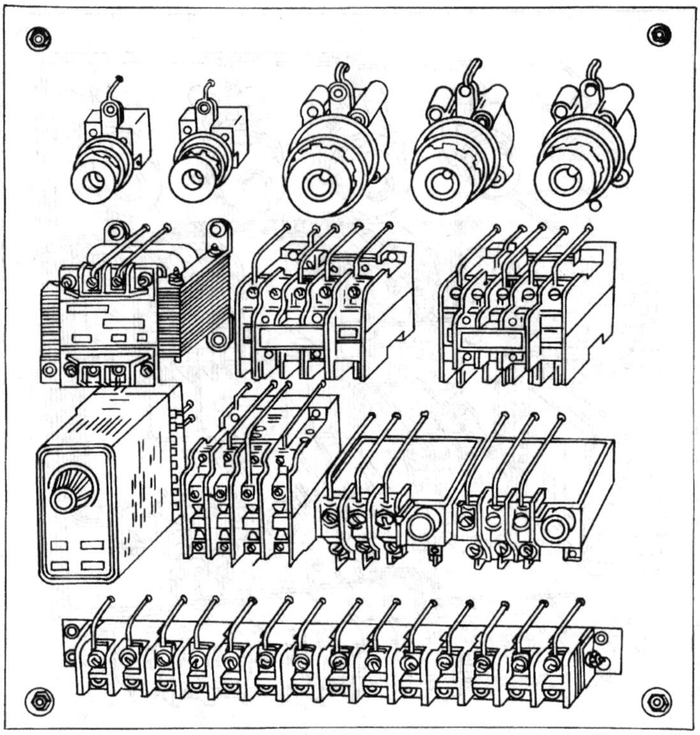

图 2-4　配电板的暗配线

5）在同一接线端子上压两根以上不同截面导线时，大截面放下层，小截面放上层。

6）所有压接螺栓需配置镀锌的平垫、弹簧垫，并要牢固压紧，防止松动。

7）接线完毕，应根据接线图或原理图，仔细检查各元器件与接线端子之间及它们相互之间的接线是否正确。

5. 不通电自检

1）核对接线桩的接线标号是否与接线图完全一致，连接导线有无接错或漏接。

2）检查各元器件安装是否牢固，线头与接线桩连接是否有脱落或松动，标号牌有无漏套或书写不清或装倒等现象。

3）检测主电路是否接通及控制电路功能是否正常。

电阻测量法　用电阻测量法能迅速有效地找出故障原因。

①　分阶电阻测量法。分阶电阻测量法如图 2-5 所示。

按下起动按钮 SB2，若接触器 KM1 不吸合，说明该电气回路有故障。

检查时，先断开电源，把万用表扳到电阻档，按下 SB2 不放，测量 1-7 两点间的电阻。如果电阻为无穷大，说明电路断路；然后逐段分阶测量 1-2、1-3、1-4、1-5、1-6 各点间的电阻值。当测量到某标号时，若电阻突然增大，说明表笔刚跨过的触头或连接线接触不良或断路。

②　分段电阻测量法。电阻的分段测量法如图 2-6 所示。

检查时先切断电源，然后逐段测量相邻两标号点 1-2、2-3、4-5、5-6 间的电阻。再按下起动按钮 SB2，测量 3-4 间的电阻。如测量得到某两点间的电阻很大，说明该触头接触不良或导线断路。例如测得 2-3 两点间电阻很大时，说明停止按钮 SB1 接触不良。

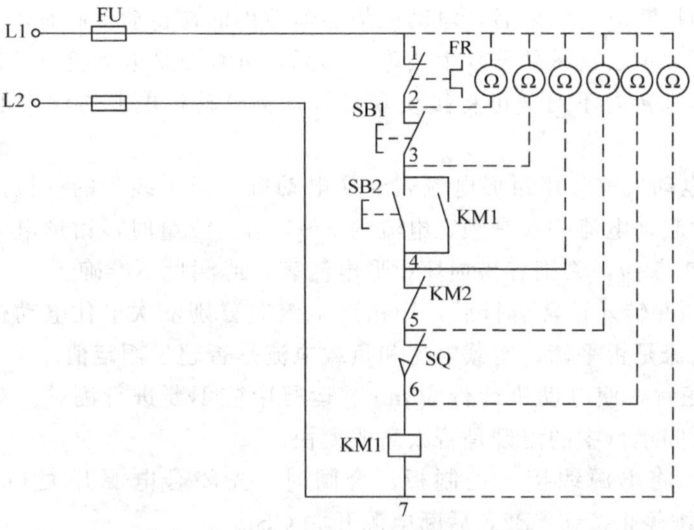

图 2-5　分阶电阻测量法

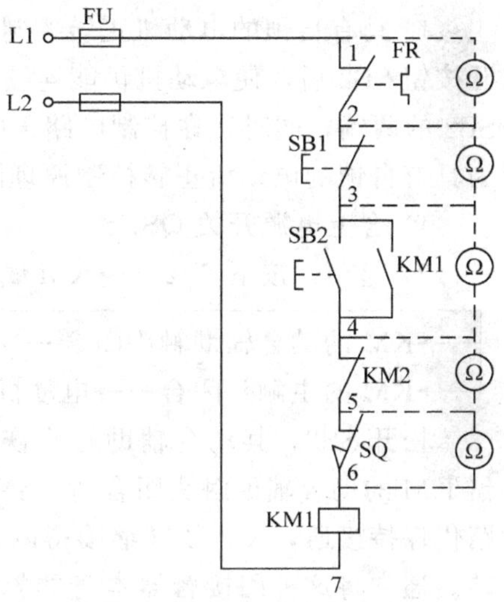

图 2-6　分段电阻测量法

③ 注意事项。电阻测量法的优点是安全；缺点是测量不准确时易造成判断错误。为此应注意下述几点：

a. 用电阻测量法检查故障时一定要断开电源。

b. 所测量电路与其他电路并联，必须将该电路与其他电路断开，否则所测量电阻值不准确。

c. 测量高电阻电器元件，要将万用表的电阻档扳到适当的位置上。

6. 一般检验与试车

(1) 试车前的检查　检查内容如下所述：

1) 用绝缘电阻表对电路进行测试，检查元器件及导线绝缘是否良好，有无相间或相线与底板之间短路现象。

2) 用绝缘电阻表对电动机及电动机引线进行对地绝缘测试，检查有无对地短路现象。断开电动机三相绕组间的连接头，用绝缘电阻表检查电动机引线相间绝缘，检查有无相间短路现象。

3) 用手转动电动机转轴，观察电动机转动是否灵活，有无噪声及卡住现象。

4) 断开交流接触器下接线端上的电动机引线，接上起动和停止按钮。在电气柜电源进线端通上三相额定电压，按起动按钮，观察交流接触器是否吸合，松开起动按钮后能否自保持住，然后用万用表交流 500V 档量程，测量交流接触器下接线端有无三相额定电压，是否断相。如果电压正常，按停止按钮，观察交流接触器是否能断开。一切动作正常后，断开总电源，将交流接触器下接线端头电动机引线复原。

(2) 试车　试车步骤如下：

1) 合上总电源开关。

2) 左手手指触摸起动按钮，右手手指触摸停止按钮。左手按压起动按钮，电动机起动后，注意听和观察电动机有无异常声及转向是否正确。如果有异常声或转向不对，应立即按停止按钮，使电动机断电。断电后，电动机依靠惯性仍旧在转动。此时，应注意异常声是否还有：如仍有，可判定是机械部分发生故障；如无，可判断是电动机电气部分故障发出噪声及转向异常。电动机转向不对，可将接线盒打开，将电动机电源进线中的任意两相对调即可。

3）再次起动电动机前，用钳形电流表卡住电动机三根引线中的一根，测量电动机的起动电流。电动机的起动电流一般是额定电流的 5～7 倍。测量时，钳形电流表的量程应超过这一数值的 1.2～1.5 倍，否则容易损坏钳形电流表，或测量不准确。

4）电动机起动并转入正常运行后，用钳形电流表分别依次卡住电动机的三根引线，测量电动机的三相电流是否平衡，空载电流和负载电流是否超过额定值。

5）如果电流正常，使电动机运行 30min。运行中应不断进行测试。对于电动机的外壳温度，应检查长时间运行中的温升是否太高或太快。

7. 通电试车　将电源线接入控制板，合闸时，先闭合电源开关 QS，后按起动按钮 SB1；分闸时，先按停止按钮 SB2，后断电源开关 QS。

三、正转控制

1. 具有自锁的电动机正转控制　由图 2-7 可知，如果按下按钮 SB2 后电动机运转；松开按钮 SB2 后，使电动机仍能连续运转，则需要把接触器 KM 的动合辅助触头并联在按钮 SB2 的两端，同时，在控制电路再串联一个停止按钮 SB1，控制电动机的停转。图 2-7 所示为具有自锁的电动机正转控制原理图，工作原理如下所述。

1）合上电源开关 QS。

2）起动：按下 SB2 ⟶ KM 线圈得电

→ KM 的动合辅助触头闭合 ⟶ 自锁

→ KM 的主触头闭合 ⟶ 电动机 M 起动运转

松开 SB2，其动合辅助触头恢复分断，由于接触器 KM 的动合辅助触头闭合时已将 SB2 短接，控制电路仍保持接通，KM 线圈继续得电，电动机 M 继续运转。通常将这种用接触器本身的触头来使其线圈保持得电的作用叫自锁（或自保）。与起动按钮 SB2 并联的 KM 的这一对动合辅助触头叫自锁（或自保）触头。

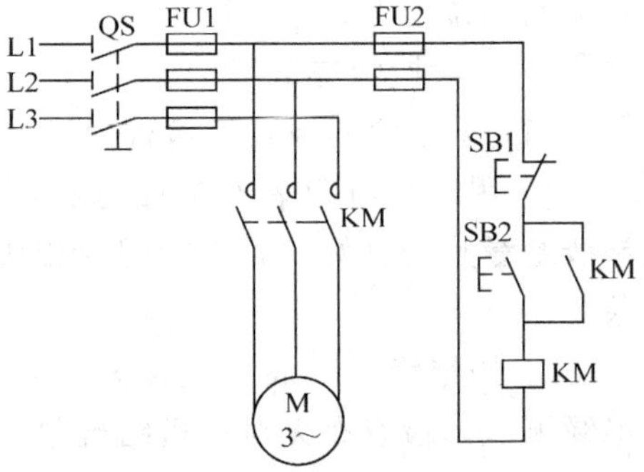

图 2-7　具有自锁的电动机正转控制原理图

3）停止：按下 SB1 ⟶ KM 线圈失电

→ KM 的动合辅助触头断开 ⟶ KM 线圈失电

→ KM 的主触头断开 ⟶ 电动机 M 停转

具有自锁的电动机正转控制电路的另一个重要特点是：它具有欠电压与失电压或零电压保护的功能。

1）欠电压保护。若电源电压下降，电动机的电流就会上升，电压下降严重，可能烧坏电动机，甚至发生事故。在具有自锁的控制线路中，当电动机运转时，电源电压降低到一定值（一般低于工作电压的 85%）时，接触器磁通减弱，电磁吸力不足，动铁心就会释放，使自锁触头断开，失去自锁，同时主触头也会断开，电动机停转从而得到保护。欠电压是指电源电压低于电动机的额定电压。欠电压保护是指当电源电压下降到某一数值时，电动机能自动脱离电源电压而停转，避免电动机在欠电压下运行的一种保护。

2）失电压（或零电压）保护。在具有自锁的电路中，在电源临时停电后再恢复供电时，由于自锁触头已断开，接触器线圈不得电，主触头不会闭合，因而电动机也不会自行起动运转，从而避免意外事故发生。失电压保护是指电动机在正常运行时，若出现突然断电现象，保护装置将自动切断电源；供电系统恢复正常供电后，电动机不会自行起动。

2. 具有过载保护的电动机正转控制　上述电路具有短路、欠电压和失电压保护，但这样还不够，因为电动机在运转过程中，如在长期负载过大、操作频繁、断相运行等情况下时，都可能使电动机的电流超过它的额定值。而在这种情况下，熔断器往往并不会熔断，这将引起绕组过热，若温度超过允许温升就会使绝缘损坏，影响电动机的使用寿命，严重的甚至烧坏电动机，因此，对电动机必须采取过载保护。一般采用热继电器作为过载保护元件，具有过载保护的电动机正转控制电路如图 2-1 所示。

图中 FR 为热继电器，它的热元件串接在电动机的主电路中，动断触头则串联在控制电路中。

如果电动机在运行过程中，由于过载或其他原因使负载电流超过额定值时，经过一定时间，串接在主电路的热继电器的双金属片因受热弯曲，使串接在控制电路中的动断触头分断，从而切断控制电路，接触器 KM 的线圈失电，主触头断开，电动机 M 停转，达到了过载保护的目的。

3. 点动与长动控制　在实际工作中，机床既要点动调整，也需要长期工作（又称长动控制）。图 2-8 所示的是点动与长动控制电路。该电路是在图 2-1 所示控制电路的基础上，增加了一个复合按钮 SB3 来实现点动与长动控制的。

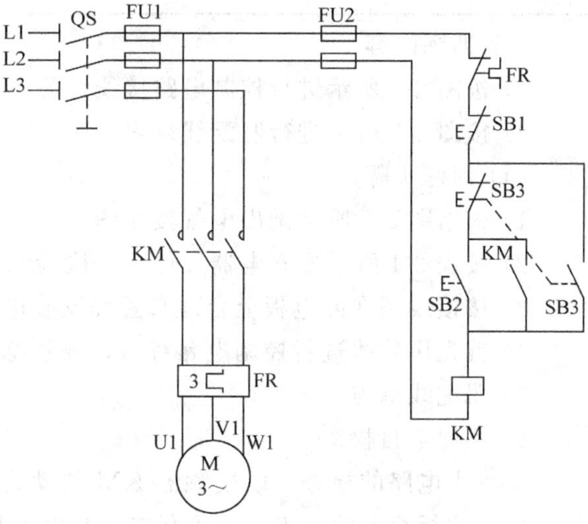

图 2-8　点动与长动控制电路

工作原理如下所述。

1）先合上电源开关 QS。

2）点动：按下按钮 SB3，其动断触头先断开自锁电路，动合触头使接触器 KM 线圈得电，主触头闭合，电动机 M 运转。松开按钮 SB3，其动合触头先断开，使接触器 KM 线圈失电，主触头断开，电动机 M 停转。而后动断触头闭合，这时接触器 KM 的自锁辅助触头已断开。

3）长动：按下按钮 SB2，接触器 KM 吸合并自锁，电动机 M 运转；松开 SB2，电动机 M 仍继续运转。SB1 为停止按钮。

四、操作技能训练 2-1　具有自锁的电动机正转控制电路的安装

（1）教学要求　掌握具有自锁的电动机正转控制电路的安装。掌握其工作原理。

（2）准备要求

1）工具：电工通用工具一套：验电器、钢丝钳、旋具（一字形和十字形）、电工刀、尖嘴钳、活扳手、剥线钳等。

2）仪表：绝缘电阻表（500V）、钳形电流表、万用表（自定）。

3）器材：见表 2-1。

表 2-1　具有自锁的电动机正转控制电路的安装电器元件明细表

代号	名称	型号	规　格	数量
M	三相电动机	Y112M—4	4kW、380V、8.8A、1440r/min	1
QS	组合开关	HZ10—25/3	三极、25A	1
FU1	熔断器	RL1—60/20	500V、60A、配熔体 20A	1
FU2	熔断器	RL1—15/2	500V、15A、配熔体 2A	2
KM	交流接触器	CJ10—10	10A、线圈电压 380V	1
SB1、SB2	按钮	LA10—2H	保护式、380V、5A、按钮数 2	1
XT	端子板	JD0—1020	380V、10A、20 节	1
	控制板		500mm×450mm×20mm	1
	主电路导线	BVR—1.5	1.5mm^2	若干
	控制电路导线	BVR—1.0	1mm^2	若干
		BV—1.0	1mm^2	若干
	按钮线	BVR—0.75	0.75mm^2	若干
	接地线	BVR—1.5	1.5mm^2	若干

（3）训练内容

1）按图 2-7 所示进行控制电路接线练习。

2）按图 2-7 所示进行明配线练习。

（4）训练步骤

1）根据图 2-7 所示画出电气接线图。

2）按表 2-1 所示配齐电器元件，并检验元件的质量。

3）按接线图在配电板上合理布置和安装电器元件。

4）首先用软线进行控制电路练习，要熟练掌握。

5）明配线练习。

6）不通电自检

① 主电路的检查。以接触器 KM 的动合主触头为分界线，分别检查其电源方（与电源进线接线板直通的一方）和负载方（与电动机接线板直通的一方）。可用电阻法检查各根相线的断路点。

② 控制回路的检查。检测时，万用表测试点一般应放在控制电路的电源进线端（即进火点）FU1 和 FU2。

a. 按下 SB2，万用表有指示，说明控制电路接通。但万用表一搭上测试点就有指示，则说明按钮接线有误。

b. 按下 KM 的铁心，万用表若有指示，说明自锁接对；若无指示，则可能是自锁触头接触不良或接线错误。

c. 按住 KM 的铁心，万用表若有指示；再按 SB1，万用表指针返回∞位，说明停止按钮接对。

7）检查无误后通电试车。

（5）注意事项

1）为保证起动、停止按钮接线无误，接线方法和步骤如下：

① 短接 SB1、SB2。

② 分别从 SB2、SB2、SB1 各引连接导线一根至端子。

③ 直接相通的两根按钮线接端子的 1、3 号端子，剩下的一根接 5 号端子。

2）通电试车注意事项

① 被试电动机外壳接地（或接零）必须良好。

② 电动机绕组必须按其铭牌要求连接成角（△）形或（丫）星。

③ 电动机起动和停车要求，见本课题第一部分第 7 点。

3）接线时，必须先接负载端，后接电源端；先接接地端，后接三相电源相线。

4）自检工作完毕后，经生产实习指导教师检查合格后，方可通电试运行。

5）练习应在规定的时间内完成，同时要做到安全操作和文明生产。

（6）评分标准　见表 2-2。

表 2-2　具有自锁的正转控制线路的安装考核标准

序号	主要内容	考核要求	评分标准	配分	扣分	得分
1	元件选用及检查	1. 所选用的电器元件的种类、数量和规格要符合图样要求和满足电动机容量的要求 2. 根据电动机的容量选择主回路用导线的截面	1. 主回路、控制回路的熔断器，熔体每有一种选择不正确扣 3 分 2. 接触器、按钮等电器元件每有一种选择不正确扣 3 分 3. 主回路、控制回路所用导线截面每有一种选择不正确扣 3 分	10		
2	元件安装	1. 按图样的要求，正确使用工具和仪表，熟练地安装电气元器件 2. 元件在配电板上布置要合理，安装要准确紧固 3. 按钮盒不固定在板上	1. 元件布置不整齐、不均称、不合理，每只扣 1 分 2. 元件安装不牢固、安装元件时漏装螺钉，每只扣 1 分 3. 损坏元件每只扣 2 分	10		
3	布线	1. 接线要求美观、紧固、无毛刺，导线要整齐 2. 电源和电动机配线、按钮接线要接到端子排上，导线要有端子标号	1. 电动机运行正常，如不按电路图接线，扣 1 分 2. 布线不美观，主电路、控制电路每根扣 1 分 3. 接点松动、露铜过长、压绝缘层，标记线号不清楚、遗漏或误标每处扣 1 分 4. 损伤导线绝缘或线芯，每根扣 1 分	30		
4	通电试验	在保证人身和设备安全的前题下，通电试验一次成功	1. 热继电器整定值错误扣 2 分 2. 主、控电路配错熔体，每个扣 1 分 3. 一次试车不成功扣 5 分；二次试车不成功扣 10 分；三次试车不成功扣 15 分	40		

（续）

序号	主要内容	考核要求	评分标准	配分	扣分	得分
5	安全文明生产	1. 劳动保护用品穿戴整齐 2. 电工工具佩带齐全 3. 遵守操作规程 4. 尊重老师，讲文明礼貌 5. 考试结束要清理现场	1. 各项考试中，违犯安全文明生产考核要求的任何一项扣 2 分，扣完为止 2. 学生在不同的技能试题中，违犯安全文明生产考核要求同一项内容的，要累计扣分 3. 当老师发现学生有重大事故隐患时，要立即予以制止，并每次扣学生安全文明生产总分 5 分	10		
备注			合计： 老师签字： 年　月　日			

五、操作技能训练 2-2　具有过载保护的电动机正转控制电路的安装

（1）教学要求　掌握具有自锁的电动机正转控制电路的安装。掌握其工作原理。

（2）准备要求

1）工具：电工通用工具一套：验电器、钢丝钳、螺钉旋具（一字形和十字形）、电工刀、尖嘴钳、活扳手、剥线钳等。

2）仪表：绝缘电阻表（500V）、钳形电流表、万用表（自定）。

3）器材：见表 2-3。

表 2-3　具有过载保护的电动机正转控制电路的安装电器元件明细表

代号	名称	型号	规　格	数量
M	三相电动机	Y112M—4	4kW、380V、8.8A、1440r/min	1
QS	组合开关	HZ10—25/3	三极、25A	1
FU1	熔断器	RL1—60/20	500V、60A、配熔体 20A	3
FU2	熔断器	RL1—15/2	500V、15A、配熔体 2A	2
KM	交流接触器	CJ10—10	10A、线圈电压 380V	1
FR	热继电器	JR16—20/3	三极、20A、整定电流 8.8A	1
SB1、SB2	按钮	LA10—2H	保护式、380V、5A、按钮数 2	1
XT	端子板	JD0—1020	380V、10A、20 节	1
	控制板		500mm×450mm×20mm	1
	主电路导线	BVR—1.5	$1.5mm^2$	若干
	控制电路导线	BVR—1.0	$1mm^2$	若干
		BV—1.0	$1mm^2$	若干
	按钮线	BVR—0.75	$0.75mm^2$	若干
	接地线	BVR—1.5	$1.5mm^2$	若干

（3）训练内容

1）按图 2-1 所示进行控制电路接线练习。

2）按图 2-1 所示进行明配线练习。

（4）训练步骤　在自锁正转控制电路板上，根据具有过载保护的线路中加装热继电器 FR，完成具有过载保护的电动机正转控制电路的安装。

（5）注意事项

1）用万用表找准热继电器动断触头，以免误接动合触头。

2）热继电器的热元件应串联在主电路中，动断触头则串联在控制电路中。

3）热继电器在一般情况下应置于手动复位的位置上。

4）其他注意事项同操作技能训练 2-1。

（6）评分标准　同操作技能训练 2-1。

六、操作技能训练 2-3　点动与长动控制电路的安装

（1）数学要求　掌握点动与长动控制电路的安装；掌握其工作原理。

（2）准备要求

1）工具：电工通用工具一套：验电笔、钢丝钳、旋具（一字形和十字形）、电工刀、尖嘴钳、活扳手、剥线钳等。

2）仪表：绝缘电阻表（500V）、钳形电流表、万用表（自定）。

3）器材：见表 2-4。

表 2-4　点动与长动控制电路的安装电器元件明细表

代号	名称	型号	规　格	数量
M	三相电动机	Y112M—4	4kW、380V、8.8A、1440r/min	1
QS	组合开关	HZ10—25/3	三极、25A	1
FU1	熔断器	RL1—60/20	500V、60A、配熔体 20A	3
FU2	熔断器	RL1—15/2	500V、15A、配熔体 2A	2
KM	交流接触器	CJ10—10	10A、线圈电压 380V	1
FR	热继电器	JR16—20/3	三极、20A、整定电流 8.8A	1
SB1、SB2、SB3	按钮	LA10—3H	保护式、380V、5A、按钮数 3	1
XT	端子板	JD0—1020	380V、10A、20 节	1
	控制板		500mm×450mm×20mm	1
	主电路导线	BVR—1.5	$1.5mm^2$	若干
	控制电路导线	BVR—1.0	$1mm^2$	若干
		BV—1.0	$1mm^2$	若干
	按钮线	BVR—0.75	$0.75mm^2$	若干
	接地线	BVR—1.5	$1.5mm^2$	若干

（3）训练内容

1）按图 2-8 所示进行控制电路接线练习。

2）按图 2-8 所示进行明配线练习。

（4）训练步骤

1）根据图 2-8 所示画出电气接线图。

2）按表 2-4 所示配齐电器元件，并检验元器件的质量。

3）按接线图在配电板上合理布置和安装电器元件。

4）首先用软线进行控制电路练习，要熟练掌握。

5）明配线练习。

6）不通电自检。

① 主电路的检查。以接触器 KM 的动合主触头为分界线，分别检查其电源方（与电源进线接线板连通的一方）和负载方（与电动机接线板连通的一方）。可用电阻法检查各根相线的断路点。

② 控制电路的检查。检测时，万用表测试点一般应放在控制电路的电源进线端（即进火点）两个 FU2 之间。

a. 按下 SB2，万用表若有指示，说明控制电路接通。若无指示，则应首先检查 FR 的动断触头是否恢复闭合。

b. 按下 SB3，万用表若有指示，说明点动按钮动合触头接对。

c. 卸下 SB3（检测完毕恢复其接线），按住 KM 的铁心，万用表有指示，说明线路自锁良好；再按 SB3，万用表指针返回∞位，说明 SB3 的动断触头与自锁触头 KM 接对。

7）检查无误后通电试车。

8）练习应在规定的时间内完成，同时要做到安全操作和文明生产。

（5）注意事项

1）该电路要求点动按钮的动断触头恢复闭合的时间必须大于接触器的释放时间。

2）被试电动机的外壳接地（或接零）状况必须良好。

3）电动机绕组必须按其铭牌要求联接成三角形或星形。

（6）评分标准　同操作技能训练 2-1。

七、正反转控制

有的生产机械往往要求实现正反两个方向的运动，如主轴的正反转和起重机的升降等。由电磁场原理可知，若将接至交流电动机的三相电源进线中任意两相接线对调，即可进行反转。常用正反转控制电路有以下几种。

1. 倒顺开关正反转控制　倒顺开关也叫可逆转换开关，利用它可以改变电源相序来实现电动机的手动正反转控制。铣床主轴电动机的正反转选择就是由倒顺开关来控制的。图 2-9 所示的是倒顺开关正反转控制电路。

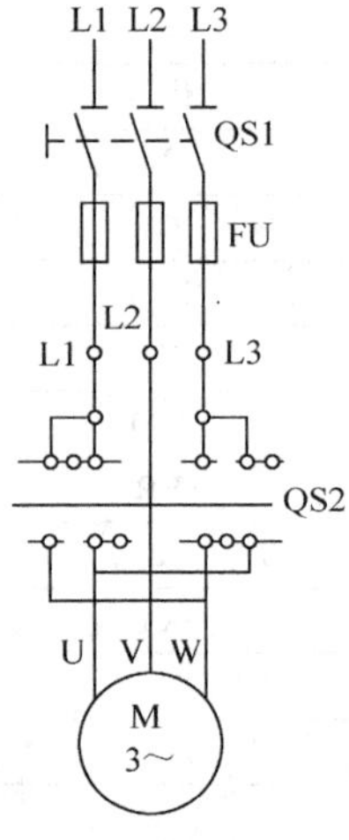

图 2-9　倒顺开关电动机正反转控制电路

该线路的工作原理是：合上电源开关 QS1；操作倒顺开关 QS2；手柄扳至“顺”位置时，QS2 的动触头和静触头保持接触，电路按 L1-U、L2-V、L3-W 接通，三相电源接入电动机定子绕组，电源相序为 L1-L2-L3，电动机正转。手柄扳至“停”位置时，QS2 的动、静触头不接触，电路不通，电动机不转。手柄扳至“倒”位置时，QS2 的动触头和静触头接触，电路按 L1-W、L2-V、L3-U 接通，三相电源接入电动机定子绕组，电源相序为 L3-L2-L1，电动机反转。

必须注意的是，当电动机处于正转状态时，欲使它反转，必须先把手柄扳至“停”位置，使电动机先停止转动，然后再把手柄扳至“倒”位置，使它反转。如果直接由“顺”扳至“倒”因电源突然反接，会产生很大的反接电流，易使电动机的定子绕组损坏。

2. 接触器互锁正反转控制　接触器互锁的电动机正转控制电路如图 2-10a 所示。图中采用两个接触器，即正转用的接触 KM1 和反转用的接触 KM2。当接触器 KM1 得电吸合，主触头闭合三相电源 L1-L2-L3 按 U1-V1-W1 相序接入电动机，使电动机正转。而当接触器 KM2 得电吸合，主触头闭合，三相电源 L1-L2-L3 按 W1-V1-U1 相序接入电动机，使接入电动机的三相电源和正转时相比有两相接线对调，使电动机反转。

从主电路来看，如果接触器 KM1 和 KM2 同时通电，主触头同时闭合，将造成 L1、L2 两相电源短路，因此要在接触器 KM1 和 KM2 线圈各自的支路中相互串联对方的一对动断辅助触头，以保证接触器 KM1 和 KM2 不会同时通电，防止了相间短路。接触器 KM1 和 KM2 这两对动断辅助触头在电路中所起的作用称为联锁（或互锁）作用，这两对触头就叫联锁触头。

接触器联锁的电动机正反转控制电路工作原理如下所述。

1）合上 QS。

2）正转控制：按下 SB2 ⟶ KM1 线圈得电吸合 ⟶

⟶ KM1 的自锁触头闭合 ⟶ 自锁

⟶ KM1 的主触头闭合 ⟶ 电动机 M 正转

⟶ KM1 的联锁触头分断 ⟶ 对 KM2 联锁

松开 SB2 ⟶ 电动机 M 继续正转运行

3）反转控制：先按 SB1 ⟶ KM1 失电释放 ⟶

⟶ KM1 的自锁触头分断 ⟶ 触除对 KM1 的自锁

⟶ KM1 的主触头分断 ⟶ 电动机 M 停转

⟶ KM1 的联锁触头闭合 ⟶ 解除对 KM2 的联锁

松开 SB1 ⟶ 电动机 M 已停转；

再按下 SB3 ⟶ KM2 得电吸合 ⟶

⟶ KM2 的自锁触头闭合 ⟶ 自锁

⟶ KM2 的主触头闭合 ⟶ 电动机 M 反转

⟶ KM2 的联锁触头分断 ⟶ 对 KM1 联锁

松开 SB3 ⟶ 电动机 M 继续反转运行。

由以上分析可知，若要改变电动机的转向，必须先按下停止按钮 SB1，再按下反向按钮 SB2 或 SB3，才能实现反转，显然操作不太方便。

3. 按钮联锁正反转控制　将图 2-10a 中正转按钮 SB2 和反转按钮 SB3 替换为两个复合按钮，并用复合按钮的动断触头代替接触器的动断联锁触头串联在对方的控制电路中，就构成了按钮联锁的电动机正反转控制电路，如图 2-10b 所示。

按钮联锁的电动机正反转控制电路工作原理如下所述。

1）合上 QS。

2）正转控制：按 SB2 ⟶ SB2 动断头先分断 ⟶ 对 KM2 联锁

⟶ SB2 动合触头后闭合 ⟶ KM1 线圈得电 ⟶

⟶ KM1 自锁触头闭合 ⟶ 自锁

⟶ KM1 主触头闭合 ⟶ 电动机 M 正转

松开 SB2→SB2 动断触头闭合→解除联锁

→电动机继续正转

3）反转控制：按下 SB3→SB3 动断触头先分断→KM1 线圈失电→

→KM1 自锁触头分断→解除自锁

→KM1 主触头分断→电动机 M 停转

→SB3 动合触头后闭合→KM2 线圈得电→

→KM1 自锁触头闭合→自锁

→KM2 主触头闭合→电动机 M 停转

松开按钮 SB3→SB3 动断触头闭合→解除联锁

↓

电动机M继续反转

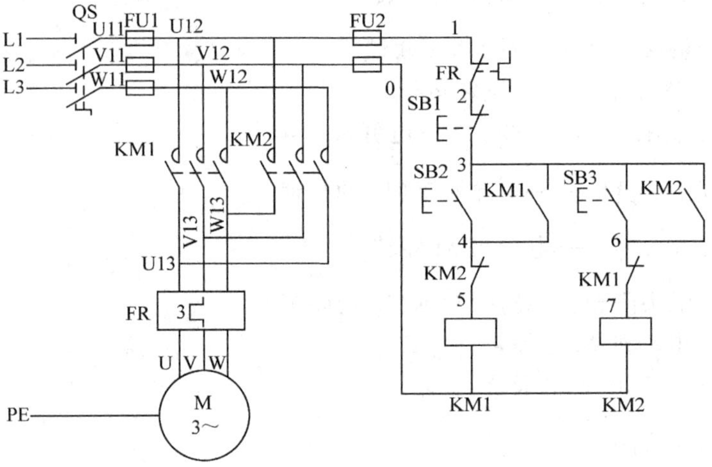

a)

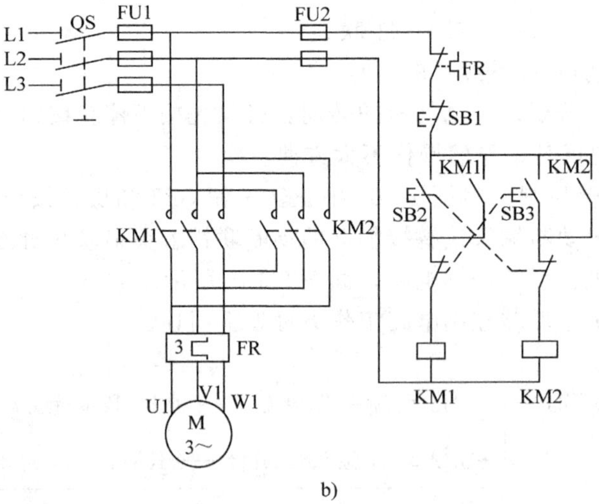

b)

图 2-10 电动机正反转控制电气原理图

a）接触器联锁 b）按钮联锁

4）停止：按下 SB1 ⟶电动机 M 停止转动。

这种电路的优点是操作方便，由上面分析可知，要电动机反向运行可直接按下反向按钮即可。其缺点是易产生电源两相短路故障，如正转接触器 KM1 发生主触头熔焊或机械卡阻等故障，即使接触器线圈失电，主触头也分断不开，若直接按下反转按钮 SB3，KM2 得电动作主触头闭合，则会造成 L1、L3 两相电源短路故障。所以此线路还不太安全可靠。

4. 按钮、接触器双重联锁正反转控制电路　把图 2-10a 和图 2-10b 电路的优点结合起来就构成了双重联锁的电动机正反转控制电路。实际上就是在按钮联锁的基础上，增加了接触器联锁。双重联锁正反转控制电路，如图 2-11 所示。这种电路操作方便，安全可靠，应用非常广泛。其工作原理可自行分析。

5. 用行程开关进行自动往返控制　机械设备中如铣床的工作台等要求在一定的距离内能自动不断循环地往返，以使工件能连续加工。图 2-12a 所示为自动往返行程控制电气原理图；图 2-12b 所示为工作台往返示意图。实质上是用行程开关控制自动实现电动机的正反转。

SQ1、SQ2、SQ3、SQ4 为行程开关，按要求安装在机床床身固定的位置上，其中使用 SQ1、SQ2 作为自动换接电动机的正反转控制电路，使用 SQ3、SQ4 作为终端限位，防止 SQ1、SQ2 失灵使工作台超过限定位置而造成事故。

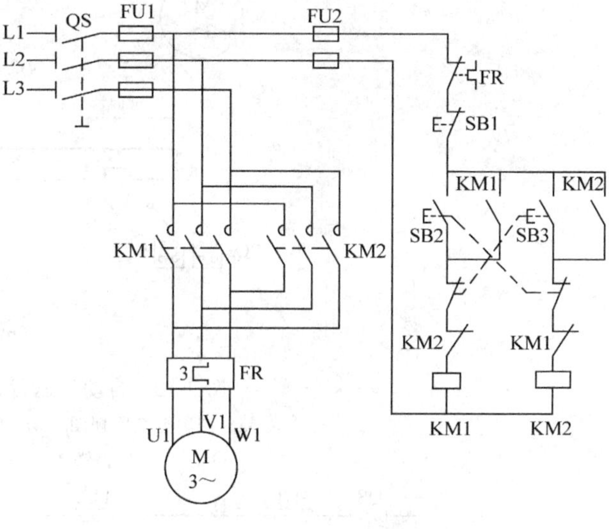

图 2-11　按钮、接触器双重联锁的电动机正反转控制原理图

工作原理如下：合上电源开关 QS，按下按钮 SB2，接触器 KM1 线圈得电吸合并自锁，电动机 M 正转使工作台向左运动，当运行到挡铁 1 并碰撞行程开关 SQ1 位置时，使行程开关 SQ1 动断触头断开，KM1 失电，电动机停止转动。与此同时，行程开关 SQ1 动合触头闭合，KM2 线圈得电吸合并自锁电动机 M 反转并使工作台向右运动，同时行程开关 SQ1 复原。当运行到挡铁 2 并碰撞行程开关 SQ2 位置时，使行程开关 SQ2 动断触头断开，KM2 失电，电动机停转。与此同时，行程开关 SQ2 动合触头闭合，KM1 线圈得电吸合并自锁，电动机 M 正转使工作台控制线路失电，电动机停止转动。该电路起动时可先按下按钮 SB2，也可先按按钮 SB3。

值得注意的是，该电路只能和其他电路共同使用。若单独使用，若挡铁 1 或 2 碰撞行程开关 SQ1 或 SQ2 时（行程开关的动断触头分断、动合触头闭合），这时如果突然停电再重新供电，那么不用按下按钮 SB2 或 SB3，工作台即可自行起动并自动往返循环，易造成事故。若一定要单独使用，可选用图 2-13 所示具有零电压保护的自动往返行程控制电路。

该电路使用了一只零电压继电器 KHV，当由突然停电到重新供电后，因没有按下按钮 SB2

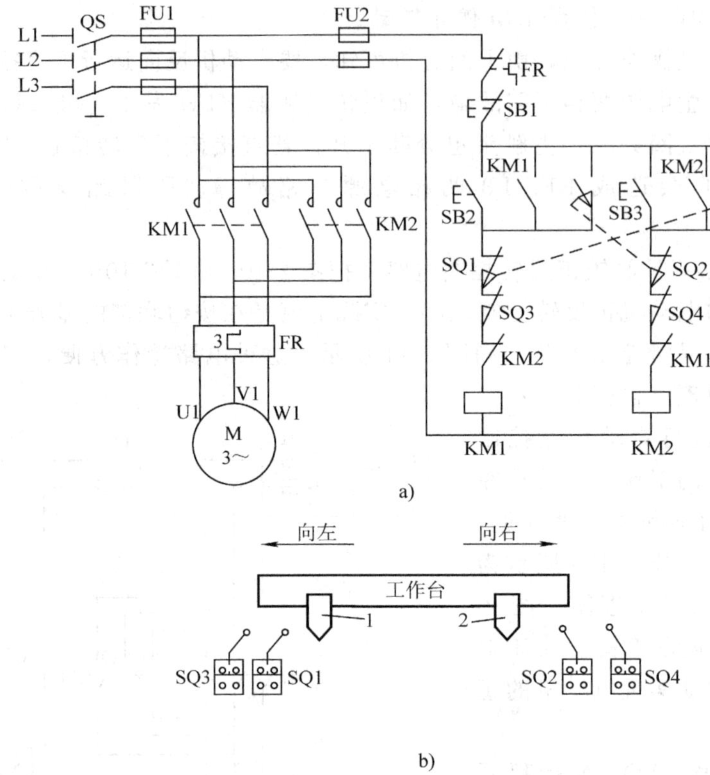

图 2-12　自动往返行程控制原理图

a）控制电气原理图　b）工作台往返示意图

1—挡铁 1　2—挡铁 2

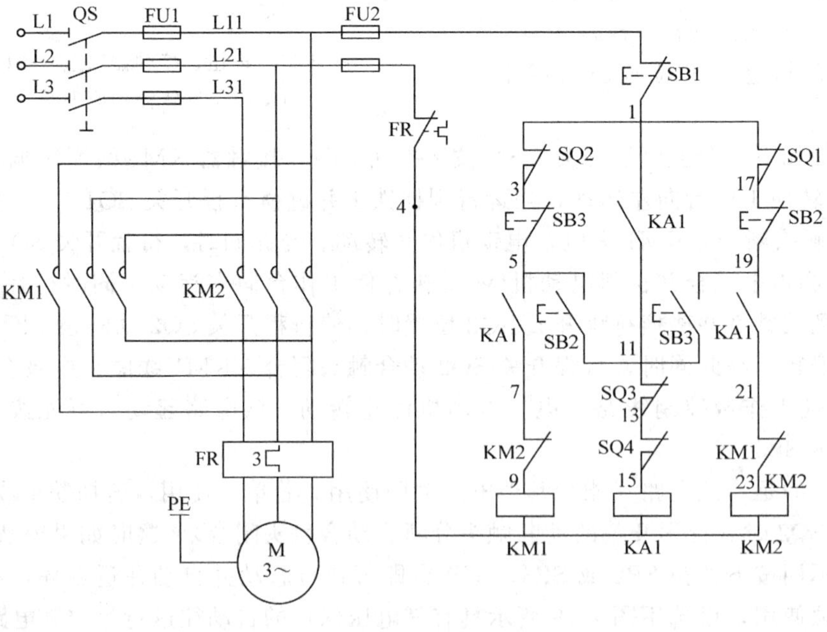

图 2-13　具有零电压保护的自动往返行程控制原理图

或 SB3，继电器 KHV 不会吸合，所以不会自行起动，工作原理请自行分析。

八、操作技能训练 2-4　接触器联锁正反转控制电路的安装

（1）教学要求　掌握接触器联锁的正反转控制电路的安装。掌握其工作原理。

（2）准备要求

1）工具：电工通用工具一套：验电器、钢丝钳、旋具（一字形和十字形）、电工刀、尖嘴钳、活扳手、剥线钳等。

2）仪表：绝缘电阻表（500V）、钳形电流表、万用表（自定）。

3）器材：见表 2-5。

表 2-5　接触器联锁正反转控制电路的安装电器元件明细表

代号	名称	型号	规　格	数量
M	三相电动机	Y112M—4	4kW、380V、8.8A、1440r/min	1
QS	组合开关	HZ10—25/3	三极、25A	1
FU1	熔断器	RL1—60/20	500V、60A、配熔体 20A	3
FU2	熔断器	RL1—15/2	500V、15A、配熔体 2A	2
KM1-KM2	交流接触器	CJ10—10	10A、线圈电压 380V	2
FR	热继电器	JR16—20/3	三极、20A、整定电流 8.8A	1
SB1、SB2	按钮	LA10—2H	保护式、380V、5A、按钮数 2	1
XT	端子板	JD0—1020	380V、10A、20 节	1
	控制板		500mm×450mm×20mm	1
	主电路导线	BVR—1.5	1.5mm²	若干
	控制电路导线	BVR—1.0	1mm²	若干
		BV—1.0	1mm²	若干
	按钮线	BVR—0.75	0.75mm²	若干
	接地线	BVR—1.5	1.5mm²	若干

（3）训练内容

1）按图 2-10a 所示进行控制电路接线练习。

2）按图 2-10a 所示进行明配线练习。

（4）训练步骤

1）根据图 2-10a 所示画出电气接线图。

2）按表 2-5 所示配齐电器元件，并检验元件的质量是否合格。

3）按接线图在配电板上合理布置和安装电器元件。

4）首先用软线进行控制电路练习，要熟练掌握。

5）明配线练习。

6）接线要点

①　主电路的反转接触器 KM2 的负载方，第 1、3 相应倒相，否则不能实现电动机正反转。正反转接触器主触头对应接线桩可架空连接（俗称“飞线”）。

②　控制电路正反转联锁接线必须正确。

7）不通电自检。卸掉 FU2 在 L2 相的熔体，切断控制电路与主电路之间的电流通路；卸开正反转接触器之间的连线，切断它们之间的电流通路（检测完毕恢复其接线）。检测时，先检测与 FR 相通的支路。

① 第一测试点 U12（FU1）、0 号线（FU2）。若线圈 KM1 支路与 FR 相通，则：

a. 按 SB2，万用表有指示，说明控制电路接通；若无指示，则应首先检查 FU2、FR 是否通路。

b. 按住（不要放手）KM1 铁心，万用表有指示，说明正转支路自锁良好，再按 KM2 铁心，万用表指针返回∞位说明该支路联锁接对。

② 第二测试点 U12（FU1）、0 号线（KM2）。

a. 按 SB3，万用表有指示，说明反转支路接通。

b. 按住（不要放手）KM2 铁心，万用表有指示，说明反转支路自锁良好；再按 KM1 铁心，万用表指针返回∞位，说明该支路联锁接对。

（5）注意事项

1）被测试电动机外壳的接地（或接零）状况必须良好。

2）电动机的绕组必须按其铭牌要求连接成三角形（△）联结或星形（Y）联结。

3）电动机起动和停车要求，见本课题第一部分相关内容。

4）接线时，必须先接负载端，后接电源端；先接接地端，后接三相电源相线。

5）接触器联锁触头接线必须正确，否则将会造成主电路中两相电源短路事故。

6）自检工作完毕后，经生产实习指导教师检查合格后，方可通电试运行。

7）练习应在规定的时间内完成，同时要做到安全操作和文明生产。

（6）评分标准　同操作技能训练 2-1。

九、操作技能训练 2-5　按钮、接触器双重联锁正反转控制电路的安装

（1）教学要求　掌握按钮、接触器双重联锁的正反转控制电路的安装。掌握其工作原理。

（2）准备要求

1）工具：电工通用工具一套：验电器、钢丝钳、旋具（一字形和十字形）、电工刀、尖嘴钳、活扳手、剥线钳等。

2）仪表：绝缘电阻表（500V）、钳形电流表、万用表（自定）。

3）器材：见表 2-6。

表 2-6　按钮、接触器双重联锁正反转控制电路的安装电器元件明细表

代号	名称	型号	规　格	数量
M	三相电动机	Y112M—4	4kW、380V、8.8A、1440r/min	1
QS	组合开关	HZ10—25/3	三极、25A	1
FU1	熔断器	RL1—60/20	500V、60A、配熔体 20A	3
FU2	熔断器	RL1—15/2	500V、15A、配熔体 2A	2
KM1、KM2	交流接触器	CJ10—10	20A、线圈电压 380V	2
FR	热继电器	JR16—20/3	三极、20A、整定电流 8.8A	1
SB1、SB2、SB3	按钮	LA10—3H	保护式、380V、5A、按钮数 3	1

（续）

代号	名称	型号	规　格	数量
XT	端子板	JD0—1020	380V、10A、20 节	1
	控制板		500mm×450mm×20mm	1
	主电路导线	BVR—15	1.5mm²	若干
	控制电路导线	BVR—10	1mm²	若干
		BV—1.0	1mm²	若干
	按钮线	BVR—0.75	0.75mm²	若干
	接地线	BVR—1.5	1.5mm²	若干

（3）训练内容

1）按图 2-11 所示进行控制电路接线练习。

2）按图 2-11 所示进行明配线练习。

（4）训练步骤

1）同原来的电路相比较，板内电器及主电路保持不变，但板内要改变某些接线桩的接线标号，板外增加两根按钮线并完成按钮联锁接线。

2）不通电自检。同操作技能训练 2-4，但为了检验按钮联锁是否接对，还需加两步：按住 SB2，再按 SB3，万用表指针返回∞位，说明正转联锁接对；按住 SB3，再按 SB2，若万用表指针亦返回∞位，则说明反转联锁接对。

（5）注意事项　同操作技能训练 2-4。

（6）评分标准　同操作技能训练 2-1。

十、顺序控制与多地控制

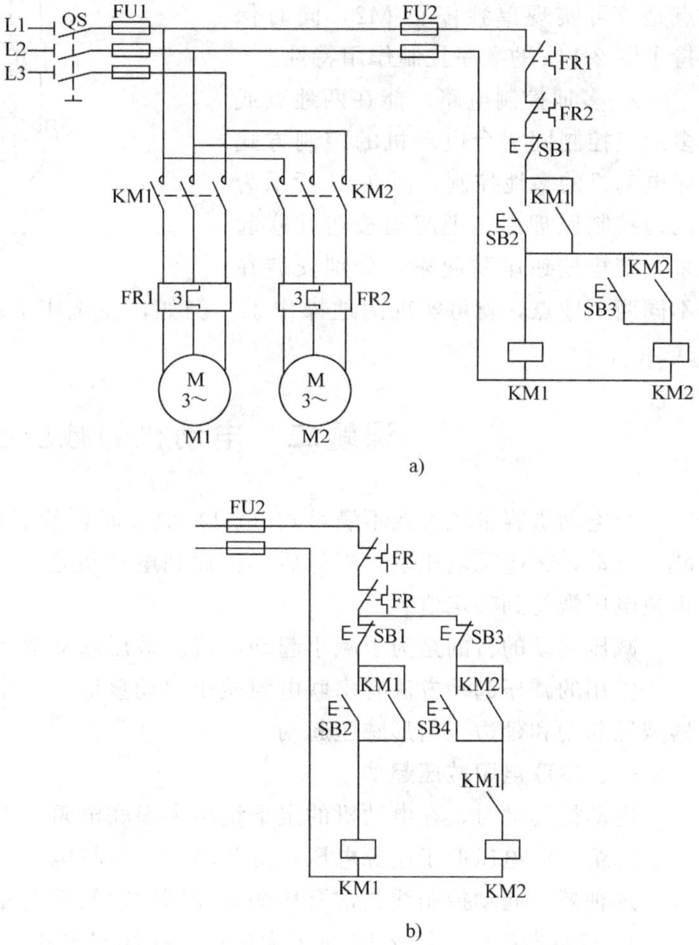

图 2-14　顺序控制原理图

a）控制电路（一）　b）控制电路（二）

1. 顺序控制电路　在装有多台电动机的生产机械上，各电动机所起的作用不同，有时需要按一定的顺序起动才能保证操作过程的合理性与工作的安全性。例如，在铣床上要求主轴电动机起动后，才能起动进给电动机。又如，带有液压系统的机床，一般都要求液压泵电动机起动后，才能起动其他电动机。这种顺序关系反映在控制电路上，就称为顺序控制。

图 2-14a 所示的是两台电动机 M1 和 M2 的顺序控制电路。该电路的特点是，电动机 M2 的控制电路是接在接触器 KM1 的动合辅助触头之后，这就保证了只有当 KM1 得电吸合，电动机 M1 起动后，电动机 M2 才能起动。而且，如果由于过载等原因使 KM1 失电，电动机 M1 停转，那么电动机 M2 也立即停转。停止时按下按钮 SB1，电动机 M1 和 M2 将同时停转。

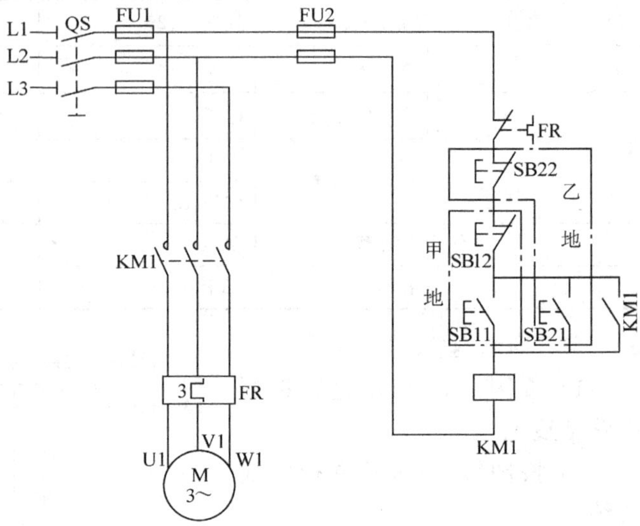

图 2-15　两地控制原理图

图 2-14b 所示的是另一种顺序控制线路（主电路未画出）。该电路的特点是，可实现单独停止 M2，同时保持了图 2-14a 的顺序控制作用特性。

2. 多地控制电路　能在两地点或多地点控制同一台电动机的控制方式叫电动机的多地控制。图 2-15 所示为两地控制原理图，把起动按钮并联起来，停止按钮串联起来，分别安装在不同两个地点，就可实现两地操作了。例如，在铣床上就采用了两地控制主轴电动机的方式。

课题二　电动机的减压起动控制

当电动机容量较大或不满足式（2-1）成立时，就不能进行直接起动，应采用减压起动。减压起动是将电源电压适当降低后，再加到电动机定子绕组上进行起动，当电动机起动后，再使电压恢复到额定值。

减压起动的目的是为了减小起动电流。减压起动适用于空载或轻载下起动。

常用的减压起动方法有串联电阻减压起动星形—三角形（Y—△）减压起动、自耦变压器减压起动和延边三角形减压起动。

一、串联电阻减压起动

电动机起动时，在电动机的定子绕组中串联电阻，由于电阻的分压作用，使加在电动机定子绕组上的电压低于电源电压，待起动后，再将电阻短接，电动机便在额定电压下正常运行。这种减压起动控制线路常有接触器控制和时间继电器控制两种形式。

1. 接触器控制　图 2-16 所示为按钮、接触器控制电路。

该电路的工作原理如下所述：

1）合上电源开关 QS。

2）减压起动控制：按下 SB2 ⟶ KM1 线圈得电

⟶ KM1 自锁触头闭合 ⟶ 自锁 ⟶ 松开按钮 SB2

⟶ KM1 主触头闭合 ⟶ 电动机 M 串电阻 R_{st} 减压起动

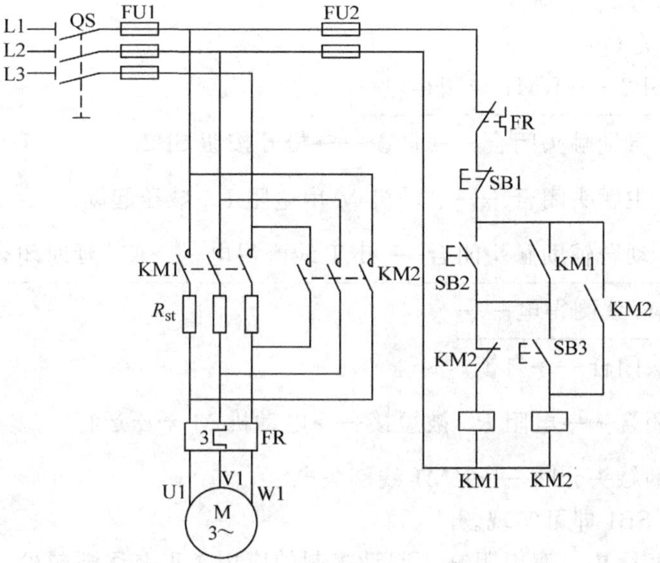

图 2-16 接触器控制串电阻减压起动控制原理图

3）全压运行：当电动机 M 转速达到一定值时，按下 SB3 ⟶KM2 线圈得电

⟶KM2 自锁触头闭合⟶自锁

⟶KM2 主触头闭合⟶电阻 R_{st} 被短接⟶电动机 M 全压运转

⟶KM2 动断辅助触头分断⟶KM1 线圈失电松开 SB3⟶电动机 M 会压运转

4）停止：按 SB1→控制电路失电→电动机 M 停转

2. 时间继电器控制　图 2-17 所示为时间继电器控制电路，这种线路用时间继电器 KT 来代替 SB3，从而实现了电动机从减压起动到全压运行的自动控制。

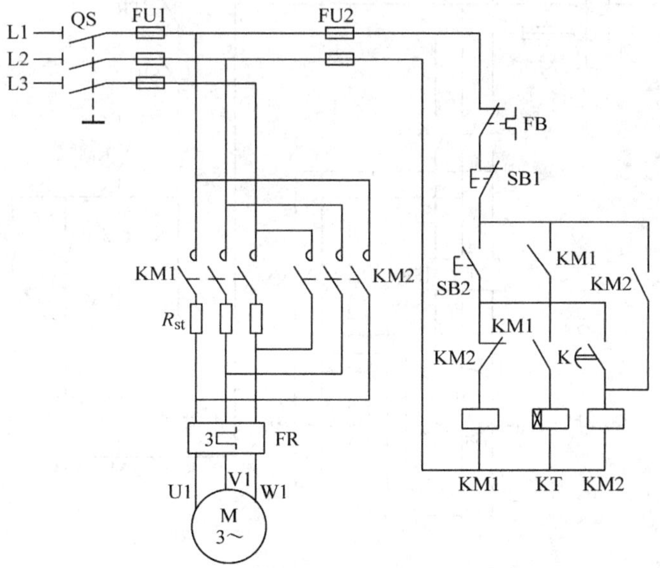

图 2-17 时间电器控制串电阻减压起动控制原理图

该线路的工作原理如下所述：

1）合上电源开关 QS。

2）起动：按下 SB2——→KM1 线圈得电—┐

├→KM1 自锁触头闭合——→自锁——→松开按钮 SB2

├→KM1 主触头闭合——→电动机 M 串电阻 R_{st} 减压起动

└→KM1 动合辅助触头闭合——→KT 线圈得电——→KT 延时闭合的动合触头闭合—┐

└→KM2 线圈得电—┐

├→KM2 自锁触头闭合——→自锁

├→KM2 主触头闭合——→电阻 R_{st} 被短接——→电动机 M 全压运行

└→KM2 动断辅助触头分断——→KM1 线圈失电

3）停止：按下 SB1 即可实现。

在目前的生产实际中，串电阻减压起动控制的应用，正在逐渐减少。

二、星形-三角形（Y-△）减压起动

电动机起动时，把定子绕组连接成星形，起动即将完毕时，再恢复成三角形。这种起动方法只适用于正常工作时定子绕组为三角形联结的电动机。

电动机起动时，连接成星形，加在每相定子绕组上的电压只有三角形联结时的 $1/\sqrt{3}$，起动电流为三角形联结时的 1/3，故起动转矩也只有三角形联结的 1/3，所以这种减压起动方法，也只适用于空载或轻载起动。

1. 按钮、接触器控制线路　图 2-18 所示为按钮、接触器控制Y-△减压起动控制线路。

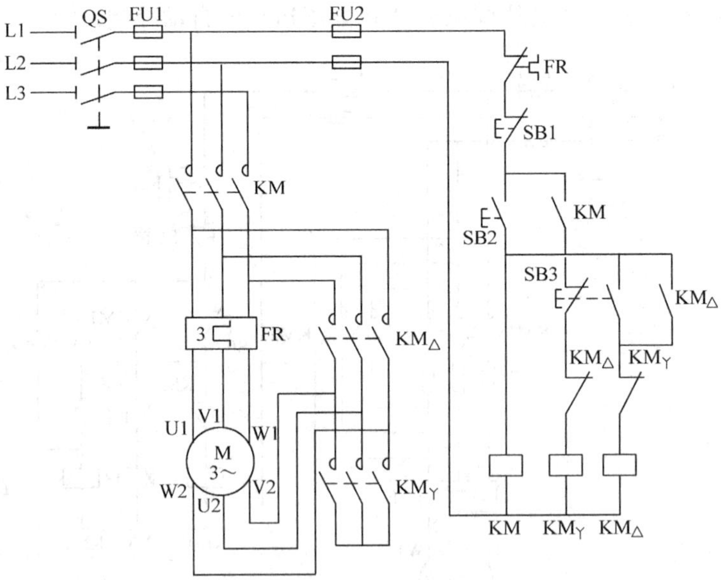

图 2-18　按钮、接触器控制Y-△减压起动控制原理图

该电路的工作原理如下所述：

1）合上电源开关 QS。

2）电动机Y联结减压起动：

按下 SB2
- →KM 线圈得电
  - →KM 自锁触头闭合→自锁→松开 SB2
  - →KM 主触头闭合 ┐
- →KM_{Y}线圈得电 ├→电动机 M 连接成星形起动
  - →KM_{Y}主触头闭合 ┘
  - →KM_{Y}联锁触头分断→对 $KM_{\triangle}$ 联锁

3）电动机△联结全压运行：当电动机转速上升到接近额定值时，

按下 SB3
- →KM_{Y}线圈失电
  - →KM_{Y}主触头分断→电动机失电惯性运行
  - →KM_{Y}联锁触头闭合
- →$KM_{\triangle}$ 线圈得电
  - →$KM_{\triangle}$ 自锁触头闭合→自锁→松开 SB3
  - →$KM_{\triangle}$ 主触头闭合→电动机 M 连接成三角形全压运行
  - →$KM_{\triangle}$ 联锁触头分断→对 KM_{Y}联锁

4）停止：按下 SB1 即可实现。

2. 时间继电器控制线路　图 2-19 所示为时间继电器控制Y-△减压起动控制电路。

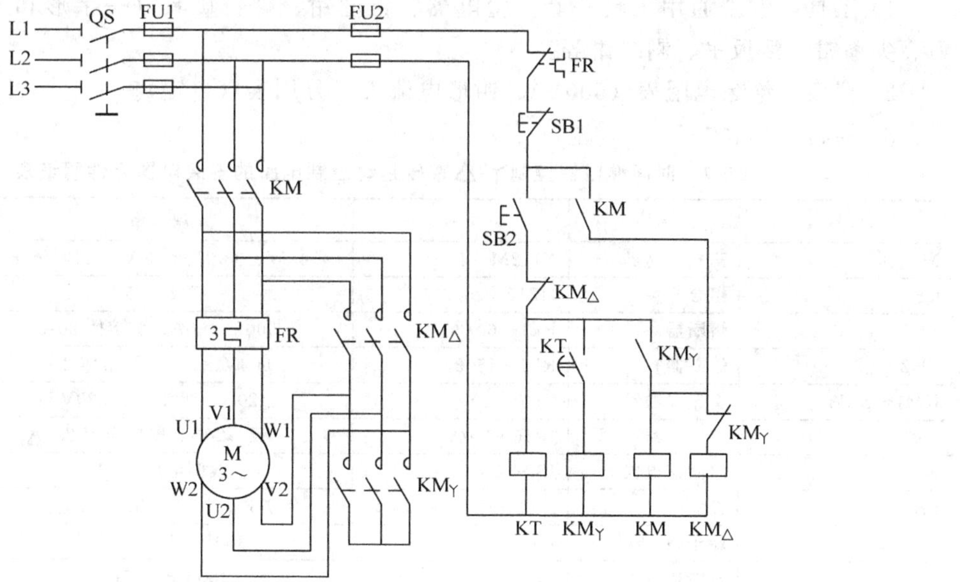

图 2-19　时间继电器控制Y-△减压起动控制原理图

该电路的工作原理如下所述：

1）合上电源开关 QS。

2）电动机Y起动与△联结全压运行：

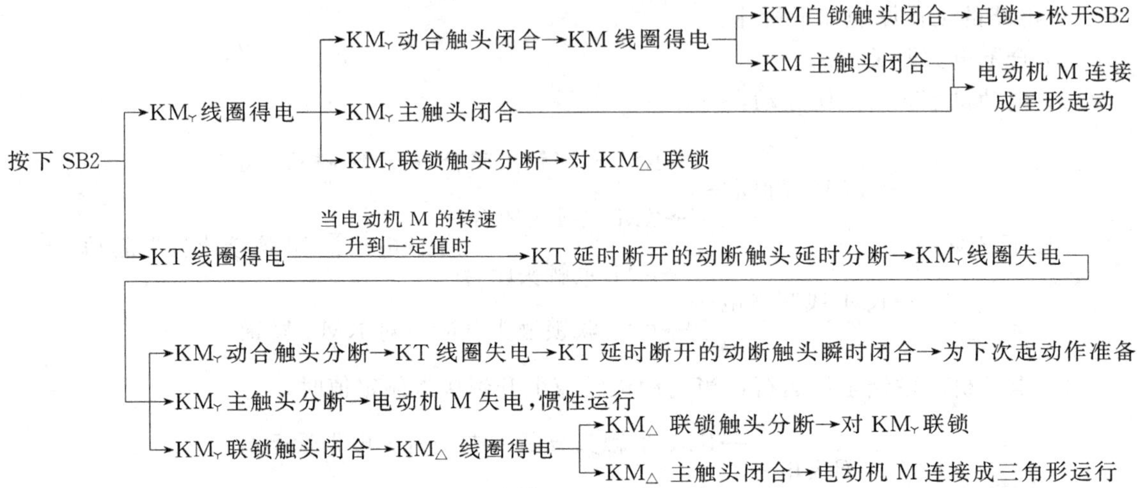

3）停止：按下 SB1 即可实现。

必须指出，KMY和 $KM_{\triangle}$ 实行电气联锁的目的是为了避免 KM_{Y} 和 $KM_{\triangle}$ 同时通电吸合而造成严重的短路事故。另外，时间继电器控制的Y-△减压起动控制线路有很多，在三角形联结的电动机中，过载保护热继电器热元件可与相绕组串联使用，又可与线绕组串联使用，选用时请读者自行注意分析。

三、操作技能训练 2-6　时间继电器控制Y-△减压起动控制电路的安装

（1）教学要求　掌握时间继电器控制Y-△减压起动控制电路的安装。掌握其工作原理。

（2）准备要求

1）工具：电工通用工具一套：验电器、钢丝钳、螺钉旋具（一字形和十字形）、电工刀、尖嘴钳、活扳手、剥线钳等。

2）仪表：绝缘电阻表（500V）、钳形电流表、万用表（自定）。

3）器材：见表 2-7。

表 2-7　时间继电器控制Y-△减压起动控制电路的安装电器元件明细表

代号	名称	型号	规　格	数量
M	三相电动机	Y112M—4	4kW、380V、8.8A、1440r/min	1
QS	组合开关	HZ10—25/3	三极、25A	1
FU1	熔断器	RL1—60/20	500V、60A、配熔体 20A	3
FU2	熔断器	RL1—15/2	500V、15A、配熔体 2A	2
KM1～KM3	交流接触器	CJ10—20	20A、线圈电压 380V	3
FR	热继电器	JR16—20/3	三极、20A、整定电流 8.8A	1
KT	时间继电器	JS7—2A	线圈电压 380V	1
SB1、SB2	按钮	LA10—2H	保护式、380V、5A、按钮数 2	1
XT	端子板	JD0—1020	380V、10A、20 节	1
	行线槽		180mm×25mm	若干
	控制板		500mm×450mm×20mm	1
	主电路导线	BVR—1.5	$1.5mm^2$	若干
	控制电路导线	BVR—1.0	$1mm^2$	若干
	按钮线	BVR—0.75	$0.75mm^2$	若干
	接地线	BVR—1.5	$1.5mm^2$	若干

(3) 训练内容

1) 了解时间继电器的结构。

2) 按图 2-19 所示进行软线连接练习。

(4) 训练步骤

1) 根据图 2-19 所示画出电气接线图。

2) 按表 2-7 所示配齐电器元件，并检验元件质量的好坏。

3) 按接线图在配电板上合理布置和安装电器元件，并贴醒目的文字符号。

4) 接线练习，接线要布置合理、美观，接点要紧固，在熔断器和端子上接线需要安装叉形扎头。导线要有端子标号。

5) 安装电动机。

6) 连接控制板外部导线。

7) 不通电自检。

8) 检查无误后通电试车。

(5) 注意事项

1) 接线板上电动机的 6 个接线端子标号不能弄错。在将电动机的 6 个出线端接到接线板上之前，也必须判明无误，否则将出现故障。

2) 接线时要保证△联结的正确性，即 $KM_{\triangle}$ 主触头闭合时，应保证 U1 与 W2、V1 与 U2、W1 与 V2 相连接（或 U1 与 V2、V1 与 W2、W1 与 U2 相连接）。

3) 时间继电器延时时间要调整好。

4) 线圈支路和线圈支路联锁必须接线无误，否则会造成电源相间短路。

5) 接线时，必须先接负载端，后接电源端；先接接地端，后接三相电源相线。

6) 自检工作完毕后，经生产实习指导教师检查合格后，在老师的监护下再通电运行。

7) 练习应在规定的时间内完成，同时要做到安全操作和文明生产。

(6) 评分标准　同操作技能训练 2-1。

四、自耦变压器（补偿器）减压起动

自耦变压器减压起动是利用自耦变压器来降低起动时加在电动机定子绕组上的电压，以达到限制起动电流的目的。电动机起动时，电动机定子绕组得到的电压是自耦变压器的二次电压，一旦起动完毕，自耦变压器便被切除，额定电压直接加到定子绕组上，电动机进入全电压正常运行。这种减压起动分为手动控制和时间继器控制两种。

1. 手动控制　图 2-20 所示为常用的 QJ3 型补偿器的结构图和控制电路。

QJ3 型补偿器由自耦变压器、保护装置、手柄操作机构、触头系统等部件组成，如图 2-20a 所示。

自耦变压器、保护装置和手柄操作机构安装在箱架的上部。自耦变压器的抽头电压有两种，分别是电源电压的 65％和 80％（出厂时接在 65％上），可以根据电动机起动时负载的大小选择不同的起动电压。线圈是按短时通电设计的，只允许连续起动两次。补偿器的电寿命为 5000 次。保护装置有过载保护和欠电压保护两种，过载保护采用双金属片热继电器 FR，也有用过电流继电器的。在室温 35℃ 环境下，电流增加到额定电流的 1.2 倍时，热继电器动作，其动断触头分断，KUV 线圈失电使补偿器掉闸，切断电源而停车。欠电压保护采用欠电压继电器 KUV，它由线圈、铁心和衔铁所组成，其线圈跨接在两相之间。在电源电压正常的情况下，线圈得电使铁心吸住衔铁，当电源电压降低到额定电压的85%以下时，铁心吸力减小，不能吸住衔铁，衔铁下落，通过操作机构使补偿器也会掉闸，切断电动机电源，起到欠电压保护作用。同理，在电源断电（零电压）时，补偿器也会掉闸，这样可防止恢复供电时电动机自行全电压起动。手柄操作机构包括手柄、主轴和机械联锁装置等。

触头系统包括两排静触头和一排动触头，全部安装在补偿器的下部，浸在绝缘油内。绝缘油的作用是熄灭触头分断时产生的电弧。绝缘油必须保持清洁，防止水分和杂物的掺入，以保证有良好的绝缘性能。上面一排触头叫起动静触头，有5个触头，其中右边三个在起动时与动触头接触，左边两个在起动时将自耦变压器的三相绕组连接成星形；下面一排触头只有3个，叫运行静触头；中间一排是动触头，共5个，右边3个触头用软金属带连接接线板上的三相电源，左边两个是自行接通的。

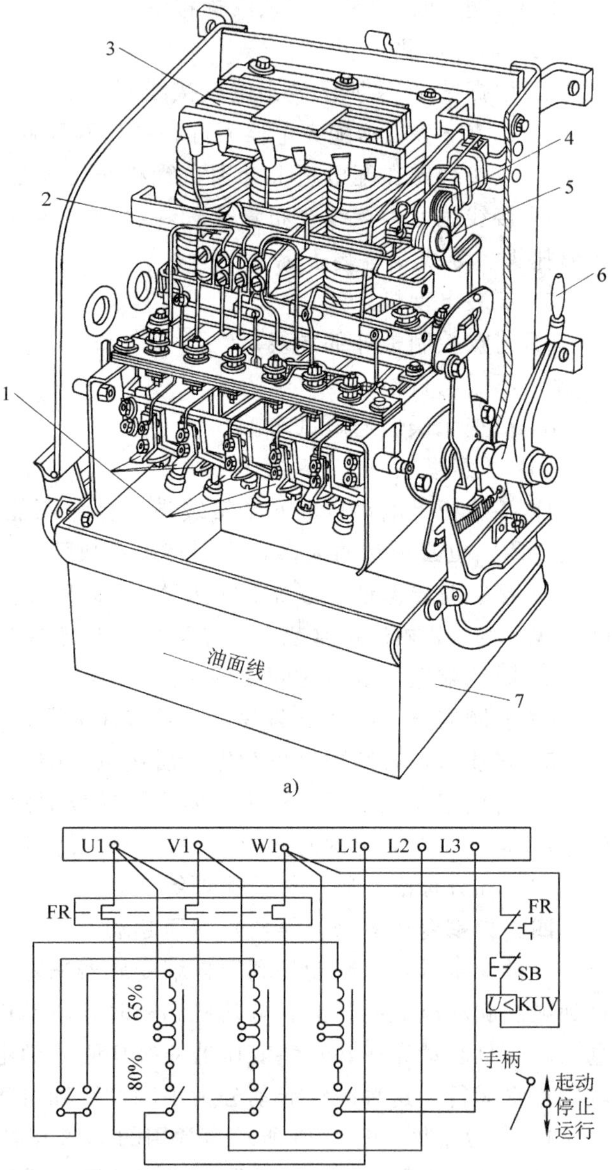

a)

b)

图 2-20　QJ3 型补偿器

a）结构　b）控制线路

1—起动静触头　2—热继电器　3—自耦变压器　4—欠电压保护装置　5—停止按钮　6—操作手柄　7—油箱

图 2-20b 所示 QJ3 型补偿器控制线路工作原理如下：当手柄处在“停止”位置时，安装在主轴上的动触头与两排静触头都不接触，电动机不通电，处于停止状态；当手柄向前推到“起动”位置时，动触头与上面的一排静触头接触，电源通过动触头→起动静触头→自耦变压器→65%（或 80%）抽头→电动机减压起动；当电动机的转速升高到一定值时，将手柄向后迅速扳到“运行”位置，此时动触头与下面一排运行静触头接触，电源通过动触头→运行静触头→热继电器→电动机，在额定电压下正常运行；若要停止，只要按下停止按钮 SB，跨接在两相电源间的失电压脱扣线圈断电，衔铁释放，通过机械操作机构使补偿器手柄回到“停止”位置，电动机停转。

2. 时间继电器控制　时间继电器控制自耦变压器减压起动控制电路如图 2-21 所示。

该电路的工作原理如下所述：

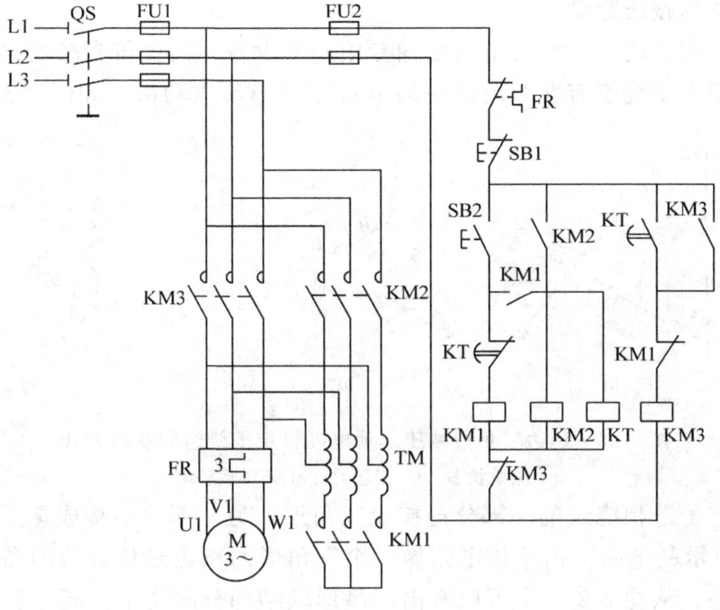

图 2-21 时间继电器控制自耦变压器减压起动控制原理图

1）合上电源开关 QS。

2）起动：

按下 SB2→KM1 线圈得电
- →KM1 联锁触头分断→对 KM3 联锁
- →KM1 主触头闭合→自耦变压器 TM 连接成星形 ⎫
  - →KM2 主触头闭合 ⎭ →电动机 M 接入 TM 而减压起动
- →KM1 动合辅助触头闭合
  - →KM2 线圈得电
    - →KM2 主触头闭合
    - →KM2 动合辅助触头闭合→自锁→松 SB2
  - →KT 线圈得电
    - →KT 延时断开的动断触头延时分断
    - →KT 延时闭合的动合触头延时闭合

→KM1 线圈失电
- →KM1 动合触头分断
- →KM1 主触头分断→电动机 M 失电惯性运行
- →KM1 联锁触头闭合

→KM3 线圈得电
- →KM3 自锁触头闭合→自锁
- →KM3 主触头闭合→电动机 M 全压运行
- →KM3 联锁触头分断→KM2 线圈失电
  - →KM2 主触头分断
  - →KM2 自锁触头分断

3）停止：按 SB1→控制电路失电压→电动机 M 停转。

自耦变压器减压起动比星形-三角形减压起动的转矩大，并且可用抽头调节自耦变压器二次电压的变化，以改变起动电流和起动转矩的大小。这种减压起动的主要缺点是需要一台自耦变压器，且不允许频繁起动。

五、延边三角形减压起动

延边三角形减压起动是一种既不用增加专用起动设备，又能得到较高起动转矩的减压起动方法。它适用于定子绕组有九个出线头的 JO3 系列异步电动机，如图 2-22a 所示。

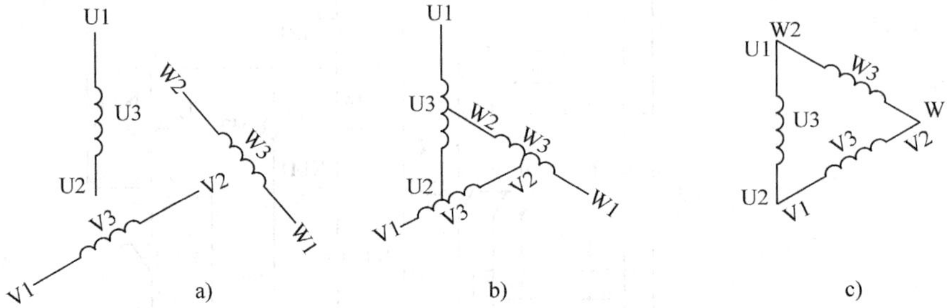

图 2-22　延边三角形减压起动电动机定子绕组的联结方式

a）原始状态　b）起动时　c）正常运转时

起动时，把定子三相绕组的一部分连接成三角形，另一部分连接成星形，使整个绕组连接成如图 2-22b 所示的电路。由于该电路像一个三角形的三边延长以后的图形，所以称为延边三角形起动线路。从图 2-22b 中可以看出，星形联结部分的绕组，既是各相定子绕组的一部分，同时又兼作另一相定子绕组的减压绕组。其优点是 U、V、W 三相接入 380V 电源时，每相绕组上所承受的电压比三角形联结时的相电压要低，比星形联结时的相电压要高，起动转矩也大于星形-三角形减压起动时的转矩。连接成延边三角形时，每相绕组的相电压、起动电流和起动转矩的大小是根据每相绕组的两部分阻抗的比例（称为抽头比）的改变而变化的。在实际应用中，可根据不同的使用要求，选用不同的抽头比来进行减压起动，待电动机动运转后，再将绕组连接成三角形（如图 2-22c 所示），使电动机在额定电压下正常运行。

延边三角形减压起动控制电路如图 2-23 所示。

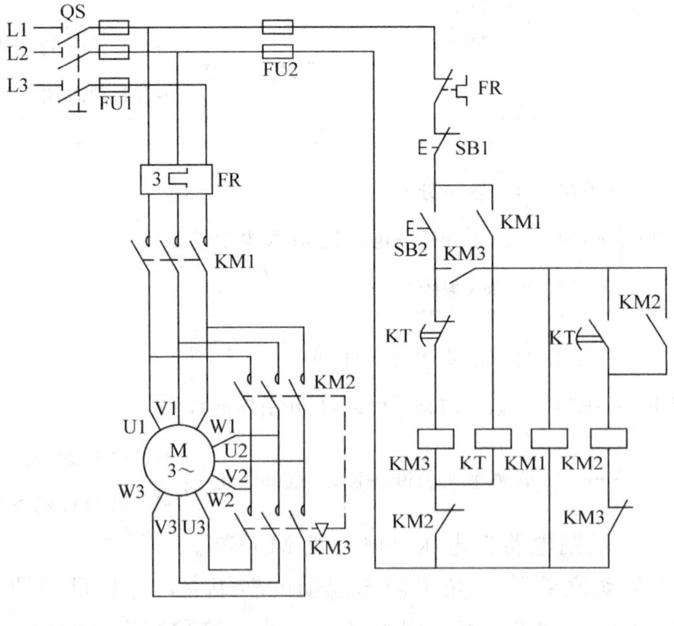

图 2-23　延边三角形减压起动控制原理图

该电路的工作原理如下所述：

1）合上电源开关 QS。

2）起动：

按下 SB2→KM3 线圈得电→
- KM3 联锁触头分断→对 KM2 联锁
- KM3 主触头闭合→U2、V3；V2、W3；W2、U3→连接成延边三角形
- KM3 动合辅助触头闭合→
  - KM1 线圈得电→
    - KM1 自锁触头闭合→自锁→松开 SB2
    - KM1 主触头闭合→电动机 M 延边三角形减压起动
  - KT 线圈得电→
    - KT 延时断开的动断触头延时分断→KM3 线圈失电→
      - KM3 动合辅助触头分断
      - KM3 主触头分断→电动机 M 失电惯性运行
      - KM3 联锁触头闭合→
    - KT 延时闭合的动合触头延时闭合→（与 KM3 联锁触头闭合共同使）KM2 线圈得电→
      - KM2 联锁触头分断→对 KM2 联锁
      - KM2 自锁触头闭合→自锁
      - KM2 主触头闭合→U1、W2；V1、U2；W1、V2→连接成三角形→电动机 M 全压运行

3）停止：按 SB1→控制电路失电压→电动机 M 停转。

课题三　电动机的制动控制

当电动机的定子绕组断电后，由于惯性的作用，电动机不会立即停止转动。许多生产机械，如万能铣床的主轴要求能迅速停车与反转，起重机的吊钩需要准确定位。这就要求对电动机进行制动，使电动机在脱离电源后立即停止转动的方法称为制动。制动的方法一般有机械制动和电气制动两种。

一、机械制动

利用机械装置使电动机在脱离电源后立即停止转动的方法称为机械制动。应用较普遍的机械制动装置有电磁制动器和电磁离合器两种，这两种装置的制动原理基本相同。下面以电磁制动器为例简单介绍其控制线路。

1. 电磁制动器断电制动控制电路　电磁制动器断电制动控制电路如图 2-24 所示。

该制动控制电路的工作原理如下所述：

合上电源开关 QS。

按下起动按钮 SB2，接触器 KM 得电吸合，KM 的主触头与自锁触头闭合，电磁制动器线圈 YA 得电，使制动器的闸瓦与闸轮分开，电动机起动并运行。当需要制动时，按下停止按钮 SB1，接触器 KM 失电释放，电动机的电源被切断，与此同时，电磁制动器线圈 YA 也失电，在弹簧的作用下，使闸瓦与闸轮紧紧抱住，电动机迅速被制动停转。这种制动是在电源切断时才起制动作用，因此在起重机械中被广泛采用，当重物提升到一定高度时，线路突然发生故障，电动机和电磁制动器线圈同时断电，闸瓦会立即抱住闸轮，使电动机迅速制动停转，从而防止重物掉下发生事故。

2. 电磁制动器通电制动控制电路　电磁制动器通电制动控制电路如图 2-25 所示。

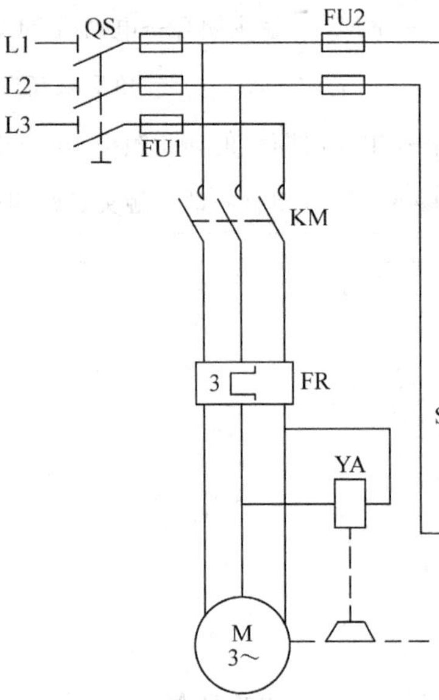

图 2-24　电磁制动器断电制动控制原理图

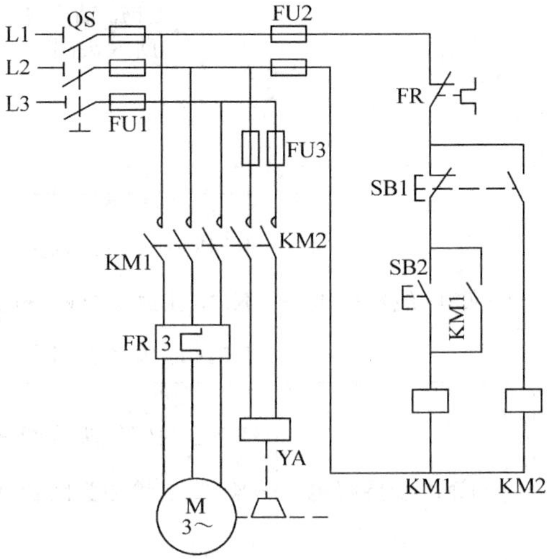

图 2-25　电磁制动器通电制动控制原理图

该控制电路在电动机正常运转时，电磁制动器线圈 YA 不得电，闸瓦与闸轮脱开。按下停止按钮 SB1，电动机断电，同时 SB1 的动合触头闭合使 KM2 得电吸合，电磁制动器线圈 YA 得电，使闸瓦与闸轮紧紧抱住，电动机迅速被制动而停转。当松开 SB1 时，电磁制动器线圈 YA 断电，制动器又松开。这种通电制动的主要特点是，只有将 SB1 按到底，使 KM2 得电吸合，YA 才能得电并有制动作用。若只要停车而不需制动，只要不将 SB1 按到底即可。这样就可根据实际需要，掌握制动与否，从而延长电磁制动器的使用寿命。

二、电气制动

电动机的电气制动就是指电动机产生一个和电动机实际旋转方向相反的电磁转矩，即制动转矩，使电动机迅速制动而停转。电气制动的方法常用的有反接制动、能耗制动和发电制动等。

(1) 反接制动　反接制动可分为负载倒拉反接制动和电源反接制动两种方式。

1) 负载倒拉反接制动的基本原理是保持电源相序不变，当负载转矩大于电动机的电磁转矩时，电动机被负载拖着反转，其转向与旋转磁场方向相反，电磁转矩即起制动作用，限制了重物下降的速度。

2) 电源反接制动的基本原理是将电动机的三根电源线的任意两根对调反接。若在停车时，把电动机反接，则其定子旋转磁场便反向旋转，在转子上产生的电磁转矩亦随之变为反向，成为制动转矩。在制动转矩作用下，电动机的转速便很快降到零，这便称为反接制动。必须指出，当电动机的转速接近于零时，应立即切断电源，否则电动机将反转。在控制电路中，常用速度继电器（又称反接制动继电器）来实现这个要求。

单向运行反接制动控制线路如图 2-26 所示。由于反接制动时制动电流比直接起动时的起动电流还要大，故在主电路中需要串入限流电阻 RB，控制电路的工作原理如下所述。

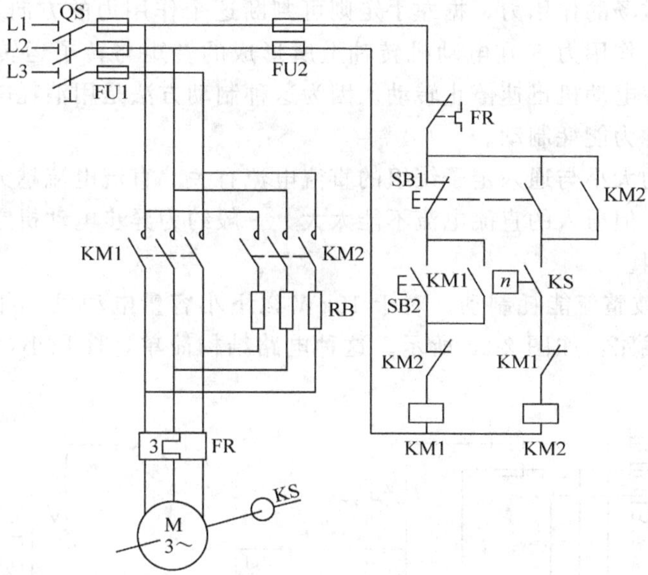

图 2-26　单向运行反接制动控制原理图

合上电源开关 QS。起动时，按下起动按钮 SB2，接触器 KM1 线圈得电吸合，KM1 主触头闭合，电动机 M 起动运转。当电动机转速升高到一定值时，速度继电器 KS 的动合触头闭合，为反接制动接触器 KM2 接通做准备。停车时，按下停止按钮 SB1，接触器 KM1 线圈失电释放，其联锁触头闭合，使 KM2 得电吸合，KM2 主触头闭合，串入电阻器进行反接制动。电动机转速迅速降低，当转速降至 100r/min 以下时，速度继电器 KS 的动合触头分断，KM2 失电释放，电动机断电，制动结束。

反接制动的优点是设备简单，调整方便，制动迅速，价格低。其缺点是制动冲击大，制动能量损耗大，不宜频繁制动，且制动准确度不高，故适用于要求制动迅速、系统惯性较大、制动不频繁的场合。

(2) 能耗制动　当电动机切断交流电源后立即在定子绕组的任意两相中通入直流电，利用转子感应电流受到静止磁场的作用以达到制动的方法叫能耗制动。其制动原理如图 2-27 所示。

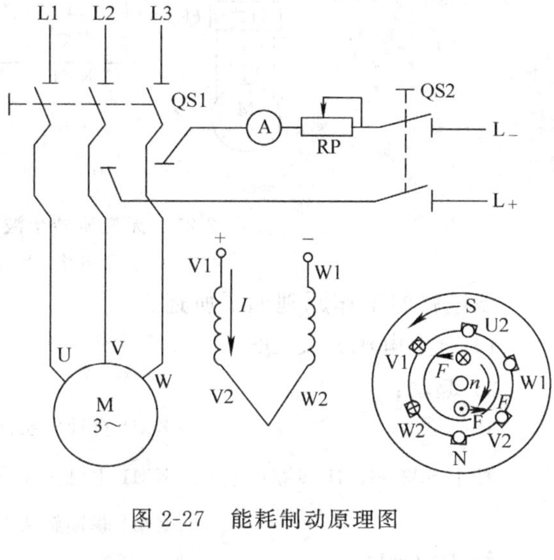

图 2-27　能耗制动原理图

先断开电源开关 QS1，切断电动机的交流电源，这时电动机转子仍沿原方向惯性运转（图 2-27 中 n 所示的方向）；随后立即合上开关 QS2，并将 QS1 向下合闸，电动机 V、W 两相定子绕组通入直流电，在定子中产生一个恒定的静止磁场，磁场方向由安培定则判断，上面为 S 极，下面为 N 极。转动的转子因切割磁力线而在笼型绕组中产生感应电流，据右手定则可判断上面的方向为由外指向纸面，下面的方向为由纸面指向外；这个感应电流一旦产生，立即受到静止磁场的作用力，据左手定则可判断这个作用力的方向如图 2-27 中的 F 箭头所示。可以看出，作用力 F 在电动机转轴上所形成的转矩与转子运转方向 n 相反，所以是一个制动转矩，使电动机迅速停止转动。因为这种制动方法是用消耗电动机转子的动能来进行制动的，所以称为能耗制动。

能耗制动转矩的大小与通入定子绕组的直流电流有关。直流电流越大，磁场越强，产生的制动转矩就越大，但通入的直流电流不能太大，一般约为异步电动机空载电流的 3～5 倍；否则会烧坏定子绕组。

1）无变压器半波整流能耗制动。对于 10kW 以下小容量电动机，可采用无变压器半波整流能耗制动控制线路，如图 2-28 所示。这种电路结构简单，体积小，附加设备少，成本低。

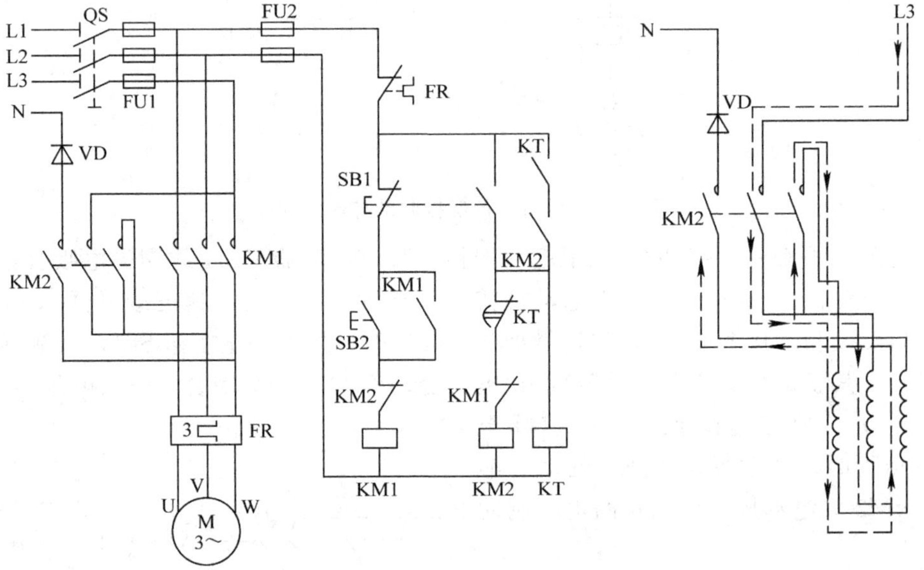

a)　　　　b)

图 2-28　无变压器半波整流能耗制动控制原理图

a）控制电路　b）定子绕组直流电通路

该电路的工作原理如下所述：

1）合上电源开关 QS。

2）起动：

按下 SB2→KM1 线圈得电→
- →KM1 自锁触头闭合→自锁→松开按钮 SB2
- →KM1 主触头闭合→电动机 M 起动
- →KM1 联锁触头分断→对 KM2 联锁

3）停止制动：

按下 SB1
→KM1 线圈失电→KM1 自锁触头分断
　　　　　　　→KM1 主触头分断→电动机 M 断电惯性运转
　　　　　　　→KM1 联锁触头闭合
→KM2 线圈得电→KM2 联锁触头分断→KM1 联锁
　　　　　　　→KM2 主触头闭合→电动机 M 半波整流能耗制动
　　　　　　　→KM2 自锁触头闭合
→KT 线圈得电→KT 动合触头瞬时闭合
KM2 自锁触头闭合 + KT 动合触头瞬时闭合→KM2、KT 线圈自锁→松开 SB1
　　　　　　→KT 延时分断的动断触头延时分断→KM2 线圈失电，制动结束

图中，KT 瞬时闭合动合触头的作用是当 KT 线圈断线或机械卡阻等故障时，按下 SB1 后电动机能迅速制动，并脱离直流电源。

2）有变压器的全波整流能耗制动 10kW 以上的电动机的能耗制动一般采用有变压器的全波整流能耗制动控制电路，如图 2-29 所示。

该电路的控制电路部分与图 2-28 所示的无变压器半波整流能耗制动电路的控制电路部分完全相同，工作原理也相同，不同的是主电路。直流电由变压器降压后的单相桥式整流器供给，并可通过调节电阻 RP 改变电流的大小，从而实现调节制动强度。

能耗制动的优点是制动准确、平稳、能量消耗较少；其缺点是需要附加直流电源装置，制动力较弱，在低速时，制动转矩小。能耗制动一般用于制动要求平稳、准确的场合，如磨床、立式铣床等控制电路中。

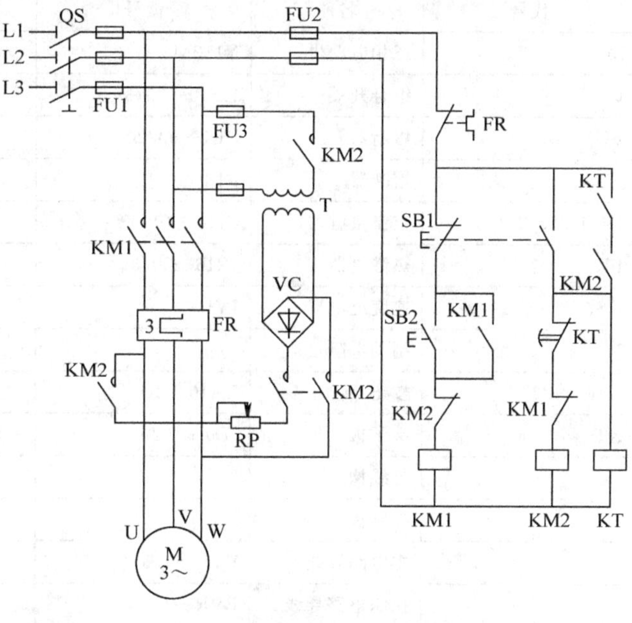

图 2-29　有变压器的全波整流能耗制动控制原理图

（3）发电制动　发电制动只适用于电动机转子转速 n 高于同步转速 n_1 的场合。

例如：起重机将高处重物下降时，可使电动机的转速 n 超过子绕组旋转磁场的同步转速，如图 2-30 所示。

图 2-30 中，旋转磁场按逆时针方向旋转，现假设旋转磁场不动，因 $n>n_1$，故此时转子绕组以逆时针方向运动切割磁力线，产生的感应电流方向与原来电动机状态时相反，则电磁转矩方向也与转子旋转方向相反（图中 T_B 箭头方向），电磁转矩变为制动转矩，使重物不至下降太快。这时电动机变成发电机运行，将重物的位能转换为电能再回馈到电网，所以这种制动方法称为发电制动或回馈制动。

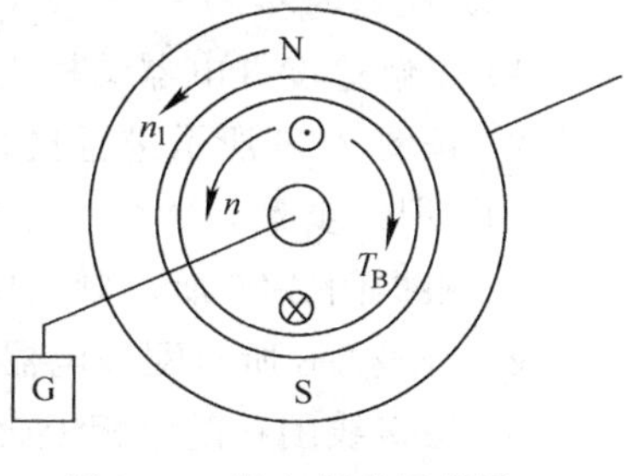

图 2-30　发电制动原理图

又如变极调速电动机，当电动机由 2 极（n_1＝3000r/min）变为 4 极（n_1'＝1500r/min）时，定子的同步转速为 1500r/min，而转子由于惯性仍以原来的转速 3000r/min 旋转，此时，$n>n_1$，电动机变为发电机运行，产生发电制动作用。

三、操作技能训练 2-7　单向起动反接制动控制电路的安装

（1）教学要求　掌握单向起动反接制动控制电路的安装。掌握其工作原理。

（2）准备要求

1）工具：电工通用工具一套：验电器、钢丝钳、螺钉旋具（一字形和十字形）、电工刀、尖嘴钳、活扳手等。

2）仪表：绝缘电阻表（500V）、钳形电流表、万用表（自定）。

3）器材：见表 2-8。

表 2-8　单向起动反接制动控制电路的安装电器元件明细表

代号	名称	型号	规　格	数量
M	三相电动机	Y112M—4	4kW、380V、8.8A、1440r/min	1
QS	组合开关	HZ10—25/3	三极、25A	1
FU1	熔断器	RL1—60/20	配熔体 20A	3
FU2	熔断器	RL1—15/2	配熔体 2A	2
KM1、KM2	交流接触器	CJ10—10	线圈电压 380V	2
FR	热继电器	JR16—20/3	整定电流 8.8A	1
KS	速度继电器	JY1		1
RB	制动电阻		6Ω、1.5W（外接）	3
SB1、SB2	按钮	LA10—2H	保护式、380V、5A、按钮数 2	1
XT	端子板	JD0—1020	380V、10A、20 节	1
	行线槽		180mm×25mm	若干
	控制板		500mm×450mm×20mm	1
	主电路导线	BVR—1.5	1.5mm^2	若干
	控制电路导线	BVR—1.0	1mm^2	若干
	按钮线	BVR—0.75	0.75mm^2	若干
	接地线	BVR—1.5	1.5mm^2	若干

（3）训练内容

1）了解速度继电器结构。

2）按图 2-26 所示进行接线练习。

（4）训练步骤

1）根据图 2-26 所示画出电气接线图。

2）按表 2-8 所示配齐电器元件，并检验元件质量的好坏。

3）按接线图在配电板上合理布置和安装电器元件，并粘贴醒目的文字符号。

4）接线练习，接线要布置合理、美观，接点要紧固，在熔断器和端子上接线需要安装叉形扎头，导线要有端子标号。

5）安装电动机、速度继电器。

6）连接控制板外部导线。

7）不通电自检。

8）检查无误后通电试车。

（5）注意事项

1）线圈支路和线圈支路联锁必须接线无误，否则会造成电源相间短路。

2）接线时，必须先接负载端，后接电源端；先接接地端，后接三相电源相线。

3）速度继电器预先固定在电动机上，在老师指导下学生调整好动作值和返回值。并要求辨明动断触头的位置。

4）自检工作完毕后，经生产实习指导教师检查合格后，方可通电试运行。

5）在通电运行时不宜频繁重复制动操作。

6）练习应在规定的时间内完成，同时要做到安全操作和文明生产。

（6）评分标准　同操作技能训练2-1。

四、操作技能训练2-8　有变压器半波整流单向能耗制动控制电路的安装

（1）教学要求　掌握有变压器半波整流单向能耗制动控制电路的安装，掌握其工作原理。

（2）准备要求

1）工具：电工通用工具一套：验电器、钢丝钳、螺钉旋具（一字形和十字形）、电工刀、尖嘴钳、活扳手等。

2）仪表：绝缘电阻表（500V）、钳形电流表、万用表（自定）。

3）器材：见表2-9。

表2-9　有变压器半波整流单向能耗制动控制电路的安装电器元件明细表

代号	名称	型号	规　格	数量
M	三相电动机	Y112M—4	4kW、380V、8.8A、1440r/min	1
QS	组合开关	HZ10—25/3	三极、25A	1
FU1	熔断器	RL1—60/20	配熔体20A	3
FU2、FU3	熔断器	RL1—15/2	配熔体2A	4
KM1、KM2	交流接触器	CJ10—10	线圈电压380V	2
FR	热继电器	JR16—20/3	整定电流8.8A	1
KT	时间继电器	JS7—2A	线圈电压380V	1
SB1、SB2	按钮	LA10—2H	保护式、380V、5A、按钮数2	1
VR	整流桥	2CZ30	30A、600V	4
RP	制动电阻		0.5Ω、50W（外接）	1
XT	端子板	JD0—1020	380V、10A、20节	1
	行线槽		180mm×25mm	若干
	控制板		500mm×450mm×20mm	1
	主电路导线	BVR—1.5	1.5mm^2	若干
	控制电路导线	BVR—1.0	1mm^2	若干
	按钮线	BVR—0.75	0.75mm^2	若干
	接地线	BVR—1.5	1.5mm^2	若干

（3）训练内容　按图 2-29 所示进行接线练习。

（4）训练步骤

1）根据图 2-29 所示，画出电气接线图。

2）按表 2-9 所示配齐电器元件，并检验元件质量的好坏。

3）按接线图在配电板上合理布置和安装电器元件，并粘贴醒目的文字符号。

4）接线练习，接线要布置合理、美观，接点要紧固，导线要有端子标号。

5）安装电动机。

6）连接控制板外部导线。

7）不通电自检。

8）检查无误后通电试车。

（5）注意事项

1）线圈支路和线圈支路联锁必须接线无误，否则会造成电源相间短路。

2）接线时，必须先接负载端，后接电源端；先接接地端，后接三相电源相线。

3）整流桥要先固定在固定板上，再安装于控制板上。制动电阻用紧固件安装在控制板上。

4）自检工作完毕后，经生产实习指导教师检查合格后，方可通电试运行。

5）练习应在规定的时间内完成，同时要做到安全操作和文明生产。

课题四　电动机的调速控制

由异步电动机的转速公式 $n=(1-s)\dfrac{60f}{p}$ 可知，改变异步电动机的转速有以下三种方法：改变磁极对数 p、改变转差率 s、改变电源频率 f。这种改变异步电动机磁极对数的调速方法称为变极调速，它只适用于笼型异步电动机。在转子绕组中串接可变电阻调速是改变电动机转差率进行调速的方法之一，它只适用于绕线转子异步电动机。

一、笼型异步电动机的调速

1．双速电动机的控制

（1）双速电动机定子绕组的连接　双速电动机绕组的连接方法如图 2-31 所示。图中电动机的三相绕组接成三角形，由三个连接点引出三个出线端 U1、V1、W1；每相绕组的中点各引出一个出线端 U2、V2、W2，共有六个出线端，改变这六个出线端与电源的连接方法就可得到两种不同的转速。

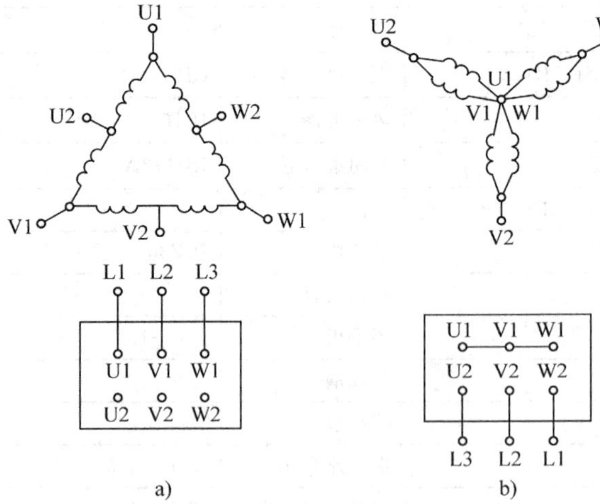

图 2-31　双速电动机定子绕组接线图

a）低速△联结（4 极）　b）高速YY联结（2 极）

要使电动机低速工作时，只需将三相电源接至电动机绕组三角形联结顶点的线端 U1、V1、W1 上，其余三个出线端 U2、V2、W2 空着不外接，如图 2-31a 所示。此时电动机为三角形联结，磁极为 4 极，同步转速为 1500r/min。

要使电动机以高速工作，可把电动机绕组三个出线端 U1、V1、W1 连接在一起，电源接到 U2、V2、W2 三个出线端上，如图 2-31b 所示。这时电动机绕组为丫丫联结，磁极为 2 极，同步转速为 3000r/min。可见，双速电动机高转速是低转速的两倍，必须注意，从一种接法改为另一种接法时，为了保证电动机旋转方向不变，应把电源相序反接，如图 2-31 所示。

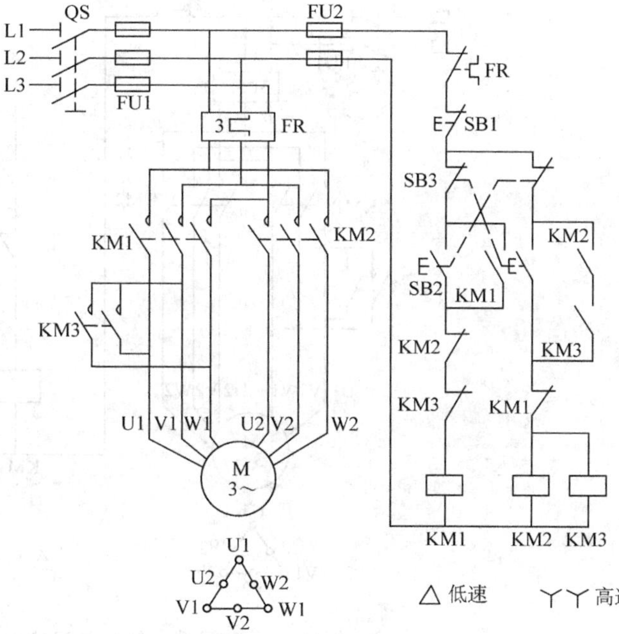

图 2-32 按钮和接触器控制双速电动机的控制原理图

（2）按钮和接触器控制双速电动机 用按钮和接触器控制双速电动机的控制线路如图 2-32 所示。

该线路的工作原理如下所述：

1）合上电源开关 QS。

2）低速起动运转：

按下 SB2—
- →SB2 动断触头先分断→对 KM2、KM3 联锁
- →SB2 动合触头后闭合→KM1 线圈得电—
  - →KM1 自锁触头闭合→自锁→松开 SB2
  - →KM1 主触头闭合→电动机 M 接成△低速运行
  - →KM1 联锁触头分断→对 KM2、KM3 联锁

3）高速起动运转：

按下 SB3—
- →SB3 动断触头先分断→KM1 线圈失电—
  - →KM1 自锁触头分断→解除自锁
  - →KM1 主触头分断→电动机 M 失电
  - →KM1 联锁触头闭合—
- →SB3 动合触头后闭合—

→KM2、KM3 线圈同时得电—
- →KM2、KM3 自锁触头闭合→自锁→松开 SB3
- →KM2、KM3 主触头闭合→电动机 M 接成丫丫高速运行
- →KM2、KM3 联锁触头分断→对 KM1 联锁

4）停止：按下 SB1 即可实现。

（3）时间继电器控制双速电动机 时间继电器控制双速电动机的控制线路如图 2-33 所示。图中 SC 是具有三个接点位置的转换开关。

当开关 SC 扳到中间位置时，电动机停止转动；如把开关 SC 扳到“低速”位置时，接触器 KM1 线圈得电吸合，KM1 主触头闭合，电动机定子绕组的三个出线端 U1、V1、W1 与电源连接，电动机定子绕组接成三角形，以低速运转。

如把开关 SC 扳到“高速”位置时，继电器 KT 线圈先得电吸合，KT 动合触头瞬时闭

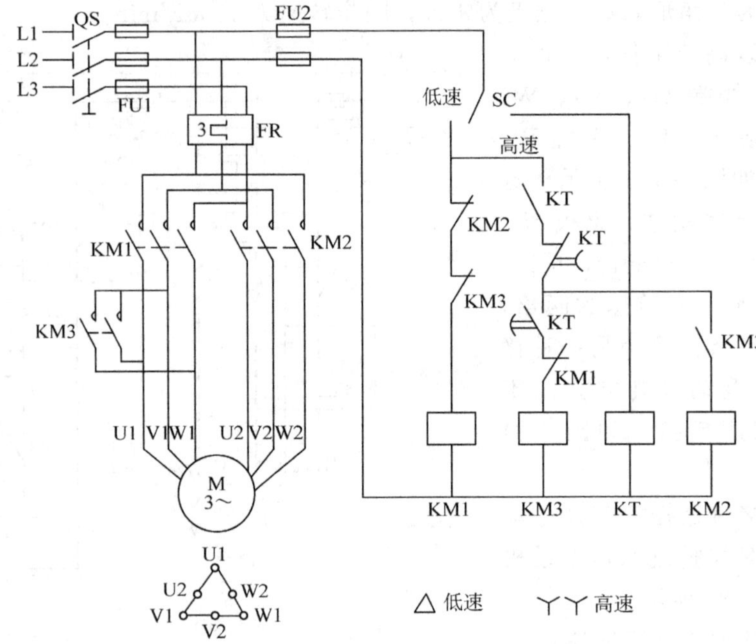

图 2-33　时间继电器控制双速电动机的控制原理图

合，接触器 KM1 线圈得电吸合，电动机定子绕组接触器 KM1 线圈失电释放，与此同时 KT 动合触头延时闭合，接触器 KM3 线圈得电吸合，接着 KM2 线圈也得电吸合，电动机定子绕组接成丫丫，以高速运转。

2. 三速电动机的控制

(1) 三速电动机定子绕组的连接　三速电动机定子绕组的连接方法如图 2-34 所示。

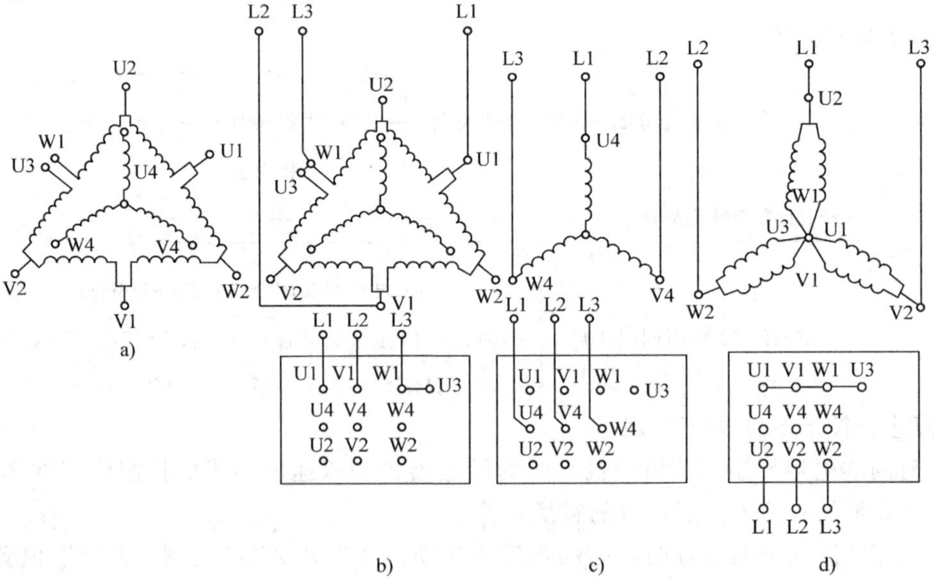

图 2-34　三速电定子绕组接线图

a) 两套绕组　b) △联结（低速）　c) 丫联结（中速）　d) 丫丫联结（高速）

(2) 按钮和接触器控制三速电动机　用按钮和接触器控制三速电动机的控制线路如图 2-35 所示。

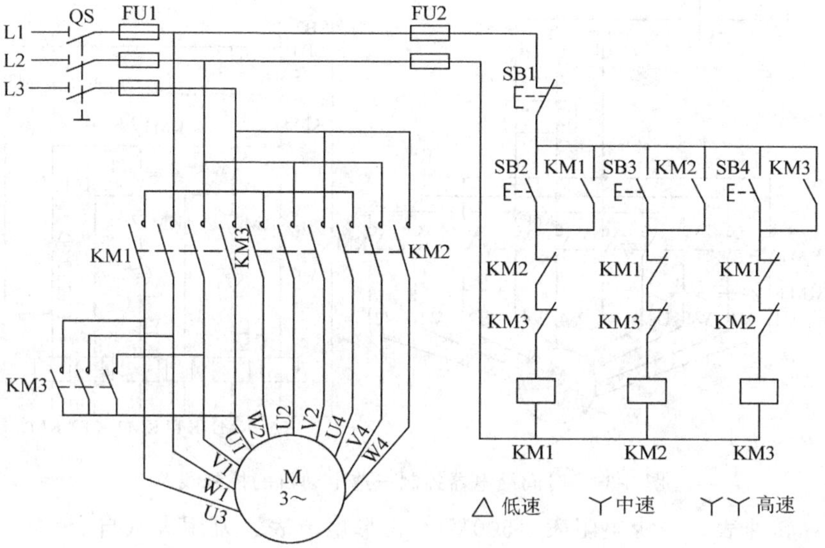

图 2-35　按钮和接触器控制三速电动机的控制原理图

该线路的工作原理如下所述：

1）合上电源开关 QS。

2）低速起动运转：按下 SB2，接触器 KM1 线圈得电吸合，触头动作，电动机 M 第一套定子绕组出线端 U1、V1、W1（W1 与 U3 接通）与电源接通，电动机 M 接成△低速运转。

3）低速转为中速运转：先按下停止按钮 SB1，接触器 KM1 线圈失电释放使触头复位，电动机 M 失电，再按下 SB3，接触器 KM2 线圈得电吸合使触头动作，电机 M 另一套定子绕组的线端 U4、V4、W4 与电源接通，电动机 M 接成Y中速运转。

4）中速转为高速运转：先按下停止按钮 SB1，接触器 KM2 线圈失电释放使触头复位，电动机 M 失电，再按下 SB4，接触器 KM3 线圈得电吸合使触头动作，电动机 M 第一套定子绕组的出线端 U2、V2、W2 与电源接通（U1、W1、U3 则通过 KM3 的另外三动合触头接通），电动机 M 接成YY高速运转。

(3) 时间继电器控制三速电动机的控制线路

用时间继电器自动控制三速电动机的电路如图 2-36 所示。其中 SB1、KM1 控制电动机△接法下低速起动运转；SB2、KT1、KM2 控制电动机从△接法下低速起动到Y接法下中速运转的自动变换；SB3、KT1、KT2、KM3 控制电动机从△接法下低速起动到Y接法中速过渡到YY接法下高速运转的自动变换，工作原理请读者自行分析。

二、操作技能训练 2-9　时间继电器控制双速电动机控制电路的安装

(1) 教学要求　时间继电器控制双速电动机控制电路的安装。掌握其工作原理。

(2) 准备要求

1）工具：电工通用工具一套：验电器、钢丝钳、螺钉旋具（一字形和十字形）、电工刀、尖嘴钳、活扳手、剥线钳等。

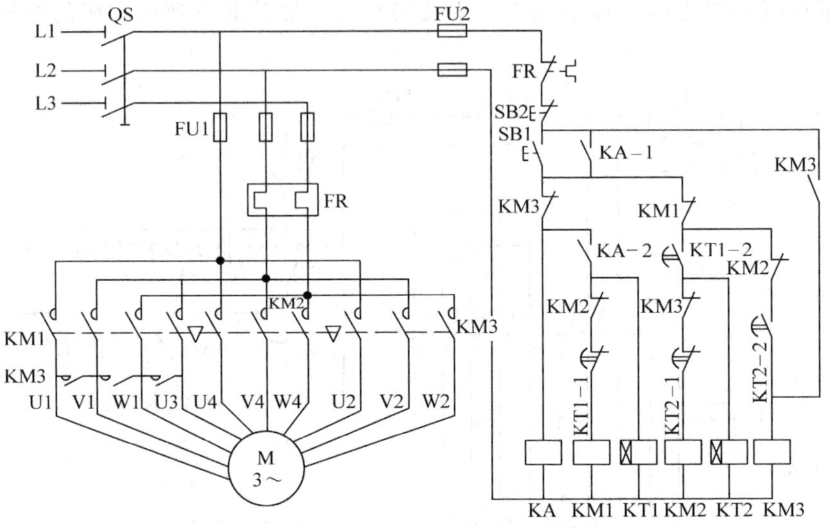

图 2-36　时间继电器控制三速电动机的控制线路

2）仪表：转速表、绝缘电阻表（500V）、钳形电流表、万用表（自定）。

3）器材：见表 2-10。

表 2-10　时间继电器控制双速电动机控制电路的安装电器元件明细表

代号	名称	型号	规　　格	数量
M	三相电动机	YD123M—4/2	6.5/8kW、△/2Y、13.8A/17.1A、450/2880(r/min)	1
QS	组合开关	HZ10—25/3	三极、25A	1
FU1	熔断器	RL1—60/20	配熔体 20A	3
FU2	熔断器	RL1—15/2	配熔体 2A	2
KM1～KM3	交流接触器	CJ10—10	线圈电压 380V	3
FR	热继电器	JR16—20/3	整定电流 11.6A	1
SB1—SB3	按钮	LA10—3H	保护式 380V、5A、按钮数 3	1
XT	端子板	JD0—1020	380V、10A、20 节	1
	行线槽		18mm×25mm	若干
	控制板		500mm×450mm×20mm	1
	主电路导线	BVR—1.5	1.5mm^2	若干
	控制电路导线	BVR—1.0	1mm^2	若干
	按钮线	BVR—0.75	0.75mm^2	若干
	接地线	BVR—1.5	1.5mm^2	若干

（3）训练内容　按图 2-33 所示进行接线配线练习。

（4）训练步骤

1）根据图 2-33 所示画出电气接线图。

2）按表 2-10 所示配齐电器元件，并检验元件质量的好坏。

3）按接线图在配电板上合理布置和安装电器元件，并粘贴醒目的文字符号。

4）接线配线练习，接线要布置合理、美观、接点要紧固、在熔断器和端子上接线需要安装叉形扎头。导线要有端子标号。

5）安装双速电动机，并可靠连接保护接地线。

6）连接控制板外部导线。

7）不通电自检。

8）检查无误后通电试车。

（5）注意事项

1）接线板上电动机的六个接线端子标号不能弄错。在将电动机的六个出线端连接到接线板上之前，必须判明无误，否则将出现故障。

2）线圈支路和线圈支路联锁必须接线无误，否则会造成电源相间短路。

3）接线时，必须先接负载端，后接电源端；先接接地端，后接三相电源相线。

4）安装时，注意主电路中接触器 KM1、KM2 在两种转速下电源相序的改变，不能接错；否则，两种转速下电动机的转向相反，换向时将产生很大的冲击电流。

5）控制双速电动机△形接法的接触器 KM1 和丫丫接法的 KM2 的主触头不能对换接线，否则，不但无法实现双速控制要求，而且会在丫丫运转时造成电源短路事故。

6）通电试车前，要复验一下电动机的接线是否正确，并测试绝缘电阻是否符合要求。

7）自检工作完毕后，经生产实习指导教师检查合格后，再通电运行。

8）练习应在规定的时间内完成，同时要做到安全操作和文明生产。

（6）评分标准　同操作技能训练 2-1。

三、操作技能训练 2-10　时间继电器控制三速电动机控制电路的安装

（1）教学要求　时间继电器控制三速电动机控制电路的安装。掌握其工作原理。

（2）准备工作

1）工具：电工通用工具一套：验电器、钢丝钳、螺钉旋具（一字形和十字形）、电工刀、尖嘴钳、活扳手、剥线钳、紧固体、叉形扎头、编码套管等。

2）仪表：转速表、绝缘电阻表（500V）、钳形电流表、万用表（自定）。

3）器材：见表 2-11。

表 2-11　时间继电器控制三速电动机控制电路的安装电器元件明细表

代号	名称	型号	规　格	数量
M	三相电动机	YD160M—8/6/4	3.3/4.0/5.5kW、△/丫/2丫、10.2A/9.9A/11.6A、720/960/1440(r/min)	1
QS	组合开关	HZ10—25/3	三极、25A	1
FU1	熔断器	RL1—60/20	配熔体 20A	3
FU2	熔断器	RL1—15/2	配熔体 2A	2
KM1-KM3	交流接触器	CJ10—10	线圈电压 380V	3
FR	热继电器	JR16—20/3	整定电流 17.1A	1
KT1、KT2	时间继电器	JS7—2A	线圈电压 380V	2
SB1—SB3	按钮	LA10—3H	保护式、380V、5A、按钮数 3	1
XT	端子板	JD0—1020	380V、10A、20 节	1
	行线槽		18mm×25mm	若干
	控制板		500mm×450mm×20mm	1
	主电路导线	BVR—1.5	1.5mm^2	若干
	控制电路导线	BVR—1.0	1mm^2	若干

（续）

代号	名称	型号	规　　格	数量
	按钮线	BVR—0.75	0.75mm^2	若干
	接地线	BVR—1.5	1.5mm^2	若干

（3）训练内容　按图 2-36 所示进行接线练习。

（4）训练步骤

1）根据图 2-36 所示画出电气接线图。

2）按表 2-11 所示配齐电器元件，并检验元件质量的好坏。

3）按接线图在配电板上合理布置和安装电器元件，并贴醒目的文字符号。

4）接线练习，接线要布置合理、美观、接点要紧固。导线要有端子标号。

5）安装三速电动机，并可靠连接保护接地线。

6）连接控制板外部导线。

7）不通电自检。

8）检查无误后通电试车。

（5）注意事项

1）接线板上电动机的十个接线端子标号不能弄错。在将电动机的九个出线端接到接线板上之前，必须判明无误，否则将出现故障。

2）线圈支路和线圈支路联锁必须接线无误，否则会造成电源相间短路。

3）接线时，必须先接负载端，后接电源端；先接接地端，后接三相电源相线。

4）主电路接线时，要看清电动机出线端的标记，掌握其接线要点：△形低速时，U1、V1、W1 经 KM1 接电源，W1、U3 并接；Y形中速时，U4、V4、W4 经 KM2 接电源，U3 必须断开，空着不接；YY形高速时，U2、V2、W2 经 KM3 接电源，U1、V1、W3 并接。接线要细心，保证正确无误。

5）要复验一下电动机的接线是否正确，并测试绝缘电阻是否符合要求。

6）有指导教师在现场监护，做到安全文明生产。

7）自检工作完毕后，经生产实习指导教师检查合格后，再通电运行。

8）练习应在规定的时间内完成，同时要做到安全操作和文明生产。

（6）评分标准　同操作技能训练 2-1。

四、绕线转子异步电动机的起动和调速

三相绕线转子异步电机可以通过集电环在转子绕组中串接外电阻来减小起动电流，提高转子电路的功率因数，增加起动转矩，并通过改变所串电阻阻值的大小进行调速。因此，在一般要求起动转矩较高和需要调速的场合，绕线转子异步电动机得到了广泛的应用。

1. 转子绕组串接电阻起动控制电路　串接在转子绕组中的外加电阻，一般都接成Y形。起动时，电阻全部接入，以减小起动电流，提高起动转矩。随着起动过程的进行，电阻将逐级减小。直至起动完毕，电阻将全部被切除，电动机在额定转速下运行。实现这种切换可以采用时间继电器控制，也可采用电流继电器控制。

（1）时间继电器控制　时间继电器控制绕线转子异步电动机起动控制电路如图 2-37 所示。

该电路的工作原理如下所述：

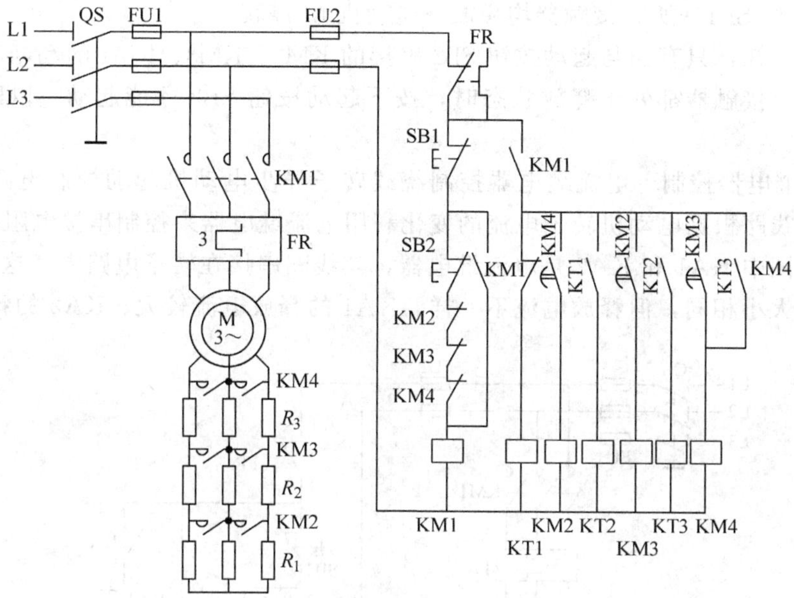

图 2-37　时间继电器控制绕线转子异步电动机起动控制原理图

1）合上电源开关 QS。

2）起动：

按下 SB2→KM1 线圈得电→
- KM1 自锁触头闭合→自锁→松开 SB2
- KM1 主触头闭合→电动机 M 串接全部电阻起动
- KM1 动合触头闭合→KT1 线圈得电→

→KT1 延时闭合的动合触头延时闭合→KM2 线圈得电→
- KM2 主触头闭合→切除第 1 组电阻 R_1，电动机 M 继续起动
- KM2 动断辅助触头分断
- KM2 动合辅助触头闭合→KT2 线圈得电→

→KT2 延时闭合的动合触头延时闭合→KM3 线圈得电→
- KM3 主触头闭合→切除第 2 组电阻 R_2，电动机 M 继续起动
- KM3 动断辅助触头分断
- KM3 动合辅助触头闭合→KT3 线圈得电→

→KT3 延时闭合的动合触头延时闭合→KM4 线圈得电→
- KM4 自锁触头闭合→自锁
- KM4 主触头闭合→切除第 3 组电阻 R_3，电动机 M 正常运转
- KM4 动断辅助触头分断
- KM4 动断辅助触头分断→

→使 KT1、KM2、KT2、KM3、KT3 依次断电释放，触头复位。

3）停止：按 SB1→所有接触器均释放→电动机 M 停转。

由原理图可知，只有当与起动按钮 SB2 串接的 KM2、KM3、KM4 的动断辅助触头均闭合，即保证三个接触器都处于释放状态时，按下起动按钮 SB2 才能起动，以防电动机不串电阻直接起动。

（2）电流继电器控制　电流继电器控制绕线转子异步电动机起动控制电路如图 2-38 所示。这种控制线路根据电动机转子电流的变化利用电流继电器来控制串接电阻的自动切除而实现起动的。图中 KA1 和 KA2 是电流继电器，其线圈串接在转子电路中。这两个电流继电器的吸合电流大小相同，但释放电流不一样，KA1 的释放电流较大、KA2 的释放电流较小。

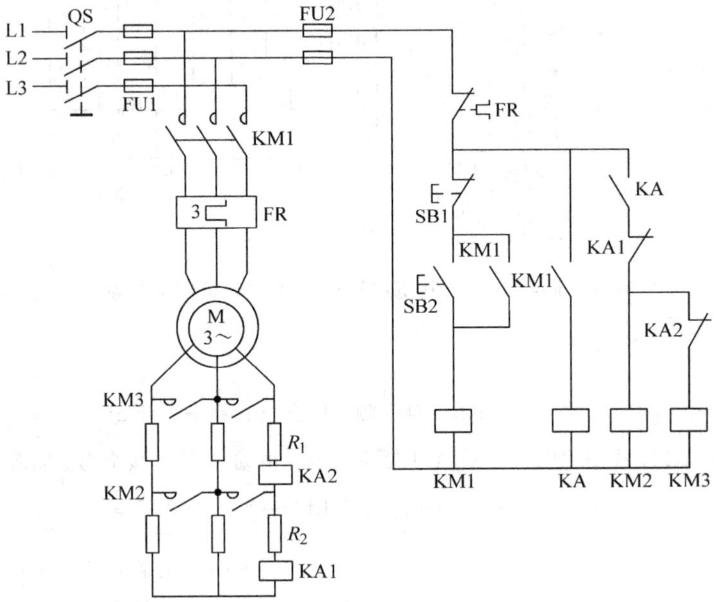

图 2-38　电流继电器控制绕线转子电机起动控制原理图

它的工作原理是：按下启动按钮 SB2，接触器 KM1 得电吸合，自锁触头 KM1 闭合实现自锁；主触头闭合，电动机 M 串联电阻减压起动。这时由于起动过程刚刚开始，故转子绕组起动电流很大，使 KA1 和 KA2 都吸合。KA1 和 KA2 的动断触头分断，保证接触器 KM2 与 KM3 处于释放状态，全部电阻串入转子回路；动合辅助触头闭合，中间继电器 KA 得电吸合，其动合触头闭合，为逐级切除电阻做好准备。随着电动机转速的逐渐升高，转子电流逐渐减小。当转子电流减小到 KA1 的释放电流值时，KA1 的动断触头闭合，接触器 KM2 得电吸合，主触头闭合，短接电阻 R_2。当电阻 R_2 被切除后，转子电流重新增大，当转速继续上升时，转子电流会减小，当小到 KA2 的释放电流时，电流继电器 KA2 的动断触头闭合，使接触器 KM3 得电吸合，KM3 主触头闭合，短接电阻 R_1，当电阻 R_1 被切除后，转子电流又重新增大，使电动机转速继续上升到额定值，电动机起动完毕并正常运转。

中间继电器 KA 的作用是保证起动时全部电阻接入转子回路，只有在中间继电器 KA 线圈得电吸合，KA 的动合触头闭合后，接触器 KM2 和 KM3 线圈方能得电，然后才能逐级切除电阻，这样就保证了电动机起动时电阻全部接入转子回路。

2. 转子绕组串频敏变阻器起动控制电路　绕线转子异步电动机用转子绕组串电阻起动

时，使用的电器很多，控制线路较复杂，而且起动电阻的体积也很大。近年来，在工矿企业中采用频敏变阻器代替起动电阻控制绕线转子异步电动机的起动。频敏变阻器起动控制线路如图 2-39 所示。该电路可以实现自动和手动两种控制。

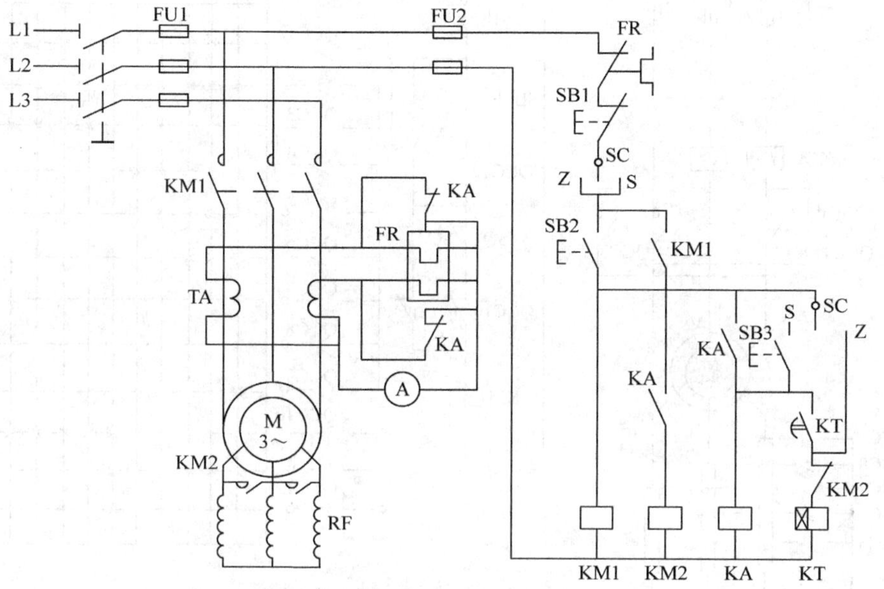

图 2-39　频敏变阻器起动控制原理图

当转换开关 SC 扳到自动位置 Z，按下起动按钮 SB2，接触器 KM1 线圈得电吸合并自锁，电动机转子绕组串接频敏变阻器 RF 起动。同时时间继电器 KT 线圈得电，经过一段延时时间以后，KT 延时闭合的动合触头延时闭合，中间继电器 KA 线圈得电吸合并自锁，它的动合触头闭合，使接触器 KM2 线圈得电吸合，接触器 KM2 的动合触头闭合，将频敏变阻器 RF 短接，KM2 动断触头分断使 KT 失电释放，起动完毕。

当转换开关 SC 扳到手动位置 S，时间继电器 KT 就不起作用了，利用按钮 SB3 手动控制中间继电器 KA 和接触器 KM2 的动作。

另外，在起动过程中，为避免起动时间较长而使热继电器动作，在电路中用中间继电器 KA 的动断触头将热继电器 FR 的发热元件短接。图 2-39 所示 TA 是电流互感器。

3. 凸轮控制器控制绕线转子异步电动机　绕线转子异步电动机的起动、调速及正反转常采用凸轮控制器来控制。桥式起重机上电动机大部分采用这种控制电路，如图 2-40 所示。

该电路的工作原理是：合上电源开关 QS，将凸轮控制器的手柄扳到“0”位置，这时最下面的三对动断触头 SA10、SA11、SA12 闭合，为控制电路的接通作好准备。按下起动按钮 SB2，接触器 KM 线圈得电吸合，KM 主触头闭合，为电动机起动作好准备；KM 自锁触头闭合自锁。然后，将手柄扳到正转“1”位置，这时动断触头 SA11、SA12 分断，而动断触头 SA10 及动合触头 SA1、SA3 闭合，电动机 M 得电正转起动，此时由于动合触头 SA5、SA9 闭合，使电阻 R 上一段电阻被短接，电动机 M 转速加快。同理，当手柄扳到正转“3”和“4”位置时，触头 SA6 和 SA7 先后闭合，使电阻 R 上又有两段电阻被短接，电动机继续加速。当手柄扳到正转“5”位置时，动合触头 SA5～SA9 全部闭合，电阻 R 全部被短接，电动机全速运转。

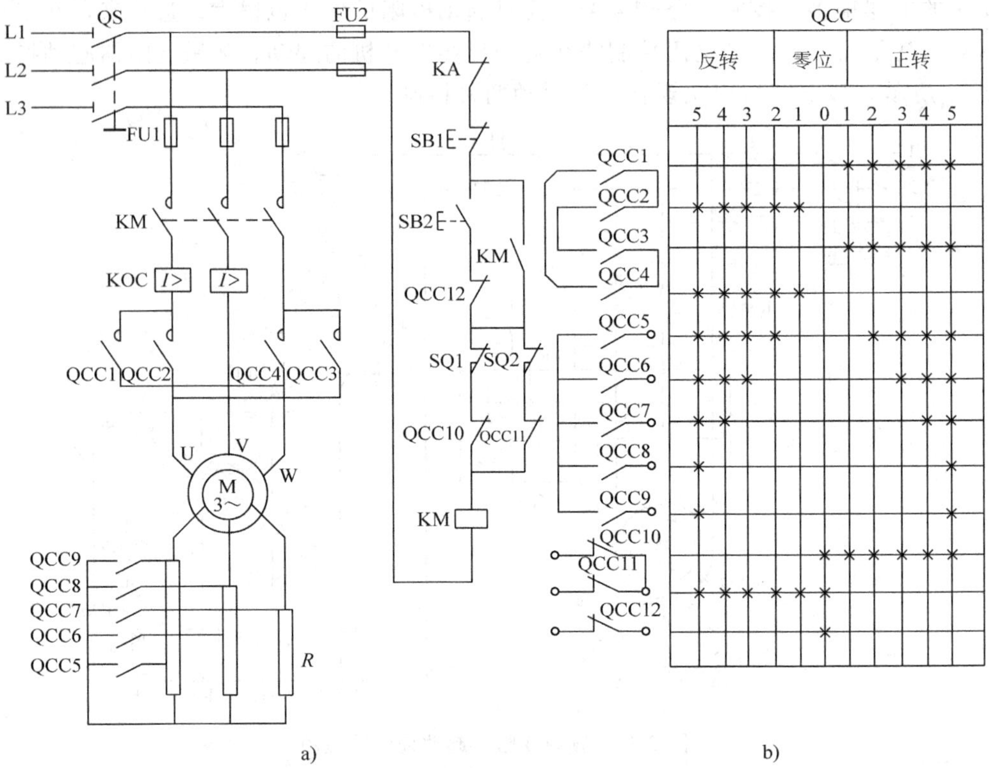

图 2-40　凸轮控制器控制绕线转子异步电动机的原理图

当手柄扳到反转“1”位置时，动断触头 SA11 及动合触头 SA2、SA4 闭合，三相电源反接，电动机反转。当手柄扳到“2”～“5”位置时，动合触头 SA5～SA9 先后闭合，依次切除电阻 R，电动机从低速起动到全速运转。

图 2-40 中所示行程开关 SQ1 和 SQ2 分别作为两端的限位保护；KOC 为过电流继电器，作为电动机的过载和短路保护；触头 SA12 的作用是防止电动机直接起动时因突然快速运转而产生意外事故，保证只有当手柄扳到“0”位置时，接触器 KM 线圈才能得电吸合。

五、操作技能训练 2-11　绕线转子异步电动机凸轮控制器控制电路的安装

（1）教学要求　掌握绕线转子异步电动机凸轮控制器控制电路的安装。掌握其工作原理。

（2）准备要求

1）工具：电工通用工具一套：验电器、钢丝钳、螺钉旋具（一字形和十字形）、电工刀、尖嘴钳、活扳手、剥线钳、紧固体、叉形扎头、编码套管等。

2）仪表：转速表、绝缘电阻表（500V）、钳形电流表、万用表（自定）。

3）器材：见表 2-12。

表 2-12　绕线转子异步电动机凸轮控制器控制电路的安装电器元件明细表

代号	名称	型号	规　格	数量
M	绕线转子异步电动机	YZR-132MA-6	2.2kW、380V、6A/11.2、908r/min	1
QS	组合开关	HZ10—25/3	三极、25A	1
FU1	熔断器	RL1—60/20	配熔体 20A	3

（续）

代号	名称	型号	规　格	数量
FU2	熔断器	RL1—15/2	配熔体 2A	2
KM	交流接触器	CJ10—10	线圈电压 380V	1
KA1、KA2	过电流继电器	JL14—11J	线圈额定电流 10A　380V	1
AC	凸轮控制器	KTJ1—50/2	50A、380V	1
R	起动电阻器	2K1—12—6/1		1
SB1、SB2	按钮	LA10—2H	保护式、380V、5A、按钮数 2	1
SQ1、SQ2	位置开关	LX19—212	380V、5A，内侧双轮	2
XT	端子板	JD0—1020	380V、10A、20 节	1

（3）训练内容　按图 2-40 所示进行接线练习。

（4）训练步骤

1）根据图 2-40 所示画出电气接线图。

2）按表 2-12 配齐电器元件，并检验元件质量的好坏。

3）按接线图在配电板上合理布置和安装电器元件，并粘贴醒目的文字符号。

4）接线练习，接线要布置合理、美观、接点要紧固。导线要有端子标号。

5）安装电动机、凸轮控制器、起动电阻器，并可靠连接保护接地线。

6）连接控制板外部导线。

7）不通电自检。

8）检查无误后通电试车。

（5）注意事项

1）接线板上电动机的 6 个接线端子标号不能弄错。在将电动机的 6 个出线端接到接线板上之前，也必须判明无误，否则将出现故障。

2）SQ1 和 SQ2 不能接错，否则不能正常工作。

3）接线时，必须先接负载端，后接电源端；先接接地端，后接三相电源相线。

4）凸轮控制器安装前，应检查手轮是否转动灵活，触头分合顺序与触头分合表是否相符，灭弧罩是否完整。老师一定要求学生熟悉其结构和各触头的作用和接线方式。制动电阻用紧固件安装在控制板上。

5）自检工作完毕后，经生产实习指导教师检查合格后，方可通电试运行。

6）通电试车的操作顺序：

①　将凸轮控制器的手轮置于“0”位。

②　合上电源开关，并按下起动按钮。

③　将凸轮控制器手轮依次转到正转 1～5 档的位置，并用转速表分别测量电动机的转速。

④　将凸轮控制器手轮从正转“5”档的位置逐步恢复到“0”档后，在依次转到反转 1～5 档的位置，并用转速表分别测量电动机的转速，故转速不能太快。

⑤　将凸轮控制器手轮从反转“5”档的位置逐步恢复到“0”档后，按下停止按钮，在切断电源开关。

7）练习应在规定的时间内完成，同时要做到安全操作和文明生产。

（6）评分标准　同操作技能训练 2-1。

课题五　直流电动机的控制

直流电动机的控制包括直流电动机的起动、正反转、制动及调速的控制。

一、直流电动机的起动

直流电动机的电枢电阻比较小，所以，当外加额定电压时，就必须在电枢回路中串入附加电阻来起动，以限制起动电流。

（1）并励直流电动机的起动　并励直流电动机的起动控制电路如图 2-41 所示。

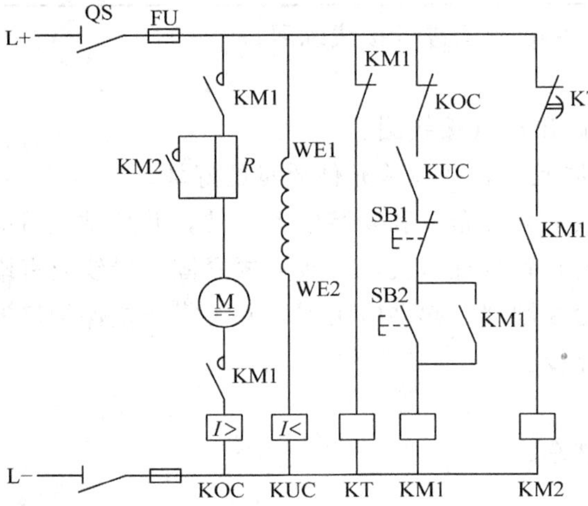

图 2-41　并励直流电动机起动控制原理图

图中，KOC 为过电流继电器，串接在电枢回路中，作直流电动机的短路和过载保护；KUC 为欠电流继电器，串接在励磁绕组回路中，作直流电动机的失磁和弱磁保护。起动过程如下所述。

合上电源开关 QS
- →KT 线圈得电→KT 延时闭合的动断触头瞬时分断→保证串电阻 R 起动
- →励磁绕组得电励磁→KUC 线圈得电→KUC 动合触头闭合→按下 SB2→KM1 线圈得电
  - →KM1 自锁触头闭合→自锁→松开 SB2
  - →KM1 动合辅助触头闭合→为 KM2 线圈得电作准备
  - →KM1 主触头闭合→电动机串电阻 R 起动
  - →KM1 动断辅助触头分断→KT 线圈失电→KT 延时闭合的动断触头延时闭合→KM2 线圈得电→KM2 主触头闭合→短接电阻 R，电动机全压运行。

（2）他励直流电动机的起动　他励直流电动机起动控制电路如图 2-42 所示。

图中，励磁绕组由另外一组直流电源供电，起动时首先将电源开关 QS1 和 QS2 合上，以后的起动过程和并励直流电动机的起动过程完全相同。

（3）串励直流电动机的起动　串励直流电动机的起动控制电路如图 2-43 所示。

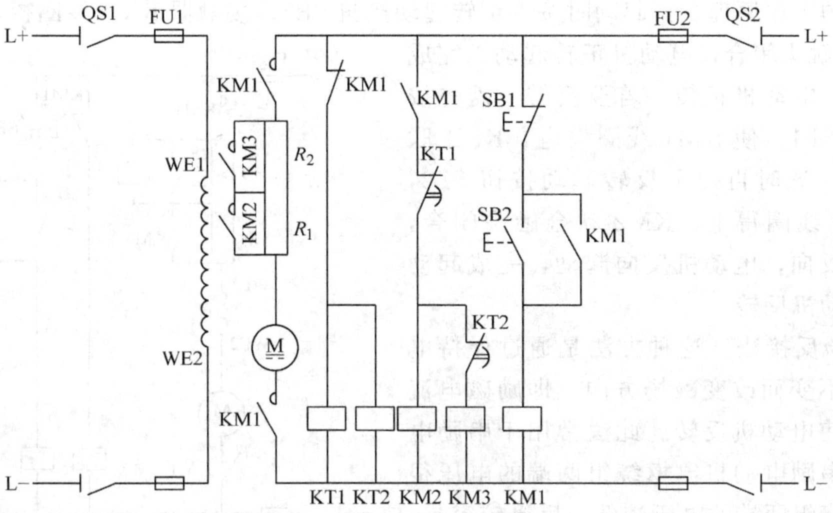

图 2-42　他励直流电动机起动控制原理图

这是一个由时间继电器控制的二级电阻起动的控制电路，起动原理如下所述。

合上电源开关 QS→KT1 线圈得电→KT1 延时闭合的动断触头瞬时分断→使接触器 KM2 和 KM3 线圈不能得电，保证电动机串电阻 R_1 和 R_2 起动→按下 SB2→KM1 线圈得电

- →KM1 自锁触头闭合
  - →自锁→松开 SB2
  - →为接触器 KM2 和KM3 得电作好准备
- →KM1 主触头闭合
  - →电动机串电阻 R_1 和 R_2 起动
  - →KT2 线圈得电→KT2 延时闭合的动断触头瞬时分断，保证串 R_2 起动
- →KM1 动断辅助触头分断→KT1 线圈失电→KT1 延时闭合的动断触头延时闭合→KM2 线圈得电→KM2 主触头闭合
  - →短接电阻 R_1
  - →KT2 线圈失电→KT2 延时闭合的动断触头延时闭合→KM3 线圈得电→KM3 主触头闭合→短接电阻 R_2，电动机全压起动

必须指出，串励直流电动机不能在空载或轻载的情况下起动，否则，电动机的转速将极高，会使电枢受到极大的离心力而损坏，因此，串励直流电动机应在至少带有 20%～25% 负载的情况下起动。

二、直流电动机的正反转

直流电动机的旋转方向取决于主磁通和电枢电流的方向。改变直流电流机的旋转方向有以下两种方法：电枢反接法和磁场反接法。

(1) 电枢反接法　这种方法是保持磁场方向不变而改变电枢电流的方向，使电动机反转。此法常用于并励和他励直流电动机，因为并励和他励直流电动机励磁绕组中的电感很大，若要使励磁电流改变方向，需要较长时间。并励直流电动机的正反转控制线路如图 2-44 所示。

该电路的工作原理是：起动时按下正转起动按钮 SB2，接触器 KM1 线圈得电，KM1 吸合，KM1 主触头闭合，电动机正转起动，完成起动过程后，电动机正转。若要反转，需先按下停止按钮 SB1，使 KM1 线圈失电，KM1 联锁触头闭合，这时再按下反转起动按钮 SB3，接触器 KM2 线圈得电，KM2 动合触头闭合，使电枢电流反向，电动机反向起动，完成起动过程后，电动机反转。

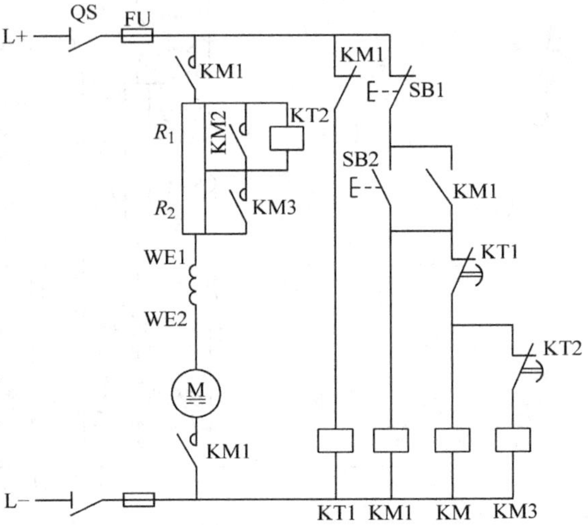

图 2-43　串励直流电动机动控制原理图

(2) 磁场反接法　这种方法是通过保持电枢电流方向不变而改变磁场方向（即励磁电流的方向）来使电动机反转。此法常用于串励电动机，因为串励电动机电枢绕组两端的电压很高，而励磁绕组两端的电压较低。反接较容易，内燃机车、电力机车的反转均采用这种方法。其控制电路如图 2-45 所示。图中除主电路不同外，控制电路与图 2-44 完全相同。因此工作原理亦相同。

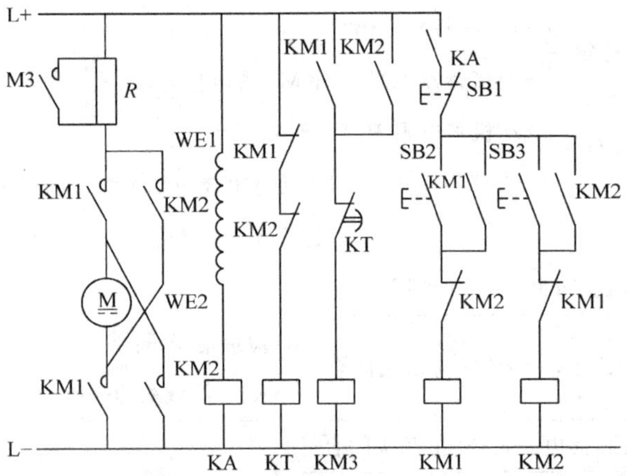

图 2-44　并励直流电动机正反转控制原理图

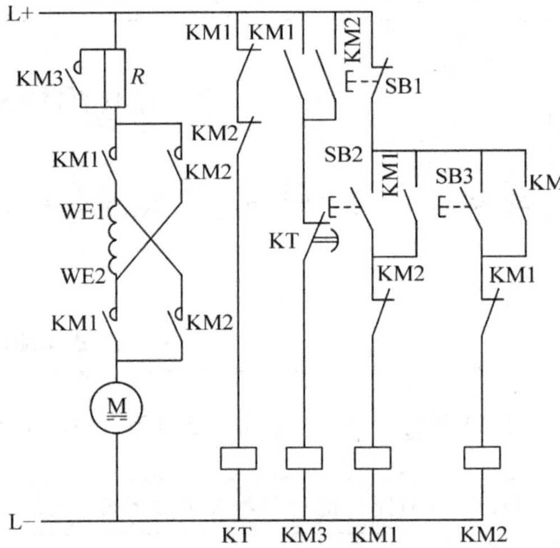

图 2-45　串励直流电动机正反转控制原理图

三、直流电动机的制动

直流电动机的制动方法也有机械制动和电力制动两种。其中电力制动的方法有能耗制动、反接制动和再生发电制动等。

(1) 能耗制动　能耗制动是指直流电动机的励磁电流不变的情况下，把正在运转的直流电动机的电枢从电源上断开，接上一个外加电阻而组成回路，将机械动能变为热能消耗在电枢和电阻 RB 上。并励直流电动机的能耗制动控制线路如图 2-46 所示。工作原理如下所述：

合上电源开关 QS，按下启动按钮 SB2，电动机接通电源起动运行。其起动工作原理与前面介绍的并励直流电动机起动控制原理相同，在此不再所述。

要停止时（能耗制动时），按下停止按钮 SB1、接触器 KM1 失电释放，KM1 动合触头分断，使电枢回路失电，电枢惯性运转切割磁力线，在电枢绕组中产生感应电动势，KM1动断触头闭合，使接在电枢两端的中间继电器KA得电吸合，KA动合触头闭合，使接触器KM2得电吸合，KM2动合触头闭合，接通制动电阻RB回路。这时，电枢中的感应电流方向与原来方向相反，电枢产生的电磁转矩与原来方向相反，从而实现了能耗制动。当电动机的转速降低到一定值时，电枢绕组的感应电动势也降低使中间继电器KA释放，接触器KM2失电释放，使制动回路断开，能耗制动结束。

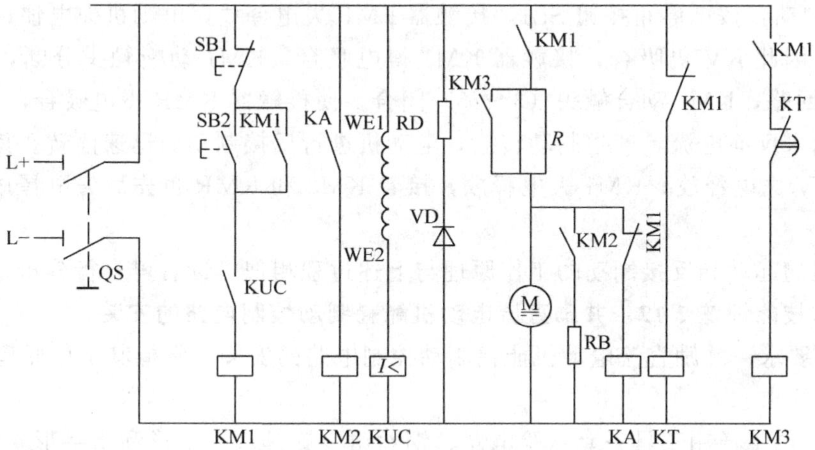

图2-46　并励直流电动机能耗制动控制原理图

(2) 反接制动　反接制动是指在直流电动机的励磁电流不变的情况下，把正在运转的直流电动机的电枢两端突然反接，使电动机迅速停转的制动方法。并励直流电动机正反转起动和反接制动控制电路如图2-47所示。

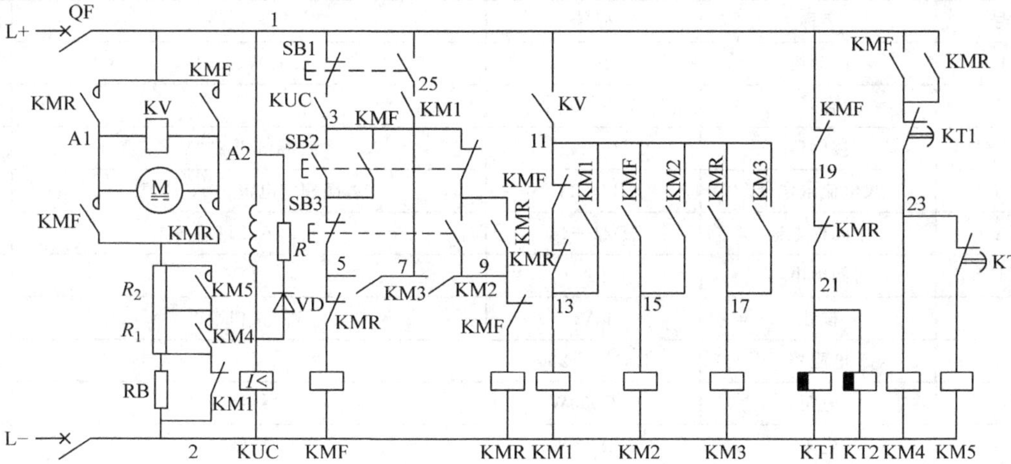

图2-47　并励直流电动机正反转起动和反接制动控制原理图

该电路的工作原理如下所述：

1) 起动准备：合上断路器QF，励磁绕组得电励磁；使欠电流继电器KUC得电吸合；同时，时间继电器KT1和KT2线圈得电吸合，它们的动断触头瞬时分断，保证接触器KM4和KM5处于失电状态，使电动机在串入电阻的状态下起动。

2) 正转起动：按下正转起动按钮SB2，接触器KMF线圈得电吸合，KMF主触头闭合，

电动机串入电阻 R_1 和 R_2 起动，KMF 动断触头分断，KT1 和 KT2 失电释放，KT1 和 KT2 延时闭合的动断触头先后延时闭合，使 KM4 和 KM5 先后得电吸合，它们的动合触头先后闭合切除电阻 R_1 和 R_2，电动机全速正转运行。

3）制动准备：随着电动机转速的不断升高，反电动势也逐渐增大，当反电动势达到一定值时，电压继电器 KV 得电吸合，KV 动合触头闭合，使 KM2 得电吸合，KM2 的动合触头（7～9）闭合为反接制动作好准备。

4）反接制动：按下停止按钮 SB1，接触器 FMF 失电释放，电动机失电惯性运转，反电动势仍很高，因此 KV 仍吸合，接触器 KM1 得电吸合，KM1 动断触头分断，使制动电阻 RB 接入电枢回路，KM1 动合触头（3～25）闭合，使接触器 KMR 得电吸合，KMR 主触头闭合，电枢通入反向电流，产生制动转矩，电动机进行反接制动而迅速停转。待电动机转速接近零时，KV 失电释放，KM1 失电释放，接着 KM2 和 KMR 也先后失电释放，反接制动结束。

反转过程的起动和反接制动的工作原理与上述过程相似，读者可自行分析。

四、操作技能训练 2-12　并励直流电动机能耗制动控制电路的安装

（1）教学要求　并励直流电动机能耗制动控制电路的安装。掌握其工作原理。

（2）准备要求

1）工具：电工通用工具一套：验电器、钢丝钳、旋具（一字形和十字形）、电工刀、尖嘴钳、活扳手、剥线钳等。

2）仪表：转速表、绝缘电阻表（500V）、万用表（自定）、电磁式钳形电流表。

3）器材：见表 2-13。

表 2-13　并励直流电动机能耗制动控制电路安装电器元件明细表

代号	名称	型号	规　格	数量
M	电动机	Z2—11	0.4kW、220V	1
QS	组合开关	HZ1—10/2		1
KM1～KM3	接触器	CZ3—22/02	线圈电压 220V	3
KUC	欠电流继电器	JL14—11Z	线圈额定电流 10A、220V	1
KA	中间继电器	JDZ1—44	5kA、220V	1
KT	时间继电器	JS3	220V	1
	按钮	LA2	5A、按钮数 2	3
R	电阻器	ZX1—2/200		1
RB	电阻	10Ω、50W	线绕	5
RD	电阻	20Ω、20W	线绕	5
VD	二极管	2CZ55		1
	导线	BVR—1.0	1.0mm²	15
	控制板		500mm×450mm×20mm	1

（3）训练内容　按图 2-46 所示进行软线槽配线练习。

（4）训练步骤

1）根据图 2-46 所示画出电气接线图。

2）按表 2-13 所示配齐电器元件，并检验元件质量的好坏。

3）按接线图在配电板上合理布置和安装电器元件，并粘贴醒目的文字符号。

4）软线槽配线练习，接线要布置合理、美观、接点要紧固、在熔断器和端子上接线需安装叉形扎头。导线要有端子标号。

5）连接控制板外部导线。

6）不通电自检。

7）检查无误后通电试车。

（5）注意事项

1）通电试车前检查接线是否正确、牢固特别是励磁回路的接线，必须连接可靠。检查欠电流继电器和时间继电器的整流值是否满足要求。

2）有指导教师在现场监护，做到安全文明生产。

3）自检工作完毕后，经生产实习指导教师检查合格后，方可通电试运行。

4）练习应在规定的时间内完成，同时要做到安全操作和文明生产。

（6）评分标准　同操作技能训练 2-1。

五、操作技能训练 2-13　并励直流电动机正反转起动和反接制动控制电路的安装

（1）教学要求　并励直流电动机正反转起动和反接控制电路的安装。掌握其工作原理。

（2）准备要求

1）工具：电工通用工具一套：验电器、钢丝钳、旋具（一字形和十字形）、电工刀、尖嘴钳、活扳手、剥线钳等。

2）仪表：转速表、绝缘电阻表（500V）、万用表（自定）、电磁式钳形电流表。

3）器材：见表 2-14。

表 2-14　并励直流电动机正反向起动和反接制动控制电路安装电器元件明细表

代号	名称	型号	规　格	数量
M	电动机	Z2—11	0.4kW、220V	1
KM1～KM5	接触器	CZ3—22/02	线圈电压 220V	5
KUC	欠电流继电器	JL14—11Z	线圈额定电流 5A、220V	1
KT1、KT2	时间继电器	JS3	220V	2
KMR、KMF	接触器	CZ3—22/02	线圈电压 220V	2
QF	断路器	DZ10—100	DC220、15A	1
SB1～SB3	按钮	LA19—11	5A、按钮数 3	3
R_1、R_2	电阻器	ZX1—2/200		1
RB	电阻	10Ω、10W	线绕	5
R	电阻	5Ω、10W	线绕	5
VD	二极管	2CZ55		1
	导线	BVR—1.0	1.0mm^2	15
	控制板		500mm×450mm×20mm	1

（3）训练内容　按图 2-47 所示进行软线槽配线练习。

（4）训练步骤

1）根据图 2-47 所示画出电气接线图。

2）按表 2-14 所示配齐电器元件，并检验元件质量的好坏。

3）按接线图在配电板上合理布置和安装电器元件，并粘贴醒目的文字符号。

4）软线槽配线练习，接线要布置合理、美观、接点要紧固、在熔断器和端子上接线需安装叉形扎头或做羊眼圈。导线要有端子标号。

5）连接控制板外部导线。

6）不通电自检。

7）检查无误后通电试车。

（5）注意事项

1）通电试车前，要认真检查励磁回路的接线，必须保证连接可靠，以防止电动机运行时出现因励磁回路断路失磁引起“飞车”事故。

2）直流电源若采用单相桥式整流器供电时，必须外接 13mH 的电抗器。

3）自检完毕后，经生产实习指导教师检查后，再通电运行。

4）练习应在规定的时间内完成，同时要做到安全操作和文明生产。

（6）评分标准　同操作技能训练 2-1。

六、直流电动机的调速

在电动机的机械负载不变的条件下改变电动机的转速叫调速。调速可用机械方法、电气方法和机械电气配合方法。这里只分析直流电动机的电气调速方法。

直流电动机的转速公式为

$$n=\frac{U-I_a(R_a+R_S)}{C_e\Phi}$$

式中　U——电源电压（V）；

I_a——电枢电流（A）；

R_a——电枢绕组电阻（Ω）；

R_S——电枢回路串接电阻（Ω）；

C_e——常数，其值决定于电动机的结构；

Φ——电动机主磁通（Wb）。

由此式可知，直流电动机有以下三种调速方法；电枢回路串电阻、改变主磁通和改变电源电压。

1. 电枢回路串电阻调速　在电枢回路中串接调速变阻器 RP，当电源电压 U 和主磁通 Φ 保持一定值时，RP 的阻值增大，则电枢回路压降（$I_aR_a+I_aR_S$）增大，电动机转速下降；反之转速上升。

并励直流电动机电枢回路串电阻调速原理如图 2-48 所示。这种调速方法只能使直流电动机在额定转速以下调速，因为 R_a 的大小不能改变，只能调节 RP，当 RP 阻值为零时，电动机为额定转速，当 RP 阻值增大时，电动机转速下降。因此，这种调速方法具有调速范围小、特性软、效率低等缺点。但它线路简单，故在中、小容量且机械特性硬度要求不高的场合，如起重机械、无轨电车等设备中还是被广泛采用。

2. 改变主磁通 Φ 调速　改变主磁通 Φ，即改变励磁电流 I_f 调速。

并励直流电动机改变主磁通 Φ 调速原理如图 2-49 所示。

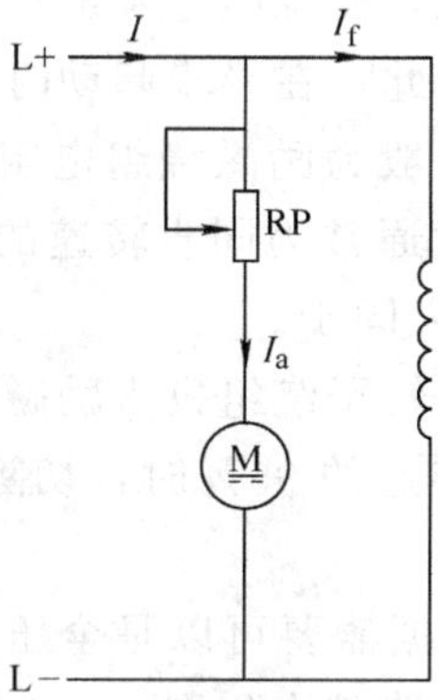

图 2-48　并励直流电电枢回路串电阻调速原理图

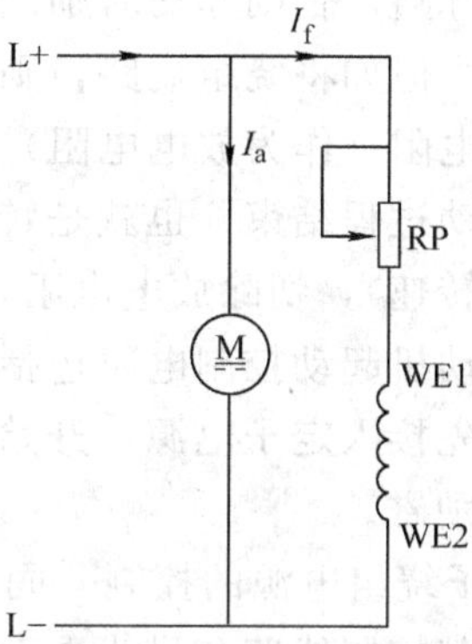

图 2-49　并励直流电动机改变主磁通调速原理图

改变励磁电流 I_f 调速时，因直流电动机额定运行状态下磁路接近饱和，主磁通 Φ 难以再增加，故一般只能用减弱主磁通 Φ 来提高电动机的转速。显然，这种调速方法是以额定转速为下限，且在额定转速以上范围内调速的。图 2-49 中，在励磁电路中串接调速变阻器 RP，改变调速变阻器 RP 的阻值，即会改变励磁电流 I_f，则主磁通 Φ 也得以改变，电动机的转速随着发生改变。当 RP 的阻值为零时，电动机的转速最低；当 RP 的阻值增大时，电动机的转速升高。改变主磁通调速的优点是能量损耗小，缺点是由于励磁绕组匝数多、电磁惯性大，使调速的过渡过程时间较长。

3. 改变电源电压 U 调速　这种方法调速范围很宽，但必须有专用的直流电源调压设备，一种是直流发电机—电动机系统，简称 G—M 调速系统；另一种是晶闸管—电动机系统，将在第四单元中进行介绍。

课题六　同步电动机的控制

三相同步电动机主要用于拖动恒速旋转的大型机械，如空气压缩机、球磨机、离心式水泵等设备。同步电动机的定子绕组的结构与异步电动机相似，只是转子绕组需要由直流电源进行励磁。励磁电源可采用直流发电机或晶闸管整流装置。

同步电动机的特点是：转速恒定；没有起动转矩；在起动过程中转子绕组将产生极高的感应电动势；调节励磁电流可使电动机的功率因数超前或滞后，从而改善整个电网的功率因数等。

同步电动机的控制，包括起动、停车和制动等。

一、三相同步电动机的起动控制电路

由于同步电动机没有起动转矩，所以不能自行起动，目前广泛采用异步起动法，异步起动的同步电动机转子表面上，装有一套与异步电动机完全相同的笼型绕组，在同步电动机转子绕组接通电源时，转子的笼型绕组所起的作用与异步电动机的转子绕组相同，产生起动转矩使同步电动机起动。整个起动过程分异步起动和牵入同步两个阶段。

在异步起动时，转子绕组中是不通入励磁电流的，否则将增加起动的困难。同时，励磁绕组又不能开路，否则起动时励磁绕组上将感应出危险的高压，使绕组绝缘击穿，并可能引起人身事故。但如将绕组短路，则会产生很大的起动电流。因此，在异步起动时，励磁绕组通常是通过电阻（作为放电电阻）短接。此放电电阻的阻值一般为励磁绕组电阻值的 5～10 倍。异步起动过程结束，也就是转子的转速接近同步转速时（通常为同步转速的 95%左右，称为准同步转速），切除放电电阻，并投入励磁，使转子被带入同步。

同步电动机起动控制电路包括：电动机定子电源的控制及转子绕组投入励磁的控制。其步骤是：①先接入定子电源，开始起动；②当转速达到同步转速的 95%时，切除放电电阻，并投入直流励磁。

（1）定子绕组电源的控制　同步电动机定子绕组的电源根据需要可以是全压起动，也可减压起动。其控制线路和异步电动机的全压及减压起动控制线路基本相同。

（2）转子绕组加入励磁的控制　由于同步电动机起动时，必须待转子转速达到同步转速的 95%及以上时再投入励磁。因而必须对电动机的转速进行监测。转速可由定子回路的电流或转子回路的频率等参数来间接反映。现按定子回路电流间接反映转速而投入励磁的自动控制线路为例进行阐述。

同步电动机作异步起动时，定子的电流很大，当转速逐渐提高时，电流则逐渐下降，当转速达到准同步转速时，电流明显减小，所以可用定子电流值来反映电动机的转速状况。按定子电流原则投入励磁的简化原理图如图 2-50 所示。

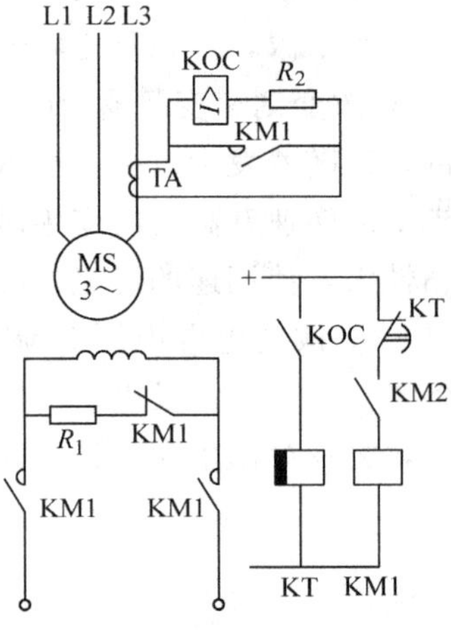

图 2-50　按定子电流原则加入励磁的简化原理图

图 2-50 中 TA 为电流互感器，KOC 为过电流继电器。同步电动机起动时，定子中很大的起动电流使电流互感器 TA 二次侧回路中的过电流继电器 KOC 得电吸合。KOC 的动合触头闭合，时间继电器 KT 得电吸合，KT 延时闭合的动断触头瞬时分断，保证接触器 KM1 失电。因此励磁绕组中没有加励磁，且通过 R_1 短接。接触器 KM2 动合辅助触头闭合，为 KM1 得电做好准备。当同步电动机的转子达到接近同步转速时，定子电流降到使 KOC 释放，时间继电 KT 延时闭合的动断触头延时闭合，接触器 KM1 得电吸合，切除放电电阻 R_1，并投入励磁电流。同时 KM1 的另一对动合触头闭合，将过电流继电器 KOC 的线圈短接，以防止电动机运转中因某种原因引起冲击电流而产生误动作。因为该图中简化原理图，所以接触器 KM2 线圈控制线路未画出。

3. 按定子电流原则加入励磁的起动控制电路　按定子电流原则加入励磁的起动控制电路如图 2-51 所示。工作原理如下所述：

合上电源开关 QF1 和 QF2，按起动按钮 SB2，接触器 KM1 得电吸合并自锁，电动机经电阻 R_1 减压异步起动。由于定子回路的起动电流很大，过电流继电器 KOC 吸合，其动合触头闭合使时间继电器 KT1 得电吸合，KT1 的延时断开的动合触头瞬时闭合，使时间继电器 KT2 得电吸合。同时 KT1 的延时断开的动合触头瞬时分断，避免接触器 KM3、KM4 误动作。当电动机的转速接近同步转速时，定子电流下降，使过电流继电器 KOC 释放，KT1 随之释放，KT1 的延时闭合的动断触头延时闭合，接触器 KM3 得电并自锁，同步电动机在全压下继续起动。同时，KT1 的延时断开的动合触头延时分断，时间继电器 KT2 随之释放，KT2 的延时闭合的动断触头延时闭合，使接触器 KM4 得电吸合。短接电阻 R_3，并给同步电动机投入励磁。KM4 的另一对动合触头短接过电流继电器 KOC 的线圈，KM4 的一对动断触头分断，使接触器 KM1 释放，切断定子串电阻 R_1 减压起动回路及 KT1 和 KT2 线圈的电源。起动过程结束。KT1 和 KT2 分别用于控制减压起动和投入直流励磁的时间。

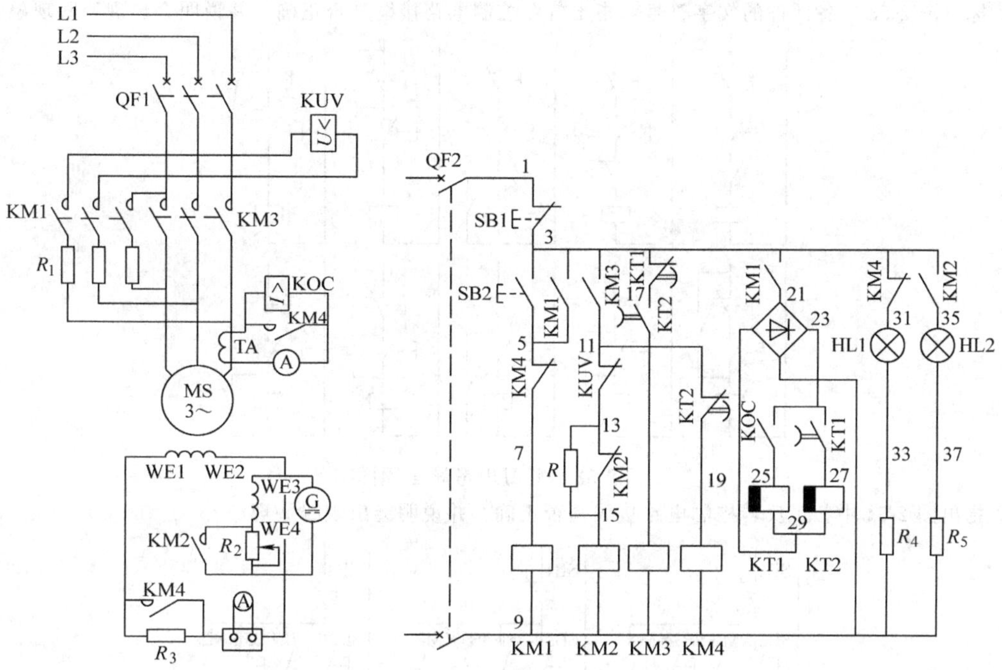

图 2-51 按定子电流原则加入励磁的起动控制原理图

停车时，按停止按钮 SB1，KM3 和 KM4 释放，切断定子交流和转子直流励磁电源。

线路中 KUV 和 KM2 为强励环节。起动时，当合上电源开关 QF1，欠电压继电器 KUV 吸合，使起动时直流励磁发电机产生正常的电压值。在运行过程中，当电网电压过低时，同步电动机的输出转矩将下降，电动机工作就趋于不稳定。为此，当电网电压低到一定数值时，欠电压继电器 KUV 释放，其动断触头闭合，使接触器 KM2 得电吸合，将直流发电机的励磁回路的电阻 R_2 短接，直流发电机输出增加，同步电动机的励磁电流增加，从而加大了同步电动机的电磁转矩，保证同步电动机的正常运行。

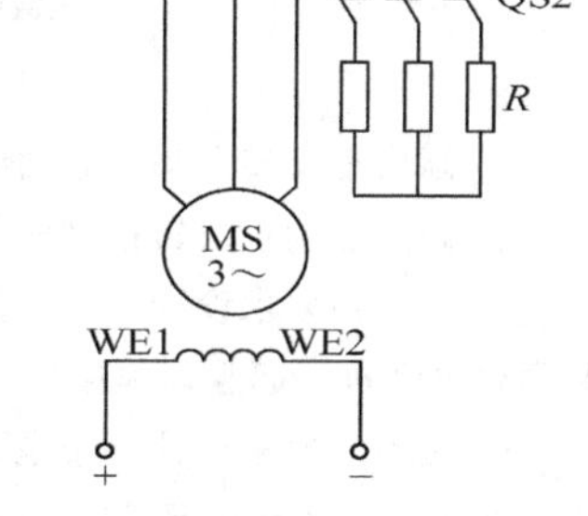

图 2-52 简化的同步电动机能耗能动的主电路原理图

二、三相同步电动机的制动控制电路

同步电动机停车时，如需进行电力制动。最方便的方法是能耗制动。将运行中的同步电动机定子绕组电源断开，再将定子绕组接于一组外接电阻 R 上，并保持转子励磁绕组的直流励磁。这时，同步电动机就成为电枢被 R 短接的同步发电机，这就很快地将转动的机械能变换成电能，最终成为热能消耗在电

阻 R 上，同时电动机被制动。

简化的同步电动机能耗制动的主电路如图 2-52 所示。其控制电路类似于一般的异步电动机的能耗制动，这里不再重述。

复习思考题

1. 标出图 2-53 中各元件的文字符号，指出各图控制电路接线是否正确？并说明会出现哪些现象？

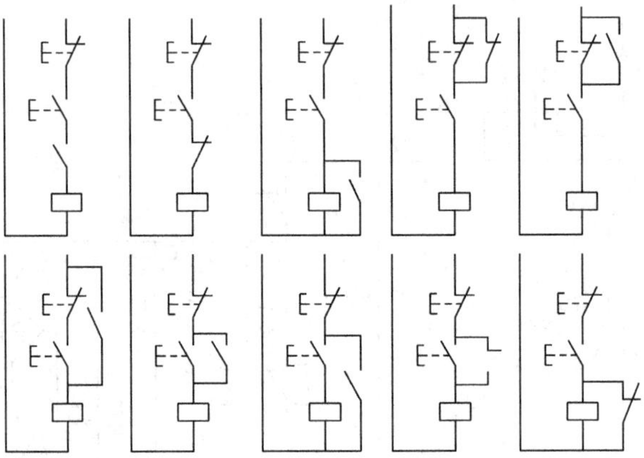

图 2-53 复习思考题 1 题图

2. 指出图 2-54 中各正反转控制电路接线是否正确？并说明会出现哪些现象？

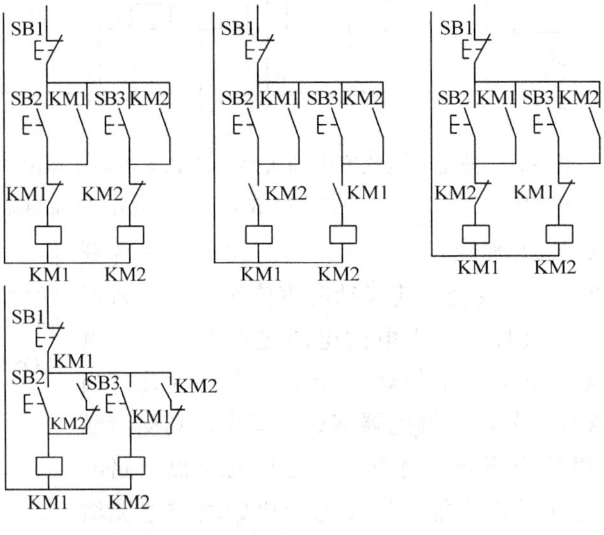

图 2-54 复习思考题 2 题图

3. 画出正反转点动、起动的混合控制电路，并有过载保护和短路保护。

4. 画出点动正反转控制电路。

5. 按下列要求设计一个用按钮和接触器控制电动机 M1 和 M2 的控制电路。设计要求为：①能同时控制两台电动机一起起动和停止；②能分别控制电动机 M1 及 M2 的起动和停止。

6. 按下列要求设计一个电动机 M1 的控制电路。设计要求为：①能分别控制电动机起动、点动和停止；②按停止按钮后要延时 20s 后才能停止。

7. 在接触器联锁正反转控制电路中，为什么必须在控制电路中接入联锁触头？

8. 设计一台正反向直接起动及反接制动的控制电路。

9. 设计一个接触器联锁、正反转起动及半波整流能耗制动控制电路。

10. 按下列要求试画出带点动的双重联锁正反转控制电路。设计要求为：①实现工作台自动往复运动；②工作台到达两端终点时停留5s后再自动返回，并进行往复运动。

11. 要求图2-55按下列顺序完成所需动作，画出其控制电路。设计要求为：①运动部件A从1到2；②接着运动部件B从3到4；③接着A从2回到1；④最后B从4回到3后，两个运动部件分别停在1、3原位。

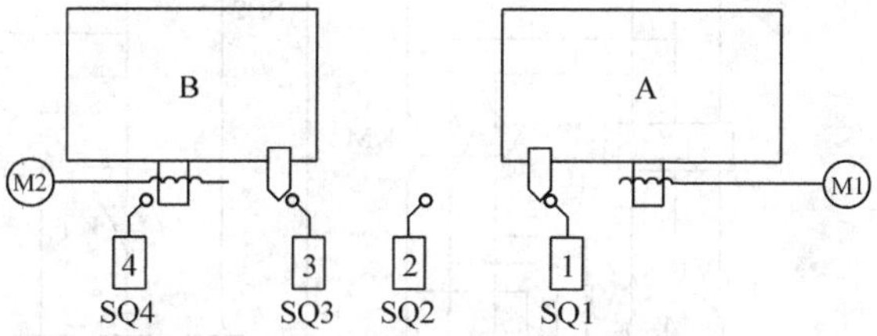

图2-55　复习思考题11题图

12. 现要求三台笼型电动机M1、M2和M3按一定顺序起动，即M1起动后，M2才能起动；M2起动后，M3才能起动，试画出其控制电路。

13. 在空调设备中的风机电动机的工作情况有如下要求：①先开风机，再开压缩机；②压缩机可自由停转；③风机停止时，压缩机随即自动停止。试为它设计一个控制电路。

14. 某机床主轴由一台笼型异步电动机带动，润滑油液压泵由另一台笼型电动机带动，现要求：①主轴必须在润滑油液压泵开动后才能开动；②主轴要求能用按钮和接触器实现正反转，并能单独停车；③有短路、欠电压及过载保护。试画出其控制电路。

15. 按下列要求设计一个控制电路：①分别用按钮控制电动机M1和M2的起动和停止；②按M1→M2的顺序起动；③M1起动后延时1min，M2才能起动；④按M2→M1的顺序停止。

16. 按下列要求设计一个控制电路：①M1起动后延时30s，M2才能用按钮起动；②M2起动后20s，M1自动停止运转；③再延时10s，M2也相应停止运转。

17. 按下列要求设计一个控制电路：①分别用按钮和接触器控制电动机M1、M2和M3的起动和停止；②按M1→M2→M3顺序起动；③M1起动后1min，M2才能起动，M2起动后2min，M3才能起动；④按M3→M2→M1顺序停止；⑤能各自点动、点动不受顺序限制（只画控制回路，不必画主回路）。

18. 什么叫减压起动？常用的减压起动有哪四种？

19. 画出用时间继电器自动控制电动机定子绕组串联电阻减压起动的控制电路，并叙述其工作原理。

20. 图2-56是Y-△减压起动控制电路。检查图中哪些地方画错了？请把错处改正过来，并按改正后的线路叙述工作原理。

21. 叙述用电流继电器自动控制绕线转子异步电动机起动控制电路的工作原理。

22. 什么叫电力制动？常用的电力制动方法有哪几种？简要说明各种制动的原理。

23. 直流电动机起动时，为什么要限制起动电流？限制起动电流常用哪几种方法？这些方法分别适用于什么场合？

24. 直流电动机起动后，若仍未切除起动电阻，这对电动机的运行有何影响？

25. 改变直流电动机的旋转方向有哪几种方法？分别适用于哪种电动机？为什么？

26. 请画出并励直流电动机既能实现电枢串电阻起动又能实现能耗制动的控制电路，并叙述其控制原理。

27. 并励直流电动机的调速方法有哪几种？各有什么优缺点？

28. 同步电动机的转子直流励磁是在何时加入的？

29. 同步电动机能否自行起动？若不能，常采用什么方法进行起动？请说明其起动过程。

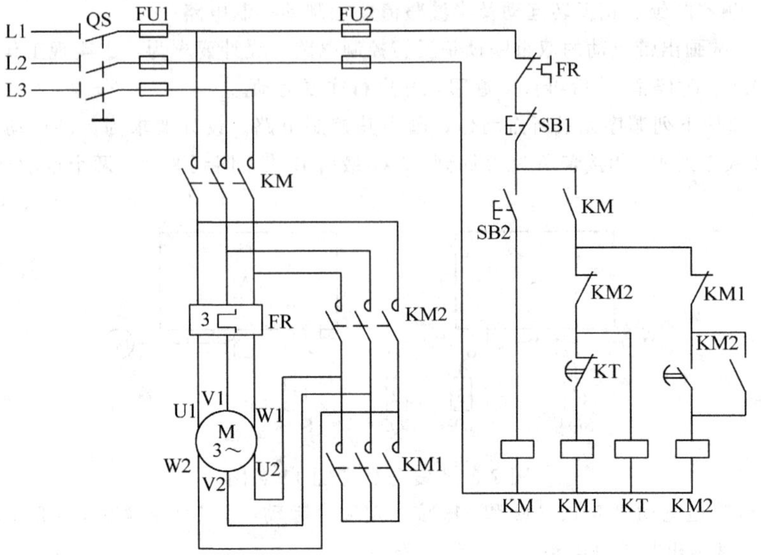

图 2-56　复习思考题 20 题图

30. 请简述图 2-51 同步电动机的起动过程。

31. 请说明同步电动机与异步电动机起动与制动的异同处。

第三单元　常用机床电气控制线路

本单元主要介绍几种常用典型机床的电气控制线路。通过分析和研究，读者能够掌握阅读、分析机床电气控制线路的基本方法，加深对基本环节的理解，为机床电气设备的安装、调试和维修打下一定的基础。

课题一　卧式车床的电气控制线路

在各种金属切削机床中，车床占的比重最大，应用也最广泛。它可用于车削外圆、内圆、端面、螺纹、螺杆及成形表面，并可用钻头、铰刀等进行加工。CA6140 型卧式车床是应用较广泛的一种车床。

一、CA6140 型卧式车床的主要结构及运动形式

CA6140 型卧式车床由主轴箱、挂轮箱、进给箱、溜板箱、尾架、溜板与刀架、光杠与丝杠、床身等部件组成。图 3-1 是 CA6140 型卧式车床的结构示意图。

CA6140 型卧式车床的主运动是主轴的旋转运动，由主轴电动机通过传动带传递到主轴箱并带动主轴旋转。进给运动是由溜板箱带着刀架作纵向与横向直线移动，进给运动也是由主轴电动机经过主轴箱传递给进给箱，再通过光杠或丝杠将运动传入溜板箱，溜板箱就带动刀架作纵、横两个方向的进给运动。刀架由快速移动电动机带动还可作快速移动。

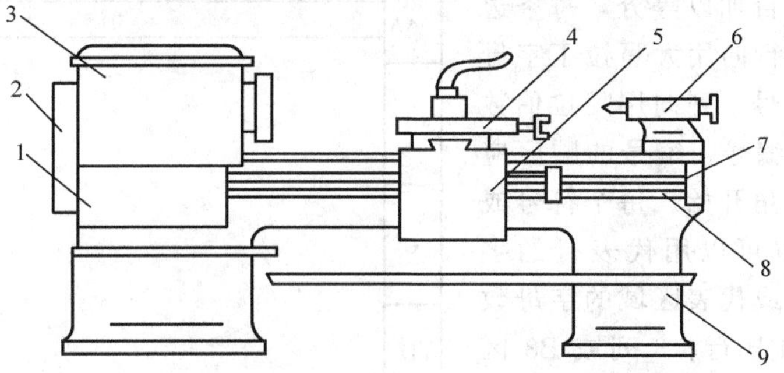

图 3-1　CA6140 型卧式车床的结构示意图

1—进给箱　2—挂轮箱　3—主轴变速箱　4—溜板与刀架　5—溜板箱
6—尾架　7—丝杠　8—光杠　9—床身

二、CA6140 型卧式车床电气控制线路分析

CA6140 型卧式车床的电气控制线路如图 3-2 所示。

1. 绘制和阅读机床电气原理图的基本知识　机床电气原理图所包含的电器元件和电气设备等符号较多，要正确绘制和阅读机床电气原理图，除第二单元所述绘制电气原理图应遵循的一般原则之外，还要对整张图样进行划分和注明各分支路的用途及接触器、继电器等的线圈与受其控制的触头所在位置的表示方法。

(1) 图上位置的表示方法　对符号或元件在图上的位置可采用图幅分区法、电路编号法

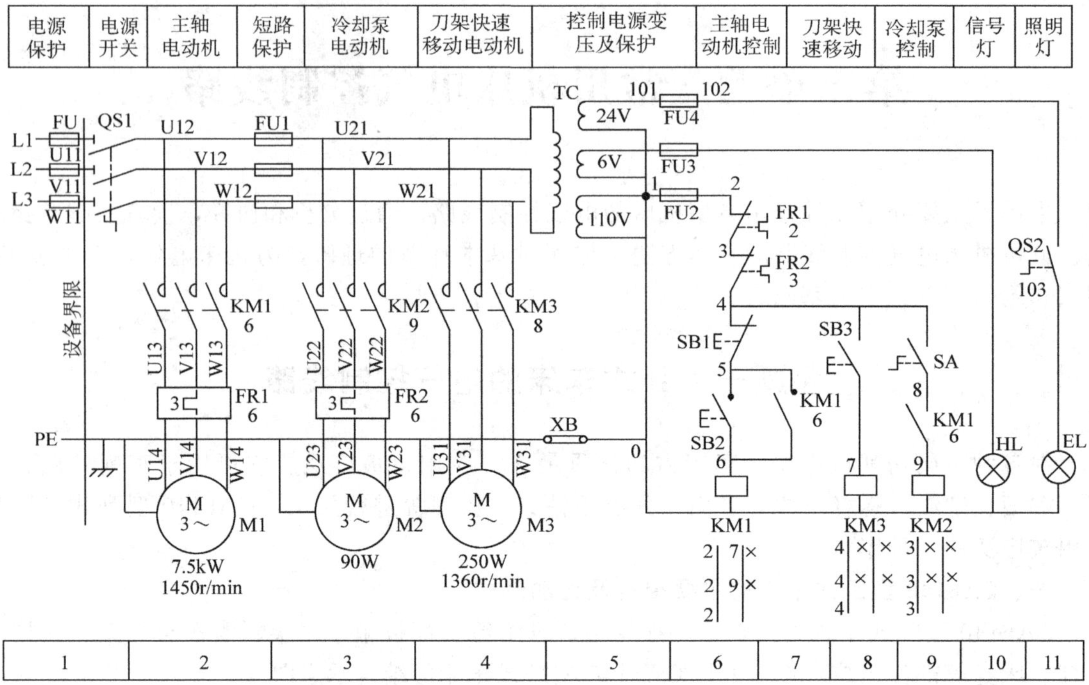

图 3-2　CA6140 型卧式车床电气原理图

等表示方法。下面介绍图幅分区法和电路编号法。

1）图幅分区法　分区法是将图样相互垂直的两对边各自加以等分，每条边必须等分为偶数。行向用大写拉丁字母 A，B，C…依次编号，列向用阿拉伯数字 1、2、3…依次编号，编号的顺序应从标题栏相对左上角开始。每个符号或元件在图中的位置可以用代表行的字母、代表列的数字或代表区域的字母数字组合来标记，如 B 行、3 列或 B3 区等。电气原理图中各分支电路的功能一般放在图样幅面上部的框内。图幅分区示意图如图 3-3 所示。

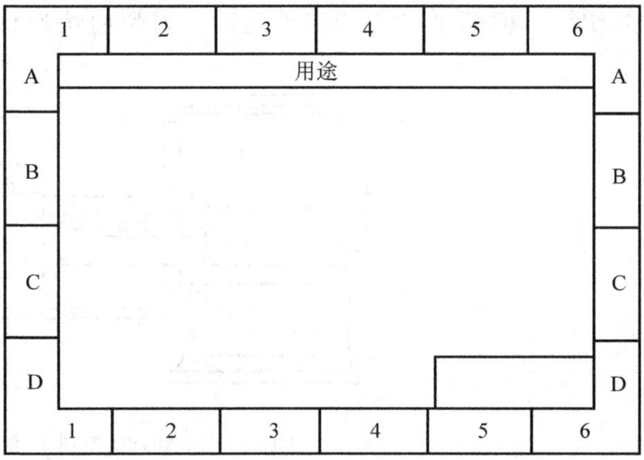

图 3-3　图幅分区示意图

2）电路编号法　机床电气原理图使用电路编号法较为广泛。对电路或分支电路采用数字编号来表示其位置的方法称为电路编号法。编号的原则是从左到右顺序排列，每一编号代表一条支路或电路。各编号所对应的电路功能用文字表示，一般放在图面上部的框内。图 3-2 中就使用了电路编号法，即分成了 11 列支路。

（2）表格　在电气原理图中，同一元器件的各部分图形符号分散在图样中不同的部位，如接触器、继电器等，只是标上相同的文字符号。为了较迅速查找同一元器件的所有部分，可以采用表格。

1）接触器的表格表示方法　在每个接触器线圈的文字符号 KM 的下面画两条竖直线，分成左、中、右三栏，把受其控制而动作的触头所处的图列，用数字标注在左、中、右三栏内。对备而未用的触头，在相应的栏中用记号“×”或“—”标出，见表 3-1。

表 3-1　接触器的表格表示方法

栏　目	左　栏	中　栏	右　栏
触头类型	主触头所在图列	辅助动合触头所在图列	辅助动断触头所在图列
举　例 KM 2 │ 6 │ 8 2 │ × │ × 2 │　│	表示：三对主触头均在图列 2	表示：一对辅助动合触头在图列 6，另一对辅助动合触头未使用	表示：一对辅助动断触头在图列 8，另一对辅助动断触头未使用

2）继电器的表格表示方法　在每个继电器线圈的文字符号 K 的下面画一条竖直线，分成左、右两栏，把受其控制而动作的触头所处的图列，用数字标注左、右两栏内。对备而未用的触头，在相应的栏中用记号：“×”或“—”标出，有时对备而未用的触头也可以不标出，见表 3-2。

表 3-2　继电器的表格表示方法

栏　目	左　栏	右　栏
触头类型	动合触头所在图列	动断触头所在图列
举　例 K 5 │ 6 8 │ 9	表示：一对动合触头在图列 5，另一对动合触头在图列 8	表示：一对动断触头在图列 6，另一对动断触头在图列 9

（3）图上位置的标记　在图样上每个触头的文字符号下面的数字表示该电器元件的线圈（或热继电器的热元件）所在的图列。例如图 3-2 中 7 列 $\frac{\mathrm{KM1}}{6}$ 表示接触器 KM1 的线圈在图中 6 列。又如 6 列 $\frac{\mathrm{FR1}}{2}$ 表示热继电器 FR1 的热元件在图中 2 列。

2. 电路分析　图样中可分主电路、控制电路和照明指示灯电路，现以图 3-2 为例进行简要讲述。

（1）主电路分析　主电路共有三台电动机。其中 M1 是主轴电动机，由接触器 KM1 控制，实现主轴旋转和刀架的进给运动，M1 由热继电器 FR1 作过载保护。M2 是冷却泵电动机，由接触器 KM2 控制，用以输送切削液，M2 由热继电器 FR2 作过载保护。M3 是刀架快速移动电动机，由接触器 KM3 控制，实现刀架的快速移动。

三相交流电源通过隔离开关 QS1 引入，电动机 M2 和 M3 共用一组熔断器 FU1 作短路保护。

（2）控制电路分析　控制电路的电源由控制变压器 TC 二次侧输出 110V 电压提供。

1）主轴电动机的控制　按下启动按钮 SB2，接触器 KM1 的线圈得电，KM1 吸合并自锁（以下简称接触器 KM1 得电吸合并自锁），其主触头闭合，主轴电动机 M1 起动运转。同时 KM1 的另一对动合触头（9 列）闭合。按下停止按钮 SB1，M1 停转。

2）冷却泵电动机的控制　只有当接触器KM1得电吸合，使其动合辅助触头（9列）闭合后，合上开关SA，接触器KM2才能得电吸合，冷却泵电动机M2才能起动运转。

3）刀架快速移动电动机的控制　刀架快速移动电动机M3的起动是由安装在进给操纵手柄顶端的按钮SB3来控制的。它与接触器KM3组成点动控制环节。将操作手柄扳到所需的方向，按下按钮SB3，KM3得电吸合，电动机M3起动运转，刀架就向指定方向快速移动。因快速移动电动机是短时工作，故未设过载保护。

（3）照明和指示灯电路分析　控制变压器TC的二次侧分别输出24V和6V电压，作为机床低压照明和指示灯的电源。EL为机床的低压照明灯，由开关QS2控制；HL为电源的指示灯。它们分别用FU4和FU3作短路保护。

CA6140型卧式车床的电器元件明细表见表3-3。

表3-3　CA6140型车床电器元件明细表

代号	元件名称	型号	规格	件数	作　用
M1	主轴电动机	Y132M-4-B3	7.5kW	1	主轴及进给传动
M2	冷却泵电动机	AOB-25	90W	1	供冷却液
M3	溜板快速移动电动机	AOS5634	0.25kW	1	刀架快速移动
FR1	热继电器	JR10-40	15.1A	1	主轴电动机过载保护
FR2	热继电器	JR10-10	0.26A	1	冷却电动机过载保护
KM1	接触器	CJ0-40	110V	1	控制主轴电动机
KM2	接触器	CJ0-10	110V	1	控制冷却泵电动机
KM3	接触器	CJ0-10	110V	1	控制刀架快速移动电动机
FU1	熔断器	RL1-15	熔体4A	3	冷却泵和快速移动电动机短路保护
FU2	熔断器	RL1-15	熔体4A	1	控制电路短路保护
FU3	熔断器	RL1-15	熔体2A	1	信号灯短路保护
FU4	熔断器	RL1-15	熔体2A	1	低压照明灯短路保护
SB1	停止按钮	LA19-11		1	控制主轴电动机停止
SB2	启动按钮	LA19-11		1	控制主轴电动机起动
SB3	启动按钮	LA9		1	控制快速电动机起动
QS1	三相隔离开关	HZ10-25/3	25A	1	总电源开关
QS2	单相隔离开关	HZ10-10/1	10A	1	低压照明灯开关
HL	信号灯	ZSD	6V	1	指示电源信号灯
EL	低压照明灯		24V	1	低压照明
SA	单相控制开关	HZ10-10/1	10A	1	控制冷却泵电动机

三、CA6140型卧式车床常见电气故障分析

CA6140型卧式车床的电气控制线路较简单，是最基本的控制线路，下面介绍几种常见电气故障的检修方法和步骤。

1. 主轴电动机不能起动　合上电源开关QS1，按下起动按钮SB2，电动机M1不能起动。这种电气故障可按下列步骤检修。

（1）检查接触器KM1是否吸合　若接触器KM1吸合，则故障必然发生在主电路，根据对电气原理图与接线图（如图3-4c所示）进行综合分析，可确定故障范围如图3-4a所示。接下来，可按下列步骤予以检修：

1）检查电动机M1是否机械卡阻。分断QS1，转动电动机的传动带，若传动带转不动，可设法使其脱离，待传动带脱离后，再转动电动机的转轴，若仍不能转动，说明电动机内轴承发生损坏，应拆下检修或换新；若电动机转轴转动灵活，可合上QS1，按下SB2，电动机

起动运行，则说明故障是机械原因使电动机卡住不能起动；若传动带转动灵活可进行下一步检修。

2）检查接触器 KM1 电源侧电压是否正常。合上 QS1，用万用表交流 500V 档测量 KM1 电源侧 U13-W13 之间线电压或测量 W13-0 之间的相电压。若电压为零，可按下列步骤检修，见表 3-4。

表 3-4　KM1 吸合、M1 不起动和 KM1 电源侧故障检修步骤

步骤	测量状态	测量区间	测量结果	故障原因及检修手段
第一步	合上 QS1	U11-W11（QS1）或 W11 点（QS1）	0	FU（L3）相熔丝熔断或 L3 相线路故障，排除故障后进行第五步
			380V 或 220V	进行第二步
第二步	合上 QS1	U12-W12（QS1）或 W12 点（QS1）	0	QS1（L3）相接触不良，排除故障后进行第五步
			380V 或 220V	进行第三步
第三步	合上 QS1	U12-W12（XT）或 W12 点（XT）	0	QS1 至 XT 导线（W12）断线或线头松脱，排除故障后进行第五步
			380V 或 220V	进行第四步
第四步	合上 QS1	U12-W12（KM1）或 W12 点（KM1）	0	XT 至 KM1 导线（W12）断线或线头松脱，排除故障后进行第五步
			380V 或 220V	进行步骤 3）检修
第五步	合上 QS1	U12-W12（KM1）或 W12 点（KM1）	0	从 n 步来，返回（$n+1$）步继续检修
			380V 或 220V	确认正确后试车，若 M1 启动故障已排除，若 M1 仍不起动进行步骤 3）检修

3）检查接触器 KM1 负载侧电压是否正常。可按下列步骤检修，见表 3-5。

表 3-5　KM1 吸合、M1 不起动和 KM1 负载侧故障检修步骤

步骤	测量状态	测量区间	测量结果	故障原因及检修手段
第一步	分断 QS1 拆下 U14、V14、W14（XT）合上 QS1 使 KM1 吸合	U13-V13-W13（KM1）	线电压不正常	KM1 的主触头接触不良，排除故障后进行第五步
			线电压正常	进行第二步
第二步		U13-V13-W13（FR1）	线电压不正常	导线（U13、V13 或 W13）断线或线头松，排除故障后进行第五步
			线电压正常	进行第三步
第三步		U14-V14-W14（FR1）	线电压不正常	FR1 的热元件损坏，换新后进行第五步
			线电压正常	进行第四步
第四步		U14-V14-W14（XT）	线电压不正常	FR1 至 XT 得到线（U14、V14 或 W14）断线或线头松脱，排除故障后进行第五步
			线电压正常	进行步骤 4）检修
第五步		U14-V14-W14（XT）	线电压不正常	从 n 步来，返回（$n+1$）步继续检修
			线电压正常	分断 QS1，接上 U14、V14、与 W14（XT） 合上 QS1 试车，KM1 吸合，若 M1 起动，故障已排除，若 M1 仍不起动进行步骤 4）检修

4）检查电动机 M1。可用万用表欧姆档，检查定子绕组是否断线或线头松脱；用电桥检查定子绕组的直流电阻是否平衡；用绝缘电阻表检查电动机定子绕组的绝缘情况。查出故障后，若不能修理，要更换新电动机。

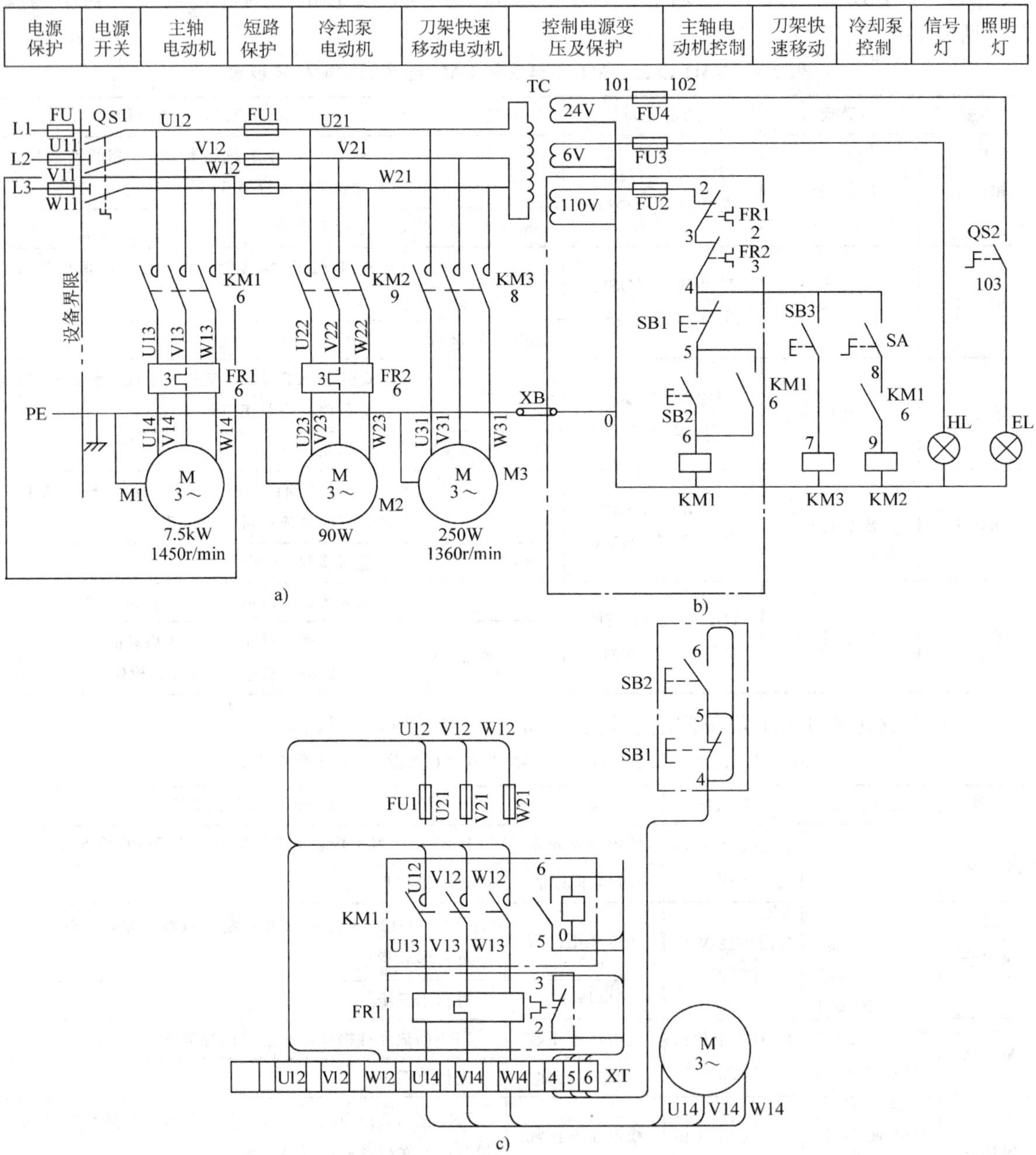

图 3-4 CA6140 型卧式车床电气故障

a）KM1 吸合、M1 不起动的故障范围 b）HL 或 EL 亮、KM1 不吸合的故障范围

c）部分接线图

若 KM1 吸合可按下列两种方法检修。方法一是首先检查 KM3 是否吸合，若吸合说明 KM1 和 KM3 的共用控制电路部分（0-1-2-3-4）正常，故障范围在 KM1 的线圈部分支路

(4-5-6-0)；若 KM3 也不吸合就要检查照明灯和指示灯是否正常。若照明灯和指示灯正常（灯 HL 或 EL 亮）故障范围在整个控制电路；若灯 HL 和 EL 都不亮，说明电源部分有故障（注意：此时也不能说明控制电路就没有故障），检查方法同前。方法二是首先检查灯 HL、EL，若灯 HL、EL 都不亮说明电源部分有故障，检查方法同前，查到使灯 HL、EL 亮为止；若灯 HL 或 EL 亮说明故障范围在控制电路。下面以方法二为例，用电压测量的方法说明控制电路的一般检修方法。故障范围如图 3-4b 所示。

(2) 检查照明灯 EL 和指示灯 HL 是否亮　合上 QS1，若 EL 和 HL 中只要有一只灯亮，则说明故障在控制电路。首先检查 KM1 自锁触头（5-6）两端的电压，若正常（110V），故障范围为 SB2 接触不良、KM1 主触头机械卡阻、SB2 至 KM1（经 XT）的导线（6）断线或线头松动。判别方法是打开按钮盒，测量 SB2 动合触头（5-6）两端电压，若无电压（0V），说明 SB2 至 KM1（经 XT）的导线（6）断线或线头松脱；若电压正常（110V）可按下 SB2，测量 KM1 线圈（0-6）两端电压，电压指示为零，说明 SB2 接触不良；电压指示正常（110V），说明 KM1 机械卡阻。必须注意的是，从原理图上分析，直接测量 SB2（5-6）也可以，但在实际工作中，测量 KM1（5-6）更方便，不用打开按钮盒。从初学检查电气故障开始，就要养成一个良好的习惯，即不应该拆的部分坚决不拆，这样有利于检查电气故障速度的提高。

若 KM1 自锁触头（5-6）两端无电压指示，可按下列步骤进行，见表 3-6。

表 3-6　照明灯或指示灯亮、KM1 不吸合的故障检修步骤

步骤	测量状态	测量区间	测量结果	故障原因及检修手段
第一步	合上 QS1	0（KM1）-1（FU2）	0	TC 的绕组断线；连接导线断线或线头松脱，排除故障后进行第十步
			110V	进行第二步
第二步	合上 QS1	0（KM1）-2（FU2）	0	FU2 的熔体熔断，换新，进行第十步
			110V	进行第三步
第三步	合上 QS1	0（KM1）-2（FR1）	0	2 号线断线或线头松脱，排除故障后进行第十步
			110V	进行第四步
第四步	合上 QS1 从本步起导线和触头一起测量	0（KM1）-3（FR2）	0	3 号线断线或线头松脱，FR1 动断触头分断，查出原因，恢复，进行第十步
			110V	进行第五步
第五步	合上 QS1	0（KM1）-4（XT）	0	4 号线断线或线头松脱，FR2 动断触头分断，查出原因，恢复，进行第十步
			110V	进行第六步
第六步	合上 QS1	4（XT）-6（XT）	0	6 号线断线或线头松脱；KM1 的线圈断线或线头松脱，排除故障后进行第十步
			110V	进行第七步
第七步	分断 QS1 打开按钮合上 QS1	6（XT）-5（SB1）	0	4 号线断线或线头松脱；SB1 触头接触不良，排除故障后进行第十步
			110V	进行第八步

（续）

步骤	测量状态	测量区间	测量结果	故障原因及检修手段
第八步	合上 QS1	6（SB2）-5（SB2）	0	5、6号线断线或线头松脱，排除故障后进行第十步
			110V	按钮 SB2 接触不良；KM1 机械卡阻进行下一步
第九步	合上 QS1 按下 SB2	0（KM1）-6（KM1）	0	按钮 SB2 接触不良，排除故障后，试车 KM1 吸合
			110V	KM1 机械卡阻，修理后试车，KM1 吸合
第十步	合上 QS1 按下 SB2	0（KM1）-6（KM1）	0	从 n 步来，返回（$n+1$）步继续检修
			110V	若 KM1 仍不吸合，故障为机械卡阻修理后，试车；若 KM1 吸合，故障已排除

若 EL 和 HL 全都不亮，说明故障在控制变压器 TC 的一次侧及电源部分。

(3) 检查电源部分　故障范围可能在 FU、QS1、FU1、TC 的一次侧及有关连接导线，检修方法同前，这里就不一一叙述了。

2. 主轴电动机 M1 起动后不能自锁　当按下 SB2 时，主轴电动机能起动运转，但松开 SB2 后，主轴电动机也随之停止而不能继续运转。造成这种故障的原因是 KM1 的动合触头（自锁触头）接触不良或连接导线断线、线头松脱。判别方法是合上 QS1，测量 KM1 的自锁触头（5-6）两端的电压。若电压正常（110V），故障是 KM1 的自锁触头接触不良；若无电压指示，故障是连接导线（5、6）断线或线头松脱。

3. 主轴电动机 M1 不能停止　造成这种故障的原因主要有三个：其一是因 KM1 的主触头发生熔焊；其二是停止按钮 SB1 击穿短路或导线（4）与导线（5）短路；其三是 KM1 线圈的铁心表面被油垢粘牢而不能脱开。判别方法是分断 QS1，观察 KM1，若 QS1 分断后 KM1 立即释放，故障为第二种；若 QS1 分断后延时一段时间 KM1 才释放，故障为第三种否则故障为第一种。观察 KM1 主触头，看其是否熔焊在一起。

4. 主轴电动机 M1 在运行中突然停车，按下 SB2，M1 也不能起动　这种故障的主要原因是由于热继电器 FR1 动作，一定要找出引起热继电器 FR1 动作的原因，才能使其复位。引起热继电器 FR1 动作的原因有整定值不符合电动机 M1 额定电流的需要，车床进给量过大造成 M1 过载以及 M1 的主电路连接导线线头或 KM1 的主触头接触不良，使电动机 M1 的电压降低，电流过大所致。

5. 照明灯 EL 不亮　这种故障的原因一般是灯泡损坏，熔断器 FU4 熔体熔断，QS2 接触不良；TC 的二次绕组断线或接头松脱，导线断线或线头松脱，灯泡和灯座（灯头）接触不良等引起。可依次检查出故障，予以修复，方法同前。

四、操作技能训练 3-1　CA6140 型卧式车床电气控制线路的安装与调试

(1) 教学要求　掌握 CA6140 型卧式车床电气控制线路的安装调试；掌握其工作原理。

(2) 准备工作

1) 工具：电工通用工具一套：验电器、钢丝钳、螺钉旋具（一字形和十字形）、电工刀、尖嘴钳、活扳手、剥线钳等。

2）仪表：万用表、绝缘电阻表（500V）、钳形电流表。

3）电器元件：根据表 3-3 配齐所需的电器元件和设备。

4）导线：根据电动机容量正确选择导线规格、数量。

5）其他：配电板、走线槽、线号管、螺钉等

（3）训练内容

1）按图 3-2 所示进行控制电路软线连接练习。

2）按图 3-2 所示进行明配线练习。

3）通电试车。

（4）训练步骤及要求

1）根据图 3-2 画出电气接线图，画接线图时应注意以下几点：

① 同一电器的所有元件（如同一接触器的主、辅助触头和线圈）应集中画在一起，接线图中各元件的图形符号应与电气原理图中的符号一致。

② 在画接线图时，也要标出各电器元件接线端的标号，并与电气原理图的标号一致。

③ 按钮、转换开关、指示灯等不在控制板上，一律画在板外，在与板内的有关电气连接时，必须通过控制板上接线端子进行相连。

④ 画完接线图后，要对照原理图进行复查。图 3-4c 所示为 CA6140 型卧式车床部分接线图。

2）根据表 3-3 配齐所需的电器元件，并检查元件的种类、数量、规格质量是否符合要求，否则要进行修理或更换。

3）在配电板上合理布置和安装电器元件，在安装中注意电器元件要安装的横平竖直，并符合安装要求。

4）根据接线图首先用软线进行控制回路练习，要求熟练掌握。

5）明配线练习，在配线中要注意导线应紧贴在配电板的表面，同一平面导线不能交叉，走线要横平竖直、分布均匀，每根导线两端要套装上与原理图相同线号的套管，且套管上线号方向要保持一致。

6）配电板外部接线，不要忘记套装与原理图相同线号的线号管。

7）自检，根据原理图检查电路的接线是否正确；各接点是否牢固可靠；热继电器整定值是否符合要求；熔断器中熔体的规格是否符合要求。

8）检查无误后，通电试车，首先空载试车，空载试车正常后方可接上电动机再次试车。

（5）注意事项

1）被测试电动机外壳接地（或接零）要良好，并要用绝缘电阻表进行摇测。

2）接线时必须先接负载端，后接电源端；先接接地端，后接三相电源相线。

3）试车时，要先合电源开关，后按启动按钮，分闸时，要先按停止按钮，后断电源开关。

4）试车时必须在教师的监护下进行，要严格遵守安全操作规程。

（6）评分标准　同操作技能训练 2-1。

五、操作技能训练 3-2　CA6140 型卧式车床电气故障的检修

（1）教学要求　掌握 CA6140 型卧式车床电气控制线路的故障分析及检修方法。

（2）准备工作

1）工具：电工通用工具一套：验电器、钢丝钳、螺钉旋具（一字形和十字形）、电工刀、尖嘴钳、活扳手、剥线钳等。

2）仪表：万用表、绝缘电阻表（500V）、钳形电流表。

（3）训练内容

1）在模拟盘上进行故障检修练习，要求熟练掌握。

2）在实际机床上进行故障检修练习。

（4）常见故障分析　可参见本课题的第三部分。

（5）训练步骤及要求

1）教师在模拟盘上示范操作。教师设置故障点，并进行示范操作，一边检查，一边分析，直到检查出故障点并且加以排除。引导学生如何采用正确的检查步骤和维修方法。

2）教师设置故障。

3）学生进行检修

① 学生通过通电试车发现故障现象，进行分析，并在原理图中标出最小故障范围。

② 采用电压法或电阻法在故障范围内找出故障点（电压法和电阻法的测量方法可参见本单元课题九相关内容）。

③ 排除故障，修复故障点。在这个过程中不得采用更换元件或改变线路的方法来修复故障点。

4）在实际机床上进行故障维修练习。

（6）设置故障的原则

1）故障点的设置要符合机床在实际使用过程中所出现的“自然”故障，即由于受到高温、电动机过载、频繁起动等原因造成的故障。

2）故障点的设置要隐蔽，由易到难。

3）当设置一个以上的故障点时，故障现象要明显，不要相互掩盖。

4）不得采用更换元件、改变线路的方法设置故障点。

（7）注意事项

1）注意仪表的正确使用，防止表笔造成短路。

2）故障查出后，必须修复故障点，不能采用更换元件的方法修复故障点。

3）在维修中，不允许扩大故障范围或者产生新的故障。

4）带电维修时，要穿好绝缘鞋，必须在教师的监护下进行，以确保人身安全。

（8）评分标准　见表3-7。

表3-7　CA6140型卧式车床电气故障的检修考核标准

序号	主要内容	评分标准	配分	扣分	得分
1	通电试车，对故障现象进行调查研究	检查故障前不进行分析研究扣2分	2		
2	故障分析，在电气控制线路原理图上分析故障可能的原因	1. 或标不出故障范围，每个扣3分 2. 能标出最小的故障范围，每个故障扣3分	30		

（续）

序号	主要内容	评分标准	配分	扣分	得分
3	正确使用工具表和仪表排除故障	1. 未排除故障点，思路不清楚，每个故障点扣4分 2. 每少查出一个故障点扣3分 3. 扩大故障范围或产生新的故障不能修复，每个扣10分 4. 工具仪表使用不正确扣1分	60		
4	安全文明生产	1. 劳动保护用品穿戴整齐 2. 电工工具佩带齐全 3. 遵守操作规程 4. 尊重老师，讲文明礼貌 5. 考试结束要清理现场	8		
备注		开始时间	结束时间	实际时间	成绩

课题二　平面磨床的电气控制线路

磨床是用砂轮的周边或端面进行机械加工的一种精密机床。磨床的种类很多，有平面磨床、外圆磨床、内圆磨床、无心磨床及各种专用磨床，如螺纹磨床、齿轮磨床、导轮磨床等。其中以平面磨床应用最广，平面磨床是用砂轮磨削加工各种零件平面的机床。在本节中以两种常用平面磨床为例加以分析。

一、M7120型平面磨床

1. 主要结构及运动形式　M7120型平面磨床主要由床身、工作台、电磁吸盘、砂轮架、滑座、立柱等部分组成。其结构外形如图3-5所示。M7120型平面磨床共有四台电动机，砂轮电动机直接带动砂轮旋转，对工件进行磨削加工，是平面磨床的主运动；砂轮升降电动机使滑座（砂轮架安装在滑座上）沿立柱导轨上下移动，用以调整砂轮的位置；工作台和砂轮的往复运动是靠液压泵电动机进行液压传动的，能实现无级调速与平稳传动，可以保证工件的加工精度；冷却泵电动机带动冷却泵供给砂轮和工件切削液，同时利用切削液带走磨削下来的铁屑。

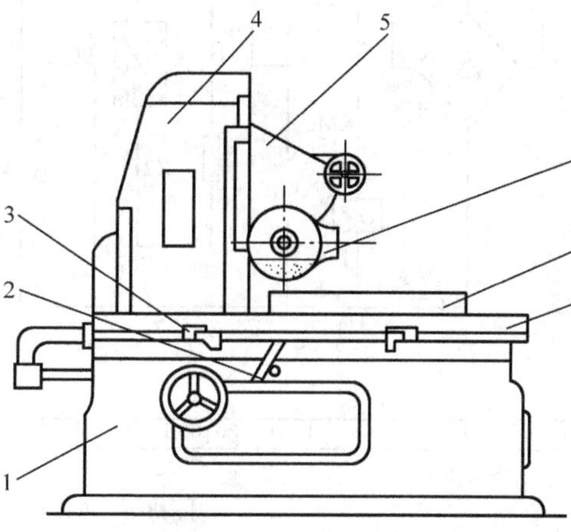

图3-5　M7120型平面磨床外形图
1—床身　2—换向手柄　3—撞块　4—立柱
5—滑座　6—砂轮架　7—电磁吸盘　8—工作台

2. 电气控制线路分析　M7120型平面磨床的电气控制线路如图3-6所示。图中分为主电路、控制电路、电磁吸盘（又称电磁工作台）

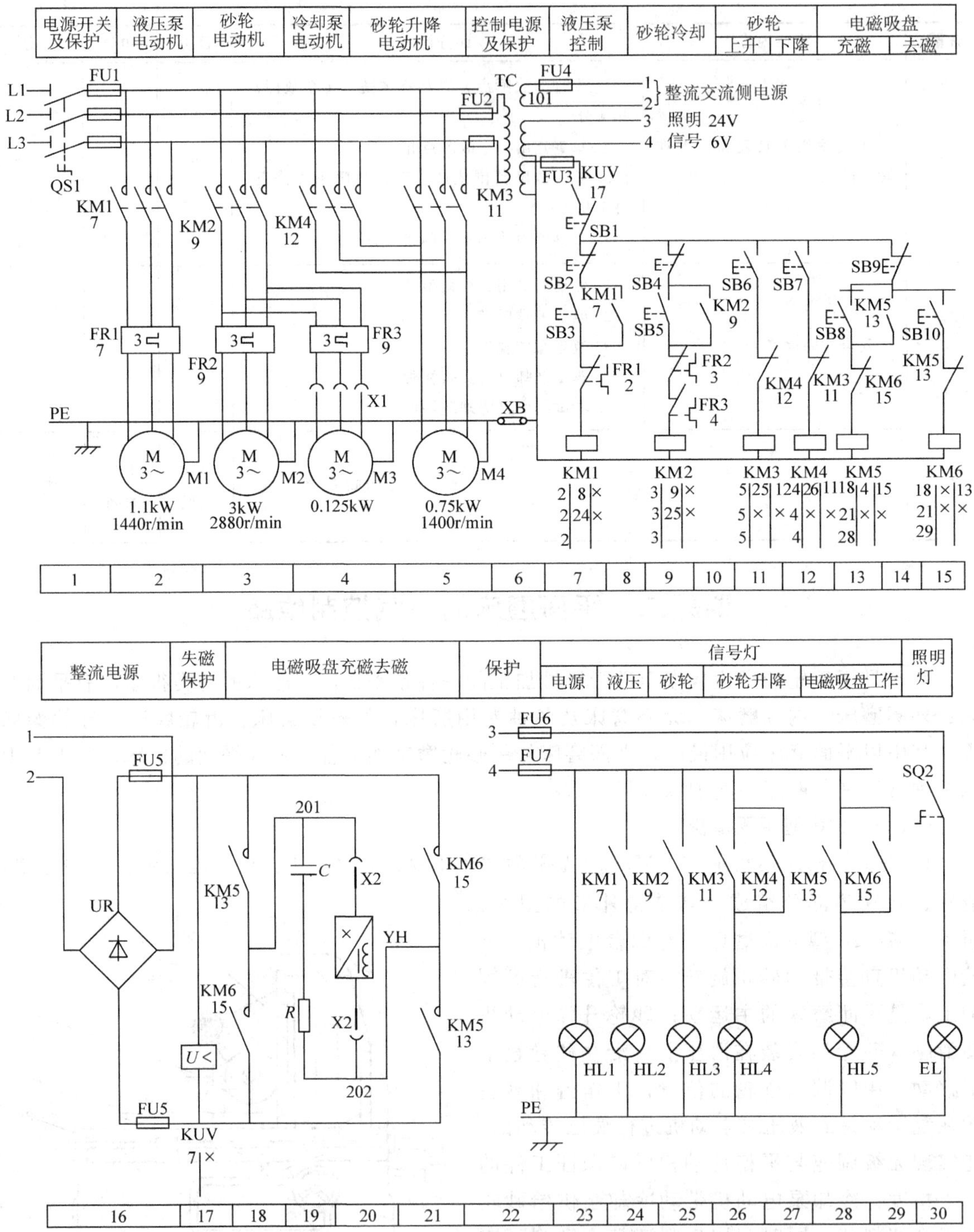

图 3-6　M7120 型平面磨床电气原理图

控制电路及照明与指示灯电路等四部分。

（1）主电路分析　主电路共有四台电动机，其中 M1 是液压泵电动机，由接触器 KM1 控制，以实现工作台的往复运动，由热继电器 FR1 作为过载保护；对于砂轮电动机 M2 和冷却泵电动机 M3，由于 M1 通过接插器 X1 和 M2 联动控制，所以 M2 和 M3 是由接触器 KM2 控制，M2 用来实现砂轮旋转对工件进行磨削加工，M3 用来实现为砂轮磨削工件时输送切削液，M2 与 M3 分别由热继电器 FR2 与 FR3 作为过载保护；M4 是砂轮升降电动机，由接触器 KM3、KM4 控制正反转，用以调整砂轮与工件之间的位置。

三相交流电源通过隔离开关 QS1 引入，四台电动机共用一组熔断器 FU1 作为短路保护。

（2）控制电路分析　控制电路的电源由 TC 的二次侧输出 110V 电压提供。

1）液压泵电动机 M1 的控制：合上电源开关 QS1，若电源电压正常，则欠电压继电器 KUV 得电吸合，其动合触头（7 列）闭合；按下起动按钮 SB3，接触器 KM1 得电吸合并自锁，其主触头（2 列）闭合，液压泵电动机 M1 起动运转。若按下停止按钮 SB2，接触器 KM1 失电释放，其主触头分断，电动机 M1 应停止转动。

2）砂轮电动机 M2 及冷却泵电动机 M3 的控制：按下起动按钮 SB5，接触器 KM2 得电吸合，其主触头（3 区）闭合，砂轮电动机 M2 和冷却泵电动机 M3（当接插器 X1 和 X2 闭合时）同时起动运转。若按下停止按钮 SB4，接触器 KM2 失电释放，其主触头分断，M2 和 M3 同时停转。

3）砂轮升降电动机 M4 的控制：砂轮升降电动机只有在调整工件和砂轮之间的位置时才短时运转，所以采用了点动控制。当按下按钮 SB6，接触器 KM3 得电吸合，其主触头（4 列）闭合，M4 正转起动运转，砂轮开始上升，上升到所需位置时，松开 SB6，KM3 失电释放，M4 停转，砂轮停止上升。

若按下按钮 SB7，接触器 KM4 得电吸合，其主触头（5 列）闭合，M4 反转起动运转，砂轮下降，下降到所需位置时，松开 SB7，KM4 失电释放，M4 停转，砂轮停止下降。

为防止相间短路，在控制电路中采用了接触器联锁保护，即 KM3 的动断触头（12 列）和 KM4 的动断触头（11 列）。由于 M4 短时工作，故未加过载保护。

（3）电磁吸盘控制电路分析　电磁吸盘是用于固定工件的一种夹具。它是利用通电导体在铁心中产生的磁场来吸牢铁磁材料工件，以便于加工。它与机械夹具相比较，具有夹紧迅速、不损伤工件、一次能吸牢若干个工件，以及工件发热时可以自由伸缩等优点。因而电磁吸盘在平面磨床上应用得十分广泛。

电磁吸盘的结构如图 3-7 所示，其外壳是钢制的箱体，中部有凸起的心体，心体上绕有线圈。吸盘的盖板用钢板制成，钢板盖板用非磁性材料（如铅锡合金等）隔成若干个小块。当线圈通上直流电后，吸盘的心体被磁化而产生磁场，

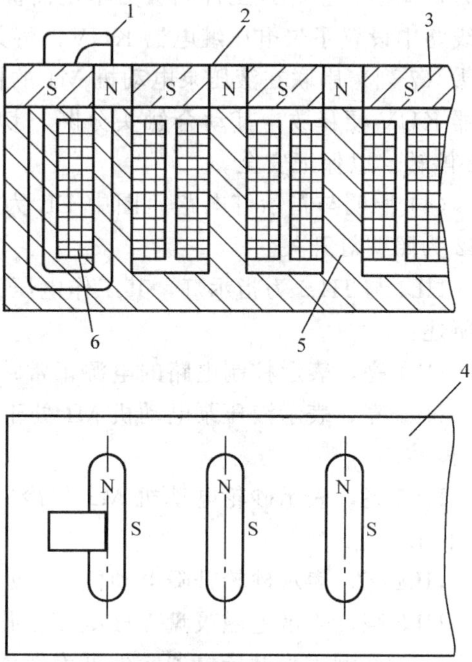

图 3-7　电磁吸盘

1—工件　2—绝磁材料　3—工作台

4—盖板　5—心体　6—线圈

工件就被牢牢地吸住。

电磁吸盘的控制电路包括整流装置、控制装置和保护装置三个部分。

整流装置由变压器 TC 和单相桥式全波整流器 UR 组成，提供约 110V 的直流电源。

控制装置由按钮 SB8、SB9、SB10 和接触器 KM5、KM6 等组成。

充磁过程如下所述：按下充磁按钮 SB8，接触器 KM5 得电吸合并自锁，其联锁触头（15 列）分断，同时主触头（18、21 列）闭合，电磁吸盘 YH 得电充磁而吸住工件。加工完毕，需取下工件时，先按下 SB9，KM5 失电释放，YH 失电，由于吸盘和工件都有剩磁，所以需要对吸盘和工件进行去磁。

去磁过程如下所述：按下去磁按钮 SB10，接触器 KM6 得电吸合，其联锁触头（13 列）分断，同时主触头（18、21 列）闭合，电磁吸盘 YH 通入反向直流电，使吸盘和工件去磁。去磁时，为防止去磁时间过长使吸盘反向磁化，因而接触器 KM6 需要采用点动控制。

保护装置由放电电阻 R 和放电电容 C 以及欠电压继电器 KUV 组成。

电阻 R 和电容 C 的作用如下所述：由于电磁吸盘线圈是一个大电感，在电磁吸盘工作时，线圈中储存着大量的磁场能量；当电磁吸盘在脱离电源的瞬间，吸盘线圈的两端会产生很大的自感电动势，若没有放电电路，将使吸盘线圈绝缘及其他电器损坏，因此用电阻 R 和电容 C 组成放电回路，使电磁吸盘断电瞬间线圈中所储存的能量通过 R 和 C 进行放电。如果 R、C 的参数选配得当，此时 RLC 电路可以组成一个衰减振荡电路，这对去磁将十分有利。

欠电压继电器 KUV 的作用如下所述：在加工过程中，若电源电压过低，则电磁吸盘的吸力将减小，会导致工件因吸力不足而被高速旋转的砂轮碰击抛出，造成严重事故。因此，在线路中设置了欠电压继电器 KUV，将其线圈并联在电磁吸盘的工作电路中，而将其动合触头（7 列）串联在液压泵电动机 M1 的控制电路中，当电源电压过低或断电时，欠电压继电器 KUV 便释放，其动合触头分断，切断控制电路，使液压泵电动机 M1 和砂轮电动机 M2 停转，以保证安全。

(4) 照明与指示灯电路　图中 EL 为照明灯，其工作电压为 24V，由变压器 TC 供电，QS2 为照明灯开关。

HL1 与 HL5 为指示灯，其工作电压为 6V，也由变压器 TC 供电。五个指示灯的作用如下所述：

HL1 亮，表示控制电路的电源正常；不亮，表示电源有故障。

HL2 亮，表示液压泵电动机 M1 处于运转状态，工作台正在进行往复运动；不亮，表示 M1 停转。

HL3 亮，表示砂轮电动机 M2 与冷却泵电动机 M3 处于运转状态；不亮，表示 M2 与 M3 停转。

HL4 亮，表示砂轮升降电动机 M4 处于运转状态；不亮，表示 M4 停转。

HL5 亮，表示电磁吸盘 YH 处于工作状态（充磁或去磁）；不亮，表示 YH 未工作。

M7120 型平面磨床电器元件见表 3-8。

3. 常见故障分析　对于主电路、控制电路与照明、信号灯电路等故障，基本检查方法和车床相似，现将特殊故障作如下分析：

(1) 电磁吸盘没有吸力　首先检查 KUV 是否吸合。

表 3-8 M7120 型平面磨床电器元件明细表

代号	元件名称	型　号	规　格	件数	作　用
M1	液压泵电动机	Y90S-4	1.1kW1400r/min	1	液压泵传动
M2	砂轮电动机	Y100L-2	3kW2880r/min	1	砂轮传动
M3	冷却泵电动机	YCB-22-2	0.125kW	1	供给冷却液
M4	砂轮升降电动机	Y802-4	0.75kW1390r/min	1	砂轮升降传动
KM1	交流接触器	CJ0-10A	线圈电压 110V	1	控制液压泵电动机 M1
KM2	交流接触器	CJ0-10A	线圈电压 110V	1	控制砂轮电动机 M2
KM3	交流接触器	CJ0-10A	线圈电压 110V	1	点动控制砂轮升降电动机 M4 上升
KM4	交流接触器	CJ0-10A	线圈电压 110V	1	点动控制砂轮升降电动机 M4 下降
KM5	交流接触器	CJ0-10A	线圈电压 110V	1	控制电磁吸盘充磁
KM6	交流接触器	CJ0-10A	线圈电压 110V	1	点动控制电磁吸盘去磁
FR1	热继电器	JR10-10	2.71A	1	M1 过载保护
FR2	热继电器	JR10-10	6.18A	1	M2 过载保护
FR3	热继电器	JR10-10	0.47A	1	M3 过载保护
SB1	按钮	LA2 型		1	总停
SB2	按钮	LA2 型		1	液压泵停止
SB3	按钮	LA2 型		1	液压泵起动
SB4	按钮	LA2 型		1	砂轮停止
SB5	按钮	LA2 型		1	砂轮起动
SB6	按钮	LA2 型		1	砂轮上升起动
SB7	按钮	LA2 型		1	砂轮下降起动
SB8	按钮	LA2 型		1	电磁吸盘充磁
SB9	按钮	LA2 型		1	电磁吸盘停止充磁
SB10	按钮	LA2 型		1	电磁吸盘去磁
TC	变压器	BK-150	380/110、24、6、140V	1	整流降压照明灯指示灯低压电源
UR	硅整流器	4X2CZ11C		1	整流
KUV	欠电压继电器			1	欠电压保护
R	电阻	GF 型	50W500Ω	1	放电保护
C	电容		600V5μF	1	放电保护
YH	电磁吸盘	HDXP	110V1.45A	1	吸持工件
X1	接插器	CY0-36 型		1	连接电磁吸盘
X2	接插器	CY0-26 型		1	连接 M3
FU1	熔断器	RL1	60/25A	3	总线路短路保护
FU2	熔断器	RL1	15/6A	2	变压器输入端短路保护
FU3	熔断器	RL1	15/6A	1	控制电路短路保护
FU4	熔断器	RL1	15/2A	1	变压器输出端短路保护
FU5	熔断器	RL1	15/2A	2	整流电路短路保护
FU6	熔断器	RL1	15/2A	1	照明电路短路保护
FU7	熔断器	BCF	15/2A	1	指示灯电路短路保护
QS1	隔离开关	HZ1	25/3	1	电源总开关
QS2	工作台照明灯开关			1	低压照明开关
HL1～HL5	指示灯		6.3V	5	指示电路工作状况
EL	工作台照明灯		24V	1	加工时照明

1）若KUV吸合，说明故障在控制装置这一部分，检修方法如下所述（以下分析的条件是照明正常）：

① 检查KM5和KM6是否吸合。若不吸合，说明故障在交流控制部分，可按车床的控制电路故障检修方法检查并排除电路故障；若吸合说明故障在直流控制部分。可进行下一步检修。

② 检查接插器X2是否有直流电压。拔下X1，使KM5吸合，用万用表直流电压250V档，测量X2两孔直流电压，若无电压指示，说明接触器KM5的主触头接触不良或有关导线断线或线头松脱；若直流电压正常，则故障是电磁吸盘线圈断路、线头脱落与接插器X1和X2接触不良。以上故障可按照电压测量法及电阻测量法检查并排除电路故障（电阻测量法详见本单元课题九）。

2）若KUV不吸合，检查KUV线圈两端直流电压是否正常，若直流电压正常，说明KUV线圈断线或机械卡阻；若无电压指示，说明故障在整流电源部分，检修方法如下所述：

① 检查整流部分交流侧电源是否正常。用万用表交流250V档测量端点101（TC）与端点2（TC）之间的电压，若无电压指示，说明TC线圈断线；若电压正常，可测量101（FU4）与2（TC）之间的电压，若无电压指示，说明导线（101）断线或线头松脱；若电压正常，可测量1（FU4）与2（TC）之间电压，若无电压指示，说明FU4熔体熔断（造成FU4熔体熔断的一个原因是：如果有一桥臂的整流器件被击穿形成短路，此时与它相邻的另一桥臂的整流器件也会因过电流而很快损坏，整流变压器因外电路短路也会造成过电流，使FU4熔体熔断，保护了变压器TC），若电压正常，可测量UR（1-2）的交流电压，若无电压指示，说明导线（1或2）断线或线头松脱，若电压正常可进行下一步。

② 测量UR直流输出电压是否正常。用万用表直流250V档测量，若无电压指示，说明UR内部损坏，检查并更新二极管；若电压正常，可测量FU5电源侧电压；若无电压，说明导线（UR至FU5）断线或线头松脱；若电压正常可进行下一步。

③ 测量FU5负载侧电压。若电压无指示，说明FU5熔体熔断；若电压正常，检查FU5至线圈KUV间的两根导线，查出断线或线头松脱的故障并予以排除。

（2）电磁吸盘吸力不足　若一切正常，整流器空载时输出电压应为130～140V，负载时不应低于110V，否则电磁吸力就会不足，另外电磁吸盘线圈局部短路也会造成电磁磁吸力不足。检修时应先将X2拔下，再闭合QS1，使KM5吸合，然后用万用表直流250V档测量X2的两个孔，测量结果可分为正常（130～140V）、偏低（100V左右）、很低（65～75V）三种情况。下面针对三种情况分别作出具体分析。

1）电压正常：可将插头插上，再测量接线端子（201-202）两端点间的电压，若所测电压远远低于100V，说明电磁吸盘线圈局部短路。

2）电压偏低：可测量交流电源电压，若交流电压低，也能导致直流电压相应下降，以致吸力不足。

3）电压很低：若整流器UR是由硅二极管组成的，那么，每条桥臂就是一只二极管。如果二极管损坏断路或接线线头松脱，都会造成某一桥臂开路，这时，直流输出电压为正常时的一半左右，吸盘电流也就相应减小，使吸力不足。检修时，先让吸盘工作一段时间，然后分断QS1，用手触摸四只二极管的温度即可判断是否有断路，断路的桥臂以及与它相对应的另一桥臂由于没有电流通过，温度要比其余的两臂低。在切断外电路的情况下，用万用表欧姆档测量二极管的正反向电阻，可找出损坏的二极管。如果测量的正反向电阻都很大，说明二极管已断路损坏；如果正反向电阻都很小，说明二极管已击穿短路。更换二极管时，要注意二极管的极性不能接反，否则，会损坏二极管，使熔断器 FU4 熔断。

二、M7475B 型平面磨床

1. 主要结构及运动形式　M7475B 型平面磨床是一种立轴圆台面平面磨床。它采用立式磨头，用砂轮的端面进行磨削加工，固定工件的夹具是圆形的电磁工作台。该磨床的结构外形如图 3-8 所示。

M7475B 型平面磨床共有五台电动机，砂轮电动机 M1 带动砂轮旋转，对工件进行磨削加工，是 M7475B 型平面磨床的主运动；工作台转动电动机 M2 带动圆工作台转动，是进给运动；工作台移动电动机 M3 带动工作台左右快速移动；磨头升降电动机 M4 使磨头沿立柱导轨上下移动，用以调整磨头的位置；冷却泵电动机 M5 带动冷却泵供给切削液给砂轮和工件，同时利用切削液带走磨削下来的铁屑。

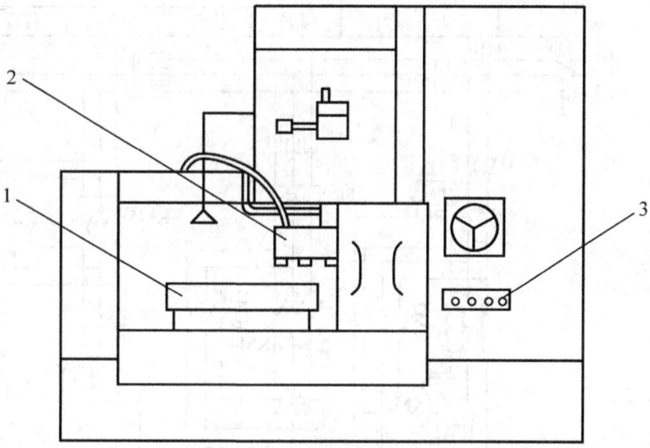

图 3-8　M7475B 型平面磨床结构外形图
1—圆工作台　2—砂轮　3—控制面板

2. 电气控制线路分析　M7475B 型平面磨床的电气控制线路如图 3-9 所示。

图中分为主电路、控制电路、电磁吸盘控制电路及照明与指示灯电路四部分。

(1) 主电路分析　主电路共有五台电动机，其中 M1 是砂轮电动机，由接触器 KM1 和 KM2 控制Y-△起动，实现砂轮旋转，对工件进行磨削加工。M1 由热继电器 FR1 作过载保护，短路保护由低压断路器 QS 兼作。M2 是工作台转动电动机，由 KM3 和 KM4 控制 M2 的低速与高速转动。M2 由热继电器 FR2 作过载保护，短路保护电器是熔断器 FU1。M3 是工作台移动电动机，由 KM5 和 KM6 控制其正反转，实现工作台的左行和右行，由热继电器 FR3 作过载保护。M4 是磨头升降电动机，由 KM7 和 KM8 控制正反转来实现磨头的升降，由热继电器 FR4 作过载保护。M5 是冷却泵电动机，由 KM9、插头 XP 和插座 XS 控制用来实现输送切削液，由热继电器 FR5 作过载保护。

三相交流电源由低压断路器 QS 引入，M3、M4、M5 共用熔断器 FU2 作为短路保护。

(2) 控制电路分析　控制电路的电源由 TC 的二次侧输出 220V 电压提供，由 FU3 作为短路保护。

1) 砂轮电动机 M1 的控制：合上电源开关 QS，按下启动按钮 SB2，零电压保护继电器 KHV 得电吸合并自锁，其自锁（动合）触头（15 列）也接通其他控制电路的电源。

按下启动按钮 SB3，KT 与 KM1 同时得电吸合，KM1 的动合辅助触头（20 列）闭合自锁，其动断辅助触头（19 列）分断对 KM2 联锁，其主触头闭合使电动机 M1 的定子绕组在星形联结下通电起动。当 KT 的延时分断的动断触头（20 列）延时分断后，使 KM1 失电释放，电动机 M1 失电后作惯性运转，KM1 的动断辅助触头（19 列）闭合为 KM2 得电做准备；同时 KT 的延时闭合的动合触头（21 列）延时闭合并自锁，使接触器 KM2 得电吸合并自锁，其主触头闭合使 M1 的定子绕组连接成三角形联结；其另一对动合辅助触头（22 列）闭合，使 KM1 重新得电吸合，使电动机 M1 得电且在三角形联结下进入正常动行状态。

停车时，按下停止按钮 SB4，KM1、KM2 和 KT 失电释放，砂轮电动机 M1 停转。

2）工作台转动电动机 M2 的控制：工作台转动有两种速度（M2 为双速电动机），由开

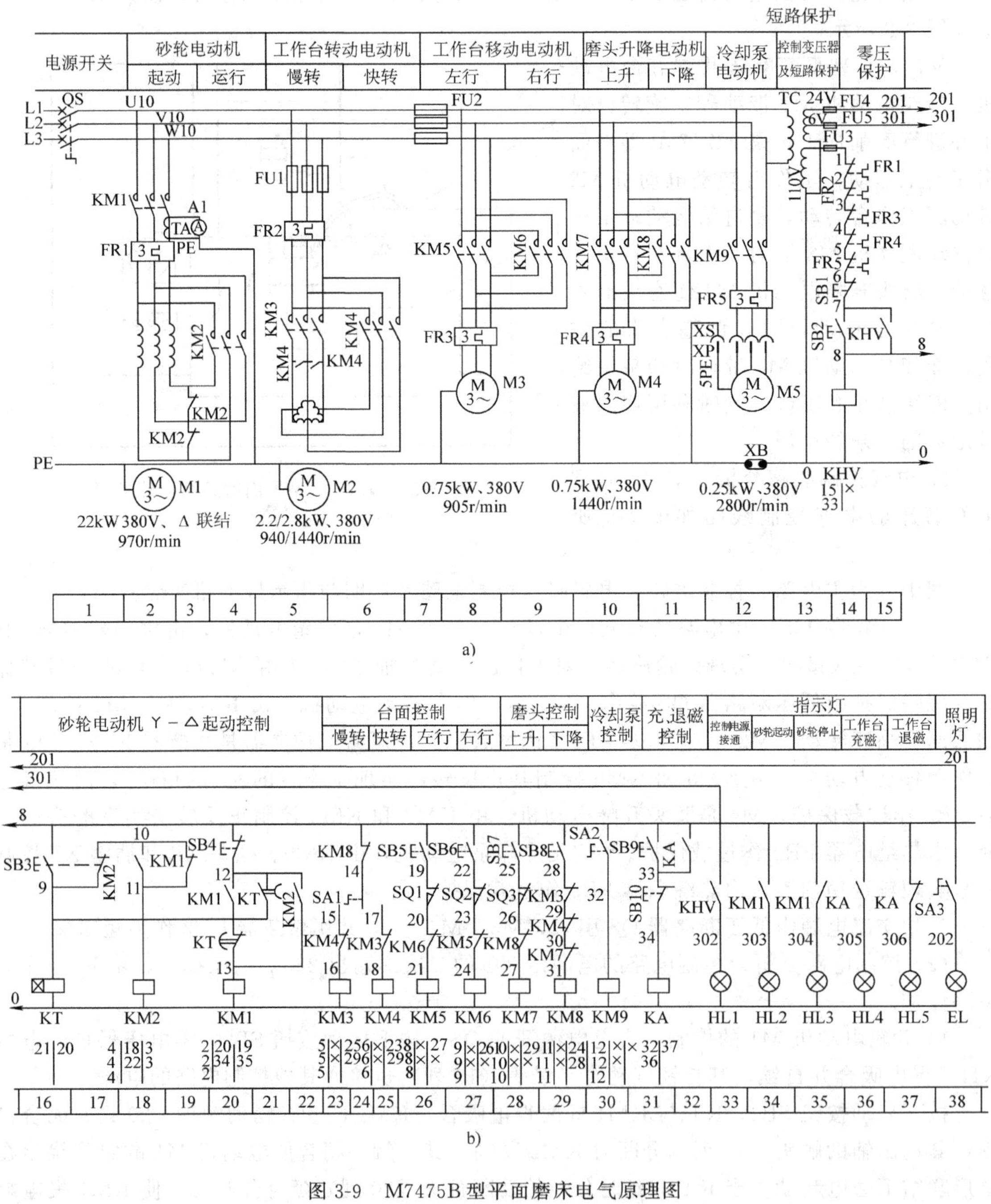

图 3-9　M7475B 型平面磨床电气原理图

a）主电路　b）控制、照明与指示灯电路

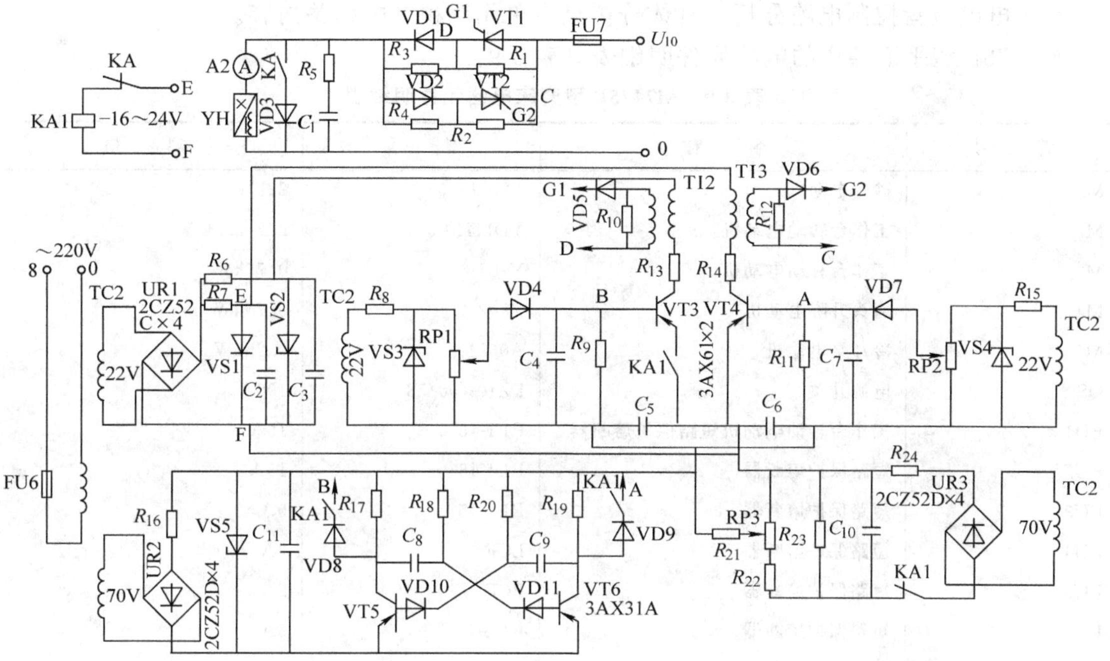

c)

图 3-9 （续）

c）电磁吸盘控制电路

关 SA1 控制。若将 SA1 扳到低速位置，KM3 得电吸合，工作台转动电动机 M2 的定子绕组在三角形联结下通电起动低速运转，通过传动机构带动工作台低速转动。

若将 SA1 扳到高速位置，KM4 得电吸合，M2 的定子绕组在丫丫联结下通电起动高速运转，通过传动机构带动工作台高速转动。

若将 SA1 扳到中间位置，工作台电动机 M2 停转。为防止发生相间短路，电路中采用 KM3 和 KM4 的联锁保护。根据工作台转动时，磨头不能下降；磨头下降时，工作台不能转动的要求，电路中采用了 KM3、KM4 与 KM8 的联锁保护。

3）工作台移动电动机 M3 的控制：按下 SB5，KM5 得电吸合，工作台移动电动机 M3 正转带动工作台向左移动（退出）；松开 SB5，M3 停转。

按下 SB6，KM6 得电吸合，M3 反转带动工作台向右移动（进入）；松开 SB6，M3 停转。限位开关 SQ1 和 SQ2 是工作台移动终端保护，KM5 和 KM6 有联锁保护。

4）磨头升降电动机 M4 的控制：按下 SB7，KM7 得电吸合，磨头升降电动机 M4 正转带动磨头上升；松开 SB7，M4 停转。SQ3 是上升终端保护。

按下 SB8，KM8 得电吸合，M4 反转带动磨头下降；松开 SB8，M4 停转。为防止发生机械故障，设有 KM3 和 KM4 的联锁保护。为防止出现相间短路，采用了 KM7 和 KM8 的联锁保护。

5）冷却泵电动机 M5 的控制：将插头 XP 插在插座 XS 上，将开关 SA2 接通，KM9 得电吸合，冷却泵电动机 M5 起动运转。分断 SA2，KM9 失电释放，M5 停转。

（3）照明及指示灯电路　控制过程比较简单且分析方法同车床、M7120 型平磨类似，这里就不再一一加以分析了。

(4) 电磁吸盘控制电路分析　具体分析见本单元课题二中相关内容。

M7475B 型平面磨床的电器元件明细表见表 3-9。

表 3-9　M7475B 型磨床电器元件明细表

符　号	名　称	型　号	规　格
M1	砂轮电动机	$Y200L_2$-6	22kW
M2	工作台转动电动机	YD112M-6/4	2.2/2.8kW
M3	工作台移动电动机	Y905-6	0.75kW
M4	磨头升降电动机	Y802-4	0.75kW
M5	冷却泵电动机	A06312	0.25kW
QS	电源开关	DZ10-100/330	100A
FU1	工作台转动电动机短路保护熔断器	RL1-15	15A
FU2	短路保护熔断器	RL1-15	15A
FU3	短路保护熔断器	RL1-15	6A
FU4	短路保护熔断器	BCF	2A
FU5	短路保护熔断器	BCF	2A
FU6	短路保护熔断器	RLS-15	5A
FU7	短路保护熔断器	RLS-15	10A
FR1	热继电器	JR2-3	44.6A
FR2	热继电器	JR10-10	7.2A
FR3	热继电器	JR10-10	2.5A
FR4	热继电器	JR10-10	2.0A
FR5	热继电器	JR10-10	0.65A
KM1	交流接触器	CJ0-75A	220V
KM2	交流接触器	CJ0-40A	220V
KM3～KM9	交流接触器	CJ0-10A	220V
KHV	零电压继电器	JZ7-44	220V
KA	中间继电器	JZ7-44	220V
KA1	直流继电器	DZ-144	24V
KT	Y-△起动时间继电器	JS7-1A	220V
SQ1～SQ3	限位开关	LX19-121	
TA	电流互感器	LQG-0.5	
SA1	选择开关	LA18-22/3	
SA2	选择开关	LA18-22/2	
SA3	照明开关		
SB1	停止按钮	LA19-11J	
SB2	启动按钮	LA19-11D	
SB3、SB4	按钮	LA19-11D	
SB5～SB8	启动按钮	LA19-11	
SB9、SB10	按钮	LA19-11D	
TC1	控制变压器	BK-250	380/110V、24V、6V

（续）

符　　号	名　　称	型　　号	规　　格
TC2	同步变压器	BK-100	220/70、22V
EL	机床照明灯		40W24V
HL1～HL5	指示灯	JC3Y	
C_1	电容器	CZJD-2B	630V20μF
C_2、C_3	电容器	CDX-1	50V10μF
C_4～C_9，C_{11}	电容器	CDX-1	15V20μF
C_{10}	电容器	CDX-1	150V500μF
R_1～R_4	电阻	RT-1	1MΩ1W
R_5	电阻	RT-50	0.5Ω50W
R_6～R_7	电阻	RT-1	100Ω1W
R_8，R_{15}	电阻	RT-0.125	1kΩ0.125W
R_9，R_{11}	电阻	RF-0.125	820kΩ0.125W
R_{10}，R_{12}	电阻	RT-0.125	1kΩ0.125W
R_{13}，R_{14}	电阻	RT-0.125	200Ω0.125W，1.8kΩ2W
R_{16}	电阻	RT-2	1.8kΩ0.125W
R_{17}，R_{19}	电阻	RT-0.125	1.8kΩ0.125W
R_{18}，R_{20}	电阻	RT-0.125	31kΩ0.125W
R_{21}	电阻	RT-0.125	12kΩ0.125W
R_{22}	电阻	RT-0.125	30kΩ0.125W
R_{23}	电阻	RT-0.125	18kΩ0.125W
R_{24}	电阻	RT-2	1kΩ2W
VT3，VT4	晶体管	3AX81	
VT5，VT6	晶体管	3AX31B	
VT1，VT2	晶闸管	3CT-20A	20A500V
VS1，VS2	稳压管	2CW21J	
VS3，VS4	稳压管	2CW15	
VS5	稳压管	2CW19	
VD1，VD2	二极管	2CZ20A	500V
UR1	桥式全波整流器	2CZ52CX4	
UR2，UR3	桥式全波整流器	2CZ52DX8	
VD4～VD9	二极管	2CZ52C	
VD10，VD11	二极管	2CP6	
VD3	二极管		
TI2，TI3	脉冲变压器	MX100DU-25	
RP1，RP2	电位器	WX3-43	2.2kΩ2W
RP3	电位器	WX-C30	33kΩ3W
YH	电磁吸盘	SJCP-780	
A1	交流电流表	44L1-A，100A	互感器比率100/5
A2	直流电流表	44C2-10A，±5A	

3. 常见电气故障分析　现将电磁吸盘励磁和退磁电路的常见故障分析如下：

(1) 按下电磁吸盘励磁按钮 SB9 后熔断器 FU7 立即熔断　快速熔断器 FU7 的熔体熔断的原因，一般是由于电磁吸盘电路存在短路故障、FU7 的熔体选用过小，或者是检修时误将硅二极管 VD3 极性接反所致。首先检查 FU7 的规格及 VD3 的接法是否正确，若都正确，则短路原因可能性最大的是电磁吸盘受潮或电容 C_1 被击穿。如果故障点在 YH 线圈内部，就只能更换电磁吸盘线圈了；如果故障点在 YH 线圈外部，可以进行简单的修复。

(2) 电磁吸盘 YH 吸力不足或无吸力　若 YH 无吸力，应首先检查吸盘电源 U_{10} 与 0 两端电压是否正常和 FU7 的熔体是否完好，然后再检查 YH 两端电压是否正常，若电压正常则故障在电磁吸盘 YH 及连接导线上；若无电压，则说明电路无工作电压，可检查晶闸管 VT2 的 G2 与 C 是否有触发信号电压，若触发信号电压正常，说明故障原因有可能是 VT2 损坏或同步电压接反，可先将同步电源线反接后再试，若正常，故障原因为同步电源接反。若仍不正常。将同步电源恢复原位，故障原因为 VT2 损坏，换新的后重新试车；若没有触发信号，可依次检查从 RP3 上取得的给定电压、从 RP2 及 VD7 上传输过来的锯齿电压、从稳压管 VS1 两端取得的晶体管 VT4 的电源电压和 VT4 工作是否正常，直至检测到故障点为止。

如果 YH 吸力不足，则说明电路基本上能工作，只是由于触发脉冲的触发延迟角太大，以致造成晶闸管导通角过小，输出电压过低。此时，一般可通过调整电位器 RP3 来解决，而不要随意调整电位器 RP2，以免吸盘退磁时由于电路不对称，使脉冲变压器 TI2 和 TI3 输出的触发脉冲的触发延迟角差异较大而引起退磁不彻底。

在检查电子线路故障时，通常要求使用示波器，通过观察电压波形能正确了解电路各环节的工作情况，帮助我们尽快找出故障点，加快检修速度。示波器在此使用时最好用安全隔离变压器供电，且地上铺设绝缘垫，两人工作时，一人单手操作，一人监护；不得已时可拆去示波器的接地保护线。

三、操作技能训练 3-3　M7120 型平面磨床电气控制线路的安装与调试

(1) 教学要求　掌握 M7120 型平面磨床电气控制线路的安装与调试过程；掌握其工作原理。

(2) 准备工作

1) 工具：电工通用工具一套：验电器、钢丝钳、螺钉旋具（一字形和十字形）、电工刀、尖嘴钳、活扳手、剥线钳等。

2) 仪表：万用表、绝缘电阻表（500V）、钳形电流表。

3) 电器元件：根据表 3-8 配齐所需的电气元件和设备。

4) 导线：根据电动机容量正确选择导线规格、数量。

5) 其他：配电板、走线槽、线号管、螺钉等

(3) 训练内容

1) 按图 3-6 所示在模拟板上进行控制电路软线练习。

2) 按图 3-6 所示在模拟板上进行明配线练习。

3) 通电试车。

(4) 训练步骤及要求

1) 根据图 3-6 画出电气接线图，画接线图注意事项可参见本单元第一课题的相关部分。

2）根据表 3-8 配齐所需的电器元件，并检查元件的种类、数量、规格质量是否符合要求，否则要进行修理或更换。

3）如无实物练习，可制作一块模拟板，在模拟板上合理布置和安装电器元件。在安装过程中应注意的是，电器元件要安装的横平竖直，并符合安装要求。

4）根据接线图首先用软线进行控制电路练习，要求熟练掌握。

5）明配线练习，在配线中要注意导线应紧贴在配电板表面，同一平面导线不能交叉，布线要横平竖直、分布均匀，每根导线两端要套装上与原理图相同线号的套管，套管上线号的方向要保持一致。

6）配电板外部接线，不要忘记套装与原理图相同线号的线号管。

7）自检，根据原理图检查电路的接线是否正确。各接点是否牢固可靠，热继电器整定值是否符合要求，熔断器中熔体的规格是否符合要求。

8）检查无误后，通电试车，首先空载试车，空载试车正常后方可接上电动机再次试车。

（5）注意事项

1）被测试电动机外壳接地（或接零）要良好，并要用绝缘电阻表进行摇测。

2）接线时必须先接负载端，后接电源端；先接接地端，后接三相电源相线。

3）试车时，要先合电源开关，后按启动按钮，分闸时，要先按停止按钮，后断电源开关。

4）在安装整流电路时，要正确判断二极管极性，根据原理图不能接错，要安装散热器。

5）在焊接时注意焊点质量。

6）试车时必须在教师的监护下进行，要严格遵守安全操作规程。

（6）评分标准　同操作技能训练 2-1。

四、操作技能训练 3-4　M7120 型平面磨床电气故障的检修

（1）教学要求　掌握 M7120 型平面磨床电气控制线路的故障分析及检修方法

（2）准备工作

1）工具：电工通用工具一套：验电器、钢丝钳、螺钉旋具（一字形和十字形）、电工刀、尖嘴钳、活扳手、剥线钳等。

2）仪表：万用表、绝缘电阻表（500V）、钳形电流表。

（3）训练内容

1）在模拟盘上进行故障检修练习，要求熟练掌握。

2）在实际机床上进行故障检修练习。

（4）常见故障分析　可参见本课题第一部分的相关内容。

（5）训练步骤及要求

1）教师在模拟盘上示范操作。教师设置故障点，并进行示范操作，一边检查，一边分析，直到检查出故障点并且予以排除。引导学生如何采用正确的检查步骤和维修方法。

2）教师设置故障。

3）学生进行检修

①　学生通过通电试车发现故障现象，进行分析，并在原理图中标出最小故障范围。

②　采用电压法或电阻法在故障范围内找出故障点（电压法和电阻法的测量方法可参见本单元课题九相关内容）。

③ 排除故障，修复故障点。在这个过程中不得采用更换元件或改变线路的方法修复故障点。

4）在实际机床上进行故障维修练习

（6）设置故障的原则　可参见操作技能训练 3-2。

（7）注意事项

1）注意仪表的正确使用。

2）在检修整流电路时，注意二极管极性不要接错。

3）带电维修要遵守操作规程，必须在教师的监护下进行。

（8）评分标准　同操作技能训练 3-2。

课题三　钻床的电气控制线路

钻床是一种用途广泛的机床。在钻床上可以进行钻孔、铰孔、扩孔、镗孔、攻螺纹及修刮平面等多种形式的加工。钻床的种类很多，有台式钻床、立式钻床、摇臂钻床，卧式钻床及专用钻床等。其中摇臂钻床适用于单件或批量生产中带有多孔大型工件的孔加工。本节以 Z37 型摇臂钻床为例加以分析。

一、Z37 型摇臂钻床的主要结构及运动形式

Z37 型摇臂钻床由底座、外立柱、内立柱、摇臂、主轴箱、工作台等部分组成。其结构外形如图 3-10 所示。

Z37 型摇臂钻床摇臂一端的套筒部分与外立柱为间隙配合，通过丝杠，摇臂可沿着外立柱上下移动，但不能作相对运动，而摇臂与外立柱一起可围绕固定不动的内立柱作 360°的回转运动。摇臂的升降、立柱的夹紧和放松都要求电动机能实现正反向旋转。主轴箱是一个复合部件，它由主轴电动机、主轴和主轴传动机构、进给和变速机构以及操动机构等部分组成。主轴箱安装在摇臂的水平导轨上，可以通过操纵手使轮主轴箱沿摇臂水平导轨移动。在钻削时，主轴箱、摇臂、外立柱均要紧固在相应位置上，由机—电结合的方法来实现。摇臂钻床的主运动是主轴的旋转运动，而主轴的上下运动是进给运动。辅助运动是主轴箱沿摇臂水平导轨移动、摇臂沿外立柱上下移动与摇臂连同外立柱一起绕内立柱的回转运动。

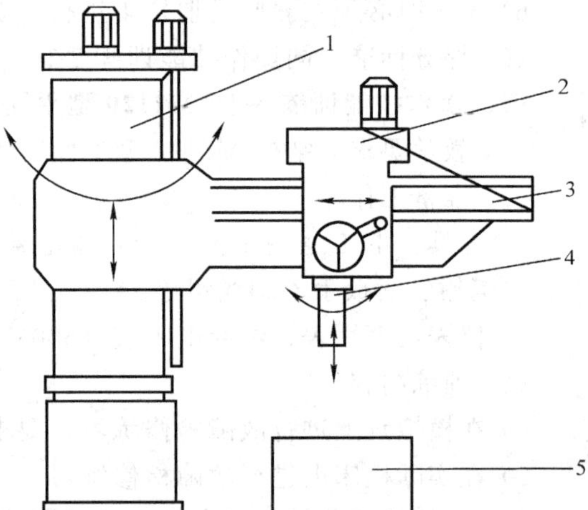

图 3-10　Z37 型摇臂钻床结构示意图

1—内外立柱　2—主轴箱　3—摇臂

4—主轴　5—工作台　6—底座

二、Z37 型摇臂钻床电气控制线路分析

Z37 型摇臂钻床的电气控制线路如图 3-11 所示。

图 3-11 可分为主电路、控制电路及照明电路三部分。

1. 主电路分析　主电路共有四台电动机，其中 M1 是冷却泵电动机，由负荷开关 QS2

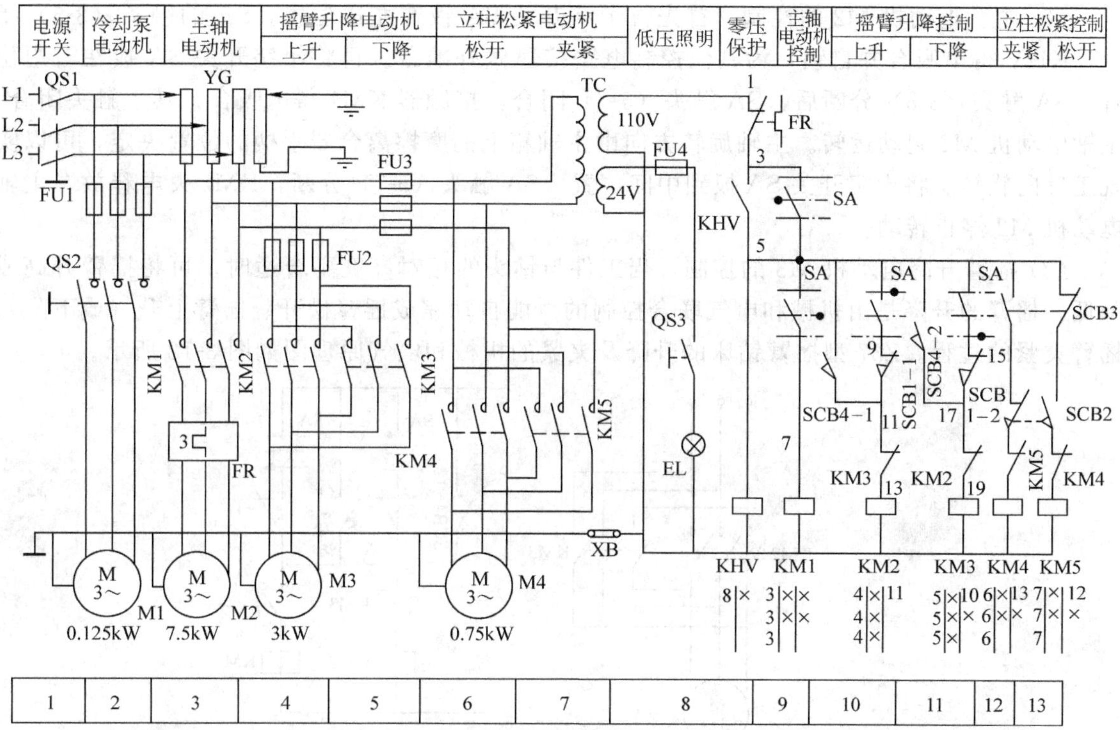

图 3-11 Z37 型摇臂钻床电气原理图

控制，用以输送切削液；摇臂升降电动机 M3 和立柱松紧电动机 M4 都需要作正反向运动，各由两个接触器 KM2、KM3 和 KM4、KM5 控制，各用一组熔断器 FU2、FU3 作短路保护。主轴电动机 M2 由接触器 KM1 控制，由热继电器 FR1 作过载保护。

三相交流电源通过隔离开关 QS1 与汇流环 YG 引入。

2. 控制电路分析　控制电路的电源由控制变压器 TC 的二次电压 110V 提供。Z37 型摇臂钻床控制电路中采用十字开关 SA 操作，它有控制集中的优点。十字开关由十字手柄和四个微动开关组成。根据工作需要，将手柄分别扳在 5 个不同的位置，即左、右、上、下与中间位置，且每次只可扳在一个位置上。手柄处在 5 个不同位置时的工作情况见表 3-10。

表 3-10　十字开关操作说明

手柄位置	接通微动开关的触点	工作情况
中	都不通	停止
左	SA（3-5）	KA 吸合，零电压保护
右	SA（5-7）	KM1 吸合，主轴运转
上	SA（5-9）	KM2 吸合，摇臂上升
下	SA（5-15）	KM3 吸合，摇臂下降

为防止工作中因电源中断后又恢复而造成的危险，所以设有零电压保护环节。KHV 是零电压继电器，当供电线路断开时，KHV 失电释放，其动合触头分断，使整个控制电路断电；当电源恢复供电时，KHV 的动合触头不会闭合，必须再次将十字开关 SA 扳到“左”位置，KHV 重新得电吸合并自锁，才能使控制电路电源接通。

（1）主轴电动机 M2 的控制　首先将十字开关 SA 扳在左边位置，SA 的触头（3-5）闭合，KHV 得电吸合并自锁，为其他控制电路接通做好准备。再将十字开关 SA 扳在右边位置，SA 触头（3-5）分断后，SA 触头（5-7）闭合，接触器 KM1 得电吸合，其主触头闭合，主轴电动机 M2 起动运转。主轴旋转方向由主轴箱上的摩擦离合器手柄的位置决定，可以实现正反向旋转。将十字开关 SA 扳到中间位置，SA 触头（5-7）分断，KM1 失电释放，主轴电动机 M2 停止转动。

（2）摇臂升降电动机 M3 的控制　当工件与钻头的相对高度不合适时，可将摇臂升高或降低。摇臂的升降是由机械和电气联合控制的。能自动完成摇臂松开、摇臂上升（或下降）、摇臂夹紧的过程。Z37 型摇臂钻床的升降及夹紧的机械和电气原理图如图 3-12 所示。

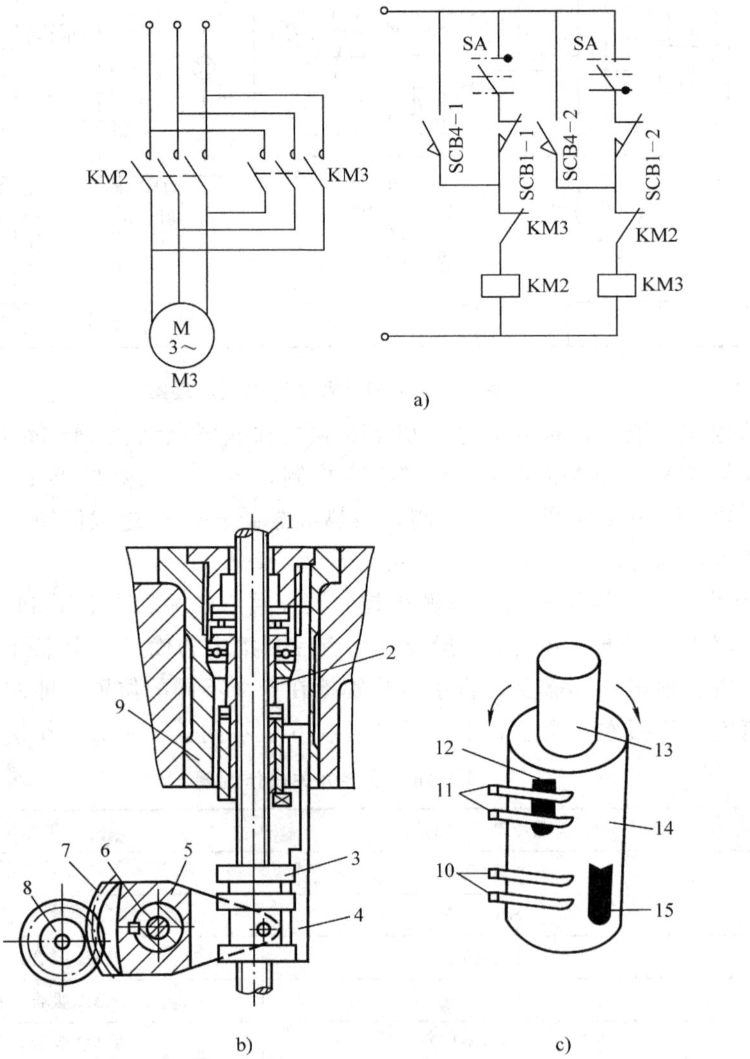

图 3-12　Z37 型摇臂钻床的摇臂升降与夹紧的机械和电气原理图

a）电气原理图　b）机械原理图　c）鼓形组合开关

1—丝杠　2—螺母　3—辅助螺母　4—键　5—拨叉　6—轴　7—齿条　8—齿轮　9—摇臂　10—SCB4-2 的动合静触头　11—SCB4-1 的动合静触头　12、15—动触头　13—转轴　14—转鼓

如果要使摇臂上升，就将十字开关SA向上扳，SA的触头（5-9）闭合，接触器KM2得电吸合，其主触头闭合，电动机M3起动正转。由于摇臂升降前还被夹紧在外立柱上，所以M3刚起动时，摇臂不会立即上升，而是通过两对减速齿轮带动升降丝杠1转动；开始时，由于螺母2未被键4锁住，因此丝杠1仅带动螺母2一起空转，摇臂还不能上升，只是辅助螺母3带着键4沿丝杠向上移动，从而推动拨叉5，使轴6沿逆时针方向旋转，轴6就带动摇臂的夹紧装置放松。在拨叉5被推动的同时，齿条7带动齿轮8转动，使连接在齿轮8上撝鼓形组合开关SCB4的动合触头SCB4-2（5-17）闭合，为摇臂上升后的夹紧做好准备。当辅助螺母3带动键4上升到螺母2与摇臂9锁紧的位置时，螺母2不再空转，这时丝杠1通过螺母2带动摇臂9上升。当摇臂上升到所需的位置时，将十字开关SA扳到中间位置，SA上面的触头（5-9）复位分断，接触器KM2失电释放，电动机M3断电停转，摇臂停止上升。由于摇臂松开时，鼓形组合开关的动合触头SCB4-2（5-17）已闭合，当接触器KM2失电释放，其联锁触头（17-19）闭合后，接触器KM3就会得电吸合，其主触头闭合，电动机M3起动反转，升降丝杠1也反转，辅助螺母3便带动键4沿丝杠向下移动，辅助螺母3又推动拨叉5使轴6沿顺时针方向转动，轴6带动摇臂夹紧装置夹紧；与此同时，齿条7带动齿轮8恢复到原来位置，鼓形组合开关SCB4的动合触头SCB4-2（5-17）分断，使接触器KM3失电释放，电动机M3停转。

要使摇臂下降，可将十字开关SA向下扳，SA的触头（5-15）闭合，接触器KM3得电吸合，电动机M3起动反转，丝杠1也反向旋转，辅助螺母3带着键4沿丝杠向下移动，同时推动拨叉5使轴6沿顺时针方向旋转，轴6带动摇臂的夹紧装置放松，同时扇形齿条7带动齿轮8使鼓形组合开关SCB4的另一对动合触头SCB4-1（5-11）闭合，为摇臂下降后的夹紧做好准备。当键4下降至螺母2与摇臂9锁紧的位置时，螺母2带动摇臂9下降，当摇臂下降到所需的位置时，将十字开关SA扳到中间位置，其余动作与上升时相似。

为使摇臂上升或下降时不致超出允许的极限位置，在摇臂上升和下降的控制电路中分别串入行程开关SCB1-1和SCB1-2作为终端保护。

（3）用于立柱夹紧与松开的电动机M4的控制　机床在工作时，外立柱与内立柱处于夹紧状态。要使摇臂横向转动，外立柱与内立柱首先要放松。这一过程是由组合开关SCB2和SCB3控制的。组合开关SCB2是由主轴箱与摇臂夹紧的机械操作手柄操纵的。扳动手柄，SCB2动合触头闭合，接触器KM5得电吸合，电动机M4起动运转，拖动液压泵工作，使立柱夹紧装置放松，同时组合开关SCB3被机械机构带动旋转。当夹紧装置完全放松时，组合开关SCB3的动断触头分断，使接触器KM5失电释放，电动机M4停转，同时组合开关SCB3的动合触头闭合，为夹紧做好准备。当摇臂转到所需的位置时，只需扳动手柄使组合开关SCB2复位，其动合触头分断，而动断触头闭合，使接触器KM4得电吸合，电动机M4带动液压泵反向起动运转，就可以完成立柱的夹紧动作。当完全夹紧时，被机械机构带动旋转的组合开关SCB3复位，其动合触头分断，动断触头闭合，使接触器KM4失电释放，电动机M4停转。

（4）冷却泵电动机M1的控制　冷却泵电动机M1由负荷开关QS2直接控制，FU1作为短路保护。

3. 照明电路分析　图3-11中EL为照明灯，其工作电压为24V，由变压器TC供电，QS3为照明开关。熔断器FU4作短路保护。

Z37 型摇臂钻床电器元件见表 3-11。

表 3-11　Z37 型摇臂钻床电器元件明细表

代号	元件名称	型号	规格	件数	作用
M1	冷却泵电动机	JCB-22-2	0.125kW2790r/min	1	驱动冷却泵
M2	主轴电动机	Y132M-4	7.5kW1440r/min	1	主轴传动
M3	摇臂升降电动机	Y100L2-4	3kW1440r/min	1	摇臂升降
M4	立柱松紧电动机	Y802-4	0.75kW1390r/min	1	立柱夹紧松开
KM1	交流接触器	CJ0-20	20A110V	1	主轴控制
KM2	交流接触器	CJ0-10	10A110V	1	M3 正转控制
KM3	交流接触器	CJ0-10	10A110V	1	M3 反转控制
KM4	交流接触器	CJ0-10	10A110V	1	M4 正转控制
KM5	交流接触器	CJ0-10	10A110V	1	M4 反转控制
FU1、FU4	熔断器	RL1	15A 熔体 2A	4	M1 短路保护，控制保护
FU2	熔断器	RL1	15A 熔体 15A	3	M3 短路保护
FU3	熔断器	RL1	15A 熔体 5A	1	M4 短路保护
QS1				1	电源总开关
QS2				1	冷却泵开关
SA	十字开关	定制		1	M2、M3 控制
KHV	零电压继电器	JZ7-44	110V	1	失电压保护
FR	热继电器	JR16-20/3D	14.1A	1	M2 过载保护
SCB2	组合开关	LX5-11		1	M4 正反转控制
SCB1	组合开关	LX5-11		1	摇臂升降限位保护
SCB4	鼓形组合开关	HZ4-22		1	M3 正反转控制
SCB3	组合开关	HZ4-21		1	M4 正反转控制
TC	变压器	BK-150	150VA380/110、24、6.3V	1	控制照明线路低压电源
EL	照明灯		24V40W	1	机床局部照明
YG	汇流环				

三、Z37 型摇臂钻床常见电气故障分析

对于主电路、控制电路与照明电路的故障，基本检查方法和车床相似，现将特殊电气故障作如下分析：

1. 摇臂上升（下降）夹紧后，电动机 M3 仍正反转重复不停　这种故障出现的原因是鼓形组合开关 SCB4 的两对动合静触头调节的离动触头太近，使它们不能及时分断所引起，鼓形组合开关的结构及原理如图 3-12c 所示。

图 3-12c 中 12 和 15 是两块随转鼓 14 一起转动的动触头。当摇臂不作升降时，要求两对动合静触头 10 和 11 正好处于两块动触头 15 和 12 之间，使 SCB4-2 和 SCB4-1 都处于分断

位置。如果转轴 13 受外力作用使转鼓沿顺时针方向转过一个角度，则下面的一对静触头就会接通（即 SCB4-2 闭合）；反之，则上面的一对静触头就会接通（即 SCB4-1 闭合）。由于动触头 12 和 15 的位置决定了转鼓旋转至两对动合静触头接通的角度，所以，鼓形组合开关 SCB4 是摇臂升降与松紧的关键。如果动触头 12 和 15 调整的太近，当摇臂上升到预定位置后，将十字开关 SA 扳到中间位置时，接触器 KM2 失电释放，由于 SCB4-2 在摇臂松开时已闭合，故接触器 KM3 得电吸合，电动机 M3 反转，通过夹紧机构使摇臂夹紧；同时，齿条 7 带动齿轮 8 复原，齿轮 8 带动转轴（转鼓）沿逆时针方向旋转一个角度，使 SCB4-2 分断，电动机 M3 及机械部分因惯性仍继续转过一段距离，此时由于动触头 12 和 15 调的太近，使鼓形组合开关转过中间分断位置，动触头 12 又将 SCB4-1 接通（即 SCB4-1 闭合），导致接触器 KM2 再次得电吸合，使电动机 M3 又正转起来。如此不断循环，造成电动机 M3 正、反向旋转反复运行，使摇臂夹紧和放松动作重复不停。

2. 摇臂升降后不能充分夹紧　故障产生的原因是鼓形开关动触头的夹紧螺栓松动造成动触头 12 和 15 的位置偏移。正常情况下，当摇臂放松上升到所需位置，将 SA 扳到中间位置时，SCB4-2 应早已接通，使 KM3 及时得电动作，摇臂就会自动夹紧。现因动触头 15 位置偏移，使 SCB4-2 未按要求闭合，KM3 不能得电吸合，电动机 M3 也就不能起动反转进行夹紧，故摇臂仍处于放松状态。若摇臂上升完毕没有夹紧作用，而下降完毕却有夹紧作用，这是由于 SCB4-2 的故障；反之，则是 SCB4-1 的故障。

另外鼓形组合开关的动静触头的弯扭、磨损、接触不良或两对动合静触头过早分断，也会使摇臂不能充分夹紧。

3. 摇臂上升（下降）后不能按需要停止　故障原因是 SCB4-2 或 SCB4-1 调整不正确造成的。例如当 SA 扳到上面位置时，KM2 得电吸合，M3 正转，摇臂先放松后上升，此时 SCB4-2 应该闭合，但如果 SCB4-2 和 SCB4-1 位置未调整好，而使 SCB4-1 闭合，那么结果就是当 SA 扳到中间位置时，不能使 KM2 失电释放，上升运动就会继续进行，甚至到了极限位置，而限位开关也不能使 KM2 失电释放，从而可能引起机床机械事故，这是很危险的。此时应立即分断电源总开关 QS1，使摇臂上升运动停止。

检修中，在对机械部分进行调整后，应对鼓形组合开关 SCB4 进行仔细的调整。还要注意三相电源的进线相序应符合要求，切不可接反，否则会发生上升和下降方向颠倒、电动机开停失控、限位开关不起作用等严重后果，所以要特别注意。

四、操作技能训练 3-5　Z37 型摇臂钻床电气控制线路的安装与调试

（1）教学要求　掌握 Z37 型摇臂钻床电气控制线路的安装与调试过程；掌握其工作原理。

（2）准备工作

1）工具：电工通用工具一套：验电器、钢丝钳、螺钉旋具（一字形和十字形）、电工刀、尖嘴钳、活扳手、剥线钳等。

2）仪表：万用表、绝缘电阻表（500V）、钳形电流表。

3）电器元件：根据表 3-11 配齐所需的电器元件和设备。

4）导线：根据电动机的容量正确选择导线的规格和数量。

5）其他：配电板、走线槽、线号管、螺钉等。

（3）训练内容

1）按图 3-11 所示进行控制电路软线连接练习。

2）按图 3-11 所示进行明配线练习。

3）通电试车

（4）训练步骤及要求

1）根据图 3-11 画出电气接线图，画接线图时注意事项可参见本单元课题一的相关部分。

2）根据表 3-11 配齐所需的电器元件，并检查元件质量规格，如不符合要求要进行修理或更换。

3）在配电板上合理布置和安装电器元件，如无实物机床供同学实习，可制作模拟板进行练习。

4）根据接线图首先用软线进行控制电路练习，要求熟悉掌握。

5）明配线练习，要符合明配线练习要求。

6）配电板外部接线，不要忘记套装与原理图相同线号的线号管。

7）自检

① 根据原理图检查电路的接线是否正确。

② 热继电器的整定值是否符合要求。

③ 行程开关的安装位置是否符合机械要求。

④ 熔断器中熔体的规格是否合适。

⑤ 绝缘电阻表摇测电动机绝缘电阻。

8）通电试车。首先接通总电源，用万用表交流电压档核对机床电源相序是否正确，在保证电源相序正确后，方可通电试车。在试车中要仔细观察各电气元件的动作是否符合工作要求。

（5）注意事项

1）三相电源的相序千万不要接错，否则会造成机械事故，所以试车前要仔细核对相序。

2）十字开关 SA 的接点不要接错。

3）不要漏接接地线。

4）仔细检查汇流环，以防造成电源断相。

5）试车中注意安全，必须在老师的监护下进行。

（6）评分标准　同操作技能训练 2-1。

五、操作技能训练 3-6　Z37 型摇臂钻床电气故障的检修

（1）教学要求　掌握 Z37 型摇臂钻床电气控制线路的故障分析及检修方法。

（2）准备要求

1）工具：电工通用工具一套：验电器、钢丝钳、螺钉旋具（一字形和十字形）、电工刀、尖嘴钳、活扳手、剥线钳等。

2）仪表：万用表、绝缘电阻表（500V）、钳形电流表。

（3）训练内容

1）在模拟盘上进行故障检修练习，要求熟练掌握。

2）在实际机床上进行故障检修练习。

（4）常见故障分析　可参见本课题第三部分的相关内容。

（5）训练步骤及要求

1）教师在模拟盘上示范操作。教师设置故障点，并进行示范操作，一边检查，一边分析，直到检查出故障点并且排除。引导学生如何采用正确的检查步骤和维修方法。

2）教师设置故障。

3）学生进行检修

① 学生通过通电试车发现故障现象，进行分析，并在原理图中标出最小故障范围。

② 采用电压法或电阻法在故障范围内找出故障点（电压法和电阻法的测量方法可见本单元课题九）。

③ 排除故障，修复故障点。在这个过程中不得采用更换元件，改变线路的方法修复故障点。

4）在实际机床上进行故障维修练习。

（6）注意事项

1）注意仪表的正确使用。

2）在检修中不要改变电动机的电源相序。

3）接线时必须先接负载端，后接电源端；先接接地端，后接三相电源相线。

4）试车时，要先合电源开关，后按起动按钮，停止，要先按停止按钮，后断电源开关。

5）试车时必须在教师的监护下进行，要严格遵守安全操作规程。

（7）评分标准　同操作技能训练 3-2。

课题四　铣床的电气控制线路

铣床可以用来加工平面、斜面和沟槽等，如果装上分度头就可以铣切直齿齿轮和螺旋面。铣床的种类很多，有卧式铣床、立式铣床、龙门铣床、仿形铣床及各种专用铣床。下面以 X6132 型卧式万能铣床为例来加以分析。

一、X6132 型卧式铣床的主要结构及运动形式

X6132 型卧式铣床主要由底座、床身、悬梁、刀杆挂脚、升降工作台、滑座及工作台等组成。其结构外形如图 3-13 所示。

X6132 型卧式铣床共有三台电动机，主轴电动机通过机械传动带动铣刀旋转，对工件进行铣削，是铣床的主运动。工件安装在工作台上。工件可随工作台作纵向进给运动，也可沿滑座导轨作横向进给运动，还可随升降台作垂直方向的运动。因此工件在工作台上能实现三个方向的进给运动，由进给电动机通过机械传动来实现，是铣床的进给运动。冷却泵电动机带动冷却泵供给铣刀和工件切削液。

二、X6132 型卧式铣床电气控制线路分析

X6132 型卧式铣床的电气控制线路如图 3-14 所示。

图 3-14 可分为主电路、控制电路及照明电路三部分。

1. 主电路分析　主电路共有三台电动机。其中 M1 是主轴电动机，由接触器 KM1 控制起动与停止。M1 的正转与反转在起动前用控制开关 SA4 选择。控制开关 SA4 触头动作见表 3-12。接触器 KM2 及电阻 R 和速度继电器 KS 组成停机反接制动控制。FR1 为 M1 的过载保护。进给电动机 M2 由接触器 KM3 与 KM4 控制，用 FR2 作过载保护。冷却泵电动机 M3

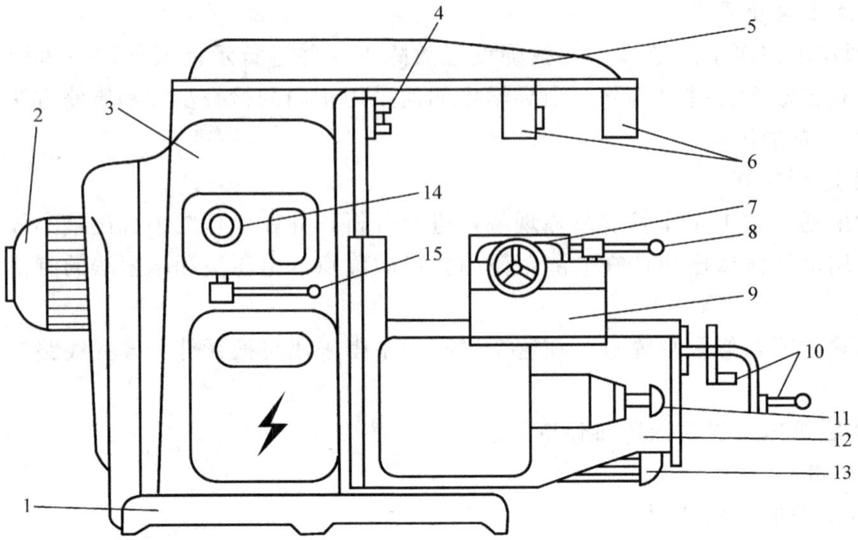

图 3-13　X6132 型卧式铣床外形结构示意图

1—底座　2—主轴电动机　3—床身　4—主轴　5—悬梁　6—刀杆挂脚　7—工作台　8—工作台左右进给操作手柄　9—滑座　10—工作台前后、上下操作手柄　11—进给变速手柄及变速盘　12—升降工作台　13—进给电动机　14—主轴变速盘　15—主轴变速手柄

由接触器 KM6 控制，用 FR3 作过载保护。

表 3-12　控制开关 SA4 动作表

触头	操作手柄位置			触头	操作手柄位置		
	正转（顺铣）	停止	反转（逆铣）		正转（顺铣）	停止	反转（逆铣）
SA4-1	−	−	+	SA4-3	+	−	−
SA4-2	+	−	−	SA4-4	−	−	+

三相交流电源通过隔离开关 QS1 引入，熔断器 FU1 为总电源的短路保护，M2 与 M3 共用熔断器 FU2 作为短路保护。

2. 控制电路分析

(1) 主轴电动机的控制　图 3-15 所示为 X6132 铣床主轴电动机 M1 的控制原理图。

1) 主轴电动机的起动　为了便于操作，主轴电动机采用了两地控制，一处设在工作台的前面，另一处设在床身的侧面，主轴电动机的起停可在两处中的任意一处进行操作。起动前先合上电源开关 QS1，选择主轴电动机转向，将控制开关 SA4 扳到所需位置，然后按下起动按钮 SB3 或 SB4，接触器 KM1 得电吸合并自锁，其主触头闭合，主轴电动机 M1 起动运转。

当电动机的转速达到一定数值时，速度继电器 KS1 或 KS2 闭合（由电动机的转速决定），为电动机停机制动做好准备。

2) 主轴电动机的停止及制动　按下停止按钮 SB1 或 SB2，接触器 KM1 失电释放，同时接触器 KM2 得电吸合，电动机串电阻 R 实现反接制动。当主轴电动机的转速趋近于零时，速度继电器 KS 的动合触头分断，KM2 失电释放，电动机反接制动过程结束。停机操作时应注意在按下 SB3 或 SB4 时一定要按到底，否则反接制电路未接入，电动机只能实现自然停机。

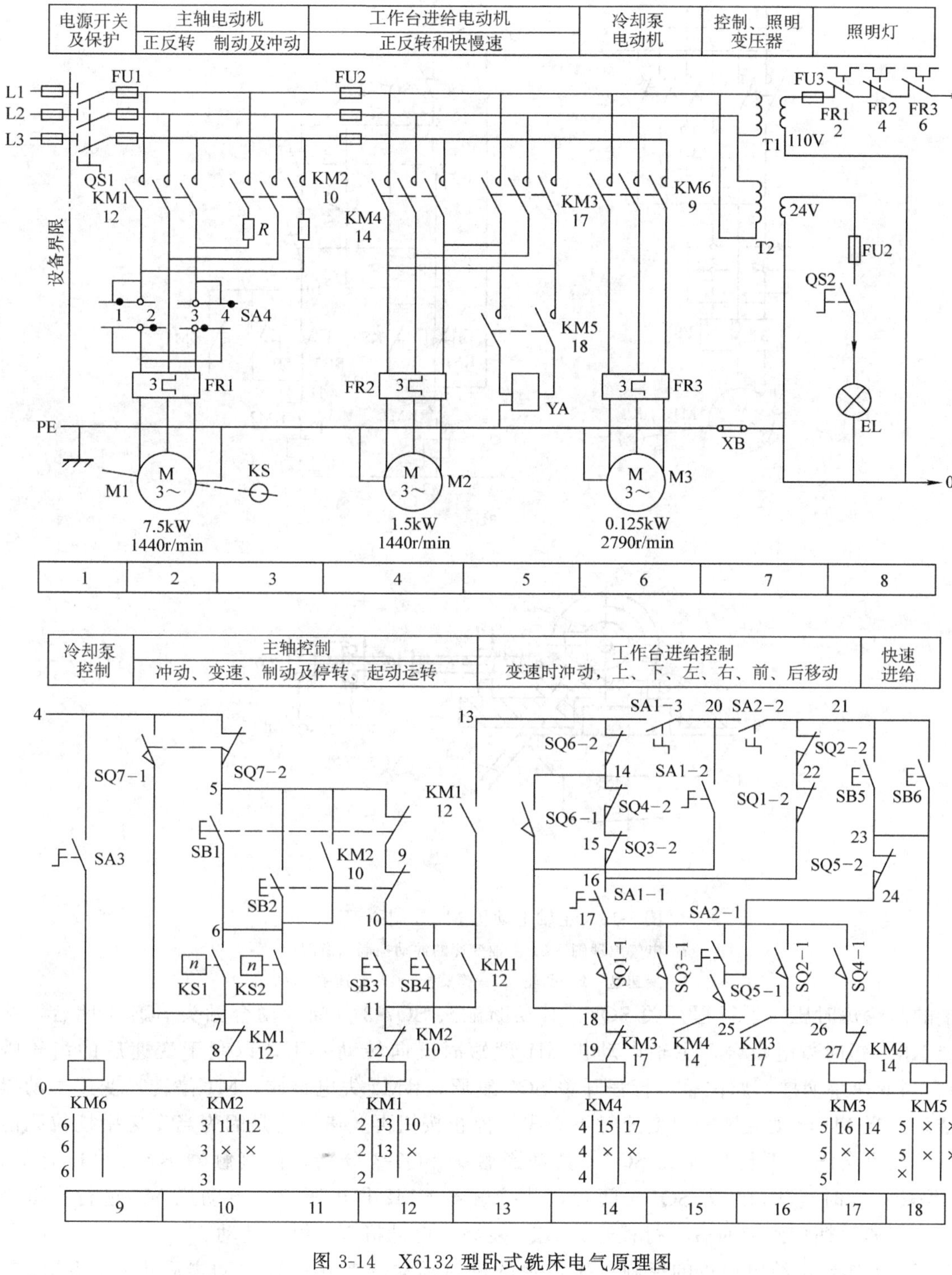

图 3-14　X6132 型卧式铣床电气原理图

3）主轴变速时的冲动控制　主轴变速时的冲动控制是利用变速手柄与冲动行程开关 SQ7 通过机械上的联动机构进行控制的，如图 3-15 所示。

变速时，先把变速手柄向下压，然后拉到前面，转动变速盘，选择所需要的转速，再把变速手柄以连续较快的速度推回到原来的位置（就在手柄推回去的过程中，有一个与手柄相

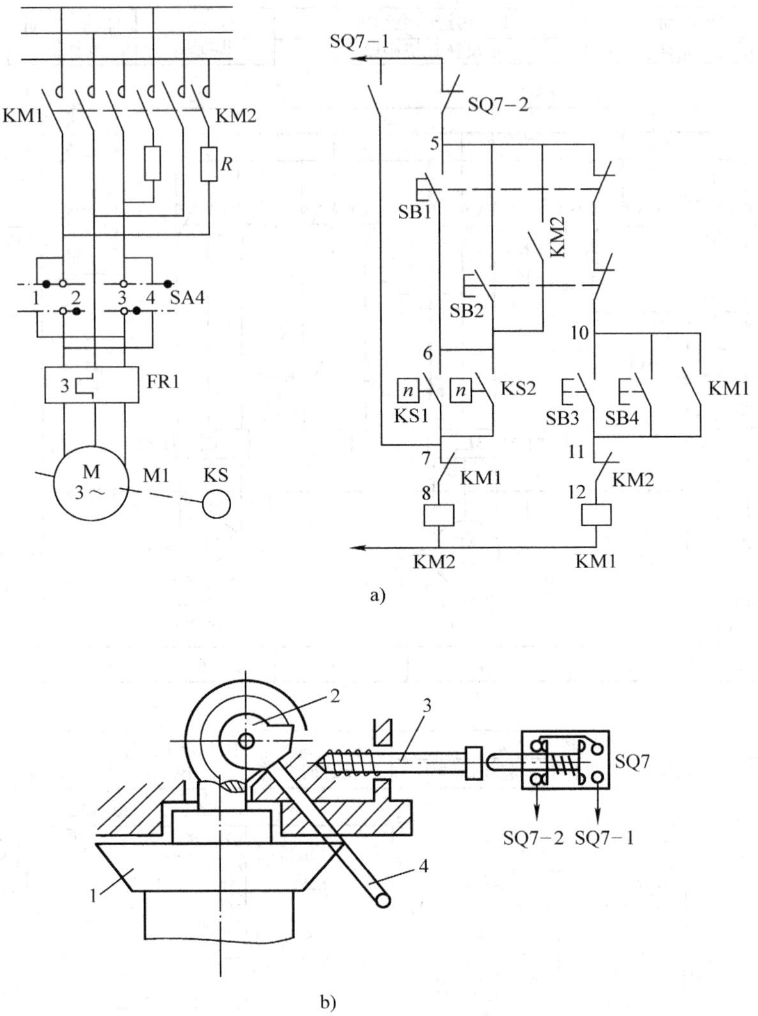

图 3-15 主轴电动机 M1 控制原理图

a）电气原理图 b）主轴变速的冲动控制示意图

1—变速盘 2—凸轮 3—弹簧杆 4—变速手柄

连接的凸轮短时压一下行程开关 SQ7，其动断触头 SQ7-2 分断，动合触头 SQ7-1 闭合，接触器 KM2 短时得电吸合，主轴电动机 M1 就短时反向转动一下，以利于变速后的齿轮啮合）。当变速手柄推回原位后，行程开关 SQ7 复原，KM2 失电释放，M1 停转，变速冲动操作结束。当 M1 转动主轴需要变速时不必先按停止按钮再变速，这是因为当变速手柄拉到前面时凸轮也会压一下行程开关 SQ7，其动断触头 SQ7-2 分断，使接触器 KM1 失电释放，M1 停转；同时其动合触头 SQ7-1 闭合，使接触器 KM2 得电吸合，电动机 M1 进行反接制动。当变速手柄拉到前面后，行程开关 SQ7 复原，电动机 M1 停止转动。

（2）工作台进给电动机的控制 工作台的进给运动需要在主轴起动之后进行，KM1 的动合触头（10-13）闭合，接通进给控制电源。控制开关 SA1 是控制圆工作台运动的，在需要圆工作台运动时将控制开关扳到“接通”位置，不需要圆工作台运动时将控制开关扳到“断开”位置。圆工作台控制开关 SA1 的触头通断情况见表 3-13。

表 3-13　圆工作台控制开关 SA1 触头动作表

触头	线端标号	操作手柄位置	
		接通（圆工作台工作）	断开（圆工作台不工作）
SA1-1	16-17	−	+
SA1-2	18-20	+	−
SA1-3	13-20	−	+

控制开关 SA2 是控制工作台自动循环运动的。在需要工作台自动循环运动时将控制开关 SA2 扳到“自动”位置，此时 SA2-1 闭合，SA2-2 分断；在不需要自动循环运动时将 SA2 扳到“手动”位置，则 SA2-2 闭合，SA2-1 分断。

工作台的纵向、横向和垂直运动是由与纵向运动机械操作手柄联动的行程开关 SQ1、SQ2 和横向及垂直运动机械操作手柄联动的行程开关 SQ3、SQ4 相互复合联锁控制电动机 M2 的正反转来实现的，即在选择三种运动形式的 6 个方向移动时，只能进行其中一个方向的移动，以确保安全。

1）工作台垂直（上、下）和横向（前、后）运动的控制　工作台垂直和横向运动是由垂直和横向进给手柄操纵的。此手柄是复式的，有两个完全相同的手柄分别安装在工作台左侧的前后方。手柄的联动机械一方面能压下行程开关 SQ3 或 SQ4，同时能接通垂直或横向进给离合器。操纵手柄有 5 个位置且相互联锁，工作台的上下和前后的终端保护是利用安装在床身导轨旁和工作台座上的撞铁来将操纵十字手柄撞到中间位置，使进给电动机 M2 停转。操纵手柄位置与工作台运动方向见表 3-14。

表 3-14　工作台升降与横向操纵手柄位置

手柄位置	工作台运动方向	离合器接通的丝杠	行程开关动作	接触器动作	电动机运转
向上	向上进给或快速向上	垂直丝杠	SQ4	KM3	M2 正转
向下	向下进给或快速向下	垂直丝杠	SQ3	KM4	M2 反转
向前	向前进给或快速向前	横向丝杠	SQ3	KM4	M2 反转
向后	向后进给或快速向后	横向丝杠	SQ4	KM3	M2 正转
中间	升降或横向停止	横向丝杠	—	—	停止

合上 QS1，SA1 扳到“断开”位置，SA2 扳到“手动”位置，在 M1 起动后，可进行下面操作。

①　工作台向上（后）运动的控制　将操作手柄扳到向上（后）的位置，其联动机构一方面接通垂直（横向）丝杠的离合器，为垂直（横向）运动丝杠的转动做好准备；另一方面它使行程开关 SQ4 动作，其动断触头 SQ4-2（14-15）分断，动合触头 SQ4-1（17-26）闭合，控制电源经（13-20-21-22-16-17-26-27）接通 KM3 的线圈，如图 3-16 所示。接触器 KM3 得电吸合，其主触头闭合，M2 正转，工作台向上（后）运动。

②　工作台向下（前）运动的控制　将操作手柄扳到向下（前）位置，其联动机构一方面接通垂直（横向）丝杠的离合器，为垂直（横向）运动丝杠的转动做好准备；另一方面它使行程开关 SQ3 运作，其动断触头 SQ3-2（15-16）分断，动合触头 SQ3-1（17-18）闭合，控制电源经（13-20-21-22-16-17-18-19）接通 KM4 的线圈，如图 3-16 所示。接触器 KM4 得电吸合，其主触头闭合，M2 反转，工作台向下（前）运动。

2）工作台纵向（左右）运动的控制　由纵向操作手柄来控制此运动。此手柄也是复式的，一个安装在工作台底座的顶面中央部位，另一个安装在工作台底座的左下方。手柄有三个位置：向左、向右和中间位置。当手柄扳到向右或向左压下行程开关 SQ1 或 SQ2，使接

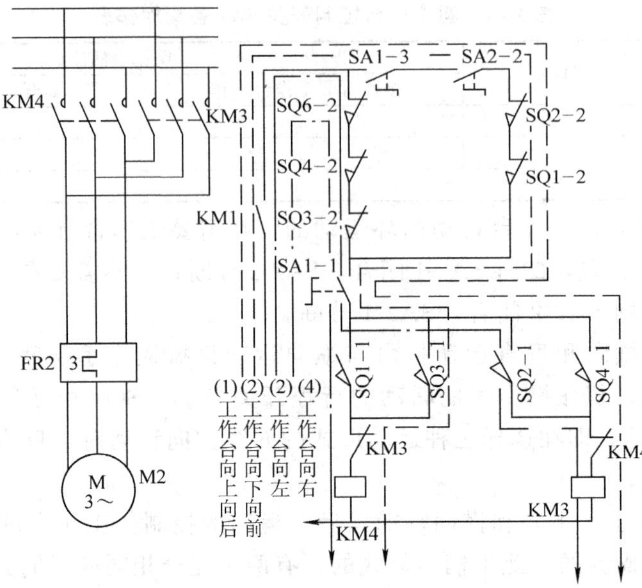

图 3-16　工作台上、下、右、前、后运动控制的电气原理图

触器 KM3 或 KM4 吸合，用来控制电动机 M2 的正反转。若将手柄扳到中间位置，纵向传动的离合器脱开，行程开关 SQ1 与 SQ2 复位，电动机 M2 停转，工作台停止运动。纵向运动的终端保护也是利用装在工作台上的挡铁撞动手柄来实现的。

合上 QS1，SA1 扳到“断开”位置，SA2 扳到“手动”位置，在 M1 起动后，可进行下面操作。

①　工作台向右运动　将操作手柄扳到向右位置，其联动机构一方面接通纵向离合器，另一方面它使行程开关 SQ1 动作，其动断触头 SQ1-2（16-22）分断，动合触头 SQ1-1（17-18）闭合，控制电源经（13-14-15-16-17-18-19）接通 KM4 的线圈，如图 3-16 所示。接触器 KM4 得电吸合，其主触头闭合，M2 反转，工作台向右运动。

②　工作台向左运动　将操作手柄扳到向左位置，其联动机构一方面接通纵向离合器；另一方面它使行程开关 SQ2 运作，其动断触头 SQ2-2（21-22）分断，动合触头 SQ2-1（17-26）闭合，控制电源经（13-14-15-16-17-26-27）接通 KM3 的线圈，如图 3-16 所示。接触器 KM3 得电吸合，其主触头闭合，M2 正转，工作台向左运动。

3）工作台的快速移动　为提高生产率，要求铣床在不作铣、切加工时，工作台能快速移动。工作台快速移动分手动和自动两种控制方法。目前多数采用手动的快速移动控制。

工作台的快速移动也是由进给电动机 M2 拖动的。在纵向、横向和垂直三种运动形式 6 个方向上都可以实现快速移动控制。

合上 QS1 后，SA1 扳到“断开”位置，SA2 扳到“手动”位置，主轴电动机 M1 起动后，将进给操作手柄扳到所需位置，工作台按照选定的速度和方向作进给移动时，再按下快速移动按钮 SB5（或 SB6）使接触器 KM5 得电吸合，从而接通牵引电磁铁 YA，电磁铁衔铁动作，通过杠杆使摩擦离合器合上，减少机械部分中间传动装置，使工作台按原运动方向作快速移动。当松开按钮 SB5（或 SB6）时，电磁铁 YA 失电，摩擦离合器分离，快速移动停止，工作台仍按原进给速度继续运动。其控制电路如图 3-17 所示。

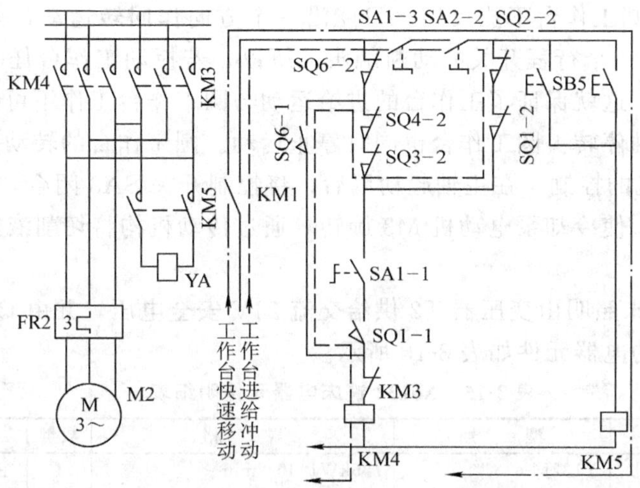

图 3-17　工作台快速移动和进给变速冲动控制的电气原理图

4）进给变速时的冲动控制　在改变工作台进给速度时，为了使齿轮易于啮合，也需要进给电动机 M2 瞬时冲动一下。变速时，先将手柄向外拉出并转动手柄，转盘也跟着转动，把所需进给速度的标尺数字对准箭头，然后再把手柄用力拉到极限位置并随即推回到原位；就在把手柄用力向外拉到极限位置的瞬间，其连杆机构瞬时压合行程开关 SQ6，使 SQ6-2 先分断，SQ6-1 后闭合，接触器 KM4 得电吸合，进给电动机 M2 反转。因为这是一个瞬时接通。故进给电动机 M2 也只是瞬时冲动一下，从而保证变速齿轮易于啮合。当手柄推回原位时，行程开关 SQ6 复位，接触器 KM4 失电释放，进给电动机 M2 瞬时冲动结束。

（3）圆工作台运动的控制　为了扩大机床的加工范围，如铣切圆弧、凸轮等曲线，所以在工作台上安装圆形工作台附件。圆形工作台的回转运动是由进给电动机 M2 经传动机构驱动的。

圆工作台工作时，先将控制开关 SA1 扳到“接通”位置，这时 SA1-2 闭合，SA1-1 和 SA1-3 分断；然后将工作台的进给操作手柄扳到中间（零位）位置，此时行程开关 SQ1～SQ4 全处于正常位置，按下主轴起动按钮 SB3 或 SB4，主轴电动机 M1 起动，进给电动机 M2 也因接触器 KM4 得电吸合而起动，并通过机械传动使圆工作台按照需要的方向转动。其控制线路如图 3-18 所示。

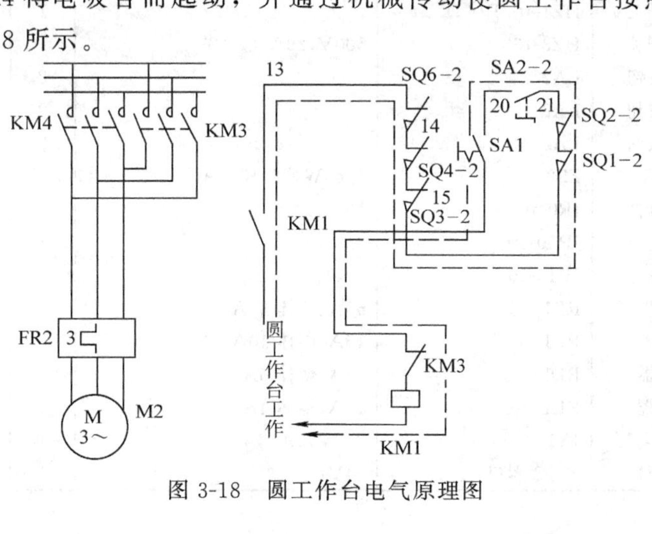

图 3-18　圆工作台电气原理图

由图 3-18 可知，圆工作台不能反转，只能沿一个方向作回转运动，并且圆工作台运动的通路经 SQ1～SQ4 4 个行程开关的动断触头，所以，若扳动工作台任一进给手柄，都将使圆工作台停止工作，这就保证了工作台的进给运动与圆工作台工作不可能同时进行。若按下主轴停止按钮，主轴停转。圆工作台也同时停止运动。圆工作台的转动是用手动实现的。

(4) 冷却泵电动机的控制　在主轴起动以后，将控制开关 SA3 闭合，接触器 KM6 得电吸合，其主触头闭合，使冷却泵电动机 M3 旋转，通过传动机构将切削液输送到机床切削部分进行冷却。

3. 照明电路　机床照明由变压器 T2 供给交流 24V 安全电压，并由 QS2 控制。

X6132 万有铣床的电器元件如表 3-15 所示。

表 3-15　X6132 铣床电器元件明细表

代　号	元件名称	型　号	规　格	数量	作　用
M1	主轴电动机	Y132M-4	7.5kW1440r/min	1	主轴传动
M2	进给电动机	Y90L-4	1.5kW1440r/min	1	工作台进给传动
M3	冷却泵电动机	JCB-22	0.125kW2790r/min	1	冷却泵传动
KM1	交流接触器	CJ0-20	20A、线圈电压 110V	1	M1 起动接触器
KM2	交流接触器	CJ0-20	20A、线圈电压 110V	1	M1 制动接触器
KM3、KM4	交流接触器	CJ0-10	10A、线圈电压 110V	2	控制 M2
KM5	交流接触器	CJ0-10	10A、线圈电压 110V	1	控制 YA
KM6	交流接触器	CJ0-10	10A、线圈电压 110V	1	控制 M3
T1	控制变压器	BK-150	150VA、380/110V	1	控制线路电源
T2	照明变压器	BK-50	50VA、380/24V	1	照明线路低压电源
SQ1	行程开关	LX1-11K	开启式	1	向右进给
SQ2	行程开关	LX1-11K	开启式	1	向左进给
SQ3	行程开关	LX2-131 单轮	自动复位	1	向前及向下进给
SQ4	行程开关	LX2-131 单轮	自动复位	1	向后及向上进给
SQ5	行程开关	LX3-11K	开启式	1	自动循环控制
SQ6	行程开关	LX3-11K	开启式	1	进给变速冲动
QS1	转换开关	HZ1-60/E26	三极	1	电源总开关
SA1	转换开关	HZ1-10/E16	三极	1	圆工作台转换
SA2	转换开关	HZ1-10/E16		1	工作台手动和自动转换
SA3	转换开关	HZ1-10/E16		1	冷却泵开关
QS2	转换开关	HZ1-10/E16		1	照明灯开关
SA4	转换开关	HZ3-133	500V、20A	1	电源换相
SB3、SB4	起动按钮	LA2		2	主轴起动控制
SB1、SB2	制动按钮	LA2		2	主轴制动控制
SB5、SB6	控制按钮	LA2		2	工作台快速移动控制
R	制动电阻器	ZB2	1.45W×2,15.4A	2	限止制动电流
FR1	热继电器	JR0-40	15.4A	1	防止 M1 过载
FR2	热继电器	JR10-10	3.5A	1	防止 M2 过载
FR3	热继电器	JR10-10	0.415A	1	防止 M3 过载
FU1	熔断器	RL1	60A、熔体 30A	3	M1 主电路短路保护
FU2	熔断器	RL1	15A、熔体 10A	3	M2、M3 主电路短路保护
FU3	熔断器	RL1	15A、熔体 6A	2	控制电路短路保护
FU4	熔断器	RL1	15A、熔体 4A	1	照明电路短路保护
KS	速度继电器	JY1	380V、2A	1	反接制动控制
EL	照明灯	K—2 螺口	24V	1	机床低压照明

三、X6132 型卧式铣床常见电气故障分析

1. 主轴停车时没有制动作用　主要原因是速度继电器 KS 发生了故障，速度继电器的动合触头 KS1 和 KS2 不能按旋转方向正常闭合，就会使停车时没有制动作用。速度继电器 KS 中推动触头的胶木摆杆有时会断裂，这时其转子虽随电动机转动，但不能推动触头使 KS1 或 KS2 闭合，也不会有制动作用。

此外，速度继电器转子的旋转是借连接装置来传动的，当继电器轴伸圆销扭弯或磨损、弹性连接件损坏、螺纹销钉松动或打滑等，都会使速度继电器的转子不能正常旋转。KS1 或 KS2 也不能正常闭合，从而在停车时起不到制动作用。

当速度继电器动触头弹簧调节得过紧时，制动过程中反接制动电路会过早地被切断，强制停车的作用随之会提前结束，这样自由停车的时间必然延长，表现为虽有制动但制动的效果不明显。

速度继电器的永久磁铁转子的磁性消失，也会造成制动作用不明显。

2. 主轴停车后产生短时反向旋转　这是由于速度继电器 KS 动触头弹簧调整得过松，使触头分断过迟，以致在反接制动的惯性作用下，电动机停止后仍会短时反向旋转。这种故障只要将触头弹簧调节适当就可以消除。

3. 工作台控制电路的故障

(1) 工作台在各个方向上都不能进给　首先检查接触器 KM3 和 KM4 是否吸合。若 KM3 和 KM4 吸合，则断定控制电路正常，这时应检查电动机主电路。若 KM3 和 KM4 不吸合，这时应检查控制电路，方法同车床检修方法相类似。

(2) 工作台左右不能进给　当工作台发生某一方向不能进给时，应当首先检查其余方向进给情况才可动手开始检修。首先检查工作台前后进给情况。检查结果，前后进给正常，则证明进给电动机 M2 主电路及接触器 KM3 和 KM4 及行程开关 SQ1-2 和 SQ2-2 的工作正常。而 SQ1-2 和 SQ2-2 同时发生故障的可能性也较小，这样，故障的范围就缩小到三个行程开关的三对触头 SQ3-2、SQ4-2 和 SQ6-2 上。这三对触头中只要有一对接触不良或损坏，就会使工作台向左向右不能进给，可用万用表测量检修，方法同前。

四、操作技能训练 3-7　X6132 型卧式铣床电气控制线路的安装与调试

(1) 教学要求　掌握 X6132 型卧式铣床电气控制线路的安装与调试过程；掌握其工作原理。

(2) 准备工作

1) 工具：电工通用工具一套：验电器、钢丝钳、螺钉旋具（一字形和十字形）、电工刀、尖嘴钳、活扳手、剥线钳等。

2) 仪表：万用表：绝缘电阻表（500V）、钳形电流表。

3) 电器元件：根据表 3-15 配齐所需的电器元件和设备。

4) 导线：根据电动机的容量正确选择导线的规格和数量。

5) 其他：配电板、走线槽、线号管、螺钉等。

(3) 训练内容

1) 按图 3-14 所示进行控制电路软线练习。

2) 按图 3-14 所示进行明配线练习。

3) 通电试车。

(4) 训练步骤及要求

由于此课题的工作量较大，应由两名同学同时完成，一名同学进行主轴配线，另一名同学进行进给配线。然后再互换，以全面掌握此线路的工作原理。步骤要求：

1) 根据图3-14分别画出主轴和进给电气接线图，画接线图时注意事项可参见本单元课题一的相关部分。

2) 根据表3-15配齐所需的电器元件，并检查元件质量规格，如不符合要求要进行修理或更换。

3) 在配电板上合理布置和安装电器元件，安装前根据原理图对SA1和SA2进行改装，在安装中注意电器元件要安装的横平竖直，并符合安装要求。

4) 根据接线图首先用软线进行练习，熟练掌握后两名同学互换。

5) 明配线练习，要符合明配线练习要求。

6) 配电板外部接线，不要忘记套装与原理图相同线号的线号管。

7) 自检

① 根据原理图检查电路的接线是否正确。

② SA1放在圆工作台断开位置，SA2放在手动位置。

③ 热继电器的整定值是否符合要求。

④ 熔断器中熔体的规格是否合格。

⑤ 绝缘电阻表摇测电动机的绝缘电阻。

8) 通电试车。检查无误后，方可通电试车，在试车中要仔细观察各电器元件的动作是否符合工作要求，并注意人身安全。

(5) 注意事项

1) 被测试电动机的外壳接地（或接零）要良好的，并要用绝缘电阻表进行摇测。

2) 注意SA1与SA2安装前的改装，改装后要用万用表检测。

3) 控制板外部接线时，不要漏穿线号管，线号方向要保持一致。

4) 试车中注意安全，必须在老师的监护下进行。

(6) 评分标准　同操作技能训练2-1。

五、操作技能训练3-8　X6132型卧式铣床电气故障的检修

(1) 教学要求　掌握X6132型卧式铣床电气控制线路的故障分析及检修方法。

(2) 准备工作

1) 工具：电工通用工具一套：验电器、钢丝钳、螺钉旋具（一字形和十字形）、电工刀、尖嘴钳、活扳手、剥线钳等。

2) 仪表：万用表：绝缘电阻表(500V)、钳形电流表。

(3) 训练内容

1) 在模拟盘上进行故障检修练习，要求熟练掌握。

2) 在实际机床上进行故障检修练习。

(4) 常见故障分析　可参见本课题第三部分的相关内容。

(5) 训练步骤及要求

1) 教师在模拟盘上示范操作。教师设置故障点，并进行示范操作，一边检查，一边分析，直到检查出故障点并且予以排除。引导学生如何采用正确的检查步骤和维修方法。

2）教师设置故障。

3）学生进行检修

① 学生通过通电试车发现故障现象，进行分析，并在原理图中标出最小故障范围。

② 采用电压法或电阻法在故障范围内找出故障点（电压法和电阻法的测量方法可参见本单元课题九）。

③ 排除故障，修复故障点。在这个过程中不得采用更换元件，改变线路的方法修复故障点。

4）在实际机床上进行故障维修练习。

（6）注意事项

1）检修前要熟悉 X6132 型卧式铣床各电器元件基本控制要求。

2）注意仪表的正确使用，防止表笔造成短路。

3）故障查出后，必须修复故障点，且不能采用更换元件的方法进行修复。

4）在维修中，不允许扩大故障范围或者产生新的故障。

5）带电维修时，要穿好绝缘鞋，必须在教师的监护下进行，以确保人身安全。

（7）评分标准　同操作技能训练 3-2。

课题五　镗床的电气控制线路

镗床属于精密加工机床，除了镗孔外，还可以进行钻孔、铣平面、车外圆、车螺纹等各种工作。工艺范围广是镗床的特点，因此镗床的调速范围大，运动部件多，下面以 T610 型卧式镗床为例加以分析。

一、T610 型卧式镗床的主要结构及运动形式

T610 型卧式镗床主要由床身、工作台、主轴箱、前后立柱、镗头架等组成，如图 3-19 所示。

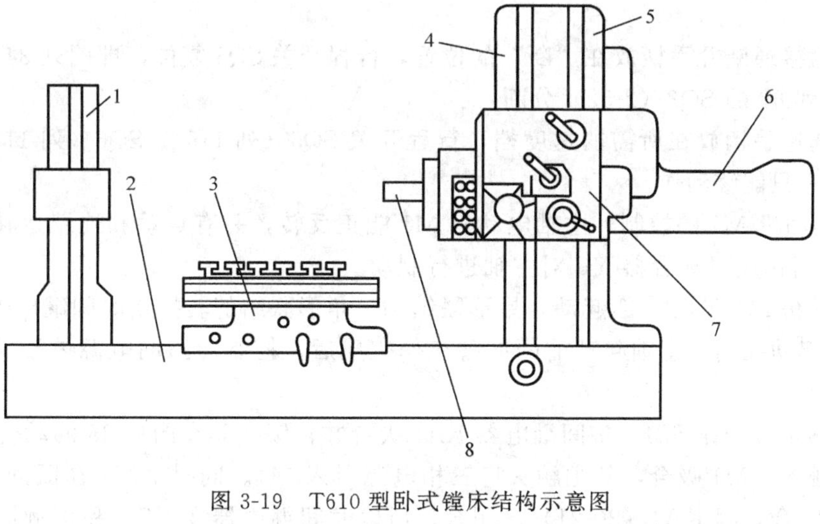

图 3-19　T610 型卧式镗床结构示意图

1—后立柱　2—床身　3—工作台　4—前立柱　5—光杠

6—主轴箱　7—镗头架　8—镗轴（主轴）

T610 型卧式镗床共有 7 台电动机，其中 M1 为主轴电动机；M2 为液压泵电动机；M3 为润滑油液压泵电动机；M4 为工作台旋转电动机；M5 为尾架升降电动机；M6 为主轴调速电动机；M7 为冷却泵电动机。

机床的主轴旋转、平旋盘旋转、工作台转动及尾架升降都用电动机来拖动。主轴和平旋盘刀架进给、主轴箱进给、工作台的纵向和横向进给都用液压拖动。各进给部件的夹紧也采用液压装置，液压系统用电磁阀控制。所以机床的电气原理图可为分两大部分：一部分用继电器、接触器控制电动机的起动、停车和制动；另一部分用继电器和电磁阀控制进给机构的液压装置。镗床的主运动是主轴的旋转，或者是平旋盘的旋转。镗床的进给运动是镗杆的轴向移动，主轴箱的垂直移动，工作台的纵向或横向移动。

二、T610 型卧式镗床电气控制线路分析

T610 型卧式镗床电气原理图如图 3-20 所示。

1. 主传动控制电路　主轴和平旋盘用一台 7.5kW 的三相异步电动机拖动，电动机能正反转运行，停车时用电磁离合器对主轴进行制动。主轴和平旋盘用机械方法调速。主轴有三档速度，每一档速度中用钢球无级变速器作无级变速，即通过改变钢球变速器的位置，连续得到多种大小不同的速度。钢球无级变速器由电动机 M6 拖动，电动机 M6 也可以实现正反向旋转，当调速到变速器的上下极限速度时，电动机 M6 能自动停止。

平旋盘只用两档速度，如果误操作到第三档速度，电动机 M1 就不能起动。

主轴起动以前的准备工作如下所述：

合上电源总开关 QF；按下按钮 SB1 起动液压泵和润滑泵，液压泵接触器 KM5 的动合触头（1-2）接通 220V 的控制电源。当液压油的压力达到正常数值时，压力继电器 KP2 和 KP3 动作，KP2 在图列 57 的触头（2-44）闭合，使中间断电器 KA7 得电吸合，KA7 在图列 34 的触头（11-16）闭合，为主轴点动控制做好准备；KP3 在图列 81 的触头（2-76）与 KA7 在图列 81 的动合触头（76-77）闭合，继电器 KA17 和 KA18 同时得电吸合，KA17 在图列 63 的动合触头（2-53）与 KA18 在图列 73 的动合触头（2-67）同时闭合，为进给控制做好准备。

把平旋盘接通断开手柄放在“断”的位置，行程开关 SQ3 复位，即图列 34 的 SQ3（11-0）闭合，图列 62 的 SQ3（2-52）分断。

把主轴选速手柄放在所需的速度档，行程开关 SQ5（列 116）、SQ6（列 117）、SQ7（列 122）中只有一只能够动作。

（1）主电动机 M1 的控制　主轴电动机 M1 能正反转，并有点动和连续运转两种工作方式。M1 停车时由电磁离合器 YC 对主轴进行制动。

主轴电动机 M1 采用丫-△起动，星形联结和三角形联结的转换用时间继电器 KT1 控制。

1）主轴起动控制　主轴起动前的准备工作完成后，控制回路的电源被接通，才能进行主轴起动。

按下主轴正转按钮 SB4，中间继电器 KA1 吸合并自锁，其在图列 35 的动合触头（8-14）闭合，使接触器 KM1 吸合，其主触头将三相电源引入 M1。同时 KM1 在图列 38 的动合触头（19-20）闭合，因 KA1（20-21）已闭合，所以时间继电器在 KT1 和接触器 KM3 吸合，KM3 的主触头闭合，使 M1 定子绕组接成星形联结起动。经一定时间后，图列 40 的 KT1

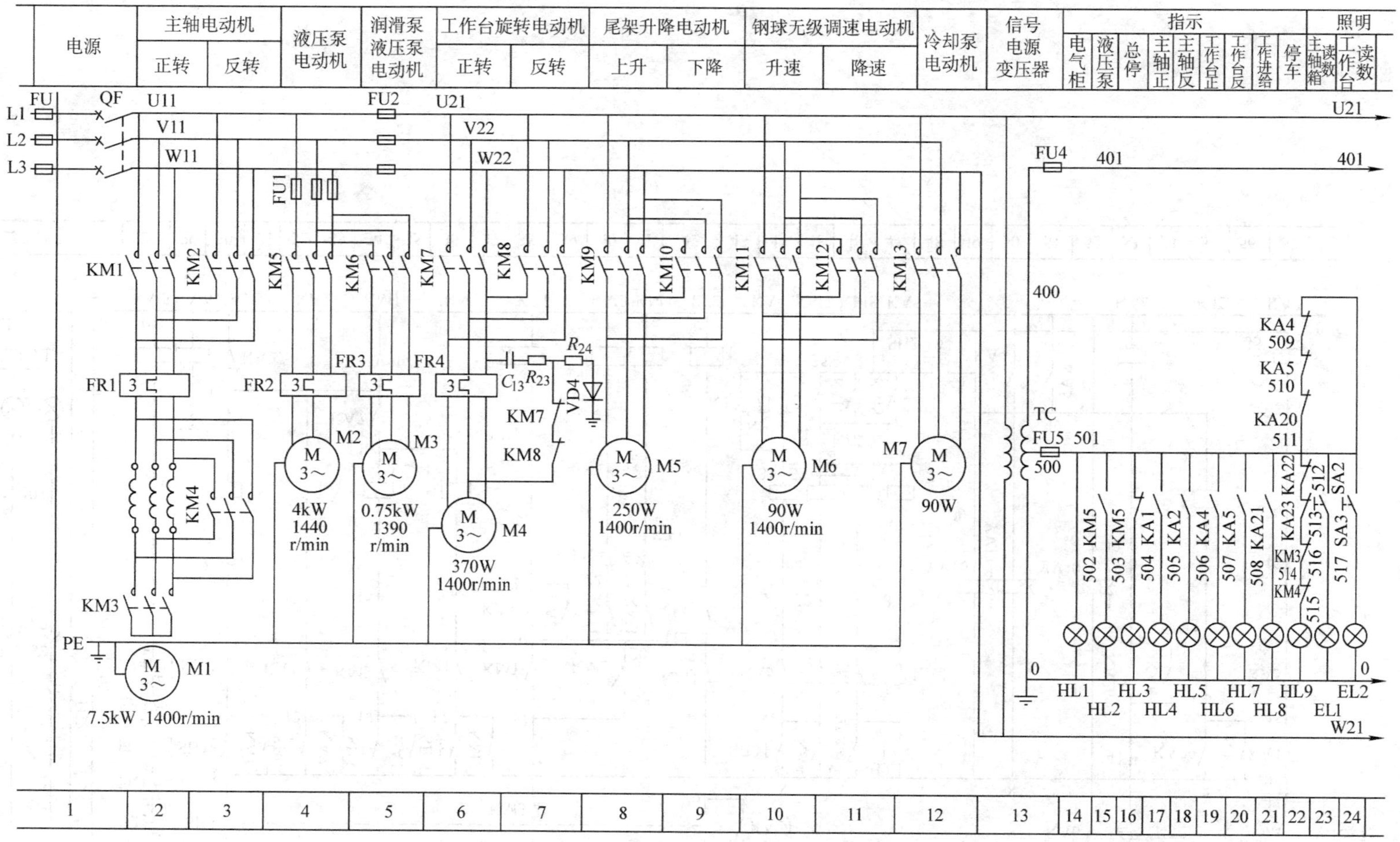

a)

图 3-20 T610 型卧式镗床电气原理图

a)主电路及指示照明电路 b)、c)、d)、e)控制电路

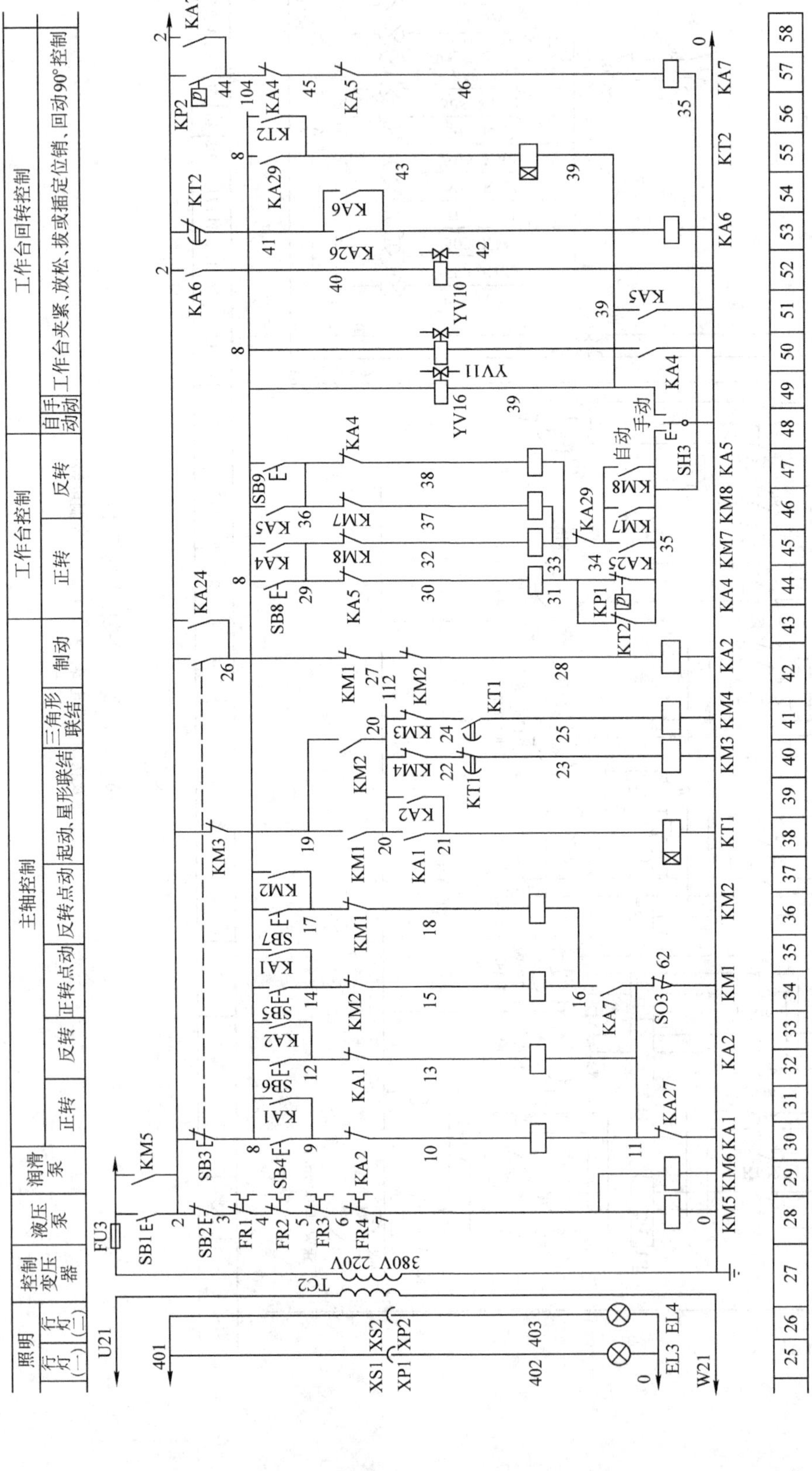

照明
行灯(一)
行灯(二)
控制变压器
液压泵
润滑泵
主轴控制
正转
反转
正转点动
反转点动
起动,星形联结
三角形联结
制动
工作台控制
正转
反转
自动手动
工作台回转控制
工作台夹紧,放松,拔或插定位销,回动90°控制

b)

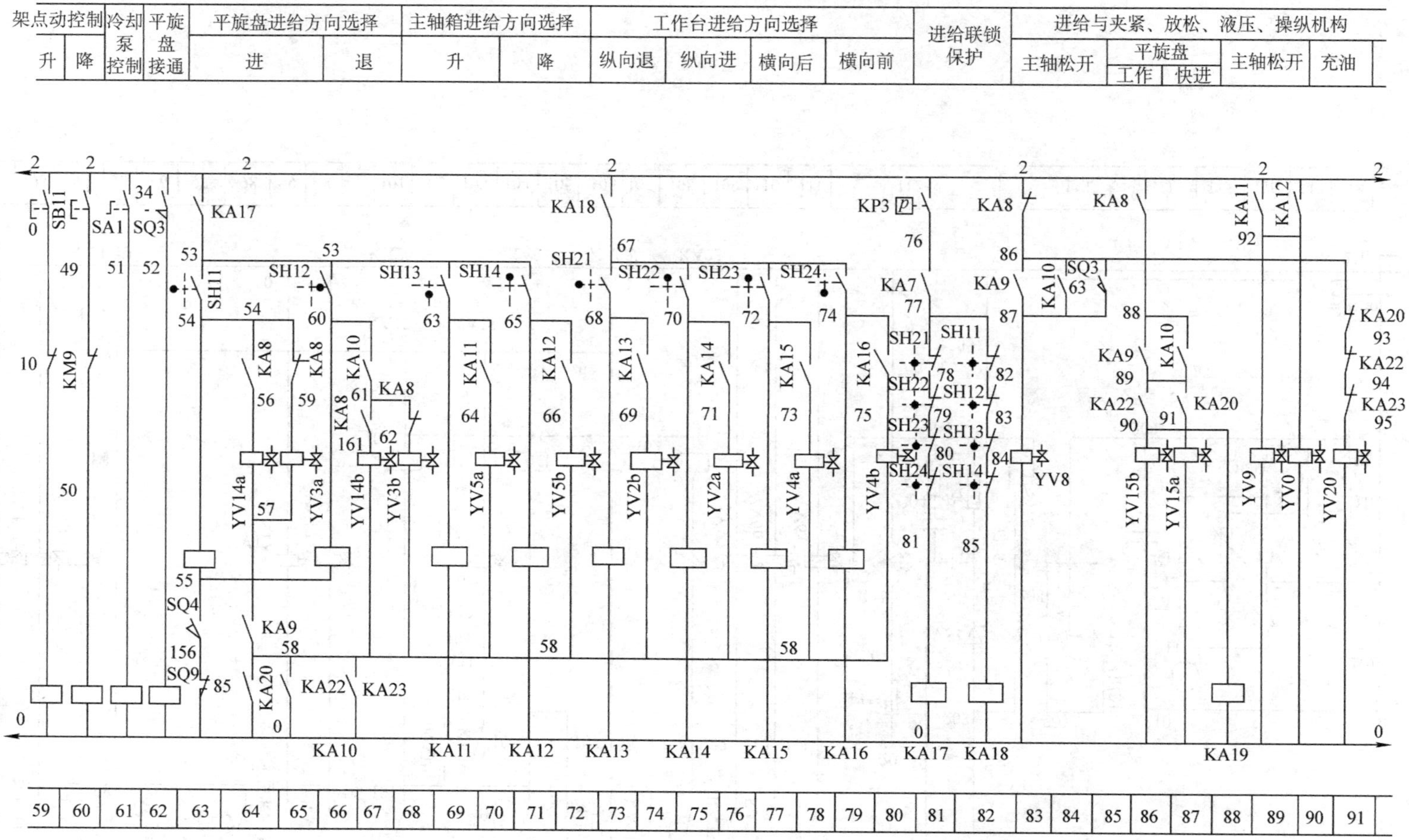
架点动控制
升
降
冷却泵控制
平旋盘接通
平旋盘进给方向选择
进
退
主轴箱进给方向选择
升
降
工作台进给方向选择
纵向退
纵向进
横向后
横向前
进给联锁保护
进给与夹紧、放松、液压、操纵机构
主轴松开
平旋盘
工作
快进
主轴松开
充油
SB11
SA1
SQ3
KM9
KA17
SH11
SH12
SH13
SH14
KA18
SH21
SH22
SH23
SH24
KP3
KA7
KA8
KA9
KA10
KA11
KA12
KA13
KA14
KA15
KA16
KA19
KA20
KA22
KA23
SQ4
SQ9
YV14a
YV3a
YV14b
YV3b
YV5a
YV5b
YV2b
YV2a
YV4a
YV4b
YV8
YV15b
YV15a
YV9
YV0
YV20
59
60
61
62
63
64
65
66
67
68
69
70
71
72
73
74
75
76
77
78
79
80
81
82
83
84
85
86
87
88
89
90
91

c)

图 3-20 （续）

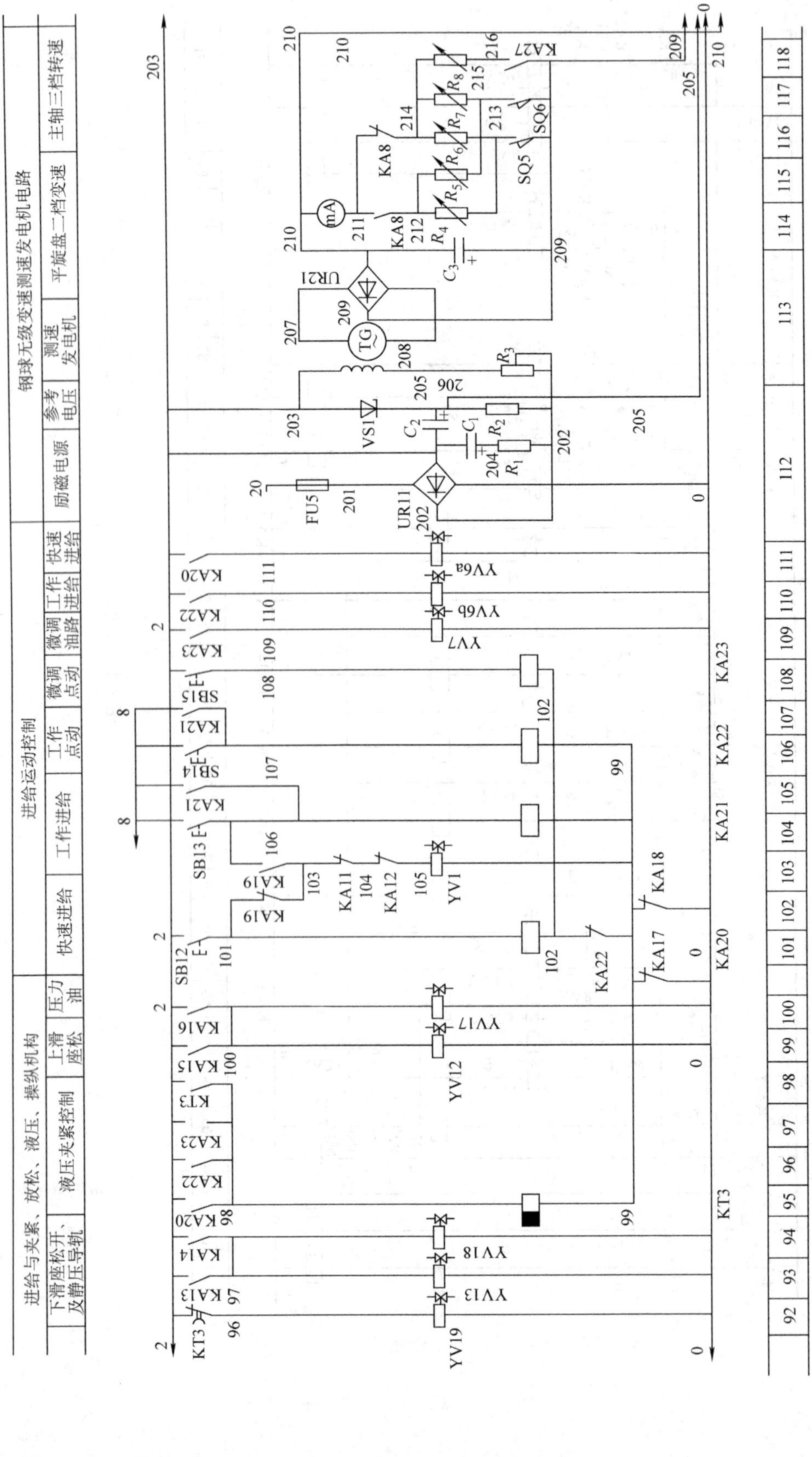
进给与夹紧、放松、液压、操纵机构
下滑座松开、及静压导轨
液压夹紧控制
上滑座松
压力油
进给运动控制
快速进给
工作进给
工作点动
微调点动
微调油路
工作进给
快速进给
钢球无级变速测速发电机电路
励磁电源
参考电压
测速发电机
平旋盘二档变速
主轴三档转速
92
93
94
95
96
97
98
99
100
101
102
103
104
105
106
107
108
109
110
111
112
113
114
115
116
117
118

d)

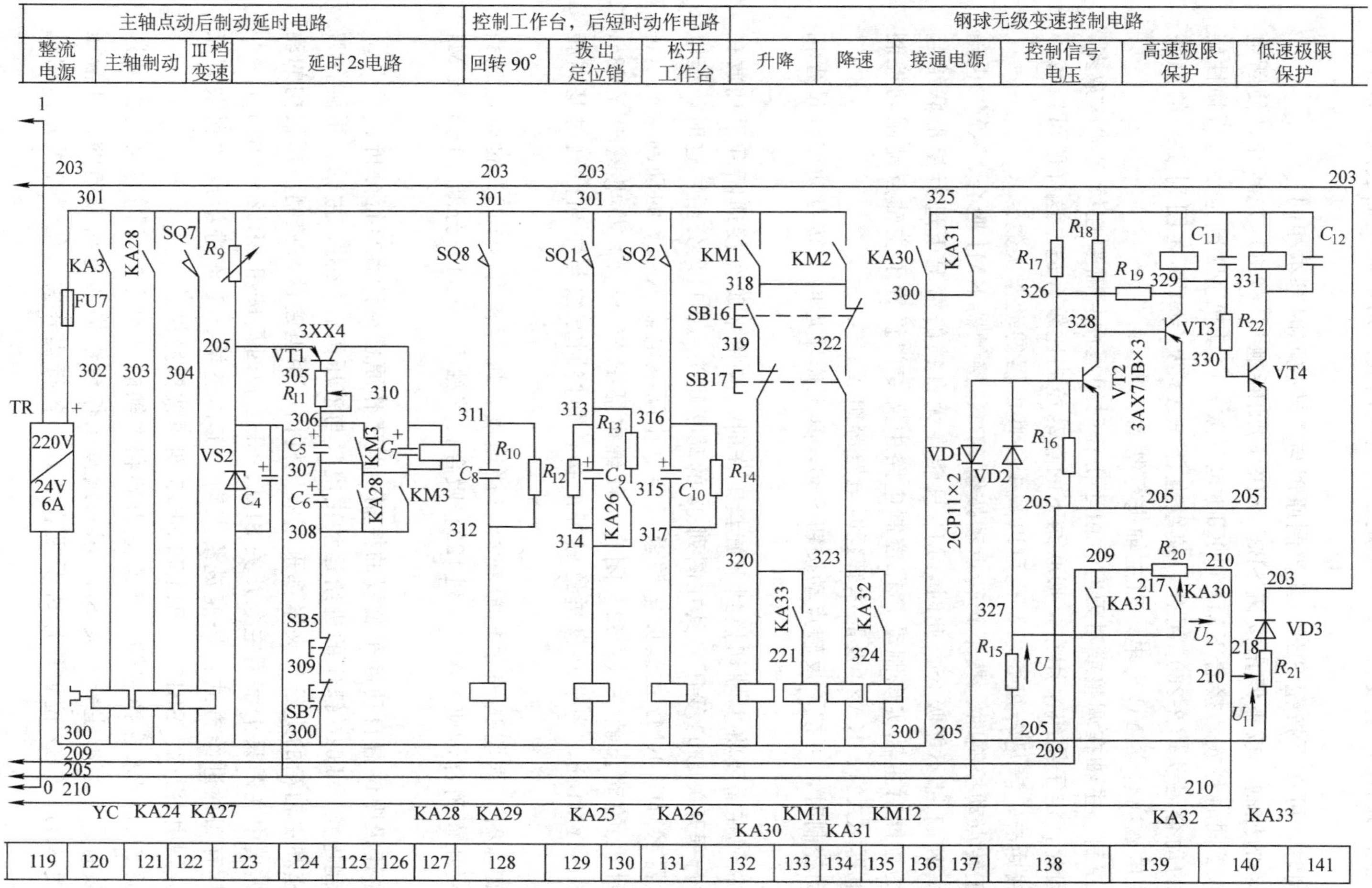

主轴点动后制动延时电路
控制工作台，后短时动作电路
钢球无级变速控制电路
整流电源
主轴制动
III档变速
延时2s电路
回转90°
拨出定位销
松开工作台
升降
降速
接通电源
控制信号电压
高速极限保护
低速极限保护
TR
220V
24V 6A
FU7
KA3
KA28
SQ7
R9
VS2
C4
3XX4
VT1
R11
C5
C6
C7
KM3
SB5
SB7
SQ8
C8
R10
R12
SQ1
SQ2
R13
C9
KA26
C10
R14
KM1
KM2
SB16
SB17
KA33
KA32
KA30
KA31
VD1
VD2
2CP11×2
R15
R16
R17
R18
R19
VT2
3AX71B×3
VT3
VT4
C11
C12
R22
R20
R21
VD3
YC
KA24
KA27
KA29
KA25
KM11
KM12
119
120
121
122
123
124
125
126
127
128
129
130
131
132
133
134
135
136
137
138
139
140
141

e)

图 3-20 （续）

延时断开的动断触头（22-23）与图列 41 的 KT1 延时闭合的动合触头（24-25）延时动作，使 KM3 失电释放，然后 KM4 得电吸合，使 M1 定子绕组换接成三角形联结而进入正常工作状态。

同理，反转控制时，可按下按钮 SB6，其控制原理与正转控制时基本相同。

2）主轴停车制动的控制　按下停止按钮 SB3，SB3 的动断触头（2-8）先断开，使断电器 KA1、接触器 KM1 同时释放，接着 KM4 和 KT1 也释放，电动机 M1 断电后进行惯性旋转，与此同时 SB3 的动合触头（2-26）闭合，使继电器 KA3 吸合，其在图列 120 的触头（301-302）闭合，使电磁离合器 YC 得电，对主轴进行制动。

3）主轴点动的控制　主轴在调整或对刀时，由于工作时间短而且需要连续起动次数多，又在空载下进行，因此，定子绕组采用在星形联结下的点动控制比较合适。这样既可以减小起动电流，缓和机械冲击，满足转矩要求，也可以减少一些电器的动作次数。

需要进行主轴正转点动控制时，按下正转点动按钮 SB5，接触器 KM1 吸合，KM3 也随之吸合，由于 KA1、KT1 都不能吸合，此时，M1 只能在无自锁的情况下进行星形联结起动。松开 SB5 时，为了能对主轴实现制动，在控制电路中又专门设置了主轴点动制动控制环节。它由直流继电器 KA24、KA28 及晶体管延时电路等组成。

在主轴反转点动控制时，可按下反转点动按钮 SB6，其工作原理同正转点动控制过程相似。

4）平旋盘的控制　在需要将主轴切换到平旋盘工作时，应将平旋盘接通断开手柄放在“接通”位置。此时行程开关 SQ3 受压，其在图列 34 的动断触头（0-11）分断，这时，继电器 KA1、KA2 接触器 KM1、KM2 的线圈电路就只能靠中间继电器 KA27 的动断触头（0-11）接通，其在图列 62 的动合触头（2-52）闭合，使继电器 KA8 吸合，将电磁阀 YV3a、YV3b 换接为 YV14a、YV14b，为平旋盘进给做好准备。其控制方法与主轴控制时基本相同。

如果在使用平旋盘时，误将选速手柄放在第三档速度，则行程开关 SQ7 的动合触头（301-304）因 SQ7 受压而闭合，使 KA27（列 122）吸合，其触头（0-11）分断，电动机 M1 就不能起动了。

（2）钢球无级变速极限位置自动停车装置的控制　其工作原理请读者自行分析。

2. 进给运动控制电路　T610 镗床的进给运动由电气与液压配合控制。主轴、平旋盘刀架、上滑座、下滑座和主轴箱的进给与夹紧都采用液压机构，用电磁铁来控制液压机构的动作。进给运动的操纵集中在两只十字型主令开关 SH1、SH2 和四只按钮 SB12～SB15 上。

各进给部件都具有四种进给方式：快速进给点动、工作进给、工作进给点动和微调点动。四种进给方式分别由 SB12、SB13、SB14 和 SB15 四只按钮操作。

十字形主令开关 SH1 用来选择主轴、平旋盘刀架和主轴的进给方向，同时又能松开这些部件的液压夹紧装置。十字形主令开关 SH2 用来选择工作台纵横的进给方向的松开液压夹紧装置。十字开关 SH1、SH2 位置作用说明见表 3-16。各行程开关（位置开关）作用见表 3-17。

（1）主轴进给的控制　需要主轴进给时，应将平旋盘接通断开手柄放在“断开”位置，位置开关 SQ3 不受压，SQ3（2-52）断开，继电器 KA8 释放。当液压泵和润滑泵已起动，且油压达到正常数值时，压力继电器 KP2（2-44）和 KP3（2-76）的动合触头闭合。由于

KP2（2-44）闭合，使中间继电器 KA7 吸合，KA7 在图列 81 的动合触头（76-77）闭合，于是中间继电器 KA17 和 KA18 吸合。

表 3-16 主令开关 SH1、SH2 位置作用说明

SH1		SH2		手柄位置
SH11	主轴进（或平旋盘）	SH11	工作台纵向退	左
SH12	主轴退（或平旋盘）	SH22	工作台纵向进	右
SH13	主轴箱升	SH23	工作台横向台	上
SH14	主轴箱降	SH24	工作台横向前	下

表 3-17 各行程开关作用表

名称	作　用	名称	作　用
SQ1	定位销拔出	SQ5 SQ6 SQ7	主轴变速
SQ2	工作台松开		
SQ3	平旋盘接通	SQ8	工作台回转 90°
SQ4	机动进给	SQ9	机动进给

将十字主令开关 SH1 扳到主轴前进位置，SH11 的动合触头（53-54）闭合，动断触头 SH11（77-82）断开，中间继电器 KA18 释放，而 KA17 仍保持吸合状态。

当机床使用机动进给时，行程开关 SQ4 受压，动合触头 SQ4（55-156）及 SQ9 的动断触头（156-0）都闭合，中间继电器 KA9 吸合。KA9 的动合触头（57-58）闭合，为电磁阀 YV3a 的通电作好准备，YV3a 的作用是选择主轴的进给方向。KA9 的另一对动合触头在图列 83（86-87）闭合，接通电磁阀 YV8 的电路，YV8 动作使主轴夹紧机构松开。

需快速进给时，可按下按钮 SB12，中间继电器 KA20 吸合。同时电磁阀 YV1 也得电动作，YV1 将低压油泄放阀关闭，使液压系统能推动进给机构快速移动。

中间继电器 KA20 吸合时，其动合触头在图列 111 的（2-111）闭合，电磁阀 YV6a 动作，另一对动合触头 KA20（58-0）闭合，则使电磁阀 YV3a 得电动作。电磁阀 YV6a 和 YV3a 使高压油按照选择好的方向进入主轴液压缸，主轴即快速前进，放开按钮 SB12，中间继电器 KA20 释放，电磁阀 YV1、YV2a、YV6a 相继断电，快速进给停止。

需工作进给控制时，按下按钮 SB13，中间继电器 KA21 吸合并自锁。KA21 的动合触头（8-107）闭合，使中间继电器 KA22 闭合，电磁阀 YV3a 和 YV6b 相继得电动作，使高压油进入主轴液压缸，通过调速阀回到油池中，主轴就以工作进给的速度前进。放开按钮，主轴仍继续前进。

需进行工作进给点动控制时，按下按钮 SB14，继电器 KA22 吸合而 KA21 不吸合。继电器 KA22 接通电磁阀 YV3a 和 YV3b 电路，YV3a 和 YV6b 动作使主轴以工作进给的速度前进。放开按钮 SB14 时，由于 KA22 无自锁回路，故主轴就立刻停止进给。

需对主轴进给量进行微调控制时，可按下微调按钮 SB15，中间继电器 KA23 吸合，使电磁阀 YV3a 和 YV7 得电动作，液压油进入液压缸，并经微调阀油路回到油池中，主轴就

以极微小的移动量前进。放开按钮 SB15，由于中间继电器 KA23 无自锁而释放，主轴停止进给。

若需进行平旋盘进给控制时，只要将平旋盘的接通断开手柄放在“接通”位置，然后再按下按钮，即可实现四种进给方式。

（2）主轴退（反向）、主轴箱上升、主轴箱下降进给的控制　可分别将十字形主令开关选择在右、上、下的位置，然后再根据不同的需要分别按下 SB12～SB15 按钮，即可实现各进给部件的四种进给方式，其进给机构的控制情况与主轴进给的控制相同。

为了使进给机构在起动和停止时不产生冲动动作，在液压泵起动后，电磁阀 YV19 和 YV20 都得电动作，使各液压缸的前后端都充满液压油。按下任何一只进给按钮时，时间继电器 KT3 都会吸合并自锁，KT3 的延时闭合的动断触头（2-96）瞬时断开，电磁阀 YV19 失电。同时，电磁铁 YV20 也立即失电。进给停止时，由于十字形主令开关恢复到零位，或放开点动按钮，继电器 KA20、KA22 及 KA23 会立刻释放，使 YV20 得电，但电磁铁 YV19 仍处于失电状态。当主令开关 SH1 恢复零位（中央位置），继电器 KA17 和 KA18 都吸合，它们分别在图列 101 和图列 103 的动断触头（99-0）都断开，时间继电器 KT3 断电释放，经过延时后，KT3 的延时闭合的动断触头（2-96）闭合，YV19 又得电动作。在从进给停止到电磁阀 YV19 得电动作的一段时间内，各进给机构的夹紧松开电磁阀失电，进给机构被夹紧。例如在主轴进给停止时，主令开关 SH1 恢复零位，SH11（53-54）断开，中间继电器 KA9 释放，电磁阀 YV8 失电，主轴被夹紧。主轴被夹紧后，KT3 的延时闭合的动断触头（2-96）闭合，电磁阀 YV19 得电动作，进给液压缸两端又充满液压油。

中间继电器 KA17 和 KA18 起联锁保护作用。如果两只十字形主令开关 SH1 和 SH2 都不在零位（中间），则 KA1 和 KA18 都断电释放，各进给机构就不能开动。

3. 工作台回转控制电路　T610 型镗床的工作台可以机动回转或手动回转。机动回转时，工作台可以回转 90°自动定位，也可以回转角度小于 90°，用手动停止。

工作台的回转用电动机 M4 拖动，工作台的夹紧放松则用电磁液压控制，工作台回转 90°的定位销也用电磁液压控制。

工作台回转 90°自动定位过程是由电气和液压装置配合，且组成程序自动控制的。这个工作程序应当是先松开工作台，拔出定位销，然后使传动机构中的蜗杆与蜗轮相啮合。起动电动机 M4，工作台即开始回转。工作台回转到 90°时，电动机应立刻停车，然后蜗轮与蜗杆彼此脱开，定位销插入到销座中，再将工作台夹紧。

（1）工作台自动（机动）回转的控制　将主令开关 SH3 扳动“自动”位置，开关 SH3 将（35-0）接通，按下工作台正转按钮 SB8，中间继电器 KA4 吸合并自锁，KA4 的动合触头（39-0）闭合，电磁阀 YV11 和 YV16 同时得电动作，YV11 使工作台的夹紧机构松开，YV16 则使工作台压力导轨充满液压油。同时在图列 57-KA4 的动断触头（44-45）断开，继电器 KA7 释放，其动合触头 KA7（76-77）断开，继电器 KA17、KA18 同时释放，使其他进给机构都不能开动。

在工作台放松后，碰到行程开关 SQ2，在图列 131 的动合触头（301-316）闭合，中间继电器 KA26 吸合，并在短时间内立即释放。这是由于电容 C_{10} 和电阻 R_{14} 并联后又与继电器串联的原因。刚接通直流电源时，可看作电阻被电容短接，此时，对电容器的充电电流最大，足以使 KA26 立刻动作，电容器充电后，随电容器两端的电压上升充电电流逐渐下降，到充电电流小于继电器的释放电流时，KA26 释放，这个过渡过程的时间主要决定于电容量和线圈的阻抗，而最后的稳定电流是由线圈的电阻和 R_{14} 来决定的，这个稳定电流远远不能使 KA26 维持吸合状态。当 SQ2（301-306）断开时，C_{10} 通过 R_{14} 放电，最后使电容两端的电压为零，为下一次通电做好准备。

中间继电器 KA26 短时吸合，它的动合触头（41-42）闭合，使继电器 KA6 吸合并自锁。继电器 KA6 的动合触头（2-40）闭合，电磁阀 YV10 得电动作，将定位销拔出，并使蜗杆与蜗轮啮合。

当拔出定位销时，压合行程开关 SQ1，其动合触头（301-313）闭合，继电器 KA25 与 KA26 一样短时吸动一下，KA25 的动合触头（34-35）闭合，使接触器 KM7 吸合并自锁，电动机正向起动，工作台即正向（顺时针）回转。

工作台回转到 90°时，位置开关 SQ8 受压，SQ8（301-313）闭合，同理，使继电器 KA29 短时吸动一下，KA29 的动断触头（33-34）断开，接触器 KM7 失电释放，电动机 M4 失电而停转。

在中间继电器 KA29 吸合时，KA29 的动合触头（8-43）也闭合，使时间继电器在 KT2 吸合并自锁，KT2 的瞬时动断触头（31-35）断开，为继电器 KA4 断电做好准备，而 KT2 的延时断开的动断触头（2-41）在延时 2s 后断开，继电器 KA6 释放，其动合触头（2-40）恢复断开，电磁阀 YV10 失电，蜗轮蜗杆脱开，定位销插入销座。定位销插进销座后，压力继电器 KP1 动作，其动断触头（31-35）断开，继电器 KA4 失电释放，KA4 动合触头（39-0）恢复断开，使 KT2 断电释放，电磁阀 YV11 和 YV16 失电，工作台夹紧，准备进行加工。KA4 的动断触头（44-45）恢复闭合，使继电器 KA7 得电吸合，又接通 KA17 和 KA18 电路，KA17 和 KA18 吸合，进给机构可以开始进给控制。

（2）工作台回转电动机的制动控制　电动机 M4 停止时，采用了最简便的电容式能耗制动。由于电动机容量小（仅有 250W），因此电路选用一只 200mF 的交流电解电容器，将电容器 C_{13} 的一端接在电动机 M4 的一相定子绕组上，另一端经电阻 R_{23}、R_{24}、硅二极管 VD4 接到 0 号线端，把控制 M4 正反转的接触器动断触头 KM7 与 KM8 串联后跨接在定子另一相绕组和两电阻连接的接点上。当电动机 M4 工作时，由于二极管具有单向导电特性，220V 交流电源向电容 C_{13} 充电，在 C_{13} 两端建立直流电压，为能耗制动做好准备。

当电动机 M4 停止时，接触器 KM7 和 KM8 的动断触头闭合，电容 C_{13} 串电阻 R_{23} 后跨接在 M4 的二相定子绕组上，立刻向定子绕组放电，放电的电流是直流电，定子绕组通入直流电流时，便产生制动转矩，对电动机进行制动，经制动 2s 后，电动机转速已很低，工作台回转速度也很低，这时蜗轮蜗杆脱开，定位销插入销座时不会有很大的冲击力。

（3）工作台手动回转的控制　需手动回转工作台时，应将主令开关 SH3 扳到手动位置，则线端（39-0）接通，电磁阀 YV11 和 YV16 立刻得电动作，工作台松开，压力导轨充油。工作台松开后，行程开关 SQ2 受压，使 KA26 短时吸合，继电器 KA6 吸合，电磁铁 YV10 得电动作，拔出定位销，于是就可以用手轮操纵工作台的微量回转。

在手动松开工作台到夹紧工作台的过程中，继电器 KA7 释放，其他进给机构不能进给，控制电路的工作情况与机动（自动）时相同。T610 型卧式镗床的电器元器件如表 3-18。

表 3-18　T610 镗床电器元器件明细表

代号	名　称	型号与规格	件数	备注
QF	低压断路器	DZ4—25/330	1	
M1	异步电动机	Y132M—47.5kW、1440r/min	1	A301 型
M2		Y112M—4.4kW、1440r/min	1	
M3		Y802—40.75kW、1390r/min	1	
M4		A06334、370W、1400r/min	1	
M5		A06324、250W、1400r/min	1	
M6		A05614、90W、1400r/min	1	
M7		A013—25、90W	1	
FU1	熔断器	RL1—60/25	3	
FU2、FU3		RL1—15/4	4	
FU4、FU7		BHC、5A、配熔体 5A	2	插入封闭式座
FU5、FU6		BHC、1A、配熔体 1A	2	插入封闭式座
FR1	热继电器	JR10、整定电流 16A	1	
FR2		JR10—10、整定电流 9A	1	
FR3		JR10—10、整定电流 2.2A	1	
FR4		JR10—10、整定电流 1.2A	1	
TC1	控制变压器	BK—150、380V/36V、6V	1	
TC2		BK—500、380V/220V	1	
TR	整流变压器	BKZ—5、～380V/24V	1	
SH1、SH2	主令开关	LS1—1	2	
SH3		LS3—2	1	
SA1	控制开关	LS3—2	1	
SA2、SA3		KNX、2W2P	2	小型钮子开关
SQ1、SQ2、SQ8	行程开关	LX5—11Q/1	3	
SQ4		JW—11	1	
SQ3、SQ9 SQ5～SQ9		KWX	5	
SB1、SB4、SB6 SB8、SB9、SB13	按钮	LA19—11D、带指示灯	6	附灯泡 6V
SB2、SB3		LA19—11DJ、紧急带指示灯	2	附灯泡 6V
SB5、SB7、SB10 SB11、SB16、SB17		LA19—11	6	
SB12、SB14、SB15		LA19—11J、紧急式	3	
HL1	指示灯	DS22—1L、6V	1	附灯泡 6V
EL1、EL2	光学读数灯	6V	2	
EL3、EL4	行灯	36V、40W	2	

（续）

代号	名　称	型号与规格	件数	备注
KM1～KM4	交流接触器	CJ0—20 线圈电压 220V	4	
KM5～KM8		CJ0—10 线圈电压 220V	4	
KM9、KM10 KM13		JZ7—44、线圈电压 220V	3	
KA1～KA23	中间继电器	JZ7—44、线圈电压 220V	23	
KM11、KM12	接触器	DZ—51/400	2	
KA24～KA33	中间继电器	DZ—144、线圈电压-24V	10	
KT1、KT2	时间继电器	JS7—2A、线圈电压-220V	2	通电延时型
KT3		JJSKZ—4、220V	1	断电延时型
A	直流电流表	61C5—A、0～15mA	1	
YC	电磁离合器	DLM3—10、电压-24V	1	
KP1～KP3	压力继电器	DP—63	3	
UR1	整流器	2CP4	4	
UR2		2CP16	4	
VS1	稳压管	2CW3	1	
VS2		2CW21K	1	
VT1	晶体管	3AX4	1	
VT2～VT4		3AX71B	3	
VD1～VD2	二极管	2CP11	2	
VD3		2CP16	1	
VD4		2CZ13D	1	
C_1	电解电容器	30μF、450V	1	
C_2、C_3		30μF、150V	2	
C_4		10μF、50V	1	
C_5		10μF、150V	1	
C_6、C_8～C_{10}		50μF、50V	4	
C_7		30μF、150V	1	
C_{11}、C_{12}	电容器	47nP、50V	2	
C_{13}	交流电解电容器	200μF～220V	1	
R_4～R_8	电位器	4.7kΩ、3W	5	
R_{11}		10kΩ、1/4W	1	
R_{20}、R_{21}		10kΩ、1W	2	
R_3	可调电阻器	2kΩ、50W	1	
R_9		510Ω、25W	1	

（续）

代号	名　称	型号与规格	件数	备注
R_1	电阻	200Ω、7.5W	1	
R_2		27kΩ、5W	1	
R_{10}、R_{12}、R_{14}		12kΩ、1/8W	3	
R_{15}、R_{18}、R_{22}		25kΩ、1/4W	3	
R_{16}		12kΩ、1/8W	1	
R_{17}		100kΩ、1/4W	1	
R_{19}		68kΩ、1/4W	1	
R_{23}、R_{24}		50Ω、20W	2	
KS	测速发电机	ZCF—121	1	可用 S2b2 优

三、T610 型卧式镗床电气故障的检修

T610 型镗床虽然电气控制线路复杂，每个控制动作参加动作的电器较多，但是电气控制线路都是由若干个基本环节组成的，只要掌握好机床电气控制线路的各个控制线路，单纯交流接触器、继电器控制电路的故障现象与前面所讨论的都是大同小异的，检查故障的方法和手段也非常相似，比较容易解决，这里不再重复叙述。下面仅对涉及液压、电子控制方面的故障及调整修理方法举几个简单的例子进行讨论。

1. 主轴反转点动后不能制动　故障现象产生后，不要急于动手检查，必须先进行调查研究，观察各电器元件的动作情况，根据原理图的控制原理仔细分析，然后在着重检查。例如，可先进行正反转和正转点动控制进行观察，若正反转控制正常，则除了要排除主电路存在的故障外，还可说明制动电磁离合器、直流电源及继电器 KA3 回路均正常。如再按正转点动按钮，工作也不正常，就要再仔细观察一下直流继电器 KA28 和 KA24 是否吸合，若都能够吸合，则故障就可能出现在 KA24 的动合触头（2-26）不能闭合和接点线头脱落，或者 KA28 的吸合时间太短（远小于 2s）。前者的故障现象比较清楚，表现在交流接触器 KA3 不吸合且检查方法简单，后者的故障点在晶体管延时电路中，常见的故障有接触器 KM3 动合触头接触不良，使点动时电容 C_5、C_6（主要是 C_5 不能充分放电）和直流电源电压过低等原因引起。如果 KA28 不能吸合，应先检查整流电源及稳压管 VS2 两端的电压是否正常，然后再检查按钮动断触头 SB5 和 SB7 接触是否良好且有无断路、晶体管 VT1 是否损坏、基极电路中有无断路现象、C_7 有无短路及继电器 KA28 是否损坏等，对于晶体管延时电路的故障一般可通过测量直流电压或电流来找出故障点及故障元器件，但测量时要参阅电器元器件明细表（见表 3-18）中有关元器件的参数，然后进行分析。例如在正常情况下，在未按下 SB7 时，C_5 与 C_6 两端的电压之和与稳压管 VS2 两端的电压相接近约为 20V，逐渐下降到零值，两电容两端的电压则从零开始上长到接近 20V。否则，就有故障存在，待找出故障点后再加以排除或更换损坏元器件。

2. 主轴转速有一档或三档不符合规定的变速范围　如果是仅有一档变速不符合要求，而其他两档变速正常，则可不必检查交流回路是否存在故障，而应先检查变速手柄扳到某档转速位置时，与它相对应的行程开关 SQ5、SQ6 或 SQ7 中的一只是否压合，其动合触头接触是否良好及减速发电机输出的直流电压（即线号 209 与 210 间电压）是否正常。若行程开关的动合触头不能闭合，则输出电压必然过高，会使晶体管 VT3 提前导通而达不到上限转速。必须注意，在只有一档变速达不到要求时，不要轻意调整电位器 R_{20} 或 R_{21} 的阻值，以免造成其它二档变速由正常变为不正常。若三档变速同时存在故障时，一般表现在全部不能达到或超过最高转速和最低转速。在检查时，要先测量参考电压（即为给定的基准电压）U_1 是否正常，其值应为略大于 8.33V。然后用转速表测量变速器转速，当达到 3000r/min 时，再测量在电阻 R_{20} 上取出的测速发电机电压（即为反馈电压）U_2，当 $U_2 \leqslant U_1$ 时，必然不能实现最高转速为 3000r/min 自动停车。反之，如果在转速远未达到 3000r/min 时，U_2 已经大于 U_1。则变速器就不能达到最高转速 3000r/min。在检修时，还要注意晶体管开关电路内部及直流继电器控制回路是否存在故障，直流继电器控制回路故障的检查方法与交流控制回路相似。但晶体管开关电路的故障检查必须掌握电路的基本原理，即电路实际上是一个二级共射极双稳态电路，晶体管 VT2 与 VT3 和 VT3 与 VT4 相互轮流导通或截止，当 VT3 导通时，应使 VT2、VT4 截止，反之 VT3 截止时，其他二管导通；从而实现继电器 KA32 与 KA33 轮换吸合，来达到对电动机 M4 的控制。所以也可以按上述动作程序来找出故障所在并加以排除。

四、操作技能训练 3-9　T610 型卧式镗床电气故障的检修

（1）训练要求　熟悉 T610 型镗床的工作原理，熟练掌握 T610 型镗床的电气故障的正确检修方法。

（2）训练内容

1）在模拟盘上进行电气故障的检修练习，要求熟练掌握。

2）有条件在实际机床上进行故障检修练习

（3）准备工作

1）T610 型镗床模拟练习盘。

2）工具：电工通用工具一套：验电器、钢丝钳、螺钉旋具（一字形和十字形）、电工刀、尖嘴钳、活扳手、剥线钳等。

3）仪表：万用表、绝缘电阻表（500V）、钳形电流表。

（4）常见故障分析　可参见本课题第三部分。

（5）训练步骤及要求

1）教师在模拟盘上示范操作。教师设置故障点，并进行示范操作，一边检查，一边分析，直到检查出故障点并且排除。引导学生如何采用正确的检查步骤和维修方法。

2）教师设置故障。

3）学生进行检修。

①　学生通过通电试车发现故障现象，进行分析，并在原理图中标出最小故障范围线段。

②　采用电压法或电阻法在故障范围内找出故障点（电压法和电阻法的测量方法可参见本单元课题九的相关内容）。

③　排除故障，修复故障点。在这个过程中不得采用更换元件，改变线路的方法修复故

障点。

4）在实际机床上进行故障维修练习。

（6）注意事项

1）检查前，同学们对机床的操作方法及工作原理要全面了解并掌握。

2）T610 型卧式镗床的多种运动是由电气和液压配合完成的，而在模拟盘上只能进行电气故障检修，对于液压故障也要会分析。

3）注意仪表的正确使用。

4）带电检修时要做好安全措施，必须在教师的监护下进行，以确保人身安全。

（7）评分标准　见操作技能训练 3-2。

课题六　磨床的电气控制线路

磨床除了可以磨削外圆锥面，还可以磨削内圆柱面和内圆锥面以及阶台端面和平面。下面以 M1432A 型磨床为例加以分析。

一、M1432A 型磨床的主要结构及运动形式

M1432A 型磨床主要由床身、工作台、砂轮架（或内圆磨具）、头架、砂轮主轴箱、液压操纵箱、尾架等部分组成。其结构外形如图 3-21 所示。

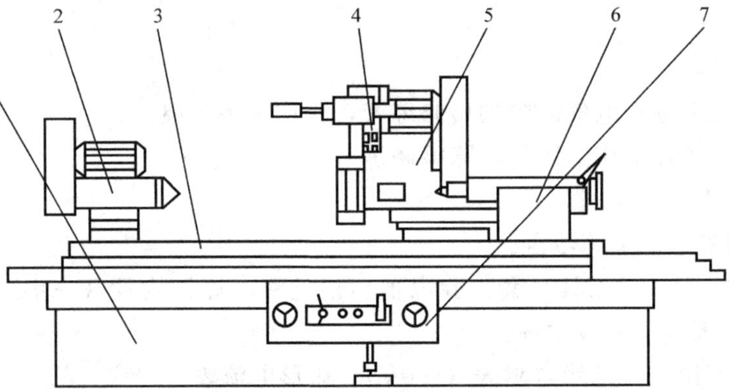

图 3-21　M1432A 型磨床结构示意图

1—床身　2—工件头架　3—工作台　4—内圆磨具

5—砂轮架　6—尾架　7—控制箱

M1432A 型磨床具有 5 台电动机，外圆砂轮电动机 M4（或内圆砂轮电动机 M3）通过砂轮架（或内圆磨具）主轴带动砂轮高速旋转，对工件进行磨削加工，是外圆磨床的主运动；头架电动机 M2 通过主轴带动工件作旋转运动；工作台的纵向（轴向）进给往复运动、砂轮架的横向（径向）进给运动及砂轮架的快速进退运动都是靠液压泵电动机 M1 进行液压传动的；冷却泵电动机 M5 带动冷却泵供给砂轮和工件切削液。

二、M1432A 型磨床电气控制线路分析

M1432A 型磨床的电气控制线路如图 3-22 所示。

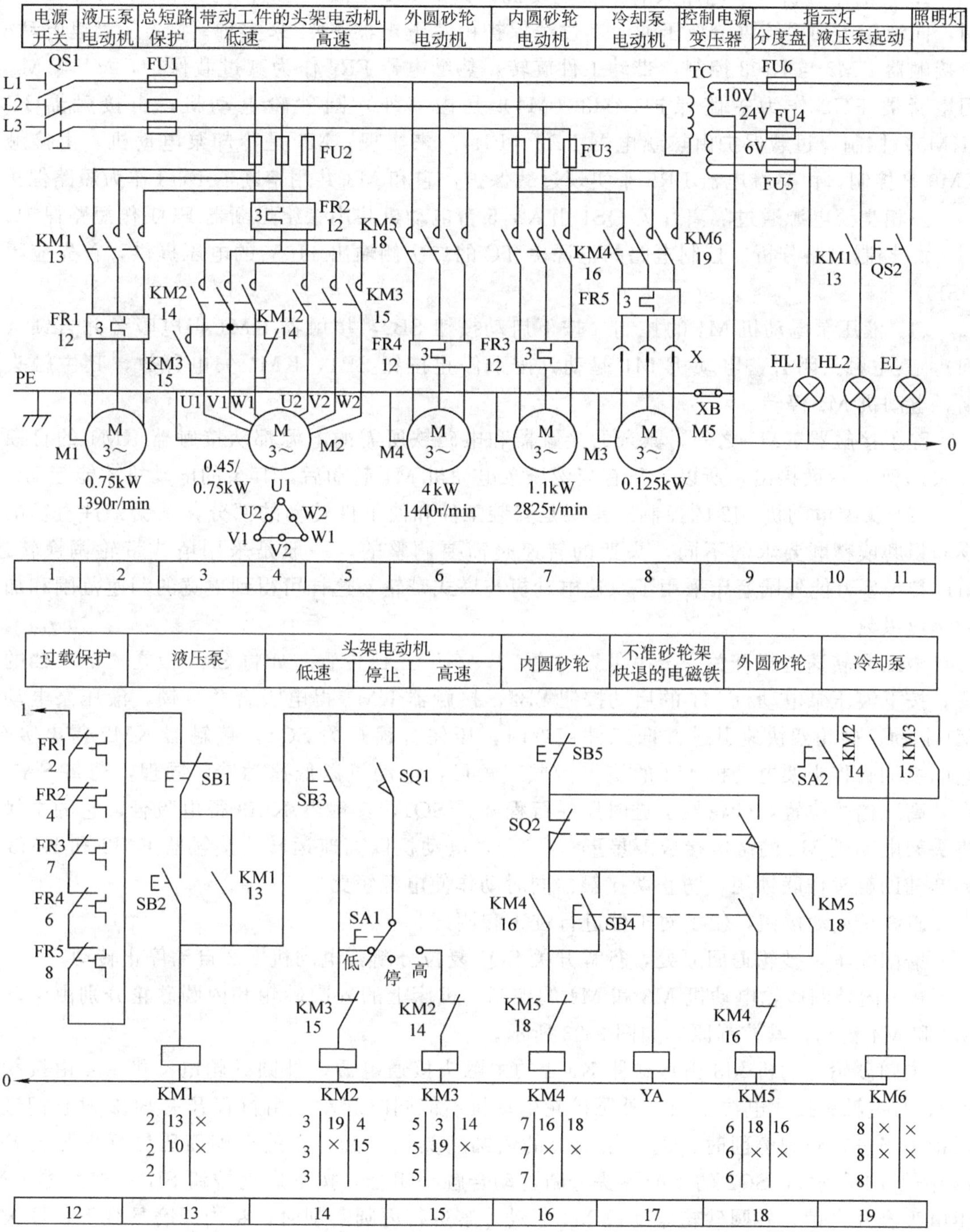

图 3-22　M1432A 型磨床电气原理图

图 3-22 可分为主电路、控制电路及照明与指示灯电路三部分。

1. 主电路分析　主电路共有 5 台电动机，其中 M1 是液压泵电动机，由接触器 KM1 控制，向液压传动系统供给液压油，其过载保护由热继电器 FR1 来实现；M2 是双速电动机，由接触器 KM2 与 KM3 控制，带动工件旋转，热继电器 FR2 作为其过载保护，M1 与 M2 共用熔断器 FU2 作为短路保护；M3（M4）是内（外）圆砂轮电动机，由接触器 KM4（KM5）控制，过载保护由热继电器 FR3（FR4）来实现；M5 是冷却泵电动机，由接触器 KM6 来控制，由热继电器 FR5 来实现过载保护，它和 M3 共用熔断器 FU3 作为短路保护。

三相交流电源通过隔离开关 QS1 引入，5 台电动机共用一组熔断器 FU1 作短路保护。

2. 控制电路分析　控制电路的电源由 TC 的二次侧输出 110V 的电压提供，首先应闭合 QS1。

（1）液压泵电动机 M1 的控制　按下启动按钮 SB2，接触器 KM1 得电吸合并自锁（13 列），其主触头闭合，电动机 M1 起动，按下停止按钮 SB1，KM1 失电释放，其主触头分断，电动机 M1 停转。

除了接触器 KM1 之外，其余的接触器和电磁铁所需的电源都从接触器 KM1 的自锁触头（13 列）后面接出，所以，只有当液压泵电动机 M1 起动后，其余的电动机才能起动。

（2）头架电动机 M2 的控制　头架是安装工件和使工件转动的部分，根据工件直径的大小和粗磨或精磨要求的不同，头架的转速是需要调整的，一般是采用塔式带轮调换转速。M1432A 型万能外圆磨床采用了双速电动机与塔式带轮，这样可得到更宽的调速范围和加倍的调速级数。

SA1 是转速选择开关，分“低”、“停”、“高”三档位置，如将 SA1 扳在“低”档的位置，按下液压泵电动机 M1 的启动按钮 SB2，接触器 KM1 得电吸合并自锁，液压泵电动机 M1 起动；砂轮架快速引进并向工件接近时，压住行程开关 SQ1，接触器 KM2 得电吸合，它的主触头将头架电动机 M2 的绕组接成三角形，电动机以低速动转。同理，若将 SA1 扳在“高”档的位置，砂轮架引进时压住行程开关 SQ1，接触器 KM3 得电吸合，它的主触头将头架电动机 M2 的绕组接成双星形（YY），电动机以高速运转。接触器 KM2 和 KM3 的动断辅助触头作联锁用，防止两接触器同时动作使电源短路。

SB3 是点动按钮，便于对工件进行校正和调试。

磨削完毕，砂轮退回原处，行程开关 SQ1 复位分断，电动机 M2 自动停止转动。

（3）内外圆砂轮电动机 M3 和 M4 的控制　机床上的外圆砂轮和内圆砂轮分别由电动机 M3 和 M4 传动，其控制原理如图 3-23 所示。

内圆砂轮电动机 M3 由接触器 KM4 的主触头接通电源，外圆砂轮电动机 M4 由接触器 KM5 的主触头接通电源。内、外圆砂轮电动机不能同时起动，由行程开关 SQ2 对它们进行联锁。当进行外圆磨削时，把砂轮架上的内圆磨具往上翻，它的后侧面压住行程开关 SQ2（如图 3-24 所示），SQ2 的动断触头分断，动合触头闭合，按下启动按钮 SB4，接触器 KM5 得电吸合并自锁，外圆砂轮电动机 M4 起动。若进行内圆磨削时，将内圆磨具翻下，原被内圆磨具压下的行程开关 SQ2 复位，它的动合触头恢复分断，动断触头恢复闭合，按下启动按钮 SB4，接触器 KM4 得电吸合，使内圆砂轮电动机 M3 起动。内圆磨削时，砂轮架是不允许快速退回的，因为此时内圆磨头在工件的内孔中，若砂轮架快速移动易造成损坏磨头及使工件报废等严重事故。为此，把内圆磨削与砂轮架的快速退回进行联锁。当内圆磨具翻下

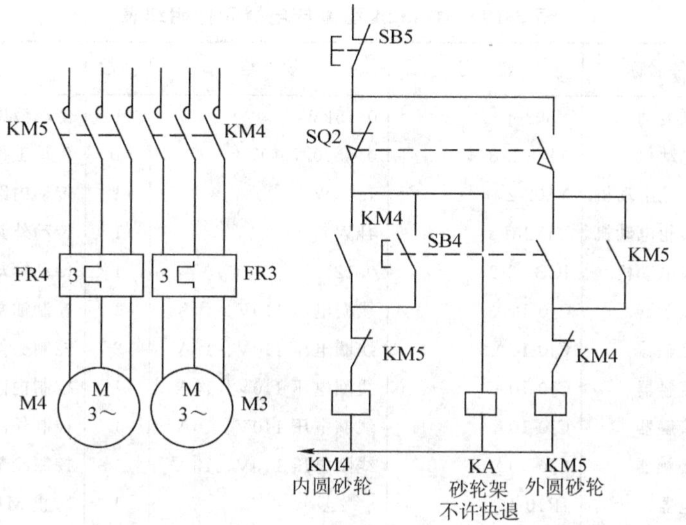

图 3-23 内外圆砂轮电动机电气控制原理图

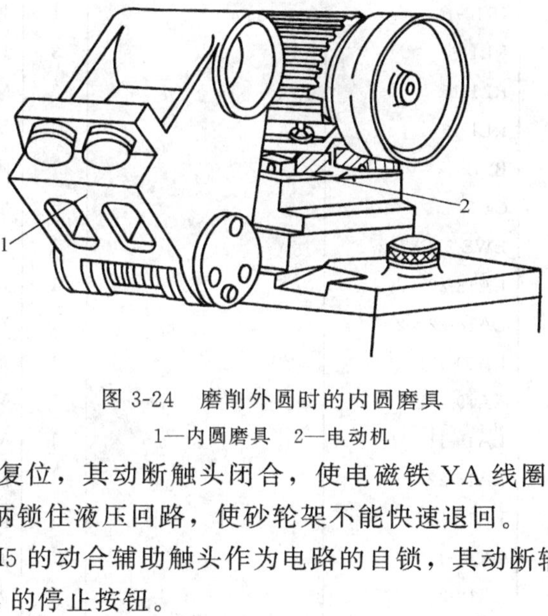

图 3-24 磨削外圆时的内圆磨具

1—内圆磨具 2—电动机

时，由于行程开关 SQ2 复位，其动断触头闭合，使电磁铁 YA 线圈得电，衔铁被吸下，砂轮架快速进退的操纵手柄锁住液压回路，使砂轮架不能快速退回。

接触器 KM4 和 KM5 的动合辅助触头作为电路的自锁，其动断辅助触头作为联锁保护。SB5 是电动机 M3 和 M4 的停止按钮。

（4）冷却泵电动机的控制 磨床上所需要的切削液，除了用来冷却砂轮和工件之外，它同时还可以带走磨下的铁屑。

当接触器 KM2 或 KM3 吸合，使头架电动机 M2 起动的同时，KM2 或 KM3 的动合辅助触头闭合，接触器 KM6 得电吸合，冷却泵电动机 M5 自动起动。

修整砂轮时，不需要起动头架电动机 M2，但要起动冷却泵电动机 M5，因此，备有控制开关 SA2，在修整砂轮时用来开、停冷却泵电动机。

X 是电动机 M5 的电源插头插座。

M1432A 型磨床电器元件如表 3-19。

表 3-19　M1432A 型磨床电器元件明细表

代号	元件名称	型　号	规　格	件数	作　用
M1	液压泵电动机	Y802-4	0.75kW	1	传动液压泵
M2	头架电动机	YD90L-8/4	0.45/0.75kW	1	传动工件旋转
M3	内圆砂轮电动机	Y802-2	1.1kW	1	传动内圆砂轮
M4	外圆砂轮电动机	Y112M-4	4kW	1	传动外圆砂轮
M5	冷却泵电动机	JCB-22-2	0.125kW	1	传动冷却泵
KM1	交流接触器	CJ0-10A	线圈电压 110V、10A	1	控制油泵电动机
KM2、KM3	交流接触器	CJ0-10A	线圈电压 110V、10A	2	控制头架双速电动机
KM4	交流接触器	CJ0-10A	线圈电压 110V、10A	1	控制内圆砂轮电动机
KM5	交流接触器	CJ0-10A	线圈电压 110V、10A	1	控制外圆砂轮电动机
KM6	交流接触器	CJ0-10A	线圈电压 110V、10A	1	控制冷却泵电动机
FR1	热继电器	JR10-10	8*2A	1	防止 M1 过载
FR2	热继电器	JR10-10	7*1.6A	1	防止 M2 过载
FR3	热继电器	JR10-10	9*2.5A	1	防止 M3 过载
FR4	热继电器	JR10-10	15*9A	1	防止 M4 过载
FR5	热继电器	JR10-10	1*0.47A	1	防止 M5 过载
FU1	熔断器	RL1-60	30A	3	总电源短路保护
FU2	熔断器	RL1-15	10A	3	M2 短路保护
FU3	熔断器	RL1-15	10A	3	M3、M4 短路保护
FU4	熔断器	BLE	2A	1	照明指示灯线路短路保护
X	插头插座	C4-6/4		1	接插冷却泵
QS1	转换开关	LWS-3/C5712	15A	1	电源总开关
SA1	转换开关	LA18-22×3		1	选择工件转速
SA2	转换开关	LA18-22×2		1	冷却泵电动机开关
SB1	停止按钮	LA19-11J		1	控制线路总停按钮
SB2	启动按钮	LA19-11D		1	M1 起动
SB3	启动按钮	LA19-11		1	M3 点动控制
SB4	启动按钮	LA18-22		1	M3、M4 起动
SB5	停止按钮	LA19-11		1	M3、M4 停止按钮
SQ1	行程开关	LX12-2		1	砂轮架快进联锁
SQ2	行程开关	LX12-2		1	内、外圆砂轮联锁
YA	电磁铁	MQW0.7kg	线圈电压 110V	1	砂轮架不许快退
TC	变压器	BK-50 型	50VA，110/24-6.3V	1	照明，指示灯低压电源
HL1	指示灯	ZSD-2（AC-2）	6.3V	1	刻度盘照明
HL2	指示灯	ZSD-2	6.3V	1	油泵起动指示
EL	照明灯	JC3Y（带开关）	24V	1	机床局部照明

三、M1432A 型磨床特殊电气故障分析

现将特殊电气故障作如下分析：电动机 M2 低速档能起动，高速档不能起动，这主要是由控制开关 SA1 接触不良所致。当控制开关 SA1 扳到高速档，若 SA1 接触不良，接触器

KM3 不能得电吸合，电动机 M2 不能在高速档起动，再就是接触器 KM3 线圈连接线脱落，主触头接触不良或者接触器 KM2 的动断联锁触头接触不良所致。

四、操作技能训练 3-10　M1432A 型磨床电气故障的检修

(1) 训练要求　熟悉 M1432A 型磨床的工作原理，熟练掌握 M1432A 型磨床的电气故障的正确检修方法。

(2) 训练内容

1) 在模拟盘上进行电气故障的检修练习，要求熟练掌握。

2) 有条件在实际机床上进行故障检修练习。

(3) 准备工作

1) M1432A 型磨床模拟练习盘。

2) 工具：电工通用工具一套：验电器、钢丝钳、螺钉旋具（一字形和十字形）、电工刀、尖嘴钳、活扳手、剥线钳等。

3) 仪表：万用表、绝缘电阻表（500V）、钳形电流表。

(4) 常见故障分析　可参见本课题第三部分相关内容。

(5) 训练步骤及要求

1) 教师在模拟盘上示范操作。教师设置故障点，并进行示范操作，一边检查，一边分析，直到检查出故障点并且排除。引导学生如何采用正确的检查步骤和维修方法。

2) 教师设置故障。

3) 学生进行检修。

① 学生通过通电试车发现故障现象，进行分析，并在原理图中标出最小故障范围。

② 采用电压法或电阻法在故障范围内找出故障点（电压法和电阻法的测量方法可参见本单元课题九相关内容）。

③ 排除故障，修复故障点。在这个过程中不得采用更换元件，改变线路的方法修复故障点。

4) 在实际机床上进行故障维修练习。

(6) 注意事项

1) 检查前，同学们对机床的操作方法及工作原理要全面了解并掌握。

2) 注意仪表的正确使用。

3) 带电检修时要做好安全措施，必须在教师的监护下进行，以确保人身安全。

(7) 评分标准　同操作技能训练 3-2。

课题七　电动葫芦的电气控制线路

电动葫芦是一种起重量较小、结构简单的起重机械，广泛应用于工业企业中，来进行小型设备的吊运、安装和修理工作。由于其体积小，占用厂房面积较小，故使用起来灵活方便。

电动葫芦由提升机构和移动装置构成，结构上相互有联系，它们都由各自的电动机拖动。电动葫芦的外形如图 3-25 所示。

一、电动葫芦的结构

电动葫芦的提升鼓轮 4 由电动机 5 经过减速箱 1 进行拖动。主传动轴和电磁制动器 2 的圆盘相连接。电动葫芦借导轮的作用在工字钢梁上来回移动，导轮则由电动机 3 经过圆柱形减速箱来带动。移动机构没有电磁制动器。电动葫芦用撞块和行程开关进行向前、向后、向上的终端保护。

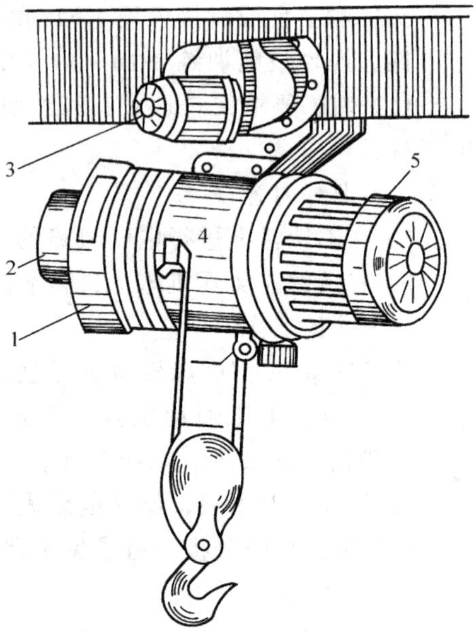

图 3-25　电动葫芦

1—减速箱　2—电磁制动器　3—电动机
4—提升鼓轮　5—电动机

常用的电动葫芦的规格有 0.5t、2t、3t、5t，一般都是用小功率笼型异步电动机拖动。有一种新型钢丝绳电动葫芦系列产品，其型号为 CD 和 MD。该产品采用 ZZ 型锥形转子电动机，电动机的定子和转子都是锥形的，通电后随着磁场的建立和转子的旋转产生一个向着锥形小端方向的轴向拉力，通过转子轴带动风扇轮，克服弹簧力产生轴向移动，使风扇轮上锥形制动圈脱离后盖，失去制动作用，电动机的转子便能运转。其结构如图 3-26 所示。

锥形电动机制造工艺较为复杂，一些工厂用傍磁式电动机来代替锥形电动机。傍磁式电动机的转子和定子都为普通圆柱形，在转子端面装有磁板环（即衔铁盘）。当接通电流后，磁板环与磁盘圈（即制动器）相互吸引而产生轴向磁拉力，克服弹簧阻力，使锥形制动圈和后盖分开，电动机的转子即可自由运转，不受制动；断电后，锥形制动圈在弹簧力的作用下与后盖紧合，对电动机进行制动。

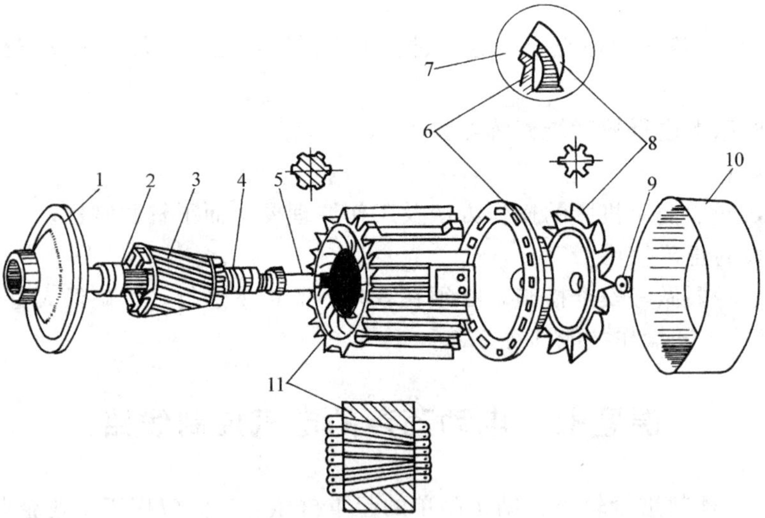

图 3-26　CD 和 MD 型电动葫芦电机结构图

1—前端盖　2—平面轴承　3—锥形转子　4—压力弹簧　5—花轴
6—后端盖　7—锥形制动圈　8—风扇　9—调节螺母
10—风罩　11—锥形定子

二、电动葫芦的电气控制线路

电动葫芦的电气控制线路如图 3-27 所示。

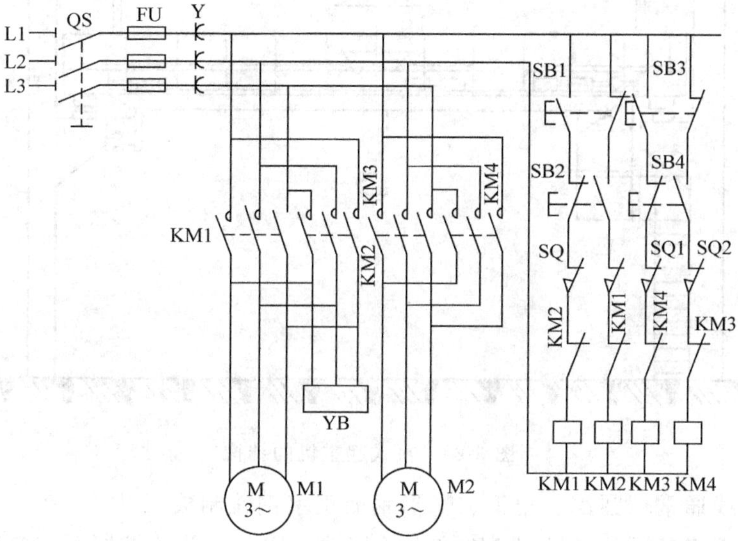

图 3-27　电动葫芦电气控制线路

电源由电网经隔离开关 QS、熔断器和滑触线串接，同样也从滑触线分别经过提升接触器 KM1、下降接触器 KM2、正向移动接触器 KM3 及反向移动接触器 KM4 的主触头引入电动机 M1 和 M2。提升机构的向上运动由行程开关 SQ 限制，前后移动机构分别由行程开关 SQ1 和 SQ2 限位。当电动机在工作时是点动控制的，可以保证在操作人员离开按钮盒时，电动葫芦的电动机就能自动断电停转。

课题八　桥式起重机的电气控制线路

起重机是一种用来起吊和放下重物并使重物在短距离内水平移动的起重机械，一般俗称吊车、行车和天车等。常见的有 5t、10t 单钩起重机及 15/3t、20/5t 等双钩起重机，下面以 20/5t 交流桥式起重机为例加以分析。

一、桥式起重机的主要结构及运动形式

图 3-28 所示是桥式起重机的结构示意图。

20/5t 交流桥式起重机由主钩（20t）、副钩（5t）、大车和小车等四部分组成。大车的轨道敷设在沿车间两侧的柱子上，大车可在轨道上沿车间纵向移动；大车上有小轨道，供小车横向移动；主钩和副钩都安装在小车上。交流起重机的电源为 380V。由于起重机工作时是经常移动的。因此要采用移动的电源线供电，一般采用软电缆供电，软电缆可随大、中车的移动而伸缩，这仅适用于小型起重机；而常采用的方法是用滑触线和电刷供电。电源由三根主滑触线通过电刷引入起重机驾驶室内的保护控制盘上，三根主滑触线是沿着平行于大车轨道的方向敷设在车间厂房的一侧。提升机构、小车上的电动机和交流电磁制动器的电源是由架设在大车上的辅助滑触线（俗称拖令线）来供给的；转子电阻也是通过辅助滑触线与电动

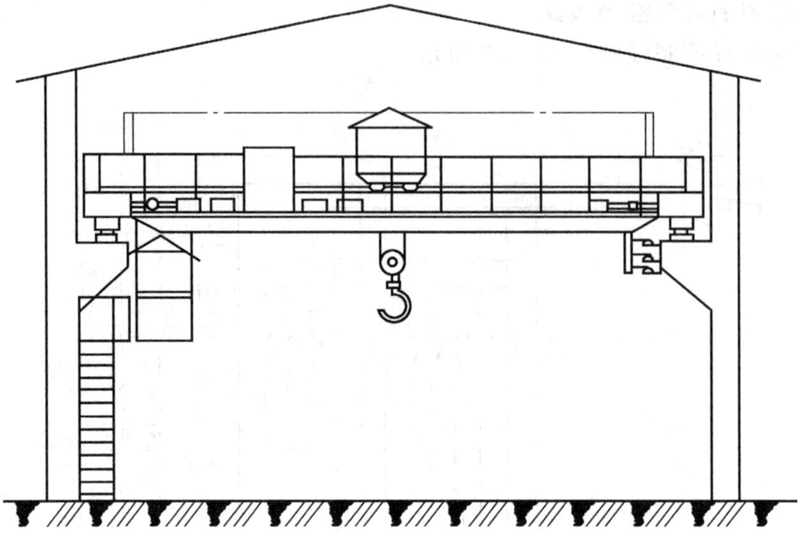

图 3-28 桥式起重机的结构

机连接的。滑触线通常用圆钢、角钢、V 形钢或工字钢轨制成。

大车由两台规格相同的电动机 M3 和 M4 拖动，用一台凸轮控制器 QCC3 控制，两台电动机的定子绕组并联在同一电源上；YB3 和 YB4 为交流电磁制动器；行程开关 SQ7 和 SQ8 作为大车前后两个方向的终端保护。

小车移动机构由一台电动机 M2 拖动，用一台凸轮控制器 QCC2 控制，YB1 为交流电磁制动器，行程开关 SQ5 和 SQ6 作为小车前后两个方向的终端保护。

主钩提升由电动机 M5 拖动，由主令控制器 QM 和一台磁力控制屏控制，YB5 和 YB6 为交流电磁制动器，提升限位开关为 SQ9。

副钩提升由电动机 M1 拖动，由凸轮控制器 QCC1 来控制，YB1 为交流电磁制动器，SQ4 为副钩提升的限位开关。

二、桥式起重机电气控制线路分析

20/5t 交流桥式起重机电气原理图如图 3-29 所示。

1. 电气设备及保护装置　总电源由电源隔离开关 QS1 控制，整个起重机电路和各控制电路均用熔断器作为短路保护，起重机的导轨应当可靠地接零。在起重机上，每台电动机均由各自的过电流断电器在作为分路过载保护。过电流继电器是双线圈式的，其中任一线圈的电流超过允许值时，都能使继电器动作，分断动断触头，切断电动机电源；过电流继电器的整定值一般整定在被保护的电动机额定电流的 2.25～2.5 倍。总电流过载保护的过流继电器 KUC 是串接在公用线的一相中，它的线圈电流将是流过所有电动机定子电流的和，它的整定值不应超过全部电动机额定电流总和的 1.5 倍。

为了保障维修人员的安全，在驾驶室舱口门盖及横梁栏杆门上分别装有安全行程开关 SQ1、SQ2 和 SQ3，其动合触头与过电流继电器的切断触头相串联，若有人由驾驶室舱口或从大车轨道跨入桥架时，安全开关将随门的开启而分断触头，使主接触器 KM1 因线圈断电而释放，切断电源；同时主钩电路的接触器也因控制电源断电而全部释放，这样起重机的全部电动机都不能起动运行，从而保证了人身的安全。

起重机还设置了零位联锁，所有控制器的手柄都必须扳回零位后，按下启动按钮 SB1，起重机才能起动运行；联锁的目的是为了防止电动机在电阻切除的情况下直接起动，否则，会产生很大的冲击电流而造成事故。

在驾驶室的保护控制盘上还装有一个单刀单投的紧急开关 SA，串联在主接触器 KM1 的线圈电路中。正常时是闭合的，当发生紧急情况时，驾驶员可立即拉开此开关，切断电源，防止事故发生。

电源总开关、熔断器、主接触器 KM1 以及过电流继电器在都安装在保护控制盘上；保护控制盘、凸轮控制器及主令控制器均安装在驾驶室内，便于司机操作；电动机转子的串联电阻及磁力控制屏则安装在大车桥架上。

供给起重机使用的三相交流电流（380V）由集电器从滑触线引接到驾驶室的保护控制盘上，再从保护控制盘引出两组电源送至凸轮控制器、主令控制器、磁力控制屏及各电动机。另一相，称为电源的公用相，则直接从保护控制盘接到各电动机的定子绕组接线端上。

所有安装在小车上的电动机、交流电磁制动器和行程开关的电源都是从滑触线上引接的。

2. 主接触器 KM1 的控制　在起重机投入运行前，应当将所有凸轮控制器手柄扳到“零位”，则凸轮控制器 QCC1、QCC2、QCC3 在主接触器 KM1 控制线路（7-9）列的动断触头都处于闭合状态，然后按下保护控制盘上的启动按钮 SB1，KM1 得电吸合，KM1 主触头闭合，使各电动机三相电源进线有电；同时，接触器 KM1 的动合辅助触头闭合（1-7 列）自锁，主接触器 KM1 线圈便从另一条通路得电。但由于各凸轮控制器的手柄都扳在零位，只有 L1 相电源送入电动机定子中，而 L2 和 L3 两相电源没有送到电动机的定子绕组中，故电动机还不会运转，必须通过凸轮控制器才能使电动机运转。

3. 凸轮控制器的控制　20/5t 交流桥式起重机的大车、小车和副钩都是由凸轮控制器来控制的。

现以小车为例来分析凸轮控制器 QCC2 的工作情况。起重机投入运行前，把小车凸轮控制器的手柄扳到“零位”，此时大车和副钩的凸轮控制器也都放在“零位”。然后按下启动按钮 SB1，主接触器 KM1 得电吸合，KM1 主触头闭合，总电源被接通。当手柄扳到向前位置的任一档时，凸轮控制器 QCC2 的主触头闭合。分别将 V14、2M3 和 W14、2M1 接通，电动机 M2 正转，小车向前移动；反之将手柄扳到向后位置时，凸轮控制器 QCC2 的主触头闭合，分别将 V14、2M1 和 W14、2M3 接通，电动机 M2 反转，小车向后移动。

当将凸轮控制器 QCC2 的手柄扳到第一档时，五对动合触头（4 列）全部断开，小车电动机 M2 的转子绕组串入全部电阻器，此时电动机转速较慢；当凸轮控制器 QCC2 的手柄扳到第二档时，最下面一对动合触头闭合，切除一般电阻器，电动机 M2 加速。这样，凸轮控制器手柄从一档循序转到下一档的过程中，触头逐个闭合，依次切除转子电路中的起动电阻器，直至电动机 M2 达到预定的转速下运转。

大车的凸轮控制器，其工作情况与小车的基本类似。但由于大车的一台凸轮控制器 QCC3 同时控制 M3 和 M4 两台电动机，因此多了五对动合触头，以供切除第二台电动机的转子绕组串联电阻器用。

副钩的凸轮控制器 QCC1 的工作情况与小车相似，但副钩带有重负载，并考虑到负载的重力作用，在下降负载时，应把手柄逐级扳到“下降”的最后一档，然后根据速度要求逐级

QCC1

	向下						向上				
	5	4	3	2	1	0	1	2	3	4	5
V13 1M3							×	×	×	×	×
V13 1M1	×	×	×	×	×						
W13 1M1							×	×	×	×	×
W13 1M3	×	×	×	×	×						
$1R_5$	×	×	×	×				×	×	×	×
$1R_4$	×	×	×						×	×	×
$1R_3$	×	×								×	×
$1R_2$	×										×
$1R_1$	×										×
37 31						×	×	×	×	×	×
37 20	×	×	×	×	×	×					
3 5						×					

QCC2

	向后						向前				
	5	4	3	2	1	0	1	2	3	4	5
V14 2M3							×	×	×	×	×
V14 2M1	×	×	×	×	×						
W14 2M1							×	×	×	×	×
W14 2M3	×	×	×	×	×						
$2R_5$	×	×	×	×				×	×	×	×
$2R_4$	×	×	×						×	×	×
$2R_3$	×	×								×	×
$2R_2$	×										×
$2R_1$	×										×
37 39						×	×	×	×	×	×
37 41	×	×	×	×	×	×					
5 7						×					

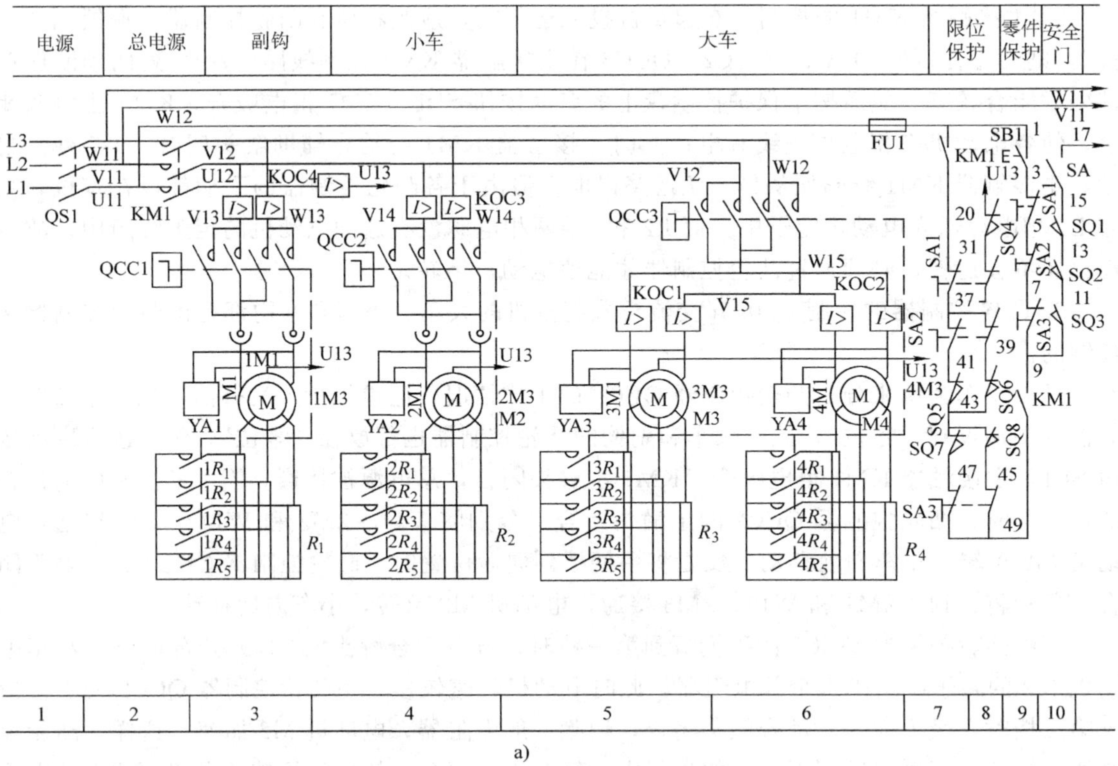

a)

图 3-29　20/5t 桥式

a）主电路

QCC3

	向右						向左				
	5	4	3	2	1	0	1	2	3	4	5
V12 W15							×	×	×	×	×
V12 V15	×	×	×	×	×						
W12 V15							×	×	×	×	×
W12 W15	×	×	×	×	×						
$3R_5$	×	×	×	×				×	×	×	×
$3R_4$	×	×	×						×	×	×
$3R_3$	×	×								×	×
$3R_2$	×										×
$3R_1$	×										×
$4R_5$	×	×	×	×				×	×	×	×
$4R_4$	×	×	×						×	×	×
$4R_3$	×	×								×	×
$4R_2$	×										×
$4R_1$	×										×
49 45						×	×	×	×	×	×
49 47	×	×	×	×	×	×					
7 9						×					

QM

		下降							上升					
		强力			制动									
		5	4	3	2	1	C	0	1	2	3	4	5	6
	QM1							×						
	QM2	×	×	×										
	QM3				×	×	×		×	×	×	×	×	×
KM4	QM4	×	×	×	×	×			×	×	×	×	×	×
KM3	QM5	×	×	×										
KM2	QM6				×	×	×		×	×	×	×	×	×
KM9	QM7	×	×	×		×	×		×	×	×	×	×	×
KM10	QM8	×	×	×			×			×	×	×	×	×
KM5	QM9	×	×								×	×	×	×
KM6	QM10	×										×	×	×
KM7	QM11	×											×	×
KM8	QM12	×	○	○										×
KUV		×	×	×	×	×	×	×	×	×	×	×	×	×

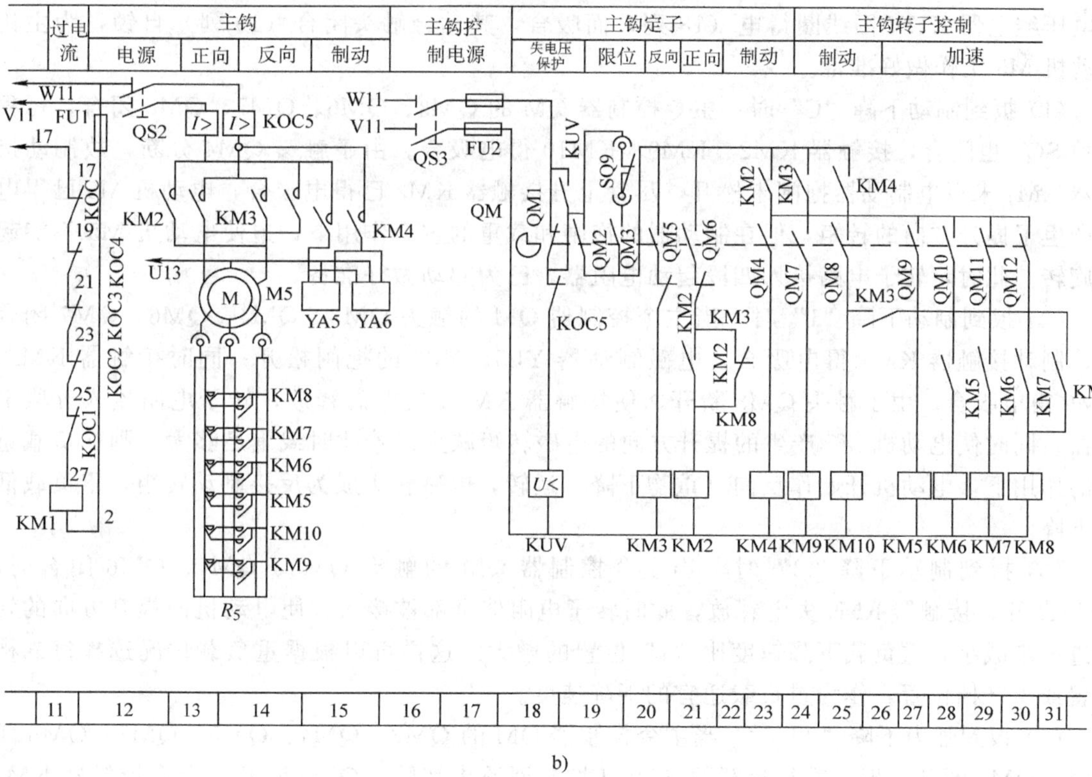

b)

重机电气原理图

b）控制电路

退回升速，以免引起快速下降而造成事故。

当运转中的电动机需作反方向运转时，应将凸轮控制器的手柄先扳到“零位”，并略为停顿一下再作反向操作，以减少反向时的冲击电流，同时也使传动机构获得较平衡的反向过程。

4. 主令控制器的控制　由于主钩电动机 M5 的容量较大，应使其在转子电阻对称的情况下工作，使三相转子电流平衡，故采用了主令控制器 QM 来控制。

20/5t 交流桥式起重机控制主钩升降的主令控制器有 12 对触头（QM1～QM12），可以控制 12 条回路。

主钩上升时，主令控制器 QM 的控制与凸轮控制器的动作基本相似，但它是通过接触器来控制的。当接触器 KM2 和 KM4 得电吸合时，主钩即上升。

主钩的下降有 6 档位置，“C”、“1”、“2”档为制动下降位置，即使重负载能低速下降，形成反接制动状态；“3”、“4”、“5”档为强力下降位置，主要用作轻载快速下降。下面分析主令控制器的工作情况。

先合上电源开关 QS3，并将主令控制器 QM 的手柄扳到“0”位置后，触头 QM1 闭合，欠电压继电器 KUV 因线圈得电（18 列）而吸合，其动合触头闭合（19 列）自锁，为主钩电动机 M5 工作做好准备。

（1）扳到制动下降“C”时　主令控制器 QM 的 QM3、QM6、QM7、QM8 闭合，行程开关 SQ9 也闭合，接触器 KM2、KM9、KM10 得电吸合。由于触头 QM4 分断，故制动接触器 KM4 未得电制动器抱闸未松开，尽管上升接触器 KM2 已得电吸合，电动机 M5 已得电并产生了提升方向的转矩，但在制动器的抱闸和载重的重力作用下，迫使电动机 M5 不能起动旋转。此时，转子电路接入四段起动电阻器，已为起动做好准备。

（2）扳到制动下降“1”时　当主令控制器 QM 的触头 QM3、QM4、QM6、QM7 闭合时，制动接触器 KM4 得电吸合，电磁制动器 YB5、YB6 的抱闸松开；同时接触器 KM2、KM9 得电吸合。由于触头 QM8 断开，使接触器 KM10 失电而释放，转子电路接入五段电阻器，同时使电动机 M5 产生的提升方向的电磁转矩减少；若此时载重足够大，则在负载重力的作用下，电动机开始作反向（重物下降）运转，电磁转矩成为反接制动转矩，重负载低速下降。

（3）扳到制动下降“2”时　当主令控制器 QM 的触头 QM3、QM4、QM6 闭合时，QM7 断开，接触器 KM9 失电释放，此时转子电阻器全部被接入，使电动机向提升方向的转矩进一步减小，重负载下降速度比“1”位置的增大。这样可以根据重负载情况选择每二档位置或第三档位置，作为重负载适宜的下降速度。

（4）扳到强力下降“3”时　当主令控制器 QM 的 QM2、QM4、QM5、QM7、QM8 闭合时，QM3 断开，把上升行程开关 SQ9 从控制回路中切除；QM6 断开，上升接触器 KM2 失电释放；QM5 闭合，下降接触器 KM3 得电吸合；QM7、QM8 闭合，接触器 KM9、KM10 得电吸合，使转子电路中有四段电阻器，制动接触器 KM4 通过 KM2 的动合触头（23 列）闭合自锁。若保证在接触器 KM2 与 KM3 的切换过程中保持通电松闸，就不会产生机械冲击。这时，轻负载在电动机 M5 反转矩（下降方向）的作用下开始强力下降。轻负载在电动机转矩的作用下下降，称为强力下降。

（5）扳到强力下降“4”时　当主令控制器 QM 的触头 QM2、QM4、QM5、QM7、

QM8、QM9 闭合时，接触器 KM5 得电吸合，又切除一段电阻器；电动机 M5 进一步加速运转；轻负载进一步加速下降。

（6）扳到强力下降“5”时　当主令控制器 QM 的触头 QM2、QM4、QM5、QM7、QM8、QM9、QM10、QM11、QM12 闭合时，接触器 KM5 得电吸合，KM5 动合触头（28列）闭合，接触器 KM6、KM7、KM8 得电吸合，它们的动合触头依次闭合，电阻器被逐级切除，从而避免产生过大的冲击电流。最后电动机 M5 以最高速运转，负载加速下降，在这个位置上，下降较重负载时，负载转矩大于电磁转矩，转子转速大于同步转速，电动机成为发电制动状态。

如果要取得较低的下降速度。就要把主令控制器扳回到制动下降“1”、“2”进行反接制动下降。为了避免在转换过程中可能发生过高的下降速度，因此用 KM8 的动合触头（31列）自锁；同时，为了不影响提升的调速，在联锁电路中再串一对 KM3 的动合触头（26列）。如果没有以上的联锁装置，则当手柄扳回零位回转时，如要在下降过程中停下，或要求低速下降时，若操作人员不小心把手柄停留在位置“3”或“4”上，那么下降速度就要增加，不仅会产生冲击电流，而且还有可能发生事故。

在磁力控制屏电路中，串联在接触器 KM2 线圈电路中的 KM8 动断触头（22列）与接触器 KM2 的动合触头（21列）并联，只有在接触器 KM8 失电的情况下，接触器 KM2 才能得电自锁，这就保证了只有在转子电路中保持一定的附加电阻器的前提下才能进行反接制动，以防止反接制动时造成过大的冲击电流。

20/5t 交流桥式起重机的电器元件见表 3-20。

表 3-20　交流桥式起重机电器元件明细表

代　号	名　称	型　号	规　格	件　数	备　注
M5	主钩电动机	YZR315M—10	75kW	1	
M1	副钩电动机	YZR200L—8	15kW	1	
M3 M4	大车电动机	YZR160MB—6	7.5kW	2	跨度＞22.5m 选用 JZR31—6
M2	小车电动机	YZR132MB—6	3.7kW	1	
YA5、YA6	主钩电磁制动器	MZS1—45H		2	
YA1	副钩电磁制动器	MZD1—300		1	
YA3、YA4	大车电磁制动器	MZD1—200		2	
YA2	小车电磁制动器	MZD1—100		1	
QM	主钩主令控制器	LK1—12/90		1	
QCC1	副钩凸轮控制器	KTJ1—50/1		1	
QCC3	大车凸轮控制器	KTJ1—50/5		1	跨度＞22.5m 选用：KTJ1—80/5
QCC2	小车凸轮控制器	KTJ1—50/1		1	
R_5	主钩电阻器	4P5—63—10/9		1	
R_1	副钩电阻器	2K1—41—8/2		1	
R_3、R_4	大车电阻器	4K1—22—6/1		2	跨度＞22.5m 选用：4K1—31—6/3
R_2	小车电阻器	2K1—12—6/1		1	
BP	保护盘	GQX・6105—43A3		1	跨度＞22.5m 选用：GQX・6105—43B3
QS1	隔离开关	HD—9—400/3		1	属保护盘
SB1	起动按钮	LA—1Z—11		1	属保护盘
KM1	接触器	CJ2—300/3		1	属保护盘
KOC	总过电流继电器	JL4—150/1		1	属保护盘

（续）

代 号	名 称	型 号	规 格	件 数	备 注
KOC1～KOC3	过电流继电器	JL4—15		3	属保护盘
KOC4	过电流继电器	JL4—40		1	跨度＞22.5m 选 40A、15A
FU1	熔断器	RL1—15		2	属保护盘
CKB	磁力控制板	PQX・6402—43A3		1	主钩电动机专用
QS2	隔离开关	HD10—4		1	属磁力控制板
QS3	隔离开关	HD—2		1	属磁力控制板
KM2、KM3	正，反主接触器	CJ2—150/3		2	属磁力控制板
KM9、KM10	预备级接触器	CJ2—75/3		2	属磁力控制板
KM5～KM8	加速级接触器	CJ2—75/3		4	属磁力控制板
KM4	制动接触器	CJ2—75/2		1	属磁力控制板
KOC5	过电流继电器	JL4—150		1	属磁力控制板
KUV	欠电压继电器	JT4—10P		1	属磁力控制板
FU2	熔断器	PM1—15/10		2	属磁力控制板
SA	紧急开关	A—3161		1	
SQ9	主钩限位开关	LK4—31		1	
SQ4	副钩限位开关	LK4—31		1	
SQ7、SQ8	大车限位开关	LK4—11		2	
SQ5、SQ6	小车限位开关	LK4—11		2	
SQ1	舱口安全开关	LX2—11H		1	
SQ2、SQ3	横梁栏杆安全开关	LX2—111		2	
	小车导轨			21	
XT0	小车集电器			21	

三、桥式起重机常见电气故障分析

1. 合上电源隔离开关 QS1 并按下 SB1 后，主接触器 KM1 不吸合

（1）线路无电压　可用万用表测试电源开关 QS1 进线端电压是否正常，并查清无电压原因，予以消除。

（2）熔断器 FU1 熔断　更换熔断器 FU1 的熔体。

（3）紧急开关 SA 或安全行程开关 SQ1、SQ2、SQ3 未合上　只要合上紧急开关 SA 或安全行程开关 SQ1、SQ2、SQ3 即可。

（4）主接触器 KM1 线圈断路　可更换接触器 KM1 线圈。

（5）凸轮控制器没在“零位”，则触头 QCC1、QCC2、QCC3 分断　应将所有凸轮控制器的手柄扳到“零位”。

2. 合上电源隔离开关 QS1 并按下按钮 SB1 后，主接触器 KM1 吸合，但过电流继电器动作。这种故障产生的原因一般是凸轮控制器电路接地。

检修时，可将保护配电盘上凸轮控制器的导线都断开，然后再将三个凸轮控制器逐个接上，每接通一个合一次主接触器 KM1，根据过电流继电器的动作确定接地的凸轮控制器，并用绝缘电阻表找出接地点。

3. 当电源接通并合上凸轮控制器后，电动机不转动。

（1）凸轮控制器的接触指与铜片未接触　应检查凸轮控制器的接触指与铜片，并使其接触良好。

（2）集电器发生故障　检查集电器并使其接触良好。

（3）电动机定子绕组或转子绕组断路　可依次检查电动机定子绕组的接线端、定子绕组和转子绕组，并予以修复。

4. 当电源接通并合上凸轮控制器后，电动机起动运转，但不能发出额定功率，且转速降低

（1）线路电压下降　检查线路电压下降的原因并修复。

（2）制动器未完全松开　检查并调整制动器。

（3）转子电路中串接的起动电阻器完全切除　检查凸轮控制器中串接起动电阻器的接线端接触是否良好，并调整接触指。

（4）凸轮控制器机械卡阻　检查并排除机械卡阻。

5. 凸轮控制器的手柄在工作时卡住，转不动或转不到头

（1）凸轮控制器的接触指落到铜片下面　重新安装并调整控制器的接触指。

（2）定位机构发生故障　应检修控制器的固定销。

6. 凸轮控制器在工作时接触指与铜片冒火甚至烧坏

（1）控制器的接触指与铜片接触不良　应调整控制器的接触指与铜片间的压力。

（2）控制器过载　减轻负载或换成较大容量的凸轮控制器。

7. 制动电磁铁线圈过热

（1）电磁铁线圈电压与线路电压不符　应更换电磁铁线圈，如三相电磁铁，可将三角形联结改成星形联结。

（2）电磁铁的牵引力过载　应调整弹簧压力或重锤位置。

（3）在工作位置上，电磁铁的可动部分与静止部分有间隙　可调整电磁铁的机械部分，减小间隙。

（4）制动器的工作条件与线圈数据不符　可更换符合工作条件的线圈。

（5）电磁铁铁心歪斜或机械卡阻　应清除机械卡阻物并调整铁心位置。

8. 制动电磁铁响声较大

（1）制动电磁铁过载　应减轻负载或调整弹簧压力。

（2）铁心极面有油污　应清除油污。

四、操作技能训练 3-11　20/5t 交流桥式起重机电气故障的检修

（1）训练要求　熟悉 20/5t 交流桥式起重机的工作原理，熟练掌握 20/5t 交流桥式起重机的电气故障的正确检修方法。

（2）训练内容

1）在模拟盘上进行电气故障的检修练习，要求熟练掌握。

2）有条件在实际机床上进行故障检修练习。

（3）准备工作

1）20/5t 交流桥式起重机模拟练习盘。

2）工具：电工通用工具一套：验电器、钢丝钳、螺钉旋具（一字形和十字形）、电工刀、尖嘴钳、活扳手、剥线钳等。

3）仪表：万用表、绝缘电阻表（500V）、钳形电流表。

（4）常见故障分析　可参见本课题第三部分相关内容。

(5) 训练步骤及要求

1) 教师在模拟盘上示范操作。教师设置故障点，并进行示范操作，一边检查，一边分析，直到检查出故障点并且排除。引导学生如何采用正确的检查步骤和维修方法。

2) 教师设置故障。

3) 学生进行检修

① 学生通过通电试车发现故障现象，进行分析，并在原理图中标出最小故障范围。

② 采用电压法或电阻法在故障范围内找出故障点（电压法和电阻法的测量方法可参见本单元课题九相关内容）。

③ 排除故障，修复故障点。在这个过程中不得采用更换元件，改变线路的方法修复故障点。

4) 在实际机床上进行故障维修练习。

(6) 注意事项

1) 检查前，同学们对机床的操作方法及工作原理要全面了解并掌握。

2) 注意仪表的正确使用。

3) 在实际机床上检修时，要注意安全，防止堕落，并要切断电源，不准带电作业。

4) 检修时不准扩大故障范围或产生新故障。

5) 操作时注意人身安全，在老师监护下进行。

(7) 评分标准　同操作技能训练 3-2。

课题九　电气设备的维修

一、电气设备的日常维护

为了保证各种电气设备的安全运行，必须坚持经常性的维护保养。电气设备的维护一般包括：正确选用熔断器的熔体；注意连接导线有无断裂、脱落、绝缘是否老化；检查接触器的触头接触是否良好，热继电器的选择是否恰当；经常清理电器元件上的油污和灰尘，特别要清除铁粉等具有导电性能的物质，并定期对电动机进行中修和大修等。雨季要防止绝缘受潮漏电。维护时，还必须注意安全，电气设备的接地或接零必须可靠。

通过日常维护，既能减少故障的发生，又能及时发现隐藏着的故障，从而防止故障的扩大。

电气设备日常维护的对象一般包括：电动机、控制电气柜（包括接触器、继电器及保护装置）和电气线路。维护时应注意以下几点：

1) 当机床加工零件时，金属屑和油污易进入电动机、控制电器柜和电气线路中，造成电气绝缘电阻下降、触头接触不良、散热条件恶化，甚至造成接地或短路，因此，要经常清扫电器柜内部的灰尘和油污。

2) 维护检查时，应注意电器柜内的接触器、继电器等所有电器的接线端子是否松动或损坏、接线是否脱落等。

3) 检查电器柜内的各电器元件和导线是否有浸油或绝缘破损的现象，并进行必要的处理。

4) 为保证电气设备各保护装置的正常运行，在维护时，不准随意改变热继电器、低压断路器的整定值；更换熔体时，必须按要求选配，不得过大或过小。

5）加强在高温、雨季、严寒等季节对电气设备的维护和检查。

6）定期对电动机进行小修和中修检查。

二、电气设备的常见故障分析和检修

各种电气设备在运行中可能发生各种故障，严重的还会引起事故。这些故障主要可分为两大类：一类是有明显的外表特征并容易被发现的，例如电动机的绕组过热、冒烟，甚至发生焦臭味或产生火花等，在排除这类故障时，除更换损坏了的电动机绕组或线圈外，还必须找出和排除造成上述故障的原因；另一类故障是没有外表特征的，例如在控制电路中由于元器件调整不当、动作失灵或小零件损坏及导线断裂等原因引起的，这类故障在机床电路中经常碰到，由于外表没有明显的特征，常需要用较多的时间去寻找故障的原因，有时还需运用各类测量仪表和工具才能找出故障点，进行调整和修复，使电气设备恢复正常运行。因此，找出故障点是机床电气设备检修工作中的一个重要步骤。

电气设备发生故障后一般检查和分析方法如下：

1. 修理前的调查研究

（1）看　熔断器内熔体是否熔断，其他电气元件有无烧毁、发热、断线、导线联接螺钉是否松动，有无异常的气味等。

（2）问　发生故障后，向操作者了解故障发生的前后情况，有利于根据电气设备的工作原理来判断发生故障的部位，分析产生故障的原因。一般询问项目是：故障是经常发生，还是偶尔发生，有哪些现象（如响声、冒火、冒烟等）；故障发生前有无频繁起动、停止、过载，是否经过保养检修等。

（3）听　电动机、变压器和有些电器元件在正常运行时的声音和发生故障时的声音有无明显差异，听它们的声音是否正常，可以帮助寻找故障部位。

（4）摸　电动机、变压器和电磁线圈等发生故障时，温度显著上升，可切断电源用手去摸一摸。

看、问、听、摸是寻找故障的第一步，有些故障还应进一步检查。

2. 根据电气原理图分析检查故障范围　机床电气设备发生故障后，为了能根据情况迅速找到故障位置，就必须熟悉机床的电气线路。一台机床的电气线路中任何一个电器在元件的损坏或任何一根连接导线的断裂或脱落，都会造成故障。不同的故障原因有时会出现相似的故障现象；同一种故障原因在不同情况下有时会出现不同的故障现象。因此，要做到有目的地检查故障，并能够正确的判断和迅速排除故障，就必须了解整台机床电气线路的工作原理。

机床的电气线路是根据机床的用途和工艺要求而定的，因此了解机床的基本工作原理、加工范围和操作程序对掌握机床电气控制线路的原理和各环节的作用具有一定的意义。任何一台机床的电气控制线路总是由主电路或控制电路两大部分组成，而控制电路又可分为若干个控制环节。分析电路时，通常首先从主电路入手，了解机床各运动部件和辅助机构采用了几台电动机传动，从每台电动机主电路中所使用的接触器的主触头的连接方式大致可以看出电动机是否有正反转控制或制动控制等，再从接触器主触头的文字符号在控制电路中找到相对应的控制环节和各环节间的关系，联系到机床对控制线路的要求和前面所述的各种环节电路的知识，逐步深入了解各个环节电路由哪些电器组成的、它们互相间怎样联系、各环节间有什么联系等。在弄清控制线路原理的基础上，对照电气控制箱内的电器，进一步熟悉每台电动机各自所用的控制电器和保护电器，这样即使再复杂的电气线路也是可以弄清楚的。

3. 确定故障发生的范围　从故障现象出发，按线路工作原理进行分析，便可判断故障发生的可能范围，以便进一步分析，找出故障发生的确切部位。

4. 进行外表检查　在判断出故障可能发生的范围后，在此范围内对有关电器元件进行外表检查，常能发现故障的确切部位。例如，接线头脱落、触头接触不良或未焊牢、弹簧裂或脱落以及线圈烧坏等，都能明显地表明故障点。

5. 试验控制电路的动作顺序　经外表检查未发现故障点时，可进一步检查电器元件动作情况，如操作开关或按钮，查看线路中各继电器、接触器相关触头是否按规定顺序动作；若不符合规定者，则说明与此电器有关的电路存在问题，再在此电路中进行逐项分析和检查，一般便可发现故障。在检查时常用一段导线以逐段短接来缩小故障范围，但必须注意人身及设备的安全。要遵守安全操作规程不得随意触动带电部分，要尽可能切断电动机主电路电源，只在控制电路带电的情况下检查；如需电动机运转，则应使其在空载下运行，避免机床运动部分因误动作而发生撞击；要暂时隔断有故障的主电路，以免故障扩大，并预先充分估计到局部线路动作后可能发生的不良后果。

6. 利用仪表器材检查　利用各种电工测量仪表对电路进行电阻、电流、电压等参数的测量，以此进一步寻找或判断故障，是电器维修工作中的一项有效措施。如利用万用表、钳形表、绝缘电阻表、验电器等仪表来检查线路，能迅速有效地找出故障原因。下面介绍几种常用的方法：

（1）电压测量法　在检查电气设备时，经常用测量电压值来判断电器元件和电路的故障点，检查时把万用表扳到交流电压 500V 档位上，具体测量方法见第三单元课题一。

（2）电阻测量法　参见前面相关内容。

（3）短接法　机床电气设备的常见故障为断路故障，如导线断路、虚连、虚焊、触头接触不良、熔断器熔断等。对这类故障，除用电压法和电阻法检查外，还有一种更为简便可靠的方法，就是短接法。检查时，用一根绝缘良好的导线，将可能发生断路的部位短接，如短接到某处，电路接通，说明该处断路。

1）局部短接法：局部短接法如图 3-30 所示。

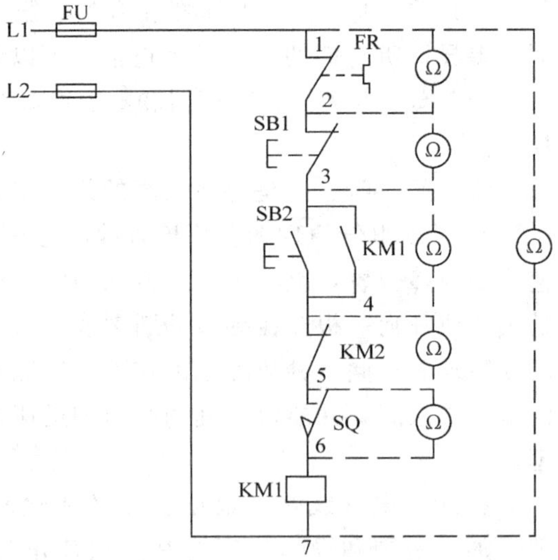

图 3-30　局部短接法

按下启动按钮 SB2 时若 KM1 不吸合，说明该电路有故障。检查前，先用万用表测量 1-7 两点间的电压，若电压正常，可按下启动按钮 SB2 不放，然后用一根绝缘良好的导线，分别短接标号相邻的两点，如 1-2、2-3、3-4、4-5、5-6。当短接到某两点时，接触器 KM1 吸合，说明断路故障就在这两点之间，具体短接部位及故障原因见表 3-21。

表 3-21　短接法短接部位及故障原因

故障现象	短接点标号	KM1 动作情况	故障原因
按下 SB2，KM1 不吸合	1-2	KM1 吸合	FR 动断触头接触不良或误动作
	2-3	KM1 吸合	SB1 的动断触头接触不良
	3-4	KM1 吸合	SB2 的动合触头接触不良
	4-5	KM1 吸合	KM2 动断触头接触不良
	5-6	KM1 吸合	SQ 动断触头接触不良

2）长短接法：长短接法如图 3-31 所示。

长短接法是一次短接两个或多个触头来检查故障的方法。

当 FR 的动断触头和 SB1 的动断触头同时接触不良时，若用局部短接法短接 1-2 点，按下 SB2，KM1 仍不能吸合，则可能造成判断错误；而用长短接法将 1-6 点短接，如果 KM1 吸合，说明 1-6 这段电路上有断路故障；然后再用局部短接法逐段找出故障点。

长短接法的另外一个作用是，可把故障点缩小到一个较小的范围。例如，第一次先短接 3-6 点，KM1 不吸合，再短接 1-3 点，KM1 吸合，说明故障点在 1-3 点范围内。

可见，用长短接法结合的短接法能很快地排除故障。

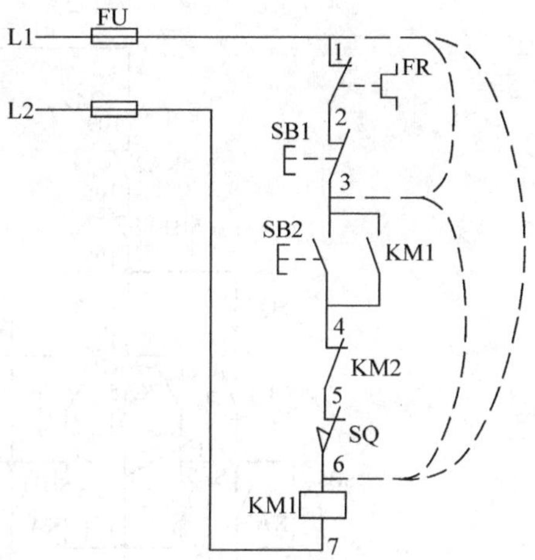

图 3-31　长短接法

3）用短接法检查故障时的注意事项

① 短接法是用手拿绝缘导线带电操作的，所以一定要注意安全，避免触电事故。

② 短接法只适用于电压降极小的导线及触头类的断路故障。对于电压降较大的电器，如电阻、线圈、绕组等短路故障，不能采用短接法，否则会出现短路故障。

③ 对于机床的某些要害部位，必须保障电气设备或机械部位不会出现事故的情况下，才能使用短接法。

7. 逻辑分析法　对于复杂的控制线路，则必须很好地分析研究系统原理，采用逻辑分析方法。根据控制系统的工作原理、控制环节的动作程序以及它们之间的逻辑关系，结合故障现象，进行具体分析，不断缩小故障可能发生的范围，迅速判断故障之所在。为减小故障停机时间，查故排故要“准确、迅速”。采用逻辑分析法能做到既准、又快，而逐一检查法则既慢又差。因为条件复杂，弄错和遗漏总是难免的。当故障可能发生的范围较大时，还可对中间环节进行分析和试验，这将使故障范围大大缩小，加快查出故障的速度。

例如，A 系列龙门刨床的刨台前进开不动。若将其逐一查找，既要检查交流控制回路，又要检查直流控制回路，还要检查自控系统及电机组。交流控制电路就有几条支路，相关电器有好几个，接点几十个。所以逐一检查，肯定“少慢差费”。

如果熟悉系统原理，采用逻辑分析法，首先分析“前进自动”的先决条件是 KA3 及 KA2 分别得电。只要按压“步进”按钮（因为“前进”与“步进”KA2 都应动作），观察步进是否正常？若“步进”正常，则 KA2 是好的，而且直流电路及机组都是好的，公共支路（101-107）也没问题。显然，KA3 不动作，是故障的主要原因，因为 KA3 不得电，KA2 也不得电，刨台当然开不动。再按压“后退”按钮，若正常，则故障在于 SB9 动合触头失灵，否则，故障就在（131-102）这段。将（131-139）短接，按压 SB9，若能开动，则肯定问题出在刨台限位开关 SQ9 或 SQ10 未复零，或横梁移动后未夹紧。这样就把故障很快找出来了，如图 3-32 所示。

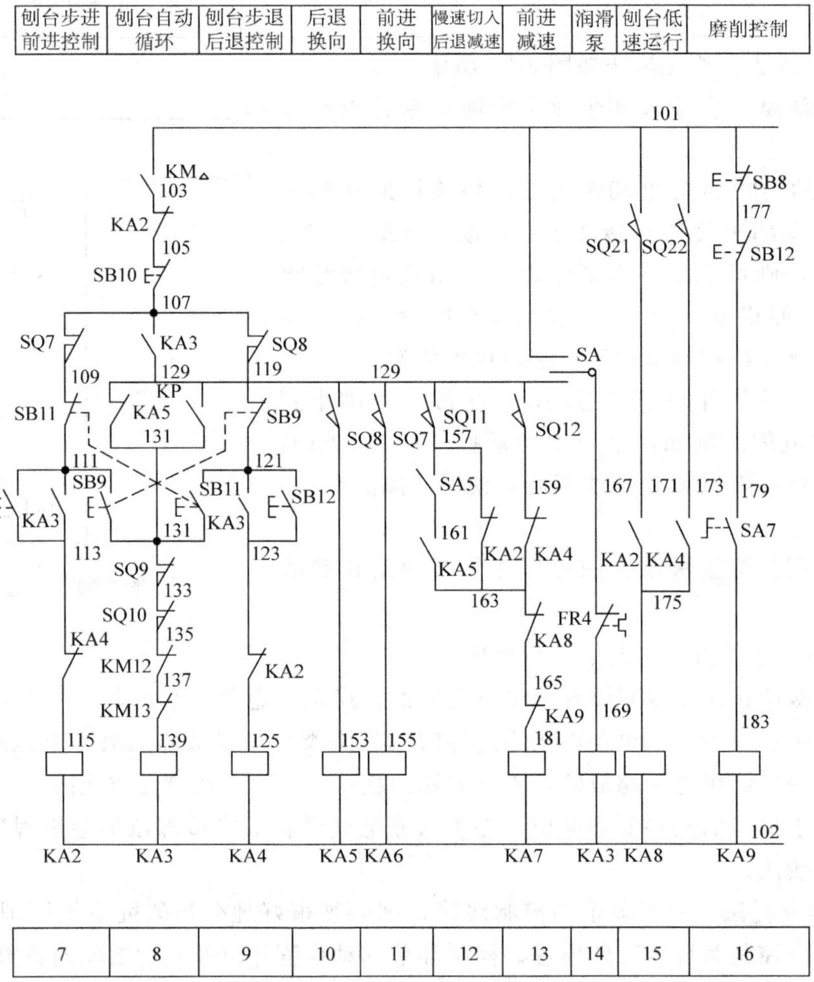

图 3-32　B2012A 型龙门刨床工作台控制原理图

可见，逻辑分析法，就是分析线路原理，进行逻辑推理，不断缩小可疑范围，使复杂问题简单化，条理化，从而既准又快地完成故障检查任务。

复习思考题

1. 图 3-33 是一台小型车床的电气原理图。图中 M1 为主轴电动机，U_N 为 380V，P_{N1} 为 7kW，I_{N1} 为 14.9A；M2 为冷却泵电动机，U_N 为 380V，P_{N2} 为 0.125kW，试选择转换开关、熔断器、接触器、热继电器及按钮。

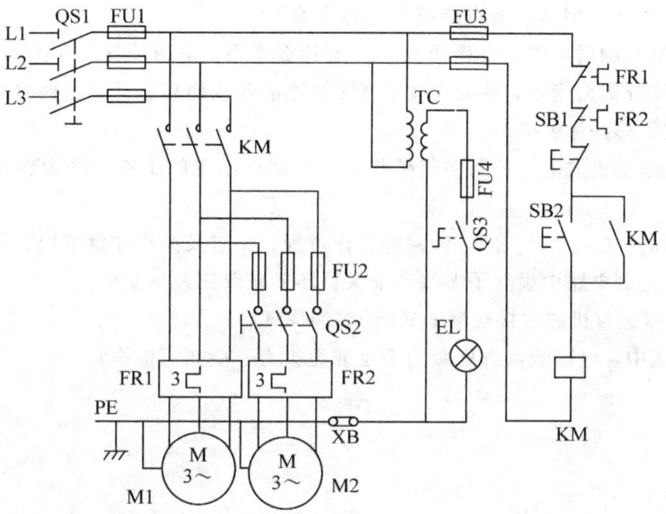

图 3-33　复习思考题 1 题图

2. 图 3-34 为正转控制线路。现将隔离开关 QS 合上后，按下 SB2，根据下列不同故障现象，试分析原因，提出检修方法和处理故障方法：①接触器 KM 不动作；②接触器 KM 动作，电动机转动，但一松手接触器 KM 即复原，电动机停转；③接触器触头有明显颤动，噪声较大；④电动机不转动或转得较慢，并有嗡嗡声。

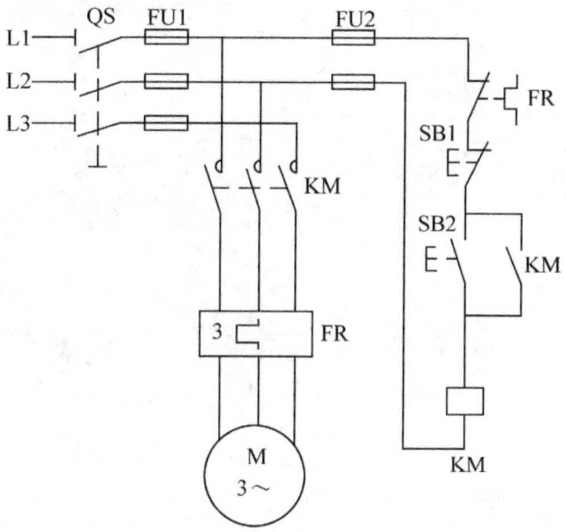

图 3-34　复习思考题 2 题图

3. 试分析 CA6140 型车床主轴电动机不能停车的原因？

4. 在装有自动控制设备的机床上，电动机由于过载而自动停车后，有人立即按下启动按钮，但不能开车。试说明这可能是什么原因？

5. M7120 型平面磨床的砂轮只能上升而不能下降的故障原因有哪些？电磁工作台在工作时没有电磁吸力的原因有哪些？

6. Z35 型摇臂钻床的摇臂升降后不能充分夹紧的原因是什么？

7. 某工厂在检修 Z35 型摇臂钻床的电气控制线路后，在试车时，发现如下故障：当操作者将十字开关 SA 扳在摇臂下降的位置时，摇臂升降电动机 M3 起动，于是摇臂往上升方向移动，操作者立即把十字开关扳回到中间位置，但摇臂还是继续上升，直到撞开上升终端行程开关，摇臂仍然上升。在这一紧急关头，应如何处理：并分析造成这一故障的原因？

8. 试用笔画出 X6132 型卧式铣床以下控制回路的通路（如图 3-14 所示）：①主轴制动回路；②主轴变速冲动回路；③工作台向上运动回路；④工作台进给变速冲动回路。

9. X6132 型卧式铣床主轴电动机是用什么方法制动的？如主轴停车时不能制动，试分析故障原因？

10. X6132 型卧式铣床的主轴电动机开动后，扳动进给手柄，工作台只能向前、向后、向下运动，而不能左、右运动。分析故障原因。

11. T610 型镗床主轴点动时，为什么将定子绕组接成星形较为合适？

12. T610 型镗床当使用平旋盘时，如果误操作到第三档转速，如何保证主轴电动机不能起动？

13. T610 型镗床无级变速器到极限位置后，应具备什么特性？

14. T610 型镗床进给运动操作开关 SH1、SH2 能选择哪些进给运动？

15. T610 型镗床的工作台回转控制电路可实现哪些动作？

16. M1432A 型万能外圆磨床中，行程开关 SQ2 有什么作用？电磁铁 YA 有什么作用？

17. M1432A 型万能外圆磨床中，头架电动机 M2 低速能起动而高速不能起动的原因是什么？

18. 电动葫芦采取了哪些保护措施？

19. 凸轮控制器在起重机的电气控制中起哪些作用？试以小车的工作过程为例，分析凸轮控制器电路的动作过程。

20. 简述主钩下降的“C”、“1”和“2”档的工作过程、特点及操作注意事项。

21. 起重机的电气控制电路中设置了哪些安全保护环节来保证人身安全？

22. 简述 20/5t 交流起重机的主接触器 KM1 的控制原理。

23. M7475B 型磨床中，电磁吸盘 YH 吸力不足或无吸力，应如何检修？

第四单元　电机扩大机及电子技术在生产机械中的应用

课题一　电机扩大机控制

电机扩大机（以下简称扩大机）以前称为交磁放大机，是一种构造特殊的直流发电机，是用来进行功率放大的一种重要元件。下面介绍它的工作原理、构造和特性。

一、电机扩大机的工作原理

扩大机的工作原理如图 4-1 所示。当控制绕组中通入电流 I_c 时，将产生磁通 Φ_c。扩大机的电枢由交流异步电动机（图中未画出）拖动沿顺时针方向旋转，则电枢导体切割 Φ_c 而产生感应电动势 E，其方向由右手定则确定，如图 4-1 所示。有一对电刷 q-q 装在磁极中性线上，位置与磁通 Φ_c 磁极轴线正交，称为交轴电刷，扩大机的交轴电刷 q-q 是短接起来的，所以电枢线组中就会产生一个较大的电流 I_q。为了限制 I_q 不致过大，E_q 则必须很小（约几伏）。因此，扩大机控制绕组安匝数很小（通常 I_c 只有几十毫安），这是扩大机的主要特点之一。

电流 I_q 流过电枢导体，其方向和 E_q 同方向，将产生磁通 Φ_q，其方向按右手螺旋定则确定。因为 Φ_q 和 Φ_c 互相垂直，故称它为交轴磁通。由于交轴磁通 Φ_q 的存在，使旋转的电枢绕组中又产生了一个新的感应电动势 E_d，其方向由右手定则确定。有一对电刷 d-d 装在磁极轴线上，这轴线称为直轴，感应电动势 E_d 经直轴电刷 d-d 向负载输出。

由以上分析可见，扩大机巧妙地利用了第一级放大产生的磁通 Φ_q 作为第二级放大的工作磁通，因此只用了一套电枢绕组就实现了两级放大，从而得到了相当大的功率放大倍数。如 B2012A 型龙门刨床上使用的 ZKK12J 扩大机的输出功率为 1.2kW，输入功率仅需 1W，功率放大倍数为 1200 倍。

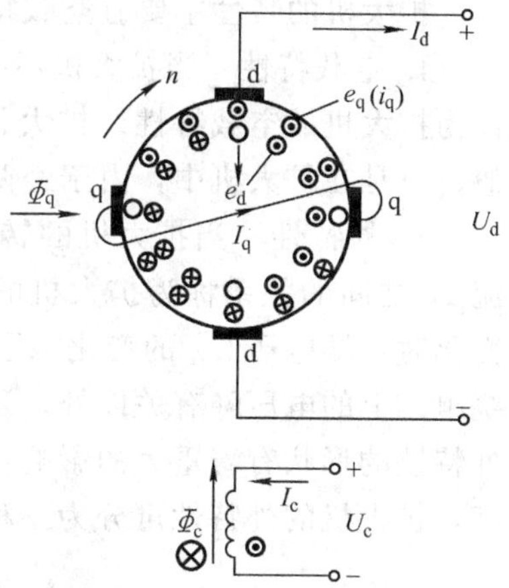

图 4-1　扩大机工作原理图

二、电机扩大机的构造

扩大机与普通直流发电机一样，也是由定子和电枢组成的。

1. 扩大机的结构特点

1）定子是由带有大、中、小三种槽的硅钢片叠压而成的，如图 4-2 所示。在大槽里装有控制绕组、交流去磁绕组和部分补偿绕组；在小槽里装有补偿绕组；在中槽里装有换向极绕组和交轴助磁绕组。

2）扩大机电枢部分的换向器上，安放有互成 90°的两对电刷。一对位于定子磁极的轴线上，称为直轴电刷；另一对位于磁极轴线的交轴上，称为交轴电刷。

2. 各绕组的作用

(1) 控制绕组 WC　在控制绕组上施加控制的电压，被称为控制信号。控制绕组一般有 2～4 个，以满足同时可以有几个控制信号输入的需求。

(2) 补偿绕组 WCP　补偿绕组与电枢绕组串联。当扩大机接上负载以后，直轴电枢电流 I_d 流过电枢绕组会产生磁通 Φ_d，方向如图 4-1 所示。由图 4-1 可见，Φ_d 与 Φ_c 方向相反，有强烈的去磁作用，使扩大机无法工作。为了抵消磁通 Φ_d，补偿绕组中电流产生的磁通 Φ_p 同 Φ_c 同方向，补偿了 Φ_c 的变化。

(3) 换向绕组 WCM　换向绕组与电枢绕组串联。为了改善直轴换向，将换向绕组放在直轴上。

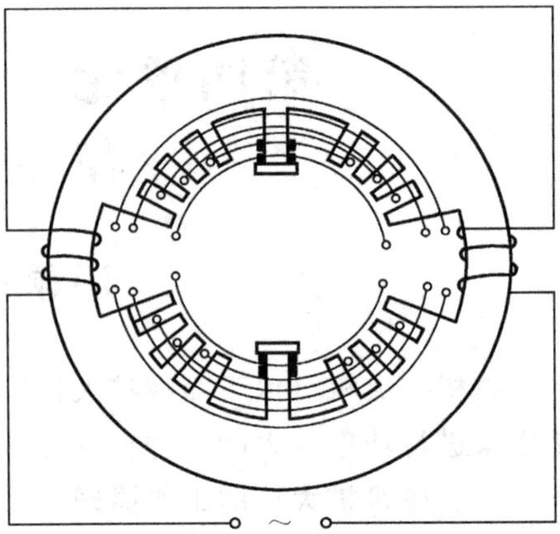

图 4-2　扩大机定子各绕组分布示意图

(4) 交轴助磁绕组 WQ　接在交轴两个电刷之间的助磁绕组产生的磁通与 Φ_q 同方向，因而对于一定的直轴输出，产生所需的 Φ_q 的交轴直流 I_q 可以相应减小，从而改善了交轴换向。

(5) 去磁绕组　为了减小扩大机的剩磁，磁轭上还绕有交流去磁绕组，交流去磁绕组的工频电压为 1～3V，电流为 3～5A。

三、电机扩大机的特性

扩大机的特性主要有空载特性和外特性。

1. 空载特性　当扩大机不接负载时，其空载电压 U_0 和控制绕组磁动势 F_c 之间的关系称为扩大机的空载特性。扩大机的空载特性曲线是一个回线，与直流发电机的空载特性相似，只是在扩大机中，由于经两级放大后回线更宽些，如图 4-3 所示。

2. 外特性　当扩大机的转速及控制绕组中的电流保持不变时，其端电压 U_A 和输出电流 I_A 之间的关系称为扩大机的外特性（又称负载特性），即 $U_A=f(I_A)$。在负载电流 I_A 变化时，端电压 U_A 的变化除了与扩大机内部的一些绕组（包括电枢绕组、补偿绕组和换向绕组）上的电压降有关以外，还与补偿绕组对电枢反应的补偿程度有关；而后者对于扩大机外特性的形状有着重大的影响，这是扩大机的又一特点。根据补偿绕组对电枢反应的补偿程度，扩大机的外特性可分为三种情况，如图 4-4 所示。

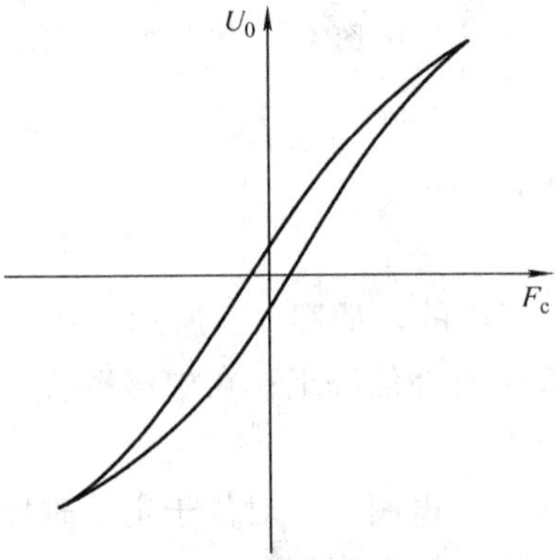

图 4-3　扩大机的空载特性

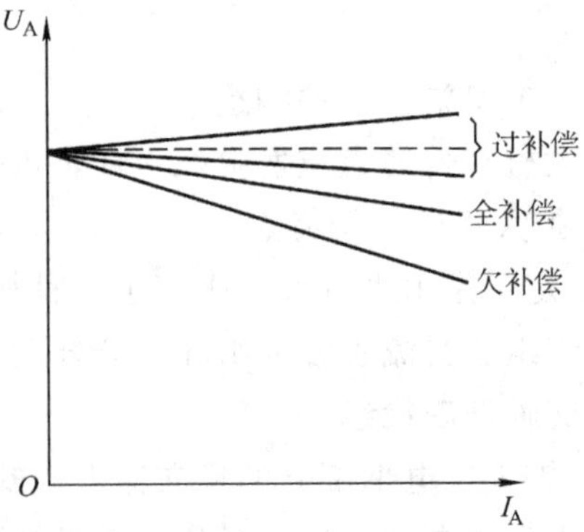

图 4-4　扩大机的外特性

（1）全补偿　补偿绕组的磁动势正好抵消电枢反应的磁动势，称为全补偿。这时，当 I_d 变化时，影响 U_d 的因素只有扩大机内部一些绕组上的电压降。因此，外特性是一条稍为下降的曲线。

（2）欠补偿　补偿绕组的磁动势小于电枢反应的磁动势称为欠补偿。在这种情况下，扩大机的外特性更加倾斜。

（3）过补偿　补偿绕组的磁动势大于电枢反应的磁动势称为过补偿。在这种情况下，扩大机的外特性在全补偿特性之上，呈现上翘趋势，易使扩大机工作不稳定，也可能引起自激，使它失去控制作用。

为了保证扩大机的正常工作，一般均调整在欠补偿状态。

四、具有转速负反馈的电机扩大机—发电机—电动机自动调速系统

具有转速负反馈的电机扩大机—发电机—电动机自动调速系统原理图如图 4-5 所示。

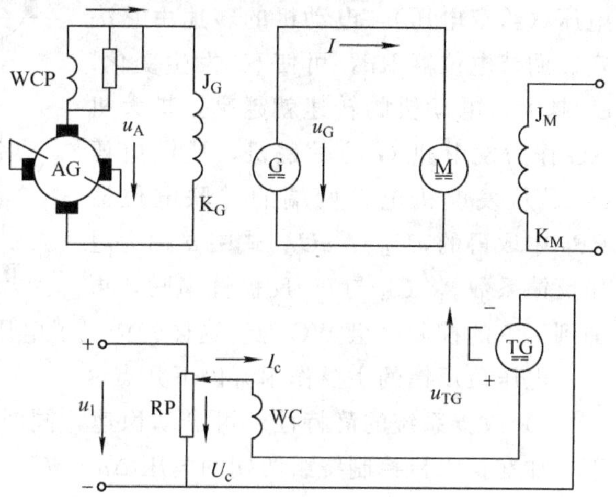

图 4-5　具有转速负反馈自动调速系统原理图

在调速系统中加入转速负反馈以后，系统就能够自动调节转速，从而提高了机械特性的硬度，减小了静差率，扩大了调速范围。测速发电机 TG 与电动机 M 同轴。测速发电机的输出电压 u_{TG} 与电动机的转速 n 成正比，u_{TG} 反馈到输入端参与控制。因 u_{TG} 反映转速 n 的大小，所以是转速反馈。又因 u_{TG} 与输入控制电压（给定电压）U_c 反极性串联后向扩大机的控制绕组 WC 供电，所以是负反馈。这样，流经扩大机控制绕组的电流 I_c 与差值电压 $\Delta u = \Delta U_c - u_{TG}$ 成正比。当外界扰动时，例如当负载增加时，自动调节转速的过程如下所述：

负载 $\uparrow \rightarrow n \downarrow \rightarrow u_{TG} \downarrow \rightarrow \Delta u(\Delta u = U_c - u_{TG}) \uparrow \rightarrow I_c \uparrow \rightarrow u_A \uparrow \rightarrow u_G \uparrow \rightarrow n \uparrow$

由此可见，引入转速负反馈可以使转速尽可能地维持恒定，即转速降 Δn 很小。对于其他扰动，都有这种自动稳定转速的调节作用。转速降 Δn 小，也就是提高了机械特性的硬度。当 Δn 小时，在 n_0 一定的情况下，静差率 s 就小。运行中，若需改变电动机的速度，可调节电位器 RP 来改变 U_c 的大小，即可达到调速的目的。

在调速系统中加入转速负反馈以后，还可以缩短起动、制动和反向的过渡时间，从而使系统的动特性也得到改善。现以起动为例来加以说明，在起动开始瞬间，加入控制电压 U_c 后，因惯性作用，电动机的转速 n 在此瞬间仍为零，显然 $u_{TG}=0$，所以这一瞬间扩大机控制绕组的输入电压 $\Delta u = U_c$，要比正常运转时的信号电压高得多，这样，扩大机就处于强励磁状态，输出电压迅速上升。直流发电机也将产生很高的电压加在电动机电枢绕组上。电动机在此高压下迅速起动，电动机的转速很快升高，加快了起动过程。随着转速的升高，u_{TG} 也随之升高，扩大机控制绕组的输入电压 $\Delta u = U_c - u_{TG}$ 逐渐降低，最后电动机稳定地运行在此控制电压所对应的转速上。

五、具有电压负反馈和电流正反馈的自动调速系统

具有转速负反馈自动调速系统，在调速指标方面是不错的，但它需要一台测速发电机，既增加了设备投资，又增加了安装调试上的麻烦。因此，对于某些要求不太高的调速系统，可采用其他比较方便的电量反馈形式。在 G-M 调速系统中，当负载增加时，直流电动机的转速就下降，转速下降的主要原因是因为电动机电流增大时，发电机电枢绕组上电压降、发电机换向绕组上的电压降、电动机电枢绕组上的电压降和电动机换向绕组上的电压降增大的缘故。如果采用电压负反馈来补偿发电机电枢绕组上的电压降变化，用电流正反馈补偿其余绕组上的电压降变化，也可基本上维持电动机的转速恒定。

1. 具有电压负反馈的自动调速系统　具有电压负反馈的自动调速系统原理图如图 4-6 所示。U_c 为系统的输入控制电压（给定电压），电动机的转速由它决定。调节电位器 RP，可使 U_c 发生变化，U_c 越大，电动机的转速就越高。扩大机 AG 作为发电机 G 的励磁机，反馈电压 U_B 是从发电机电枢两端的并联电位器 RP_B 中取得的，$U_B = aU_G$，式中 a 称为电压反馈系数。将 U_B 与 U_c 反极性串联，再加到 AG 的控制绕组 WC 上，这样就构成了电压负反馈的自动调速系统。

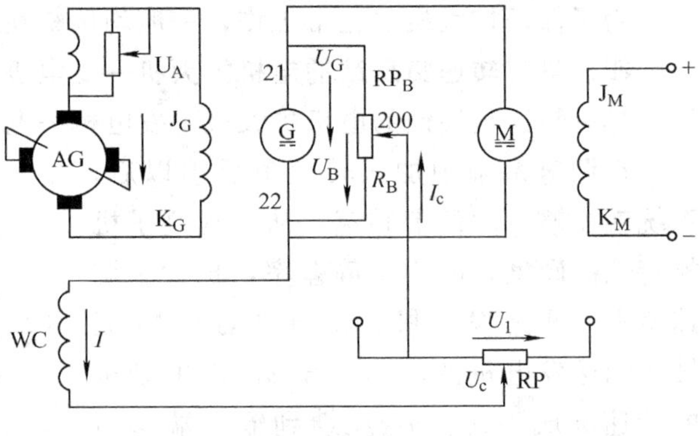

图 4-6　具有电压负反馈的自动调速系统原理图

电压负反馈的主要作用有以下几点：

1）改善系统的静特性。可自动稳速，同时扩大了调速范围。在某一输入控制电压 U_C 下，加在扩大机控制绕组两端的电压 $\Delta u = U_C - U_B$，当负载增大时，自动调速过程如下所述：

$$\text{负载}\uparrow \rightarrow \left[\begin{array}{l} I\uparrow \rightarrow u_G\downarrow \rightarrow U_B\downarrow \rightarrow \Delta u(\Delta u = U_C - U_B)\uparrow \rightarrow U_A\uparrow \rightarrow U_G\uparrow \rightarrow n\uparrow \\ n\downarrow \end{array}\right.$$

可见，电压负反馈使发电机端电压接近不变，因而也减小了转速降落 Δn，使转速也接近不变。

2）改善系统的动特性。可缩短起动、制动和反向的过渡时间，从而使系统的动特性也得到改善。其理由同转速负反馈时相似，其差别仅在于反馈信号从发电机的端电压 U_G 取得，而不是测速发电机，这里就不再重复叙述了。

3）能降低剩磁的影响。当给定电压 U_C 为零时，如果扩大机和发电机有剩磁，发电机将会产生一定的电压，假如此剩磁电压 U_G 较高，电动机也将会缓缓地转动，我们称之为“爬行”。引入电压负反馈后，剩磁电压 U_G 通过反馈环节加到扩大机的控制绕组上，产生电流 I_c，其极性和原来正常工作时电流 I_c 相反，起抵消剩磁电压的作用，最终在电压负反馈的作用下，剩磁电压将会降到很低程度，有效地消除“爬行”现象。

2. 具有电流正反馈的自动调速系统　在电动机的负载变化时，电压负反馈只能补偿发电机电枢绕组上的电压降变化来维持发电机端电压大致不变，使电动机的转速基本不变，但是电压负反馈不能补偿由于电动机电枢绕组等电压降变化而引起的转速变化。为了进一步地

提高机械特性的硬度来稳定电动机的转速，因此还要引入与电动机电枢电流成正比的电流正反馈。具有电流正反馈的自动调速系统原理图如图 4-7 所示。

图中，R_G 和 R_M 是发电机和电动机的换向绕组电阻；RP 并联在两换向绕组的两个端点上，并从电位器 RP 上取出与主电路电流成正比的部分电压 U_1 作为反馈信号电压。U_1 和主电路电流成正比所以叫电流反馈。将反馈信号电压 U_1 接到扩大机 AG 的一个控制绕组 WC2 上，连接时要满足 WC2 中电流产生的磁通和给定电压 U_c。在控制绕组 WC1 中电流产生的磁通方向相同，从而加强了扩大机的输入量，因此是正反馈。电流正反馈的反馈深度可通过调节 RP 触点的位置来调节。如果电流正反馈调得过强，易产生振荡；而过弱，则又不起作用，故一定要使反馈深度适当。

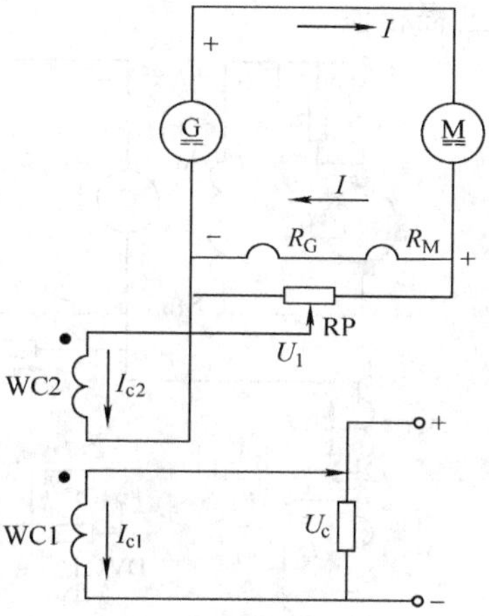

图 4-7　具有电流正反馈的自动调速系统原理图

电流正反馈的主要作用有以下几点：

1）改善系统的静特性。假设 U_c 一定，电动机以某一稳定的转速 n 运行。当负载增大时，$I\uparrow \rightarrow U_1\uparrow \rightarrow I_{C2}\uparrow \rightarrow \Phi_{WC2}\uparrow \rightarrow U_A\uparrow \rightarrow U_G\uparrow$，若 U_G 的增大能补偿主电路电流增加所产生的回路电压降，则电动机的转速 n 在负载增大时，就能基本维持不变。当负载减小时，其补偿过程与此类似。

2）改善系统的动特性。可缩短系统的过渡时间，改善动特性。例如在起动时，起动瞬间有很大的起动电流，使 U_i 很大，电流正反馈就会很强，从而加快了起动过程。对制动、反向等也起同样的加速作用，其过程相同。

六、具有电流截止负反馈的自动调速系统

当系统同时采用电压负反馈和电流正反馈环节时，系统的特性得到了明显的改善，但对于系统过硬的机械特性，如果不采取相应的技术措施，就会导致某些严重后果。例如，当电动机的负载突然猛增，或由于机械部分被卡住时，主电路的电枢电流将会增加到极危险的程度。一方面极大的电流可能烧毁电动机，另一方面大电流时转矩很大，将使机械部分发生变形甚至损坏。所以系统中应采取措施，即在正常工作范围内，系统具有很硬的机械特性。而当电动机过载时，系统将具有很软的机械特性。这样，当电动机过载时，其转速将迅速下降直到堵转为止，且使电动机的堵转电流也不超过电动机的允许电流，这种措施就是电流截止负反馈环节。具有电流截止负反馈的自动调速系统原理如图 4-8 所示。

1. 工作原理　图中在两换向绕组上的电压降 U_I，反映了主电路电流的大小，其极性如图 4-8 中所示。电压 U_I 经二极管 VD1 同电位器 RP_b 上的电压 U_b 进行比较。当主电路的电流不是很大时，$U_I<U_b$，二极管 VD1 承受反向电压而截止，控制绕组 WC2 中没有电流，电流截止负反馈环节不起作用。当主电路的电流很大且超过某一数值时，$U_I>U_b+U_i$（U_i 为二极管 VD 上管压降），则二极管 VD1 导通，电流从“+”端经 VD1、RP_b 的抽头和 R_3，再经控制绕组 WC2 回到“−”端。此电流产生的磁通与控制绕组 WC1 中的电流所产生的磁通相反，起去磁作用。于是扩大机和发电机的电压下降，电动机的转速下降。主电路的电流越大，电流截止负反馈的作用就越强，电动机的转速也就下降得越多，直至堵转状态。这时主电路的电流为堵转电流 I_M。这样就得到了下垂的机械特性（又称挖土机特性），如图 4-

9 所示。如果电动机需要反转，给定电压 U_c 的极性与图 4-8 中的极性相反，这时电路中有关的电压及电流均反向。此时电流截止负反馈起作用的二极管是 VD2，其工作原理与上述过程相似。

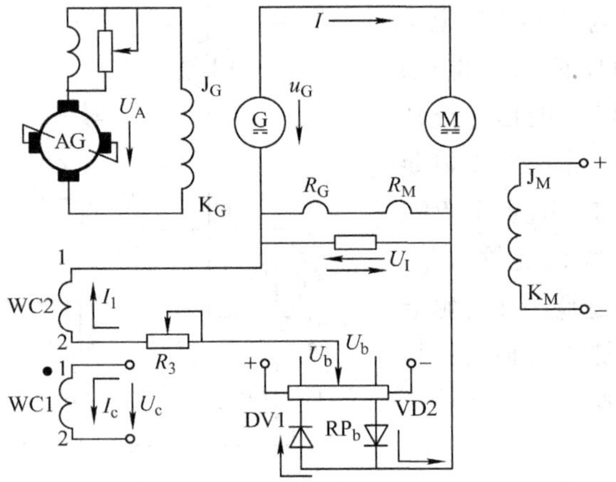

图 4-8 具有电流截止负反馈的自动调速系统原理图

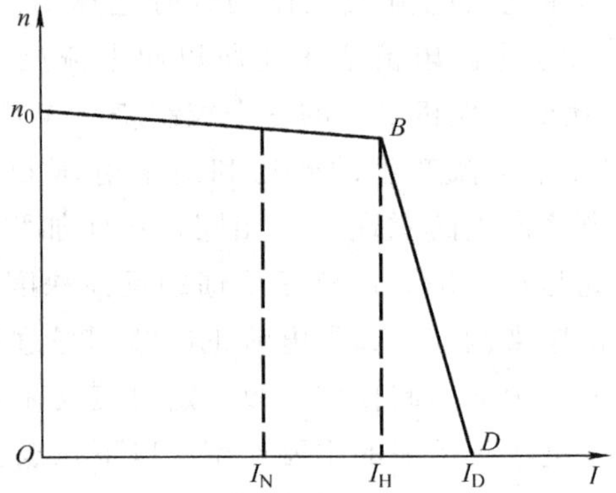

图 4-9 具有电流截止负反馈的自动调速系统机械特性

2. 电流截止负反馈的作用

（1）使系统得到下垂的机械特性 由上述分析可知，该系统能得到下垂的机械特性。

（2）加快过渡过程和改善系统的动特性 电流截止负反馈环节不仅在电动机处于负载过大时起作用，而且在起动、制动和反转的过渡过程中也能起限制电流过大的作用。例如起动时，采用了电流截止负反馈后，就可使系统在强迫励磁下起动，这时主电路的电流不会超过电动机的允许电流值，又可保证在整个起动过程中，电动机的电流始终维持较大的数值，使电动机能以较大的加速度很快升速，这样，就实现了过渡过程又快又安全。电流截止负反馈环节不仅在电动机起动时起到了加快过渡过程的作用，在制动、调速和反转过程中，也能加快过渡过程。

七、稳定环节

1. 稳定环节 采用各种反馈的自动调速系统，具有自动稳速、扩大调速范围和加快过渡过程的作用。但在过渡过程（如起动、制动、反向和负载变化等）中，有时却会出现振荡现象，造成系统的不稳定。所谓振荡现象就是在较长的时间内，甚至一直不能使电动机稳定在给定的转速上运行，而是在给定转速的上、下摆动构成振荡。

（1）产生振荡的原因 产生振荡的主要原因是扩大机和发电机有电磁惯性，整个机械（包括电动机）有机械特性，其次是系统的放大倍数过大及反馈强度过大，这样就产生了上述电动机转速调节过头和不及时的状态，使系统振荡。

（2）消除振荡的方法 在产生振荡的因素中，系统的电磁及机械惯性是无法改变的，减弱反馈和减小放大倍数不利于静态时稳定转速，也不利于加快过渡过程。因此，针对发生振荡时系统中的电压和电流变化特别迅速这一现象，在系统中加入某种动态负反馈环节，对电压和电流的变化起阻尼作用，阻止电压和电流的过快变化。这种作用也就是减小控制系统在过渡过程（动态）中的放大倍数，使过渡过程既迅速又平稳地进行，以消除或减弱系统的振荡现象，同时该负反馈环节在系统静态（稳态）时不起作用。这种动态负反馈环节称为稳定环节。

由以上分析可知，稳定环节在自动调速系统中的主要作用是减小动态放大倍数，减弱或消除振荡现象。

2. 阻容稳定环节　阻容稳定环节原理图如图 4-10 所示。图中，电位器 RP、电容器 C 和扩大机的控制绕组 WC1（称为稳定绕组）串联后，再与扩大机的输出端相连接。WC2 为给定信号控制绕组。稳态时，扩大机的输出不变，因此阻容稳定环节由于电容的隔直作用而不直作用。在过渡过程中，扩大机的输出电压是变化的。例如在起动过程中，由于处在强励工作状态，其输出电压迅速上升，端电压的这一变化使阻容回路有一充电电流 i 流过。从图 4-10 中所示的极性可知，WC1 中电流 i 产生的磁通对 WC2 中电流 I_c 产生的磁通起去磁作用，显然对扩大机输出电压的上升（即变化）起到了阻尼作用。而且扩大机端电压增加得越快，WC1 中电流 i 就越大，阻尼作用也就越强。同理，在扩大机的端电压下降时，稳定环节也有阻尼作用。由以上分析可知，应用阻容稳定环节后，就可以起到减小动态放大倍数，减弱或消除振荡的作用。调整 RP 的阻值可调节稳定作用的强弱。

3. 稳定变压器稳定环节　稳定变压器稳定环节原理图如图 4-11 所示。稳定变压器的构造与普通变压器类似，不同的是稳定变压器有可调气隙，有的一、二次绕组还有抽头，可以进行调节。图中，稳定变压器 T 的一次绕组和扩大机的输出端相连接。T 的二次绕组通过电位器 RP1 和 WC1 相连接。只有当 u_A 变化时，T 的一次绕组才有变化的电流 i_1 流过，在二次侧产生感应电动势，并有变化的电流 i_2 流过 WC1，i_2 在 WC1 中产生的磁通对 WC2 中 I_c 产生的磁通起去磁作用，这样就可以对 u_A 的变化起到阻尼作用。由于 T 的铁心不饱和，所以 i_2 与 u_A 成正比变化。调整 RP1 的阻值，可调节稳定作用的强弱，RP 的阻值小，稳定作用就强。

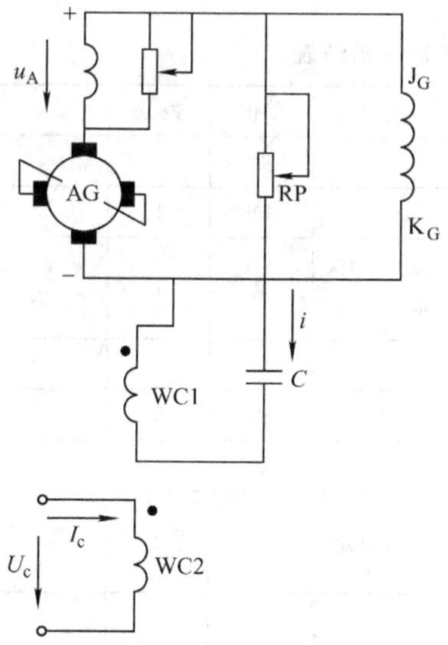

图 4-10　阻容稳定环节原理图

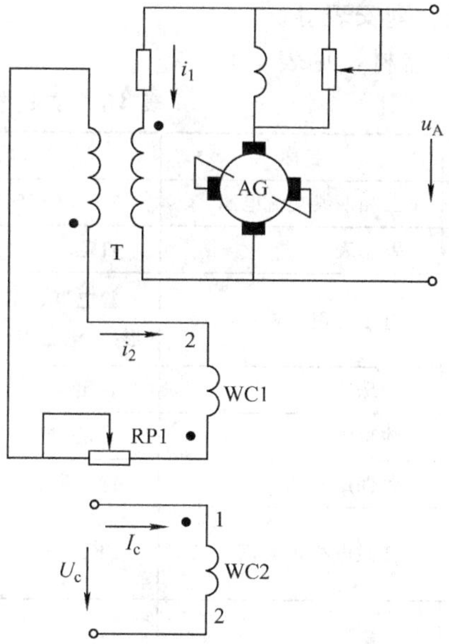

图 4-11　稳定变压器稳定环节原理图

4. 桥式稳定环节　当扩大机的负载为感性负载时，常采用桥式稳定环节，其原理图如

图 4-12 所示。电阻 R_1、R_2、R_3 和 G 的励磁绕组电阻 R_L 组成桥式电路，在其对角线的 C 和 D 两点接上 AG 的控制绕组 WC1 和与其串联的电位器 RP。适当调整 R_1、R_2 和 R_3 的阻值，使桥式电路平衡，即 $R_1R_3=R_2R_L$。这样在稳态情况下，WC1 中无电流通过，即桥式稳定环节不起作用。当 u_A 发生变化时，例如在起动时，u_A 迅速上升，R_1 和 R_2 中的电流也会上升，C 点的电位同时按比例升高。由于 G 的励磁绕组是电感性的，电流不能突变，因此 D 点的电位也不能突变，这样，C 点电位高于 D 点电位，WC1 中就有电流 i_1 流过。由于 WC1 中 i_1 产生的磁通对给定电压的磁通（图中未画）起去磁作用，从而抑制了 u_A 的升高，这样就可以对 u_A 的变化起到阻尼作用。u_A 变化得越快，G 的励磁绕组的自感作用就越大，这个稳定环节的阻尼作用也就越强。同理，当 u_A 下降时，稳定环节也有阻尼作用。由以上分析可知，利用桥式稳定环节，可减弱或消除振荡现象，也就是起到了减小动态放大倍数的作用。

八、操作技能训练 4-1　扩大机的调整

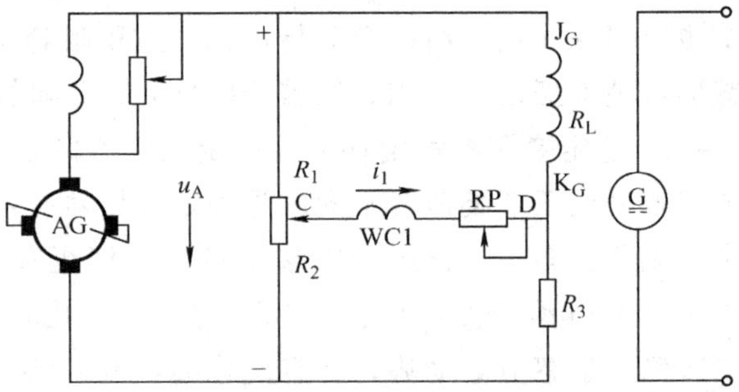

图 4-12　桥式稳定环节原理图

（1）训练要求　熟悉扩大机的结构及工作原理，掌握扩大机的调整方法。

（2）训练内容　熟练掌握交磁电机扩大机的调整方法。

（3）准备工作

1）工具：电工通用工具一套：验电器、钢丝钳、螺钉旋具（一字形和十字形）、电工刀、尖嘴钳、活扳手、剥线钳等。

2）仪表：万用表、直流电流表（0～15A、0～1A 各一只）、直流电压表（0～150V）、毫伏表、毫安表等。

3）器材：见表 4-1。

表 4-1　交磁电机扩大机的调整元件明细表

序号	名称	型号与规格	单位	数量	备注
1	三相四线交流电源	3～380/220V	处	1	
2	万用表	自定	块	1	
3	电工通用工具	验电器、螺钉旋具（包括十字形、一字形）、电工刀、尖嘴钳、斜尖嘴钳等	套	1	
4	圆珠笔	自定	支	1	
5	演草纸	自定	张	2	
6	劳保用品	绝缘鞋、工作服等	套	1	
7	交磁电机扩大机	ZKK100/06 型 10kW/230V/43.5A 或自定	台	1	
8	拆卸、接线及调试的专用工具、仪表和仪器	配套自定	套	1	

（4）训练步骤及要求

1）复查及调整电刷中性线的位置。通常使用感应法进行校正，其接线如图 4-13 所示。

① 测量时，断开扩大机的交轴电路并将检流计 P（或毫伏表）跨接在交轴电刷 q1q2 上，同时提起直轴电刷。

② 在电枢不转时，利用开关通断的方法，给匝数较多的一个控制绕组通过一个变化的电流，并移动交轴电刷 q1q2，直到检流计 P 读数最小，这时的电刷位置即为几何中性线位置。

③ 中性线位置确定好后，为了改善换向和防止自激，使扩大机工作稳定，可将电刷沿电枢旋转方向偏移几何中性线的电角度为 1°～3°，约移动（在端盖上量）2～3mm，然后将电刷位置固定好，并在位置上作好标记。

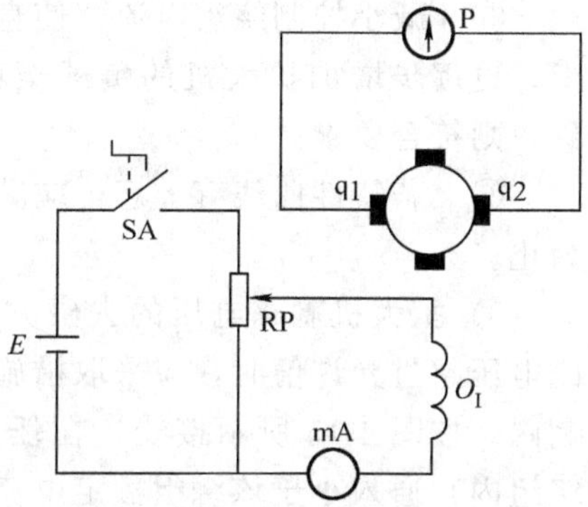

图 4-13　实验交轴电刷中性线的位置

2）扩大机补偿度的调整。在补偿度的调整之前，先分析一下扩大机的负载情况。

总的来说，用于自动调速系统中的扩大机，其负载基本上有两类：一类是作为执行机构的各种直流电动机；另一类是某种电机的直流励磁绕组。后者随着扩大机输出电压 U_4 的降低，其负载电流也随之减小。即扩大机在高压时，只有微弱的欠补偿。在低压时，由于负载电流较小，也不会运行在外特性的上翘部分。但前者却不同，不管直流电动机拖动恒功率负载，还是恒转矩负载，在低压时，扩大机的电流都将增大。如果高压时的欠补偿程度太弱，低压时，扩大机就可能运行在外特性的上翘部分，这是实际工作中不希望的。

因此，扩大机补偿程度的调节，要视负载种类而异。对于负载是励磁绕组欠补偿程度时，可以调得稍欠一些，一般在额定控制电流时，其外特性为全补偿特性 95%～99%（即保证控制电流为额定值时，然后调补偿电阻 R_{BCQ}，如图 4-14 所示，使额定负载时的电压为全补偿额定负载时电压的 95%～99%）。对于负载为直流电动机时，其欠补偿程度应欠得多一些，常为全补偿特性的 90%左右（即保证控制电流为额定值时，额定负载时的电压为全补偿特性额定负载时电压的 90%左右）。然后再减小控制绕组电流，使得此时的直轴空载电压为额定控制电流时的一半，再逐渐增加扩大机的负载到额定值，若特性无上翘现象则合乎要求。若仍有上翘部分，则应减弱补偿程度，直到特性无上翘为止。

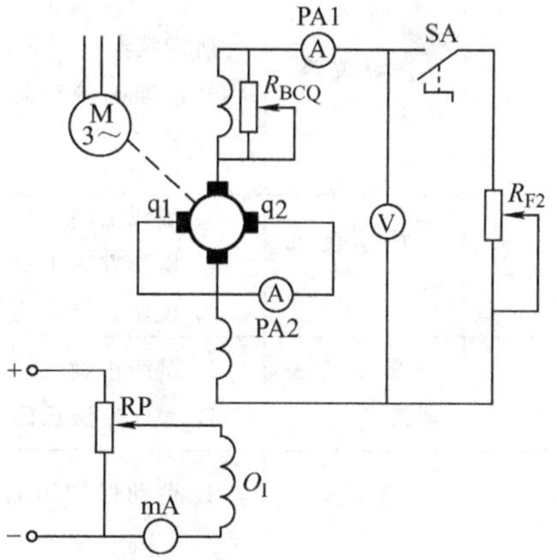

图 4-14　扩大机补偿度调整

具体方法如下：

① 按图 4-14 所示连接线路。

② 使扩大机按规定方向旋转，调节电位器 RP 使控制绕组电流为额定值并保持不变，记录交轴电流。

③ 合上开关 SA，调节负载电阻 R_{F2}，同调节补偿度（即调电阻 R_{BCQ}），使负载从空载到额定值变化时，电流表 PA2 读数不变（这时相当于全补偿）。

④ 记下电压表 V 的读数，再次调整电阻 R_{BCQ}，使扩大机在额定负载时的电压与全补偿时的额定电压之比值符合要求。

⑤ 减小控制绕组电流，使直轴空载电压为额定负载时的一半，再逐步增加扩大机的负载至额定值，若特性曲线无上翘现象，则符合要求。

⑥ 若特性曲线有上翘，应减弱补偿程度，直至特性无上翘为止。

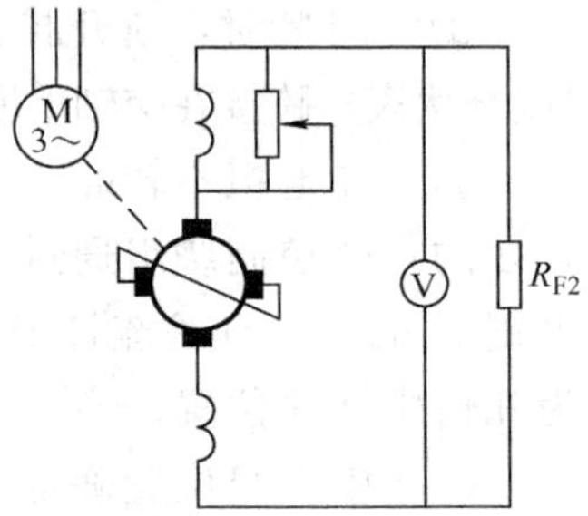

3）扩大机剩磁电压的去磁方法。运行中若发现扩大机的剩磁电压超过允许值时，应采取措施去磁。下面采用交流去磁法去剩磁。按图 4-15 所示接线，在任一控制绕组内（或同时在几个绕组内）通入小于该绕组额定电流值的交流电流，然后逐步减小电流至零，即可去除剩磁。

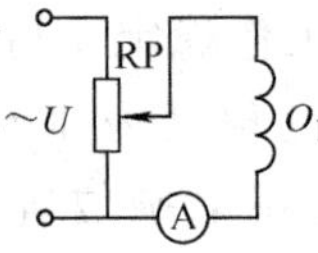

图 4-15 交流去磁法去剩磁

（5）注意事项

1）进行补偿度调整时，注意不能使主电路电流超过额定值，以免烧坏扩大机。

2）交流去磁法的去磁效果与去磁电压有关，电压过高或过低去磁效果均不理想。一般去磁电压取 2～5V 为宜。

（6）评分标准 见表 4-2。

表 4-2 交磁电机扩大机的调整考核标准

序号	主要内容	考核要求	评分标准	配分	扣分	得分
1	选择仪器、仪表	所选仪器、仪表的规格、型号、准确等级均符合试验要求	1. 选择仪器、仪表类别不正确扣 5 分 2. 选择仪器、仪表规格不正确扣 5 分 3. 接线方法不正确扣 5 分 4. 操作方法不正确扣 5 分	20		
2	补偿度调整	1. 接线正确 2. 操作方法正确 3. 仪器、仪表读数正确	1. 接线有误扣 20 分 2. 操作方法有误扣 5～25 分 3. 读数错误扣 5 分	50		
3	交流法去剩磁	1. 接线正确 2. 操作方法正确	1. 接线有误扣 10 分 2. 操作方法有误扣 10 分	20		
4	安全文明生产	1. 劳动保护用品穿戴整齐 2. 电工工具佩带齐全 3. 遵守操作规程 4. 尊重老师，讲文明礼貌 5. 考试结束要清理现场	1. 各项考试中，违犯安全文明生产考核要求的任何一项扣 2 分，扣完为止 2. 学生在不同的技能试题中，违犯安全文明生产考核要求同一项内容的，要累计扣分 3. 当老师发现学生有重大事故隐患时，要立即予以制止，并每次扣学生安全文明生产总分 5 分	10		
备注			合计： 老师签字： 年 月 日			

课题二　电子技术在生产机械中的应用

电子技术是把电子器件（二极管、晶体管、晶闸管等）应用到各个领域中的应用技术。电子技术在工业中的应用极其广泛，主要是由于电子器件具有工作速度快、灵敏度高、使用方便等特点。本章仅以电子技术在生产机械中的主要应用，结合典型生产机械设备以分立元器件电路为主作简单介绍，以使维修电工在阅读机床电气原理图时更加方便。

一、电子技术在自动控制中的应用

应用电子器件组成各种线路和装置，可以实现自动控制。例如，用电子器件组成无触点开关，实现无触点控制；组成各种继电器，实现时间、光电等各种控制。

1. 无触点开关　在晶体管出现后，人们开始用晶体管制成无触点开关，克服有触头开关的机械磨损易损坏、开关速度慢等缺点，从而使晶体管无触点开关的应用越来越广泛。

（1）晶体管接近开关　晶体管接近开关是一种无触点开关，LJ1-24 型晶体管接近开关的电气原理图如图 4-16a 所示。

图 4-16a 所示的电路由 LC 振荡电路、开关电路及输出电路三部分组成。LC 振荡电路是接近开关的主要部分。电路由晶体管 VT1 及相关元器件构成，其中 L_1、C_3 组成选频电路，L_2 是反馈线圈，L_3 是输出线圈。线圈 L_1、L_2 与 L_3 绕在同一磁心上，组成感应头，如图 4-16b 所示。开关电路由晶体管 VT2 及相关元器件构成。输出电路由晶体管 VT3 及相关元器件构成。

工作原理如下所述：接近开关接通 24V 直流电源。当金属片离开感应头时，振荡器恢复高频振荡。电感线圈 L_3 有交流电压输出，经二极管 VD1 整流和电容器 C_4 滤波后，在电阻器 R_5 上产生一个直流电压。这个电压作用在晶体管 VT2 的基极上，使 VT2 饱和导通，此时 VT2 的集电极电位接近于零。通过 R_7 耦合至晶体管 VT3 的基极，使 VT3 的基极电位也接近于零，因此 VT3 截止，接在 VT3 集电极回路里的继电器 KA 线圈不得电，继电器 KA 释放。

当金属片逐渐靠近感应头时，金属片因进入高频磁场而被感应产生涡流，金属片中即有能量损耗。当金属片到达某一位置时，使振荡器无法补偿金属片中的涡流损耗，振荡器被迫停振，L_3 上无交流电压输出，因而 VT2 截止，VT2 的集电极电位升高，使 VT3 的基极电位升高，VT3 饱和导通，使继电器 KA 得电吸合。

通过继电器线圈的得电与否，可以控制某个电路的通断。

图 4-16a 中，与继电器 KA 线圈并联的二极管 VD2，称为续流二极管。它的作用是当晶体管 VT3 由导通变为截止时，继电器 KA 线圈产生感应电动势有可能将 VT3 击穿，加了续流二极管后，就使这个感应电动势有了通路，从而保护了晶体管 VT3。必须注意的是续流二极管不能接反。

电阻器 R_4 的作用是加快接近开关的动作速度。当金属片靠近感应头，振荡器振荡减弱，VT2 的工作状态由饱和向截止转变时，即 VT2 集电极电位由接近于零而开始上升时，可通过 R_4 反馈至 VT1 的发射极，使 VT1 发射极电位升高，促使 VT1 加快截止，即更快的停振。同理，当金属片离开感应头，振荡恢复，通过 R_4 也可使振荡迅速起振。

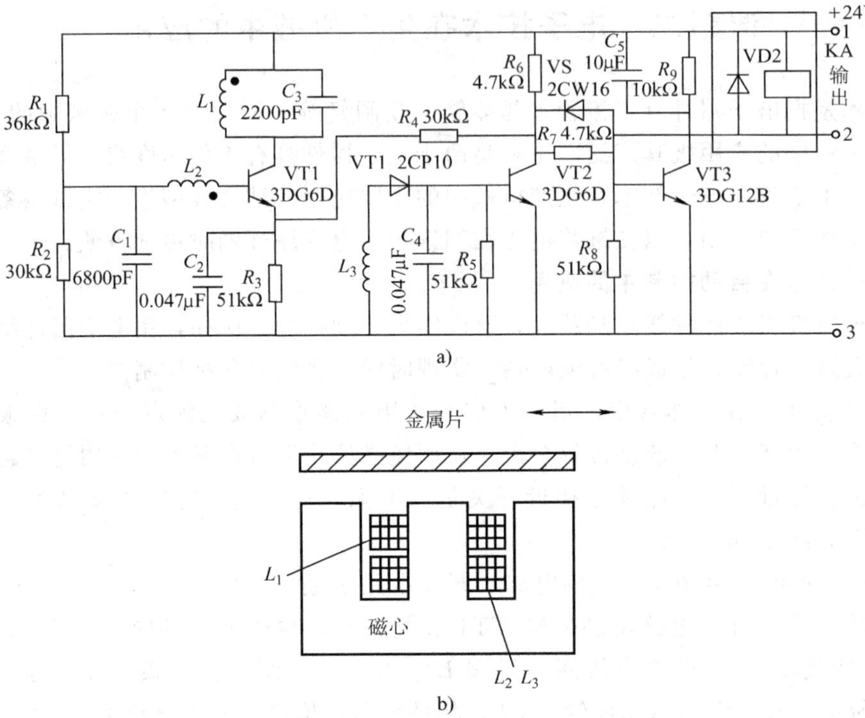

图 4-16　LJ1-24 型晶体管接近开关电气原理图

a）原理图　b）感应头示意图

稳压管 VS 的作用是使振荡器起振迅速。当 VT2 截止、VT3 饱和时，VT3 的基极电位接近于零，因 R_6、R_7 均为 4.7kΩ，而 R_8 跨接在 VT3 的发射结两端，如无 VS，则 VT2 集电级电位将近似为＋12V，而接上 VS（稳压值为 8～9.5V）后，使 VT2 集电极电位限制在 8～9.5V，VT2 集电极电位通过电阻 R_4 耦合到 VT1 的发射极。与没有 VS 时的情况相比，VT1 发射极电位较低。当金属片离开感应头，VT2 由截止变为导通时，VT1 的发射极电位由较低电位开始下降，使振荡器的起振更为迅速。

晶体管接近开关有寿命长、无噪声、动作灵敏、体积小、可频繁工作等优点。其缺点是定位精度随温度而变。

（2）交流无触点开关　利用晶闸管工作在全导通和阻断两种极限状态，就相当于一只用微弱信号去迅速接通和切断大电流的无触点开关。KJW—1 型“或”门晶闸管交流无触点开关电气原理图如图 4-17 所示。

图 4-17 所示的电路由主电路、二极管“或”门电路和晶体管振荡器三部分组成。

主电路由晶闸管 VT 及相关元器件构成。它是一种只用一只晶闸管的交流开关。当晶闸管 VT 被触发导通后，桥式可控整流电路构成通路，接在输入端的负载 R_L 上流过的仍然是交流电，相当于开关将交流电路接通。

二极管“或”门电路由 VD1～VD3、R_1、R_2、C_1 和 E_B 构成。当输入端中有一个为－7～－12V 信号电压输入时，“或”门就有负信号电压输出，为晶体管 VT1 提供偏置电流。

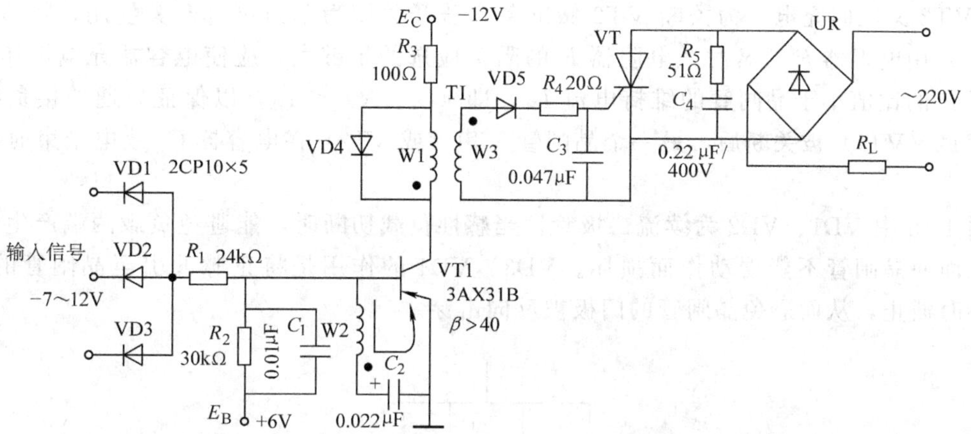

图 4-17 KJW—1 型“或”门晶闸管交流无触头开关电气原理图

晶体管振荡器由晶体管 VT1、脉冲变压器 TI 及相关元器件构成。它利用脉冲变压器 TI 的正反馈绕组 W2 组成阻塞振荡器，振荡的频率约为 2kHz。当无外来信号输入时，VT1 因发射结反偏截止，振荡器不工作。当有外来信号输入时，“或”门输出负信号，为 VT1 提供偏置电流，振荡器开始工作，通过 TI 输出脉冲信号使晶闸管 VT 全导通，从而负载取用交流电能。若要使负载断电，只要切断外来输入信号或使“或”门输入信号电压的绝对值小于 3V，由于 E_B 的作用，迫使 VT1 的基极电位为正，使 VT1 截止，振荡器便停止振荡，最多经过半个周期（0.01s），晶闸管 VT 阳极电源过零后就会关断，负载断电。

KJW-1 型交流开关不同规格的元器件选用见表 4-3（表中晶闸管不带散热器）。

表 4-3 KJW—1 型开关元器件选用表

开关规格	硅整流器 UR	晶闸管 VT	开关规格	硅整流器 UR	晶闸管 VT
36V，1A	2CZ1/100	KP5/150	220V，1A	2CZ1/500	KP5/600
110V，1A	2CZ1/250	KP5/400	380V，1A	2CZ1/600	KP5/1000

（3）直流无触点开关　用晶闸管控制直流电路的通断，就是直流无触点开关。

交流无触头开关中的晶闸管导通后，在电源电压过零时会自动关断，而在直流电路中晶闸管导通后，本身不能自关断，所以必须增加关断电路后才能构成无触点开关。KZW-1 型晶闸管直流无触点开关电气原理图如图 4-18 所示。

图 4-18 中电路由主电路和触发电路组成。主电路由晶闸管 VT1 和 VT2、二极管 VD1 和 VD2 及相关元器件构成。触发电路由脉冲变压器 TI1 和 TI2、二极管 VD3 和 VD4 及相关元器件构成。该开关可作为单刀双掷开关使用，可以选择接通负载 R_{L1} 或 R_{L2}。若作为单刀单掷开关使用时，只需将负载 R_{L1} 或 R_{L2} 用电阻器代替。

工作原理如下所述：当 0-A 端输入信号时，脉冲变压器 TI1 输出的正脉冲经过二极管 VD3 加在晶闸管 VT1 的门极上，VT1 导通，负载 R_{L1} 通电，同时电容器 C_1 通过 R_{L2} 和 VT1 充电（充电电流方向和极性如图 4-18 中虚线所示）。若需切断负载 R_{L1} 电路，只要在 0-B 端输入信号，同理可使 VT2 导通，负载 R_{L2} 通电，C_1 上已充好的电压 U_{C1} 经 VT2 加到 VT1 两端，使 VT1 承受反向电压而关断，负载 R_{L1} 断电，同时 C_1 放电。因 VT2 导通，C_1 通过

R_{L1}和 VT2 又反向充电，为关断 VT2 做准备。若开关作为单刀单掷开关使用，将负载 R_{L1}（或 R_{L2}）用电阻器 R 代替时，电阻器 R 的阻值应选的足够大，应使电容器充电电压 U_{C1} 与电阻器 R 的比值小于晶闸管的维持电流 I_H，即 $(U_{C1}/R) < I_H$，以保证导通的接负载的晶闸管 VT2（VT1）被关断后，另一个晶闸管 VT1（或 VT2）在电容器 C_1 放电结束时能自动关断。

图 4-18 中 VD1、VD2 为续流二极管，当感性负载切断时，能避免负载两端产生的过电压，从而使晶闸管不能误动作而损坏。VD3、VD4 的作用是将正脉冲引至晶闸管的门极，负脉冲时截止，从而避免晶闸管的门极被反向击穿。

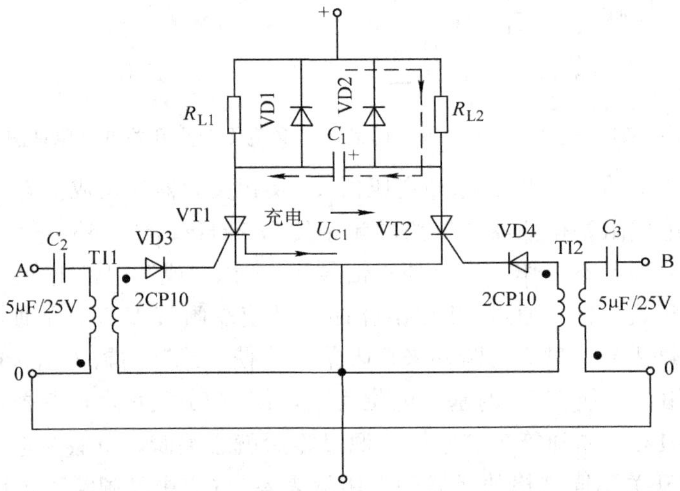

图 4-18　KZW—1 型晶闸管直流无触头开关电气原理图

该开关的动作电压为−7.5～−12V。在纯阻性负载时的动作时间，接通时不大于 1ms，断开时不大于 1.1ms。最大重复频率为 50Hz。KZW—1 型直流开关不同规格的元器件选用见表 4-4。

表 4-4　KZW—1 型开关元器件选用表

开关规格	晶闸管 VT1、VT2	二极管 VD1、VD2	电容器 C_1
24V，2A	KP5/50	2CZ54	2μF，160V
48V，2A	KP5/100	2CZ54C	2μF，160V
110V，2A	KP5/250	2CZ54D	2μF，160V
220V，2A	KP5/400	2CZ54E	2μF，160V

2. 晶体管继电器

(1) 晶体管时间继电器　晶体管时间继电器的种类很多，最基本的有通电延时和断电延时两种。它们大多是利用 RC 电路电容器充放电原理来达到延时目的的。

晶体管时间继电器具有延时范围广、精度高、体积小、耐冲击和振动、调节方便和使用寿命长等优点，所以发展很快，使用也日益广泛。

1) JJSB1 型晶体管时间继电器　晶体管时间继电器电气原理图如图 4-19 所示。

图 4-19 中电路由电源电路、延时环节、鉴幅器、输出电路和指示灯电路五部分组成。电源电路由变压器 T、VD、C_1、R_5 和 VS 构成。延时环节由 RP、R_1 和 C_2 构成。鉴幅器由单结晶体管 VU 及相关元器件构成。输出电路由晶闸管 VT 及相关元器件构成。

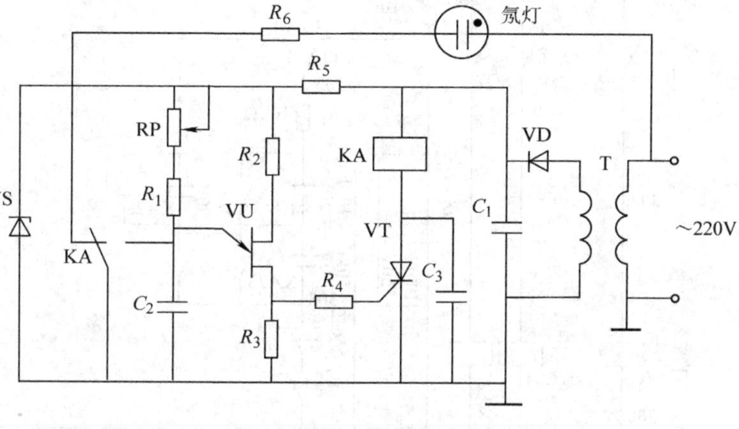

图 4-19 JJSB1 型晶体管时间继电器电气原理图

工作原理如下：接通电源后，交流电源经变压器 T 降压、二极管 VD 整流、电容器 C_1 滤波以及稳压管 VS 稳压后，通过 RP、R_1 向 C_2 充电。同时氖灯亮作出指示。经过一定的时间后，当 C_2 上的充电电压达到了单结晶体管 VU 的峰点电压，VU 导通，R_3 上的脉冲电压触发晶闸管 VT 使其导通，继电器 KA 得电吸合，KA 的动断触头分断使氖灯熄灭，KA 的动合触头闭合将 C_2 短接，使之迅速放电，为下次充电做好准备，KA 的其余触头用来接通或分断外电路。当切断电源时，继电器 KA 失电释放，电路恢复原始状态，等待下次动作。延时时间的长短可通过电位器 RP 来调整。

2）T610 型卧式镗床主轴点动制动控制（延时 2s）线路　T610 型卧式镗床主轴点动制动控制（延时 2s）电气原理图如图 4-20 所示。

图 4-20 所示线路是一个晶体管延时电路，由晶体管 VT1、电容器 C_5 和电阻器 R_{11} 组成延时电路。稳压管 VS2 和可调电阻变阻器 R_9 组成稳压电路，将整流器的输出电压稳定在一定的范围以内。电容器 C_4 起滤波作用，减小整流输出电压的脉动。

该电路的工作原理是：按下主轴点动按钮 SB5（或 SB7），接触器 KM3 得电吸合，主轴电动机在星形联结下运转。同时 SB5（或 SB7）的动断触头分断，断开延时电路的电源。KM3 的动合触头（308～307）与（306～307）闭合，供电容器 C_6 与 C_5 短接而消除残余电压，为电路延时做好准备。点动结束，松开按钮 SB5（或 SB7），KM3 失电释放，电动机惯性旋转。同时 SB5（或 SB7）的动断触头闭合接通延时电路电源，由于电容器 C 两端的电压不能突变，此时 C_6、C_5 可视作短路，因此晶体管 VT1 基极有较大的电流流过，VT1 立即导通，继电器 KA28 立刻得电吸合，使直流继电器 KA24 得电吸合，而使中间继电器 KA3 也得电吸合，从而使电磁离合器 YC 得电吸合，主轴开始制动，KA28 的一个动合触头（307～308）闭合，将电容器 C_6 短接，使 VT1 的基极电流只受电容器 C_5 的影响。由于 C_5 的电容量固定，因此，改换 R_{11} 可改变主轴制动的时间。

晶体管 VT1 的基极电流就是电容器 C_5 的充电电流，C_5 两端的电压随充电过程而逐渐

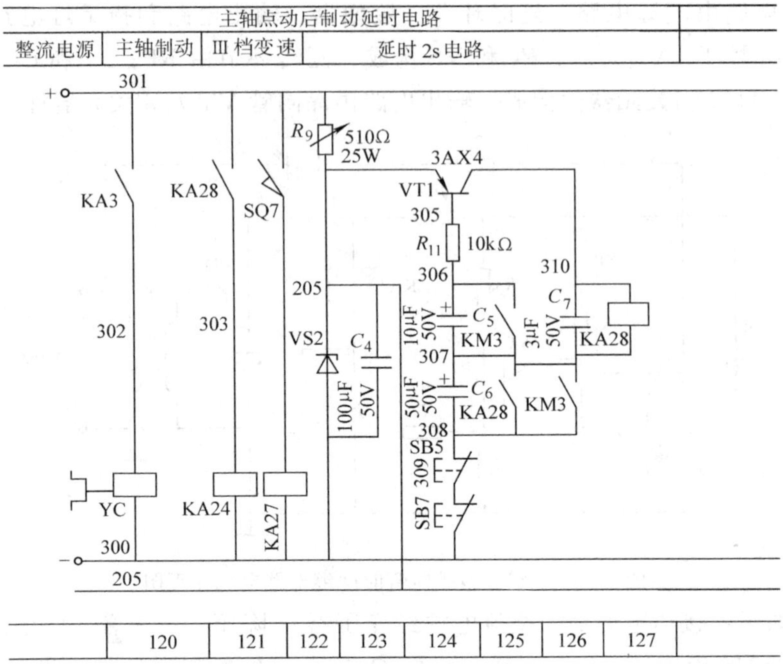

图 4-20　T610 型卧式镗床主轴点动制动控制（延时 2s）电气原理图

上升，使基极电流下降，集电极电流也随之减小。当集电极电流小于 KA28 的释放电流时，KA28 释放，从而使电磁离合器 YC 失电释放，主轴制动结束。

电容器 C_6 的作用是在电路不工作时，利用电容的隔直作用，将 VT1 与电源隔离。利用 C_6 的充电作用，最后可使 VT1 的集电极电流等于零，从而延长 VT1 的使用寿命。

电路停止工作以后，在 C_6 和 C_5 上都有电压存在，若不加以消除，电路就不能正常工作。所以在点动时，利用接触器 KM3 的动合辅助触头使电容短接放电。

（2）光电继电器　它是利用光敏元器件把光信号转换成电信号的光电转换电路。在自动测量、自动计数和自动防护等方面应用是很广泛的。

常用的光敏元器件有光敏二极管、光敏晶体管、光敏电阻器、光电池等，下面作简要介绍。

1）光敏二极管　光敏二极管是由一个 PN 结构成的，工作时加反向电压。在无光照时，呈现的反向电阻较大；而有光照射，它的反向电阻较小。

例如 2AU1 型光敏二极管的光电流大于或等于 60μA，但它的暗电流小于或等于 10μA。

2）光敏晶体管　在光线照射到发射结上时，光照电流比暗电流大大增加，且光照电流相当于晶体管的基极电流，因此晶体管集电极电流是光照电流的 β 倍，所以光敏晶体管比光敏二极管有更高的灵敏度。

3）光敏电阻器　有光照射时，电阻较小；无光照射时，电阻很大。

例如 625—A 型光敏电阻器的光照电阻 $R<50\text{k}\Omega$，但它的无光照电阻 $R>50\text{M}\Omega$。

4）光电池　它有一个 PN 结，当光照射到 PN 结上，在 PN 结的两端能产生电动势。例如 2CR31 型硅光电池受光照射时，能产生 0.5V 的电压。若接上负载，光电池就有电流输出。

利用上述光敏元器件的特性，可以制成各种型式的光敏继电器。光敏继电器分亮通和暗通两种电路。亮通是指光敏元器件受到光照射时，继电器吸合；暗通是指光敏元器件无光照射时，继电器吸合。JG—D型光电继电器电气原理图如图4-21所示。此电路属亮通电路，在自动控制系统中，可用于指示工件是否存在或所在位置。继电器的动作电流大于1.9mA，释放电流小于1.5mA，发光头与接收头的最大距离为2m，接收头与继电器的最大距离为50m。

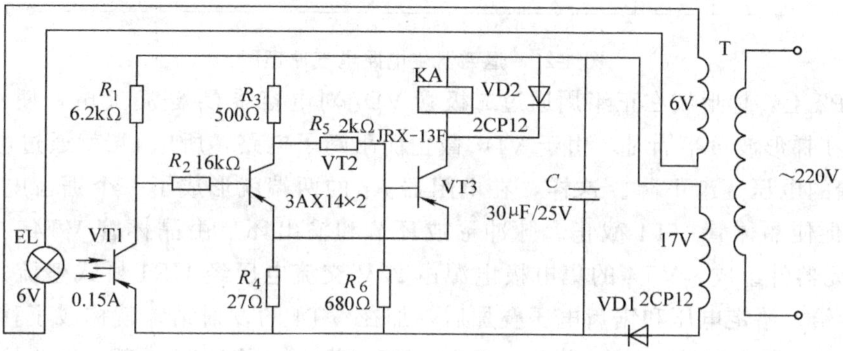

图4-21　JG—D型光敏继电器电气原理图

图4-21中电路由电源电路、射极耦合双稳态触发器、发光头和接收头四部分组成。电源电路由变压器T、VD1和电容器C构成。VT2、VT3及相关元器件构成射极耦合双稳态触发器，继电器KA接在VT3电路中作为输出。发光头为EL；接收头为光敏晶体管VT1。

工作原理如下：接通电源后，交流电源经变压器T降压、二极管VD1整流、电容器C滤波后使接收头VT1和射极耦合双稳态触发器通电。T的二次侧另一组6V交流电源直接向发光头EL供电。当光线没有照射到VT1上时，VT2的基极处于低电位而导通，VT3截止，继电器KA不吸合。当光线照射到VT1上时，VT2的基极变为高电位而截止，VT3导通，KA得电吸合。这样就能准确地反映被测物是否到位。必须指出，光敏继电器安装和使用时，应避免振动及阳光、灯光等其他光线的干扰。

二、电子技术在机床电气控制线路中的应用

1. M7475B型平面磨床晶闸管退磁电路　M7475B型平面磨床电气原理图如图3-9所示。

(1) 电路组成　电路由主电路、晶体管触发电路和多谐振荡器电路三部分组成。

1) 主电路　退磁器主电路如图4-22所示。励磁时主电路采用单相半波可控整流（晶闸管VT2工作）。退磁时主电路采用单相可控交流调压（晶闸管VT2和VT1工作）。为了保护晶闸管免遭过电压损害，采用了元器件串联方法，即VT1（或VT2）和VD1（或VD2）串联，同时由于电气元器件特性存在差别，采用了并联均压电阻R_1～R_4的方法。FU7为快速熔断器，起过电流快速保护作用。VD3为续流二极管，保证晶闸管VT2的阳极电压过零时关断。

2) 晶体管触发电路　退磁器晶体管触发电路如图4-23所示。该电路为同步电压是锯齿波的晶体管触发电路。该电路由同步电压、给定电压、移相、脉冲形成和脉冲输出几个环节组成。

给定电压由交流70V经UR3桥式整流、电容器C_{10}滤波后，从电位器RP3上取得。给定电压的极性是促使晶体管VT4导通。同步电压由交流22V经稳压管VS4削成梯形波后加

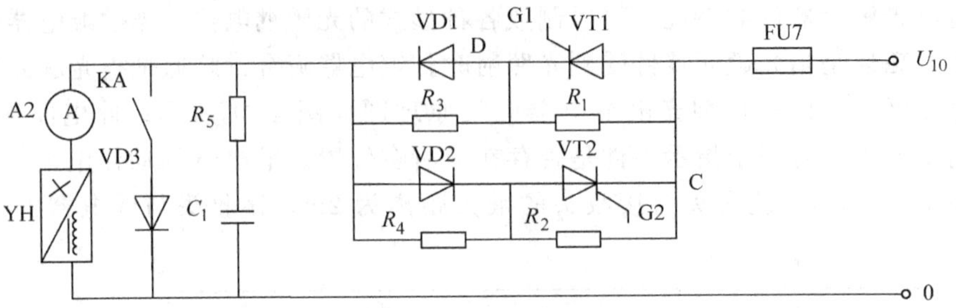

图 4-22　退磁器主电路电气原理图

在电位器 RP2 上，梯形波在正半周通过二极管 VD7 对电容器 C_7 进行充电，使 C_7 两端电压逐渐上升。在梯形波负半周时，由于 VD7 截止而阻断了电路，所以 C_7 就通过电阻器 R_{11} 放电，C_7 两端的电压逐渐下降。这样，在电阻器 R_{11} 的两端就形成了一个锯齿电压。锯齿电压的极性是促使晶体管 VT4 截止。脉冲形成环节和输出环节由晶体管 VT4、脉冲变压器 TI3 及相关元器件组成，VT4 的集电极电源由 22V 交流电压经 UR1 桥式整流、VS1 稳压、C_2 滤波后供给。给定电压和锯齿电压叠加后，加在 VT4 的发射结，就构成了移相环节。当给定电压大于锯齿电压时，VT4 导通；反之，VT4 截止。当 VT4 由截止变为导通时，通过脉冲变压器 TI3 发出触发脉冲信号，使 VT2 导通，在电磁吸盘 YH 线圈中就有直流电流过，电磁吸盘产生吸力。吸力的大小可通过调节电位器 RP3 来实现。当 RP3 下移时，给定电压增大，触发脉冲前移，VT2 的导通角 θ 增大，通过 YH 的电流增大，电磁吸盘吸力增大。反之，给定电压减小，电磁吸盘吸力也减小。波形如图 4-23b 所示。

3）多谐振荡器电路　退磁器多谐振荡器电气原理图如图 4-24 所示。晶体管 VT5、VT6 及相关元器件组成多谐振荡器。电源由交流 70V 电压经 UR2 桥式整流、稳定管 VS5 稳压、C_{11} 滤波后供给。VT5 和 VT6 组成的两个放大器是通过 C_8 和 C_9 互相耦合，使 VT5 和 VT6 不能同时维持导通状态，只能轮流导通（VT5 导通时，VT6 就截止。VT5 截止时，VT6 就导通）。所以在 VT5 和 VT6 的两个输出端轮流有电压输出。

（2）工作原理　工作原理按照励磁工作和退磁工作简述如下，如图 3-9 所示。

1）励磁工作　按下按钮 SB9，则继电器 KA 得电吸合并自锁，其动断触头分断使继电器 KA1 释放，KA1 的动合触头分断，使晶体管 VT3 不能工作，晶体管 VT5 和 VT6 的输出电路断开，KA1 的动断触头闭合接通给定电路整流器电源。此时仅有晶体管 VT4 处于工作状态。调节电位器 RP3，当给定电压大于锯齿电压时，VT4 由截止变为导通，发出触发脉冲信号，使晶闸管 VT2 导通，电磁吸盘的通电并产生吸力。调节 RP3 到吸力合适。励磁工作结束。

2）退磁工作　按下按钮 SB10，继电器 KA 失电释放，继电器 KA1 吸合，其动合触头闭合来接通晶体管 VT3 电路及 VT5 和 VT6 组成的多谐振荡器的输出电路。与此同时，KA1 的动断触头分断使给定电压的电源断开。此时，向 VT3 和 VT4 提供的给定电压是由电容器 C_{10} 上的残余电压经 R_{23}、R_{22}、电位器 RP3 放电时供给的，因此给定电压必然逐渐衰减。VT5 和 VT6 的输出电压分别加在 VT2 和 VT4 的基极回路，其极性与给定电压的极性相反，促使 VT3 和 VT4 截止。这样 VT3 和 VT4 轮流工作，从而将触发脉冲分别送到晶闸管 VT1 和 VT2 的门极，使它们轮流导通，在 YH 的线圈中就有正向和反向交替的电流流

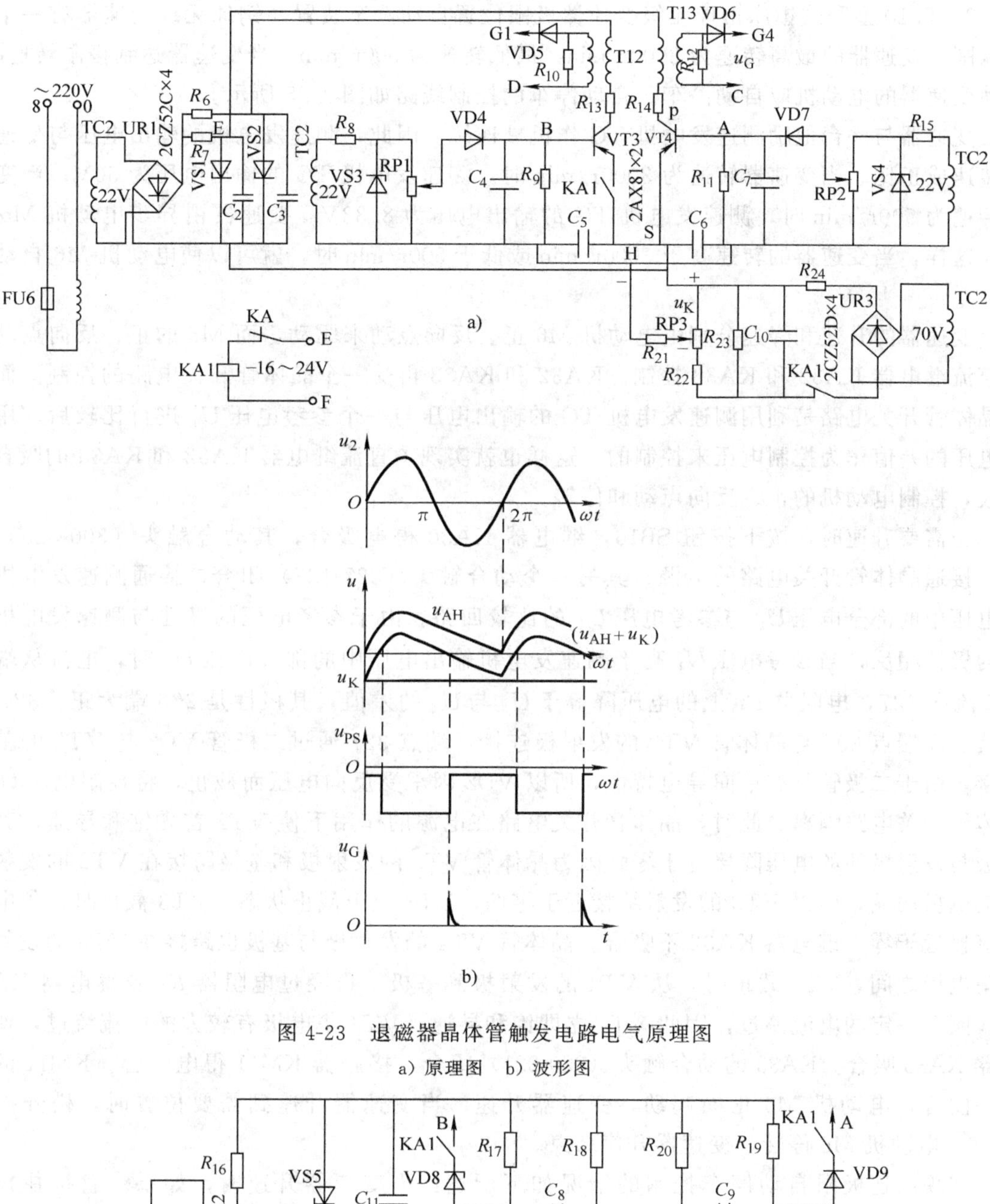

图 4-23　退磁器晶体管触发电路电气原理图

a）原理图　b）波形图

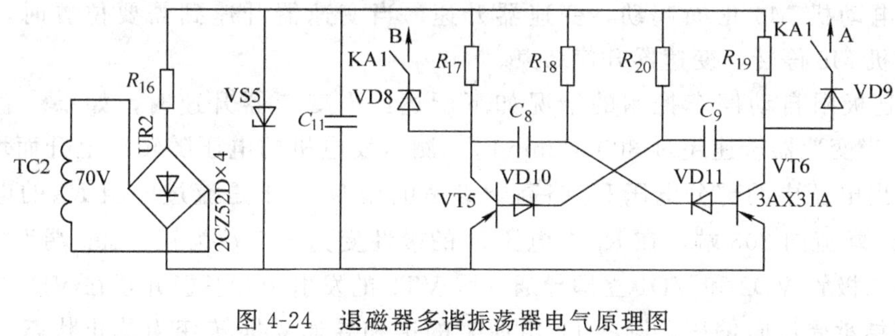

图 4-24　退磁器多谐振荡器电气原理图

过，其频率由多谐振荡器的频率来决定。随着给定电压的逐渐减小，触发脉冲将逐渐后移，晶闸管的导通角也逐渐减小，所以加在 YH 两端的正向和反向电压也逐渐降低，最后趋向于零，从而达到退磁的目的。

2. T610 型卧式镗床钢球无级变速器极限位置自动停车装置　钢球无级变速器有一个变速范围，变速器的最高转速为 3000r/min，最低转速为 500r/min。当变速器达到极限转速时，拖动变速器的电动机应自动停车。自动停车的控制线路如图 4-25 所示。

变速器与一台他励测速发电机 TG 作机械连接。因此，测速发电机的输出电压与变速器的转速成正比。当变速器转速为 3000r/min 时，测速发电机 TG 的输出电压为 50V；当变速器转速为 500r/min 时，测速发电机 TG 的输出电压为 8.33V。变速器由异步电动机 M6 驱动，这样，当变速器的转速高于 3000r/min 或低于 500r/min 时，就可以使电动机 M6 自动停转。

变速器的升速和降速分别由电动机 M6 正、反向点动来驱动，而 M6 的正、反向点动又由直流继电器 KA32 和 KA33 控制。KA32 和 KA33 再受一个晶体管开关电路的控制。而这个晶体管开关电路是利用测速发电机 TG 的输出电压与一个参考电压 U_1 进行比较后，用两个电压的差值作为控制电压来控制的。这样也就实现了直流继电器 KA32 和 KA33 的吸合与释放，控制电动机的正、反向点动和停转。

当需要升速时，按下按钮 SB16，继电器 KA30 得电吸合，其动合触头（300-325）闭合，接通晶体管开关电路的电源；其另一个动合触头（327-127）闭合，接通测速发电机输出电压中的部分电压 U_2 与参考电压 U_1 的比较回路。由于参考电压的极性与测速发电机电压的极性相反，当参考电压 U_1 高于测速发电机输出电压中的部分电压 U_2 时，电流从端点 205 流向 327，电阻器 R_{15} 上的电压降等于 U_1 与 U_2 的差值，其极性是 205 端为正，327 端为负。而端点 205 与晶体管 VT2 的发射极连接，端点 327 通过二极管 VD2 与 VT2 的基极连接，由于二极管具有单向导电特性，所以 VD2 因承受反向电压而截止，将控制电压 U 与晶体管开关电路隔离。此时，晶体管开关电路在电源的作用下使 VT2 首先饱和导通，其集电极与发射极间的电压降接近于零。因为晶体管 VT3 的发射极和基极跨接在 VT2 的发射极与集电极两端，所以 VT3 的发射结接近于零偏，VT3 处于截止状态。VT3 截止时，集电极电流接近于零，继电器 KA32 不吸合。晶体管 VT4 的发射极与基极也跨接在 VT3 的发射极与集电极之间，VT3 截止时，从 VT4 的发射极到基极，再经过电阻器 R_{22} 及继电器 KA32 的线圈有一定的电流流过，因此 VT4 立即饱和导通，VT4 集电极有较大的电流流过，使继电器 KA33 吸合。KA33 的动合触头（320-321）闭合，接触器 KM11 得电吸合。KM11 的主触头闭合，电动机 M6 正向起动，变速器升速。当变速器升速到需要位置时，松开按钮 SB16，电动机 M6 停转，变速器升速结束。

实现高速极限自动停车控制的情况如下所述：当变速器升速时，如果一直按住按钮 SB16 不放，当变速器转速超过 3000r/min 时，测速发电机的电压随转速上升而增加，使测速发电机输出电压中的部分电压 U_2 略高于参考电压 U_1，于是流过电阻 R_{15} 的电流改变方向，即从 327 端流向 205 端，在 R_{15} 上电压 U 的极性变为 327 端为正、205 端为负。这个控制电压 U 使二极管 VD2 和 VD1 立即导通。因 VT2 的发射极和基极并联在 VD1 的两端，使 VT2 的发射结承受反向偏压，则 VT2 由原来的饱和导通立即转变为截止状态。VT2 截止后，其集电极电流接近于零，使发射极和集电极间的电压降升高，则 VT3 获得电流立即饱和导通，继电器 KA32 得电吸合，但由于没有放开按钮 SB16，SB16 的动断触头已经断开，因此继电器KA32的动合触头(323-324)虽然闭合，但接触器KM12仍不能得电吸合。同

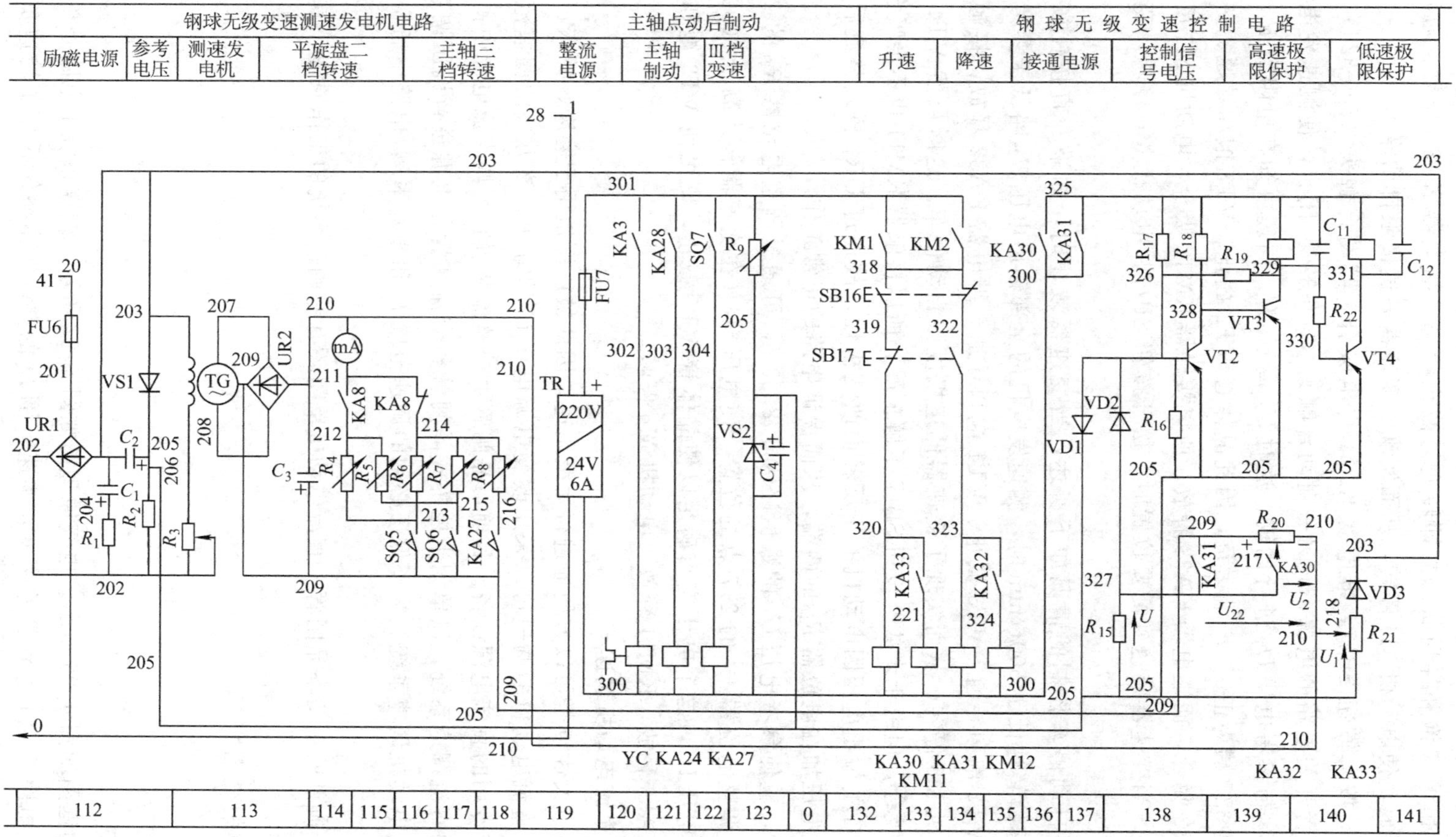

图4-25　T610型卧式镗床球无级变速器极限位置自动停车控制电气原理图

时在 VT3 饱和导通时，使 VT3 的集电极与发射极间的电压降接近于零，则 VT4 的发射结接近于零偏，VT4 由原来饱和导通状态立即转变为截止状态，继电器 KA33 释放。随后，接触器 KM11 也释放，使电动机 M6 停转，从而实现了变速器高速极限自动停车。

在需要降速时，按下铵钮 SB17，继电器 KA31 得电吸合，其动合触头（300-325）闭合，用于接通晶体管开关电路的电源，其另一对动合触头（209-327）闭合，使测速发电机的全部输出电压 U_{22} 与参考电压 U_1 进行比较，这时 U_{22} 高于 U_1，同理可知在电阻器 R_{15} 上的电压 U 的极性是 327 端为正、205 端为负，因此晶体管 VT2 截止、VT3 饱和导通、VT4 截止。继电器 KA32 吸合，而继电器 KA33 释放，所以接触器 KM12 吸合，电动机 M6 反向起动，变速器减速。当变速器减速到需要位置时，松开按钮 SB17，电动机 M6 停转，变速器减速结束。

实现低速极限自动停车控制的情况如下所述：当变速器减速时，如果一直按住按钮 SB17 不放，当变速器转速低于 500r/min 时，测速发电机的全部输出电压 U_{22} 略低于参考电压 U_1，使晶体管 VT2 饱和导通、VT3 截止、VT4 饱和导通。继电器 KA32 释放，接触器 KM12 释放，电动机 M6 停转，从而实现了变速器低速极度限自动停车。这时虽然 VT4 饱和导通，KA33 也吸合，但由于未放开按钮 SB17 了解情况，所以接触器 KM11 也不会吸合。

测速发电机 TG 的输出电压因电动机的正反转而改变极性，故通过 UR2 桥式整流后成为极性不变的信号电压加在电位器 R_{20} 的两端，从而保证电路的正常工作。

电压在调试时，应使参考电压 U_1 的数值略大于 8.33V，可通过调整电位器 R_{21} 的 210 点的位置来实现。调整电位器 R_{20} 的 217 点的位置，使电压 U_2（在变速器转速高于 3000r/min 时略大于参考电压 U_1，这个电压应当满足以使晶体管 VT2 截止，则可使 VT3 饱和导通，VT4 截止，KA33 释放，KM11 释放，电动机 M6 停转。

三、晶闸管—直流电动机调速

直流电动机的最大优点是可以方便地进行无级调速，因此被广泛地用于磨床、镗床、龙门铣床等设备中。直流电动机的调速可以采用改变电源电压 U 的方法，该方法的调速范围很广，但必须要有专用的直流电源设备。目前，晶闸管可控整流装置在可调直流电源中占主导地位。小功率的直流调速系统，以单相半控桥式晶闸管整套流装置作电源进行调压调速，组成晶闸管—直流电动机调速系统。为了保证必须的调速范围 D 和静差率 s，电路中通常采用了多种反馈。

下面分析一个典型的小功率晶闸管—直流电动机单闭环有差调速系统的工作原理。其主要技术数据如下所示。

电源电压：单相交流 220V

输出电压：直流 180V

调速范围：$D=20$

静差率：$s=10\%$

该调速系统的框图如图 4-26 所示。电气原理图如图 4-27 所示。调速系统主电路是单相半控桥式全波整流电路。为了达到静差率 s 和调速范围 D 的要求，本系统采用了转速负反馈、电流截止负反馈和电压微分负反馈。这样既限制了系统的起动和换向时的最大电流，又提高了系统的静态和动态特性，并能使系统可靠稳定地运行。如图 4-26 所示，电压微分负反馈、转速负反馈、电流截止负反馈和给定输入的信号电压都集中在一起进行综合比较，其差值作为放大器的输入信号，这种当各种信号电压都集中在同一级放大器的输入端进行综合比较的系统，就称为单闭环调速系统。

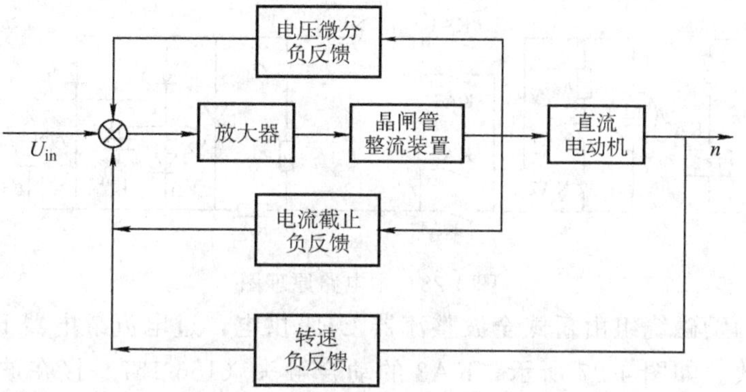

图 4-26　小功率晶闸管-直流电动机单闭环有差调速系统框图

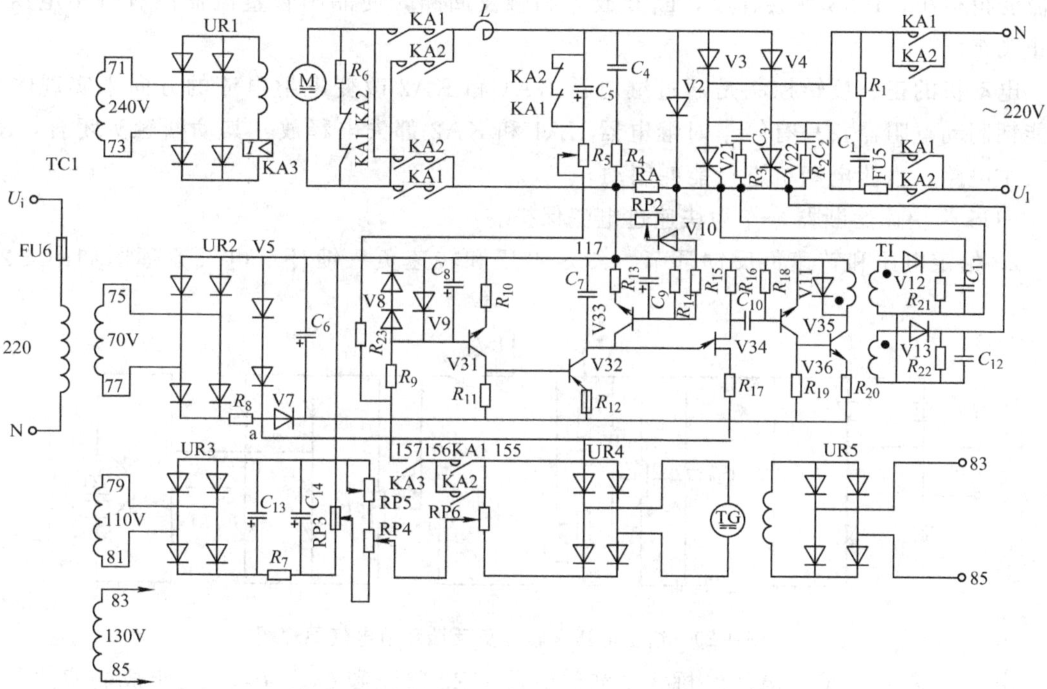

图 4-27　小功率晶闸管-直流电动机单闭环有差调速系统电气原理图

该调速系统的工作原理如下所述：

1. 主电路　主电路采用了两只晶闸管组成的单相半控桥式全波整流电路，如图 4-28 所示。在主电路中加有滤波电抗器 L，以减少可控整流器输出电流的脉动，并尽可能使电流连续。由于直流电动机也就是主电路的负载呈感性，为了保证晶闸管可靠换相而不失控，所以要接入续流二极管 V2。同时为了保证晶闸管免遭过电压的损害加入了 RC 吸收装置，即 R_1C_1～R_4C_4。其中 R_1C_1 接在整流器的交流侧，防止因电源接通和断开时，在整流器交流会造成很高的过电压损坏晶闸管；R_4C_4 接在整流器的直流侧，防止因断开负载时，感性负载产生自感电势在直流侧形成过电压而损坏晶闸管；R_2C_2、R_3C_3 和晶闸管 V21、V22 并联，防止晶闸管换相时产生过电压而损坏晶闸管。

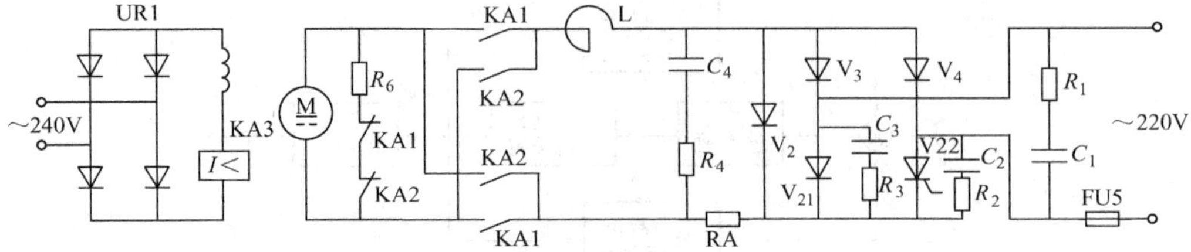

图 4-28　主电路原理图

直流电动机的励磁绕组由桥式全波整流器 UR1 供电，过电流继电器 KA3 可防止直流电动机造成飞车事故。如图 4-27 所示，KA3 的动合触头（156-157）接在放大电路的输入端，励磁绕组得电后，只有当励磁电流达到一定数值时，KA3 才能吸合，其动合触头闭合才能接通放大和触发电路，晶闸管整流电路和直流电动机才能工作。如果励磁回路有故障使励磁电流变得很小，KA3 就会释放，断开放大和触发回路，使晶闸管整流器没有输出电压，以防止飞车。

电动机的正、反转控制是通过继电器 KA1 和 KA2 改变电枢电流的方向来实现的。R_6 为能耗制动电阻器，只有停车时继电器 KA1 和 KA2 都失电释放，其动断触头闭合，R_6 才接入主电路，直流电动机进行能耗制动。

FU5 为快速熔断器，作为快速过电流保护。

2. 给定电压和转速负反馈环节　给定电压和转速负反馈环节电气原理图如图 4-29 所示。

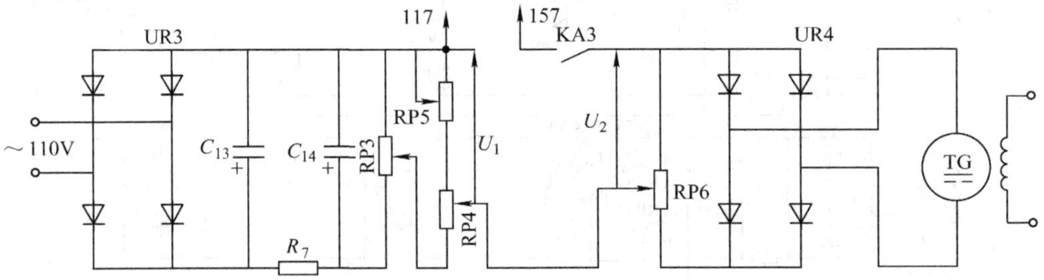

图 4-29　给定电压和转速负反馈环节电气原理图

由变压器 TC1 输出电压经桥式全波整流器 UR3 整流和 C_{13}、R_7、C_{14} 组成的滤波器滤波后作为给定电压的直流电源。RP4 为调速电位器，RP3 为高速上限调整套用电位器，RP5 为低速下限调整套用电位器。调节 RP4 可以得到不同的给定电压 U_1。

TG 为测速发电机，其输出电压与转速成正比。通过转速负反馈提高系统机械特性的硬度，以满足 $D=20$ 的技术要求。系统要求进行测速反馈，但测速反馈信号电压 U_2 的极性不变，即始终与给定电压 U_1 反极性，以保证转速的负反馈。但测速发电机的输出电压极性与直流电动机的转向有关，故测速发电机的输出电压经桥式全波整流器 UR4 整流。这样无论电动机转向怎样，都能保证测速反馈信号电压 U_2 极性不变。电位器 RP6 可用来调整转速负反馈的深度。

给定电压 U_1 和测速反馈电压 U_2 串联后由端点 117 和 157 输出到放大器。

3. 放大电路和电压微分负反馈环节　放大电路和电压微分负反馈环节电气原理图如图 4-30 所示。

(1) 放大电路　由变压器 TC1 输出的 70V 交流电压经桥式全波整流器 UR2 和 R_8、V5 组成的稳压电路稳压后的梯形波，再经二极管 VT 由 C_6 滤波后，作为放大器和触发器的直流电源。由给定信号 U_1 与测速反馈信号 U_2 综合而成的差值信号，由 117 和 157 两端输入给放大器中的晶体管 V31，V31 具有电压放大作用。放大后的控制信号作为锯齿波发生器中的晶体管 V32 的输入信号。V32 相当于一个可变电阻器，改变放大器输入信号的大小，即改变了 V32 的集电极与发射极间的电阻，从而改变了对电容器 C_7 的充电时间，进行移相。二极管 V8 作为输入信号的正向限幅保护，二极管 V9 作为输入信号的反向限幅保护。二极管 V7 的作用是将梯形波和经 C_6 滤波后的直流隔离，确保梯形波的同步作用。电容器 C_8 对这种输入信号起滤波作用，而且还起“给定积分”作用，即对输入信号的突变起缓冲作用。例如调速电位器处在较高转速位置起动，在此瞬间，电动机尚未转动，测速反馈电压为零，因此很大的信号输入到放大器，由于 C_8 的作用，此信号只能逐渐上升，电动机由低电压起动再逐渐升速，这样就避免了主电路过大的电流冲击。

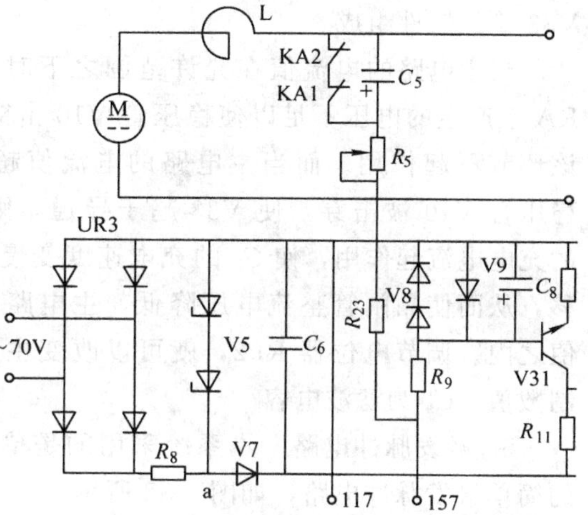

图 4-30　放大电路和电压微分负反馈环节电气原理图

(2) 电压微分负反馈　电压微分负反馈的作用是抑制振荡。振荡产生的原因是因为放大器的放大倍数很大，在负反馈信号输入时，因为电路及电动机存在电磁和机械惯性，很可能产生移相而变成为正反馈，从而产生振荡，且振荡最容易在低速运行时出现。为消除振荡在这个调速系统工程中采用了电压微分负反馈。

“微分”是求变化率的意思。电压微分就是电压的变化率，也就是电压变化的快慢。电压微分大，就是电压变化快；电压不变，电压微分就为零。电压微分负反馈就是用电压的变化率作为负反馈信号。采用了这种电路就有可能消除系统的振荡。因为主电路电压近似地反映了电动机的转速，所以电压微分也就近似地反映了电动机转速变化的快慢。

本系统中，电压微分负反馈信号是由 C_5 和 R_5 取出的。由于电容的隔直作用，当电动机以稳定速度运行时，其端电压是不变的，因此该反馈号为零。即稳态时，电压微分负反馈不起作用。当电动机因某种原因转速发生变化时（即其端电压随之变化时），电压微分负反馈信号才能通过电容器 C_5 加到晶体管 V31 的基极上。这样，当电动机的转速忽高忽低变化时，电压微分负反馈就输出一个反映转速变化的电压，输入到放大器，改变晶闸管整流输出电压的大小，以减小电动机转速的变化。即动态时，电压微分负反馈才起作用。

电容器 C_5 两端并联 KA1、KA2 的动断触头，使电动机停车时 C_5 迅速放电，保证电压微分负反馈在系统动态时能正常工作。

4. 电流截止环节　电流截止环节电气原理图如图 4-31 所示。它的作用是防止电动机在高速起动、正反转切换等情况下电流放大。电流截止环节由 RA、RP2、V10、V33 等元器件组成。

当主电路的电流值在允许范围之下时，在附加电阻 RA 上产生的电压不足以使稳压管 V10 击穿，V33 截止，该环节不起作用。而当主电路的电流值超过规定值时，稳压管 V10 被击穿，使 V33 趋于导通，则对电容器 C_7 的充电电流起作用，使 C_7 的充电速度变慢，触发脉冲后移，从而使晶闸管整流电压降低，主电路电流降到规定值之内。调节电位器 RP2，就可以改变主电路电流的限制数值。C_9 为滤波电容。

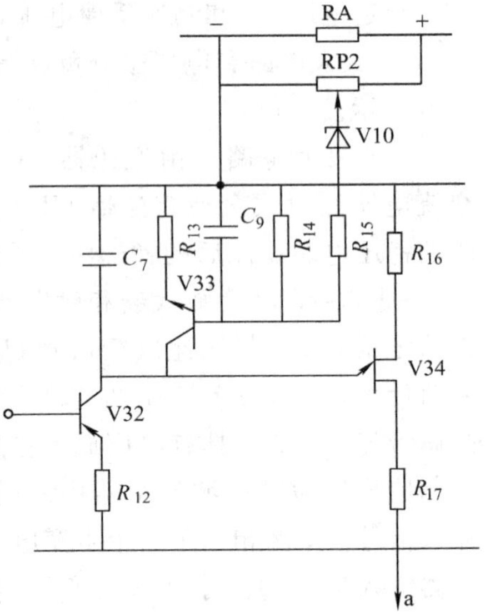

图 4-31　电流截止环节电气原理图

5. 触发脉冲电路　本系统采用的是单结晶体管构成的简单触发脉冲电路，如图 4-32 所示。

触发电路由同步信号、移相环节和脉冲形成及输出等三部分组成。

移相部分是由晶体管 V32 和电容器 C_7 组成的充电回路。控制电压经前置放大后输入 V32 的基极，不同的控制电压值使 V32 的集电极与发射极间的电阻相应地发生改变，从而改变了对 C_7 的充电时间，使单结晶体管 V34 到达谷点电压时的时间发生改变，即相移发生改变。这样，C_7 在 R_{16} 上放电形成的脉冲也有相移变化，最终使晶闸管的导通角作相应改变。这就是移相部分的作用。

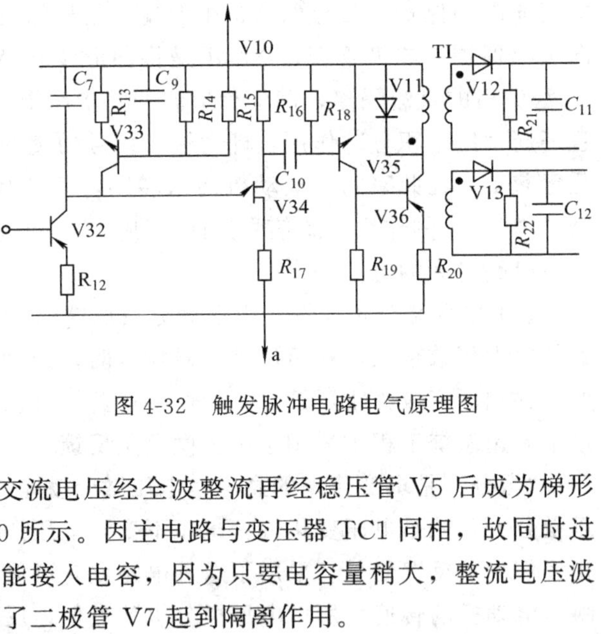

图 4-32　触发脉冲电路电气原理图

同步信号是由变压器 TC1 输出的 70V 交流电压经全波整流再经稳压管 V5 后成为梯形波，作为单结晶体管 V34 的电源，如图 4-30 所示。因主电路与变压器 TC1 同相，故同时过零，这就实现了同步。关键的是同步电源不能接入电容，因为只要电容量稍大，整流电压波形就没有过零点而失去同步作用，为此采用了二极管 V7 起到隔离作用。

脉冲形成及输出部分是由同步电源及移相环节使单结晶体管 V34 等组成的振荡电路在 R_{16} 上产生脉冲。脉冲经 C_{10} 耦合到 V35 的基极后，经 V35、V36 两级放大。然后再由脉冲变压器耦合输出。正脉冲经过 V12、V13 同时去触发两只晶闸管，但因利用率在正半波时，仅有一只晶闸管处于正向电压状态，故只能使那只处于正向电压下的晶闸管导通。而负半波时，另一只晶闸管处于正向电压下导通。并联在脉冲变压器 TI 一次侧的二极管 V11 是续流二极管。其作用同前所述。C_{11}、R_{21} 与 C_{12}、R_{22} 是为防止干扰信号引起晶闸管误触发而设置的。

这种调速系统通常称为“有静差调速”系统，也就是说，无论反馈多强，放大器的放大倍数多大，总是有转速降 Δn 的。即负载时转速总是低于空载转速。令空载时的给定电压为 U_1，测速反馈电压为 U_2，两者的差值 $\Delta U=U_1-U_2$，空载转速为 n_0。当负载增加时，n 下降，U_2 减小 ΔU 增大，放大器输出电压增加，它最终使晶闸管整流器的触发延迟角 α 减小，整流电压 U_{OUT} 上升，n 回升。但转速决不可能回升到 n_0，假设 n 又回升到 n_0，显然反馈电压也恢复得到 U_2，因为 U_1 未变，两者的差值也恢复到 ΔU，整流电压也恢复到 U_{OUT} 值。这样就无法补偿电流在回路中所有电阻上产生的电压降，因此电动机的转速必定低于 n_0，这与假设相矛盾，说明原假定不存在，即转速不可能恢复到原来值。因此，这种调速系统是有静差的。

有静差调速系统是靠偏差值进行工作的。放大器的输入信号是给定信号与实际值（反馈信号）信号间的差值。偏差值越小，调速精度越高，静差率越小。在放大器的放大倍数足够大的情况下，偏差值可以很小，但始终存在。这就意味着调速系统的给定值与输出的实际值之间永远存在着偏差，静差率不可能为零。这就是有静差调速的含义。

四、操作技能训练 4-2　晶闸管—直流电动机调速

（1）训练要求　熟练掌握电动机拖动系统的线路组成及工作原理，掌握晶闸管—直流电动机调速的调速方法。

（2）训练内容　熟练掌握晶闸管—直流电动机调速的调速方法。

（3）准备工作

1）工具：电工通用工具一套；验电器、钢丝钳、螺钉旋具（一字形和十字形）、电工刀、尖嘴钳、活扳手、剥线钳等。

2）仪表：万用表、直流电流表（0～50A）、直流电压表（0～300V）、转速表、示波器等。

3）器材：见表 4-5。

表 4-5　晶闸管—直流电动机调速元器件明细表

序号	名称	型号　规格	单位	数量	备注
1	晶体管	3DG6B	个	2	BG1 BG5
2	晶体管	3AX31B	个	2	BG2 BG6
3	晶体管	3DG12B	个	1	BG3
4	单结晶体管	BT33F	个	1	BG4
5	可控硅	KP20A、600V	个	2	SCR1、SCR2
6	二极管	2CZ11C、50A、600V	个	5	VD1、VD13
7	二极管	2CZ、1A、300V	个	5	VD6～VD7
8	二极管	2CW21K	个	3	VD5～VD10
9	二极管	2CZ11C、1A、300V	个	5	VD8、VD9、VD11、VD12
10	二极管	2CZ、5A、600V	个	12	VD14～VD16
11	继电器	$JJDZ_3$—33、220V	个	1	LJ
12	熔断器	RL1—15、250V	个	2	FU1、FU2
13	交流接触器	CJ10-50A、300V	个	2	KM1、KM2
14	电解电容	CDZ100μF/15V	个	6	C_5、C_6、C_8、C_9、C_{13}、C_{14}
15	电容	100μF630V	个	8	C_1～C_4、C_7、C_{10}～C_{12}
16	电阻	250Ω、1W	个	4	R_1～R_4
17	电位器	1.5kΩ、2W	个	6	1～6RP
18	变压器	220/240/130/110/70V	个	1	1B

（续）

序号	名称	型号 规格	单位	数量	备注
19	脉冲变压器	2∶1	个	1	2B
20	直流发电机	800W、220V	个	1	CF
21	电动机	D_2—12	个	1	D
22	导线	BV1.5mm^2	米	4	
23	模拟控制板	500mm×450mm	个	1	
24	电路板	300mm×400mm	个	1	
25	松香焊锡丝	ϕ1.5mm	克	10	
26	砂纸	0#	张	1	

（4）训练步骤及要求

1）装接前要先检查元器件的好坏，核对元器件的数量。

2）按图 4-27 所示的要求进行正确熟练地安装。

3）正确使用工具和仪表，装接质量要可靠，装接技术要符合工艺要求。

4）观察触发电路波形　先不接入反馈，将给定电压置于最大位置，只接通同步变压器 TS，暂不接通主电路。用示波器观察触发电路各点波形。

先观察全波整流电压及稳压管 V7 两端梯形波，应符合图 4-33a 和 b 所示波形。再观察电容器 C_1 两端的锯齿波和脉冲变压器 TP 输出端的脉冲波形，应符合图 4-33c 和 d。缓慢调节电位器 RP7，即调整给定电压，观察脉冲波形的移相和移相范围。

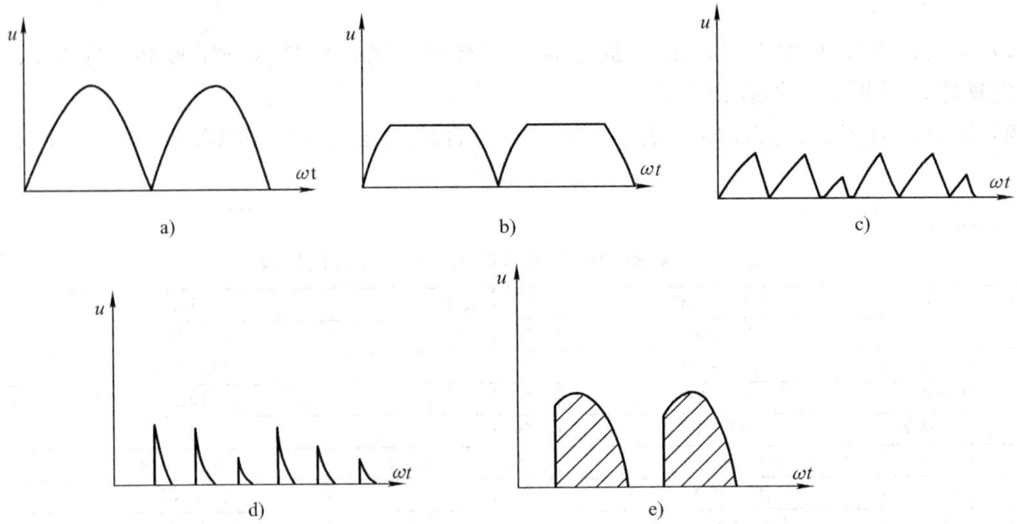

图 4-33　调试时调试点波形图

a）全波整流电压波形　b）稳压管 V5 两端电压波形　c）电容 C_7 两端电压波形

d）脉冲变压器 TI 输出波形　e）电流连续时负载电压波形

5）观察主电路电压波形。主电路不接电动机，而用 220V 功率较大（一般 100W 以上）的灯泡代替。为保证负载的纯阻性，负载端的阻容保护电路应断开。接通主电路电源，增大给定电压，用示波器观察负载端电压波形。

6）停车并切断主电源，拆掉负载灯泡，接上电动机。

7）整定额定转速　首先将负反馈电压信号 U_2 调至最大。然后将手动调速电位器 RP4 调至低速处。这时起动电动机，再调 RP4，将转速逐步提高到额定转速。如一开始就达到很高转速时，则可能反馈电压过小，或电压反馈极性接反。

8）最低速调整。将 RP4 调至最低速位置时，调节 RP5，使电动机达到所需的最低速。

9）最高速调整。将 RP4 调至最高速位置时，调节 RP3，使电动机达到所需的最高速。

10）电流截止调试。主电路中串入电流表，起动电动机，调节 RP2，使可控整流输出电压约为 50V，增加电动机的负载（可以对电动机轴上的皮带轮进行制动），调节 RP2，使临界电流 I_J＝（1.2～1.5）I_N，堵转情况下，I_M＝（2.25～2.5）I_N。

11）特性调整。在电动机的低速、中速、高速三种转速下，负载分别从空载调到满载，调节 RP6，测量转速，使静差率的绝对值小于 0.05。通常低速能满足静差率的要求，中速和高速都能满足而不必另外测试。

（5）评分标准　见表 4-6。

表 4-6　晶闸管—直流电动机调速考核标准

序号	主要内容	考核要求	评分标准	配分	扣分	得分
1	按图焊接	正确使用工具和仪表，装接质量可靠，装接技术符合工艺要求	1. 布局不合理扣 3 分 2. 焊点粗糙、拉尖、有焊接残渣，每处扣 2 分 3. 元件虚焊、气孔、漏焊、松动、损坏元器件，每处扣 2 分 4. 引线过长、焊剂不擦干净，每处扣 2 分 5. 元器件的标称值不直观、安装高度不合要求扣 2 分 6. 工具、仪表使不正确，每次扣 3 分 7. 焊接时损坏元器件，每个扣 3 分	40		
2	调试后通电试车	在规定时间内，使用仪器仪表调试后进行通电试验	1. 通电调试一次不成功扣 5 分；二次不成功扣 10 分；三次不成功扣 15 分 2. 调试过程中损坏元器件，每个扣 2 分	50		
3	安全文明生产	1. 劳动保护用品穿戴整齐 2. 电工工具佩带齐全 3. 遵守操作规程 4. 尊重老师，讲文明礼貌 5. 考试结束要清理现场	1. 各项考试中，违犯安全文明生产考核要求的任何一项扣 2 分，扣完为止 2. 学生在不同的技能试题中，违犯安全文明生产考核要求同一项内容的，要累计扣分 3. 当老师发现学生有重大事故隐患时，要立即予以制止，并每次扣学生安全文明生产总分 5 分	10		
备注				合计： 老师签字： 年　月　日		

课题三　可编程序控制器的应用

可编程序控制器（简称 PLC）是在继电器控制和计算机控制的基础上发展起来的，并逐步发展成以微处理为核心，把自动化技术、计算机技术和通信技术融为一体的新型工业自动控制装置。目前已被广泛地应用于各种生产机械和生产过程自动控制中。

一、PLC 梯形图

1. 可编程序控制器的组成　PLC 是以微处理器为核心的电子系统，它与计算机所用的电路类似，PLC 的结构如图 4-34 所示。

(1) 输入、输出部件　这是将 PLC 与被控设备连接起来的部件。输入部件接收来自现场设备的控制信号，如限位开关、按钮及传感信号等，并将这些信号转换成中央处理器能够接收和处理的数字信号。输出部件则相反，它是接收经过中央处理器处理过的数字信号，并把它转换成被控制设备或显示设备所能接收的电压或电流信号，以驱动电磁阀、接触器等被控设备。

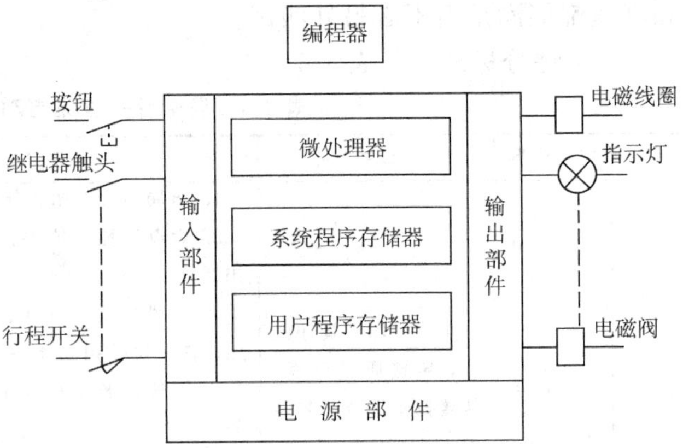

图 4-34　PLC 的结构框图

(2) 中央处理器　中央处理器是 PLC 的“大脑”，包括微处理器、系统程序存储器和用户程序存储器。

微处理器的主要用途是处理和运行用户程序，监控中央处理器和输入、输出部件的状态，并作出逻辑判断，按需要将各种不同状态的变化输出给有关部分，指示出 PLC 的现行工作状况或作出必要的应急处理。

系统程序存储器主要存放系统管理和监控程序及对用户程序做编译处理的程序。系统程序根据各种 PLC 不同的功能，已由制造厂家在出厂前固化，用户不能改变。

(3) 电源部件　电源部件将交流电源转换成供 PLC 的微处理器、存储器等电子电路工作所需要的直流电源，使 PLC 能正常工作。

(4) 编程器　编程器是 PLC 的处围设备。可通过编程器输入、检查、修改及调试用户程序，也可用它在线监视 PLC 的工作情况。

2. PLC 的工作原理　可编程序控制器可以用一个等效电路来表示，如图 4-35 所示。

PLC 虽然采用了计算机技术，但应用时可以不必对计算机的概念做深入了解，只需将它看成是由普通继电器、定时器和计数器等组成的装置。

PLC 的等效电路可分为三部分：输入部分、

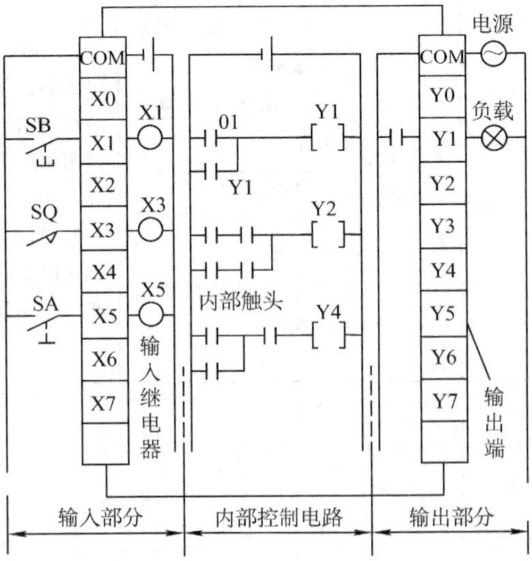

图 4-35　PLC 的等效电路

内部控制电路及输出部分，如图 4-35 所示。

PLC 是通过循环工作方式来完成控制的，每一个循环（周期）按次序分为三个阶段，即输入采样、程序执行、输出刷新，这种工作方式称为扫描工作方式。从输入采样到输出刷新的整个执行时间称为扫描周期（或扫描时间）。适当的扫描时间对于保证操作正确是极重要的，一般 PLC 的扫描时间为几十毫秒，在实际应用中多数是不成问题的。图 4-36 是 PLC 工作过程的示意图。

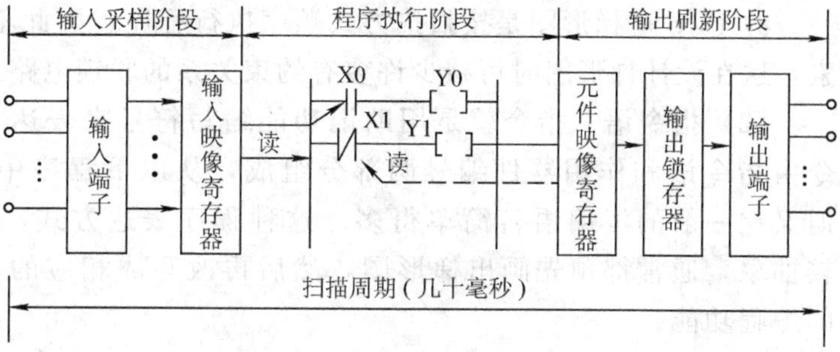

图 4-36　PLC 程序执行过程

3. PLC 的程序表达方式

PLC 是以程序的形式进行工作的，因此需要把控制任务所叙述的功能变换成程序。程序的编制就是用一定的语言把一个控制任务描述出来。PLC 与计算机的显著区别之一，就是 PLC 的编程语言使用方便，易于掌握。尽管国内外生产厂家采用的编程语言不尽相同，但程序的表达方式常用的有四种，即梯形图、指令语、逻辑功能图和高级语言。

（1）梯形图　梯形图在形式上类似继电器控制电路，如图 4-37 所示。它是由图形符号构成的。每一触头和线圈均对应有一个编号，不同机型的 PLC，其编号方法不同。

梯形图直观易懂，为电气工作人员所熟悉，因此是应用最多的一种编程语言。

梯形图与继电器控制电路在电路的结构形式、元器件的符号以及逻辑控制功能等方面是相同的，但它们又有很多不同之处。梯形图具有以下特点。

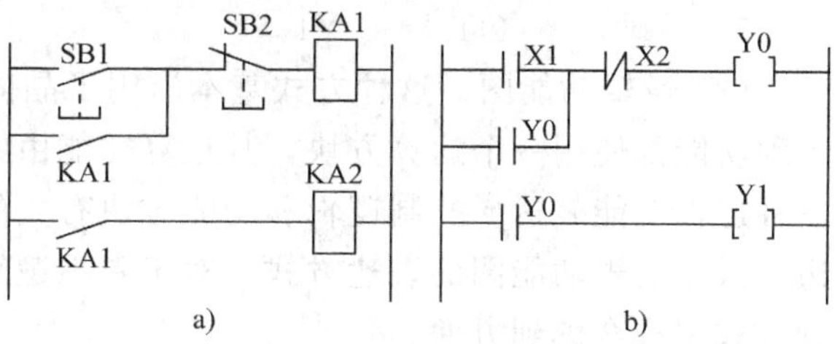

图 4-37　继电器控制电路和梯形图

a）继电器控制电路　b）梯形图

1）梯形图按自上而下、从左到右的顺序排列。每一个逻辑起始于左母线，然后是触头的各种连接，最后终止于线圈（有的还加一条右母线）。整个图形呈梯形，故称为梯形图。

2）梯形图中的继电器不是继电器控制电路中的物理继电器，它实质上是存储器中的每一触发器，称为“软继电器”。相应位置上的触发器为“1”态，表示该继电器线圈接通，其动合触头闭合，动断触头打开。梯形图中继电器的线圈是广义的，除了输出继电器、辅助继电器外，还包括定时器、计数器以及移位寄存器等。

3）梯形图中，一般情况（除有跳转指令和步进指令的程序段外），某个编号的继电器线圈只能出现一次，而继电器的触头则可多次使用。

4）梯形图是 PLC 形象化的编程手段，梯形图两端的母线是没有任何电源可接的。梯形图中并没有真实的物理电流流动，而仅只是“概念”电流，是用户程序运算中满足输出执行条件的形象表示方法。“概念”电流只能从左向右流动，层次改变只能先上后下。

5）输入继电器供 PLC　接受由外部输入的信号，而不能由内部其他继电器的触头驱动。因此，梯形图中只出现输入继电器的触头，而不出现输入继电器的线圈。输入继电器的触头表示相应的输入信号。

6）输出继电器供 PLC 作输出控制用。它通过开关量输出模块对应的输出开关（晶体管、晶闸管或继电器触头）去驱动外部负载。因此，当梯形图中输出继电器线圈满足接通条件时，就表示在对应的输出点有输出信号。

7）PLC 的内部继电器不能作输出控制用。其触头只能供 PLC 内部使用。

8）PLC 对梯形图是按扫描方式顺序执行程序，因此不存在几条并列支路同时动作的因素，这在设计梯形图时可减少许多有约束关系的联锁电路，从而使电路设计大大简化。

（2）指令语　指令就是用助记功能缩写符号来表达 PLC 的各种功能，通常每一条指令由指令语和作用器件编号两部分组成，从以下程序中看出它类似于计算机汇编语言，但又比一般的汇编语言简单得多。这种程序表达方式，编程设备简单、系统化强、但比较抽象，通常都预先画出梯形图，然后再改写成相应的指令语，目前各种 PLC 都有指令的编程功能。

现以日本松下电工 FP 系列机为例，对图 4-37 梯形图编制程序如下。

步序	指令	
0	ST	X0
1	OR	Y0
2	AN/	X1
3	OT	Y0
4	ST	Y0
5	OT	Y1

（3）逻辑功能图　这种方式基本沿用了晶体管逻辑电路的逻辑方块图，用来表达控制每一种功能都使用一个运算方块，其运算功能由方块内的符号确定，常用“与”、“或”、“非”三种逻辑功能表达。控制逻辑和功能方块有关的输入均画在方块的左边，输出画在方块的右边。采用逻辑功能图的表达方式，对于熟悉逻辑功能图和具有逻辑代数基础的人来说，用这种方式编程会感到方便。

图 4-38 绘出了用 PLC 实现三相异步电动机起动/停止控制的逻辑功能图程序。

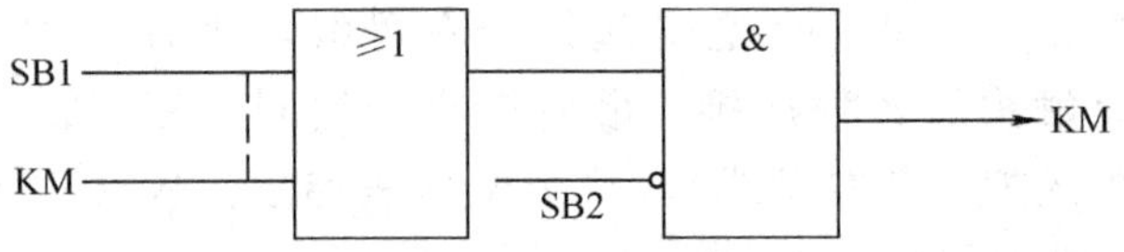

图 4-38　逻辑功能图程序

（4）高级语言　在大型 PLC 中为了完成具有数据处理及 PID 调节等较为复杂的控制，也采用 BASIC、PASCAL 等计算机语言，这样 PLC 就具有更强的功能。

目前生产的各种类型的 PLC，基本上同时具备两种或两种以上编程语言，而且以同时使用梯形图和指令的占大多数。虽然厂家及型号都不同的 PLC，其梯形图、指令有些差异，使用符号不一，但编程的原理和方法是一致的。

二、FP1 的内部寄存器及 I/O 配置

在使用 PLC 之前最重要的是先了解 PLC 的内部寄存器及 I/O 配置情况。表 4-7 是 PLC 的内部寄存器及 I/O 配置一览表。这里以 FP1—C40 为例。

表 4-7 中有以下几点需要补充说明：

1）表中寄存器均为 16 位。表中 X、WX 和 Y、WY 均为 I/O 区继电器，可以直接和输入、输出端子传递信息。但 X 和 Y 是按位寻址的，而 WX 和 WY 只能按“字”（即 16 位）

寻址。

表 4-7　FP1 寄存器 I/O 配置一览表

符　号	编　号	功　能
X	X0～X12F	输入继电器
Y	Y0～Y12F	输出继电器
R	R0～R62F	内部通用寄存器（继电器）
	R9000～R903F	特殊寄存器（继电器）
T	T0～T99	定时器
C	C100～C143	计数器
WX	WX0～WX12	“字”输入继电器
WY	WY0～WY12	“字”输出继电器
WR	WR0～WR62	通用“字”寄存器（继电器）
	WR900～WR903	专用“字”寄存器（继电器）
DT	DT0～DT8999	通用数据寄存器
	DT9000～DT9067	专用数据寄存器
SV	SV0～SV143	设定值寄存器
EV	EV0～EV143	经过值寄存器
IX		索引寄存器
IY		索引寄存器
K		表示十进制常数
H		表示十六进制常数

2）表中 R0～R62F 和 WR0～WR62 均为内部通用寄存器，可供用户使用，这些寄存器均可作为内部继电器即“软继电器”用。而 R9000～R903F 和 WR900～WR903 均为特殊寄存器，用户不能占用，这些寄存器均有专门的用途。同理，R 和 WR 的区别也是一个是按位寻址，另一个只能按“字”寻址。表中 DT9000～DT9067 是专用数据寄存器。另外还有些寄存器是作为系统设置用的，称系统寄存器。

3）K 可以存放十进制常数，其值为－32768～＋32767 之间的整数。H 可以存放 4 位十六进制常数，其值为 0～FFFF 之间。

4）X 和 Y 的编号说明如下：

如：X120 即 WX12 寄存器中的第 0 号位，X12F 即 WX12 寄存器中第 F 号位。用图表示如下：

WX12 寄存器的编号为

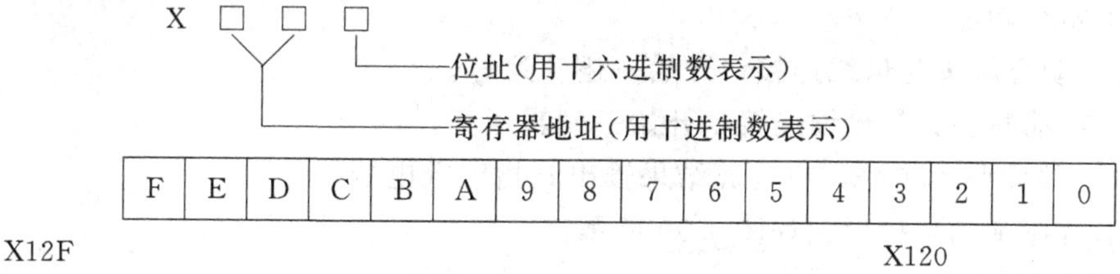

寄存器 Y 的编号也与此相同。

由表中所给 X 和 Y 的数目即可知该种型号 PLC 的 I/O 点数。X 为 X0～X12F 共 208 个，Y 为 Y0～Y12F 共 208 个，即该 PLC 总共可扩展 416 点。但受外部接线端子和主机驱动能力的限制一般只用到 100～200 点，其余均可做内部寄存器用。如 FP1—C40 最大可扩到 120 点。

表 4-8 中给出了 C 系列小型机的 I/O 地址分配表。

表 4-8 I/O 地址分配一览表

品种		输入编号	输出编号
主控单元	C16	X0～X7	Y0～Y7
	C24	X0～XF	Y0～Y7
	C40	X0～XF X10～X17	Y0～YF
扩展单元（$1^{\#}$台）	E8（入）	X30～X37	—
	E8（入/出）	X30～X33	Y30～Y33
	E8（出）	—	Y30～Y37
	E16	X30～X37	Y30～Y37
	E24	X30～X3F	Y30～Y37
	E40	X30～X47	Y30～Y3F
扩展单元（$2^{\#}$台）	E8（入）	X50～X57	—
	E8（入/出）	X50～X53	Y50～Y53
	E8（出）	—	Y50～Y57
	E16	X50～X57	Y50～Y57
	E24	X50～X5F	Y50～Y57
	E40	X50～X67	Y50～Y5F
I/O 链接单元		X70～X7F（WX7） X80～X8F（WX8）	Y70～Y7F（WY7） Y80～Y8F（WY8）
A/D 单元	CH0	X90～X9F（WX9）	
	CH1	X100～X10F（WX10）	
	CH2	X110～X11F（WX11）	
	CH3	X120～X12F（WX12）	
D/A 单元 $0^{\#}$	CH0		Y90～Y9F（WY9）
	CH1		Y100～Y10F（WY10）
D/A 单元 $1^{\#}$	CH0		Y110～Y11F（WY11）
	CH1		Y120～Y12F（WY12）

三、PLC 的指令系统

1. ST、ST/和 OT 指令

(1) 指令功能

ST：动合触头与母线连接，开始一逻辑运算。

ST/：动断触头与母线连接，开始一逻辑运算。

OT：线圈驱动指令，将运算结果输出到指定继电器。

(2) 程序举例　梯形图如图 4-39 所示。

程序编制如下：

0	ST	X0
1	OT	Y0
2	ST/	X1
3	OT	Y1

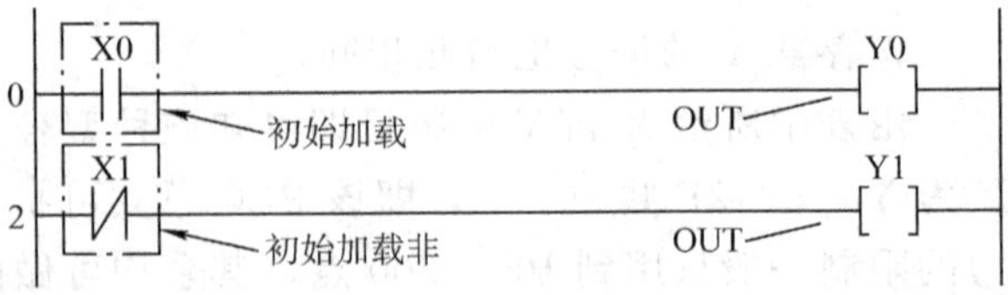

图 4-39　梯形图

例题解释：

1）当 X0 接通时，Y0 接通。

2）当 X1 断开时，Y1 接通。

(3) 指令使用说明

1）初始加载指令（ST）开始逻辑运算，并且输入的接点为 A 类（动合）接点。

2）初始加载非指令（ST/）开始逻辑运算，并且输入的接点为 B 类（动断）接点。

3）输出指令（OT）将运算结果输出到指定线圈。

2．“/”非指令

(1) 指令功能　非指令的功能是将该指令处的运算结果取反。

(2) 程序举例　梯形图（如图 4-40 所示）及程序编制如下：

程序编制如下：

0	ST	X0
1	AN	X1
2	OT	Y0
3	/	
4	OT	Y1

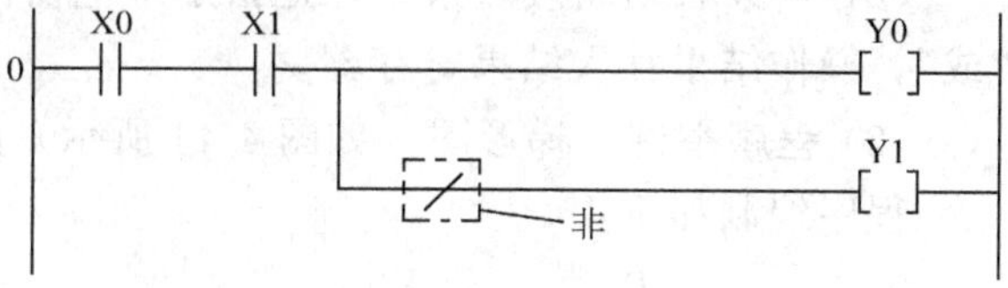

图 4-40　梯形图

例题解释：

1）当 X0 和 X1 都接通时，Y0 接通。

2）当 X0 或 X1 断开时，Y1 接通。

(3) 指令使用说明　“非”指令（/）将该指令处的运算结果求反。

3. AN 和 AN/指令

(1) 指令功能

AN：串联动合接点指令，把原来保存在结果寄存器中的逻辑操作结果与指定的继电器内容相“与”，并把这一逻辑操作结果存入结果寄存器。

AN/：串联常闭接点指令，把原来被指定的继电器内容取反，然后与结果寄存器的内容进行逻辑“与”，操作结果存入结果寄存器。

(2) 程序举例　梯形图（如图 4-41 所示）及程序编制如下：

程序编制如下：

0	ST	X0
1	AN	X1
2	AN/	X2
3	OT	Y0

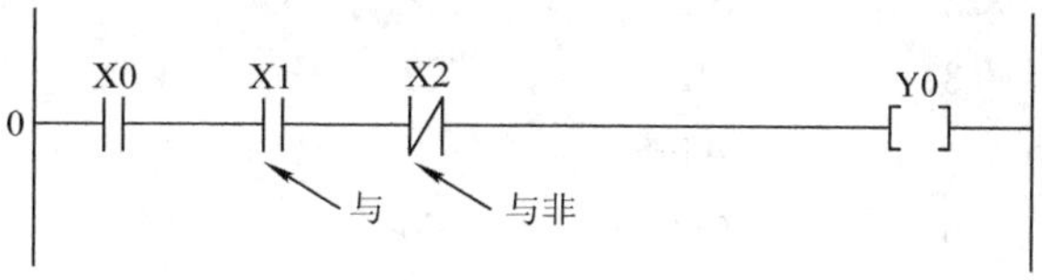

图 4-41　梯形图

例题解释：当 X0、X1 都接通且 X2 断开时，Y0 接通。

(3) 指令使用说明

1）AN 和 AN/指令的使用。

当串联动合接点（A 类接点）时，使用 AN 指令，当串联动断接点（B 类接点）时，使用 AN/指令，如图 4-42 所示。

2）AN 和 AN/指令的连续使用。

AN 和 AN/指令可连续使用，如图 4-43 所示。

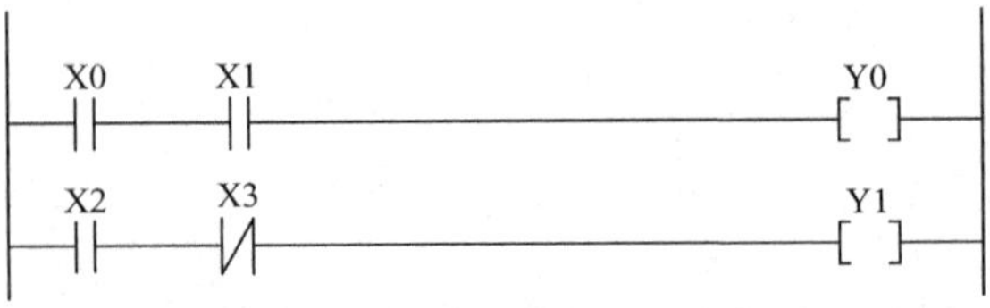

图 4-42　梯形图

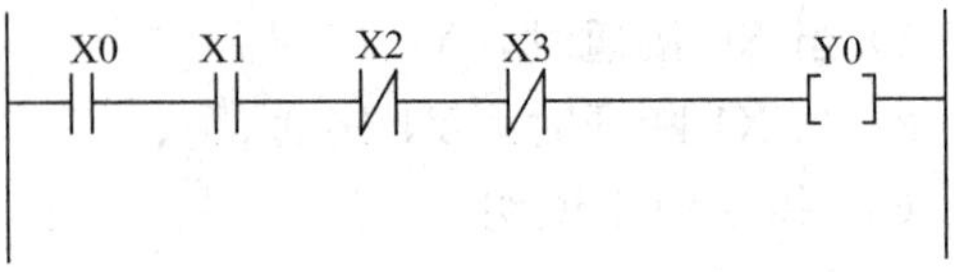

图 4-43　梯形图

4. OR 和 OR/指令

(1) 指令功能

OR：并联动合接点指令，把结果寄存器的内容与指定继电器的内容进行逻辑“或”，操作结果存入结果寄存器。

OR/：并联动断接点指令，把指定继电器内容取反，然后与结果寄存器的内容进行逻辑“或”，操作结果存入结果寄存器。

(2) 程序举例　梯形图（如图 4-44 所示）及程序编制如下：

程序编制如下：

0	ST	X0
1	OR	X1
2	OR/	X2
3	OT	Y0

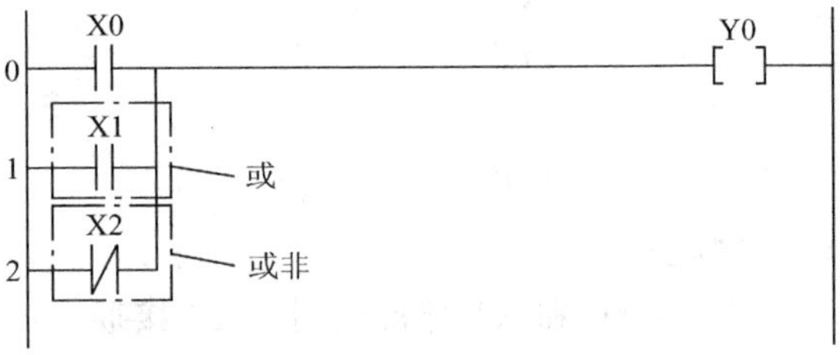

图 4-44　梯形图

例题解释：当 X0 或 X1 接通或 X2 断开时，Y0 接通。

(3) 指令使用说明　将接点并联进行“或”运算。

5. ANS 指令

(1) 指令功能　指令 ANS 的功能是实现多个指令块的“与”运算。

(2) 程序举例　梯形图（如图 4-45 所示）及程序编制如下：

程序编制如下：

0	ST	X0
1	OR	X1
2	ST	X2
3	OR	X3
4	ANS	
5	OT	Y0

例题解释：当 X0 或 X1 且 X2 或 X3 接通时，Y0 接通。

(3) 指令使用说明　组与指令（ANS）用来串联指令块，如图 4-46 所示。

每一指令块以初始加载指令（ST）开始。当两个或多个指令块串联时，编程如图 4-47

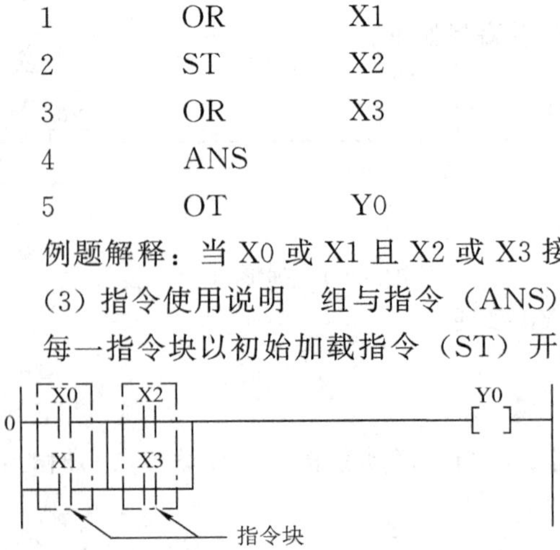

图 4-45　梯形图

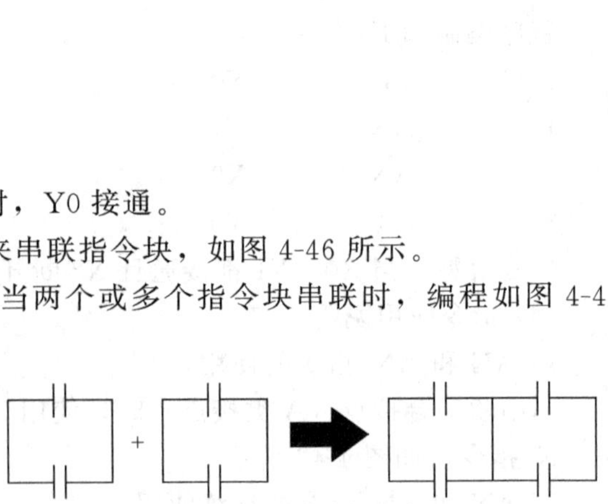

图 4-46　串联指令块

所示。

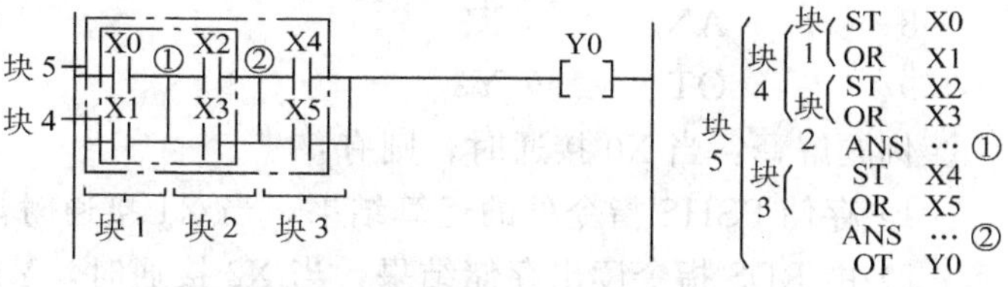

图 4-47　多个指令块串联的编程

6. ORS 指令

(1) 指令功能　指令 ORS 的功能是实现多个指令块的“或”运算。

(2) 程序举例　梯形图（如图 4-48 所示）及程序编制如下：

程序编制如下：

0	ST	X0
1	AN	X1
2	ST	X2
3	AN	X3
4	ORS	
5	OT	Y0

例题解释：当 X0 和 X1 都接通或者 X2 和 X3 都接通时，Y0 接通。

(3) 指令使用说明　组或指令用来并联指令块，如图 4-49 所示。

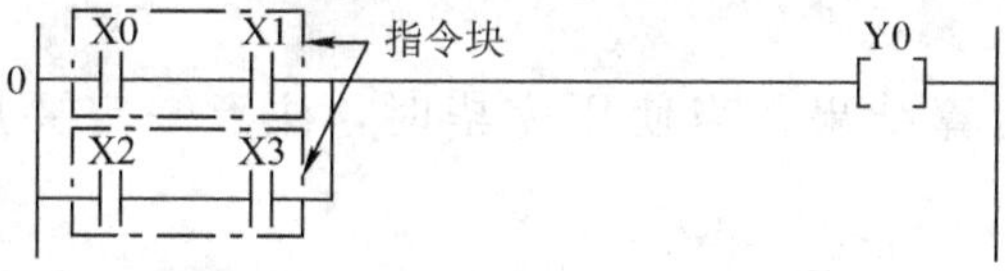

图 4-48　梯形图

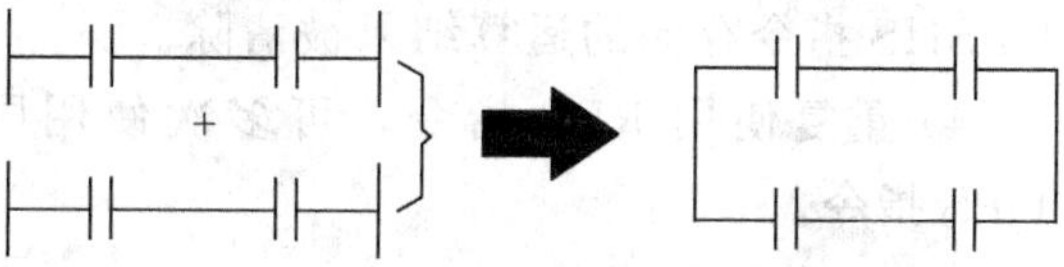

图 4-49　并联指令块

每一指令块以初始加载指令（ST）开始。当两个或多个指令块并联时，编程如图 4-50 所示。

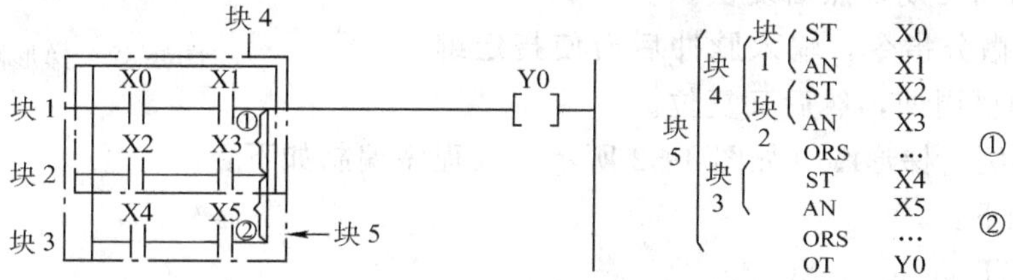

图 4-50　多个指令块并联编程

7. PSHS、RDS、POPS 指令

(1) 指令功能

PSHS：存储该指令处的运算结果（推入堆栈）。

RDS：读出由 PSHS 指令存储的运算结果（读出堆栈）。

POPS：读出并清除由 PSHS 指令存储的运算结果（弹出堆栈）。

(2) 程序举例　梯形图（如图 4-51 所示）及程序编制如下：

程序编制如下：

0	ST	X0
1	PSHS	
2	AN	X1
3	OT	Y0
4	RDS	

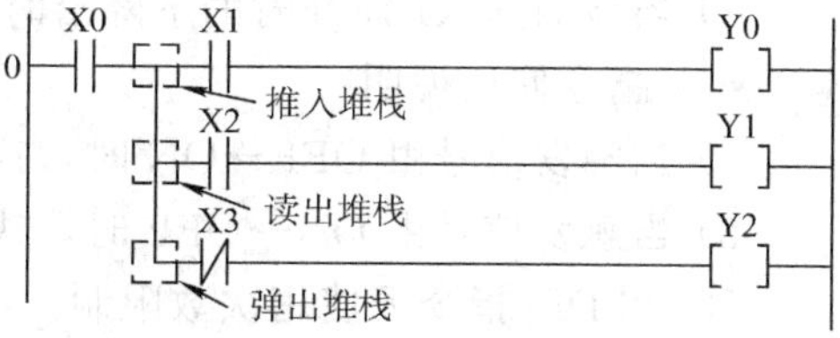

图 4-51　梯形图

5	AN	X2
6	OT	Y1
7	POPS	
8	AN/	X3
9	OT	Y2

例题解释：当 X0 接通时，则有：

1）存储 PSHS 指令处的运算结果，当 X1 接通时，Y0 输出（为 ON）。

2）由 RDS 指令读出存储结果，当 X2 接通时，Y1 输出（为 ON）。

3）由 POPS 指令读出存储结果，当 X3 断开时，Y2 输出（为 ON）；且 PSHS 指令存储的结果被清除。

（3）指令使用说明

1）PSHS：存储该指令处的运算结果并执行下一步指令。

2）RDS：读出由 PSHS 指令存储的结果，并利用该内容，继续执行下一步指令。

3）POPS：读出由 PSHS 指令存储的运算结果，并利用该内容，继续执行下一步指令；且 PSHS 指令存储的运算结果被清除。

4）重复使用 RDS 指令，可多次使用同一运算结果，当使用完毕时，注意一定要用 POPS 指令。

8. DF 和 DF/指令

（1）指令功能

DF：前沿微分指令，输入脉冲前沿使指定继电器接通一个扫描周期，然后复位。

DF/：后沿微分指令，输入脉冲后沿使指定继电器接通一个扫描周期，然后又复位。

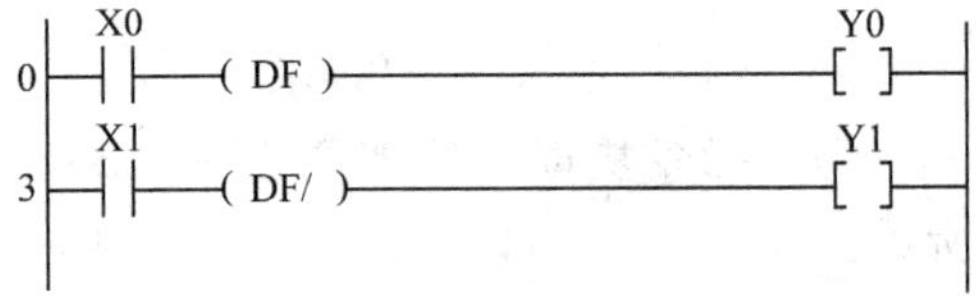

图 4-52　梯形图

（2）程序举例　梯形图（如图 4-52 所示）及程序编制如下：

程序编制如下：

0	ST	X0
1	DF	
2	OT	Y0
3	ST	X1
4	DF/	
5	OT	Y1

例题解释：

1）当检测到 X0 接通时的上升沿时，仅 Y0 输出为 ON 并接通一个扫描周期。

2）当检测到 X1 断开时的下降沿时，仅 Y1 输出为 ON 并接通一个扫描周期。

（3）指令使用说明

1）当触发信号由 OFF→ON 时，执行 DF 指令，并将输出接通一个扫描周期。

2）当触发信号由 ON→OFF 时，执行 DF/指令，并将输出接通一个扫描周期。

DF 和 DF/指令无使用次数限制。

（4）应用举例

例 4-1 若输出由一持续时间较长的输入信号控制时，则自保持电路如图 4-53 所示。

例 4-2 用一个信号来控制电路的输出，使之在保持和释放之间交替变化，如图 4-54 所示。

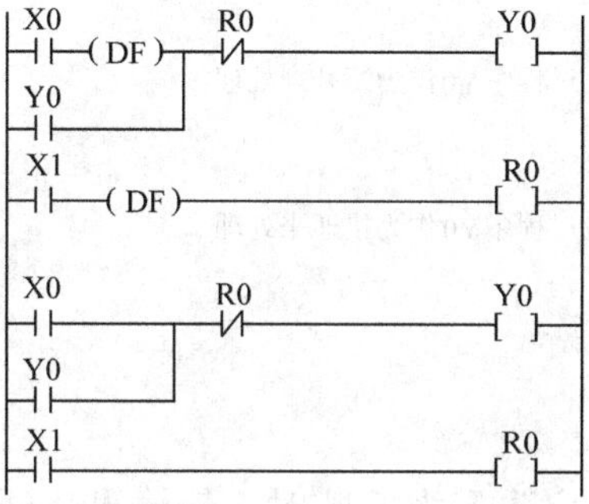

图 4-53 自保持电路

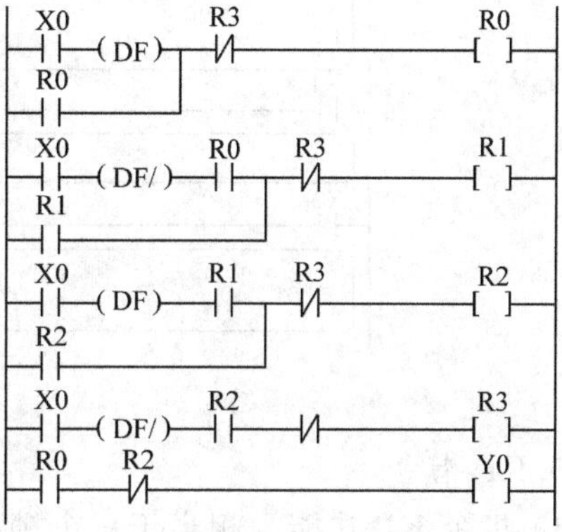

图 4-54 保持和释放交替变化的梯形图

9. SET、RST 指令

(1) 指令功能

SET：置 1 指令（置位指令），强制接点接通。

RST：置零指令（复位指令），强制接点断开。

(2) 程序举例 梯形图（如图 4-55 所示）及程序编制如下：

程序编制如下：

0	ST	X0
1	SET	Y0
4	ST	X1
5	RST	Y0

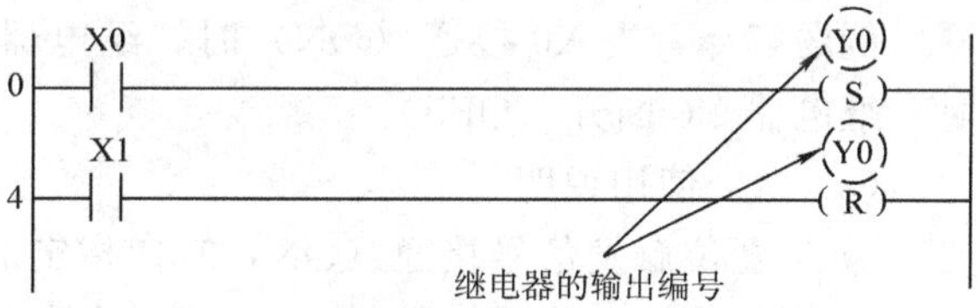

图 4-55 梯形图

例题解释：当 X0 接通时，Y0 接通并保持。当 X1 接通时，Y0 断开并保持。

(3) 指令使用说明

1) 当触发信号接通时，执行 SET 指令。不管触发信号如何变化，输出接通并保持。

2) 当触发信号接通时，执行 RST 指令。不管触发信号如何变化，输出断开并保持。

3) 对继电器（Y 和 R），可以使用相同编号的 SET 和 RST 指令，次数不限，如图 4-56 所示。

4) 当使用 SET 和 RST 指令时，输出的内容随运行过程中每一阶段的执行结果而变化。例如：当 X0、X1 和 X2 接通时，各段程序中 Y0 的状态如图 4-57 所示。

当 I/O 刷新时，外部输出应由运行的最终结果决定。如上例中，Y0 将作为 ON 输出。将 DF 指令放在 SET 和 RST 指令前，可以使程序易于开发和改进。

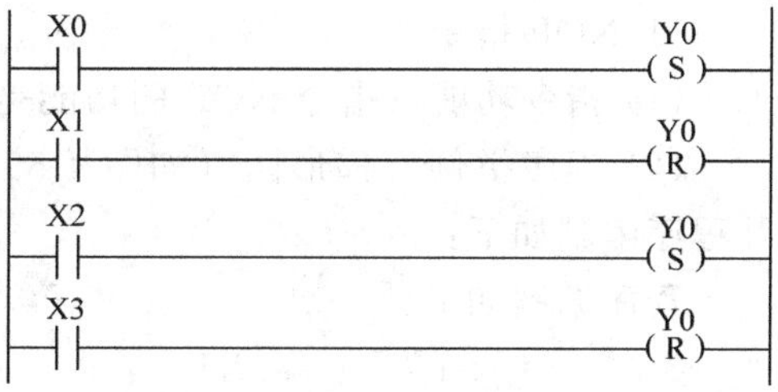

图 4-56 梯形图

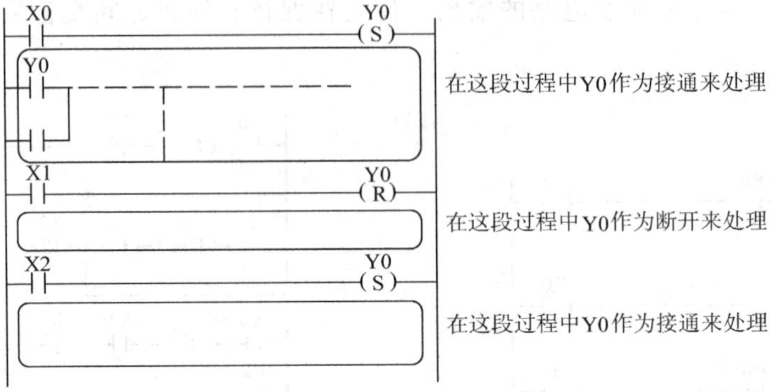

图 4-57　梯形图

10. KP 指令

(1) 指令 KP 功能　相当于一个锁存继电器，当置位输入为 ON 时，使输出接通（ON）并保持。

(2) 程序举例　梯形图（如图 4-58 所示）及程序编制如下：

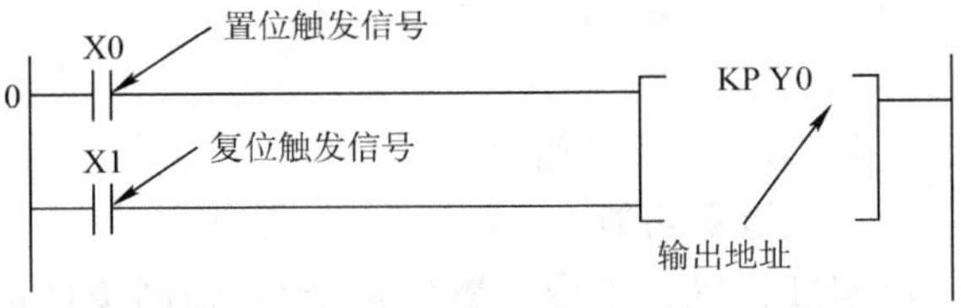

图 4-58　梯形图

程序编制如下：

0	ST	X0
1	ST	X1
2	KP	Y0

例题解释：当 X0 接通（ON）时，继电器 Y0 接通（ON）并保持。当 X1 接通（ON）时，继电器 Y0 断开（OFF）。

(3) 指令使用说明

1) 当置位触发信号接通（ON）时，指定的继电器输出接通（ON）并保持。

2) 当复位触发信号接通（ON）时，指定的继电器输出断开（OFF）。

3) 一旦置位信号将指定的继电器接通，则无论置位触发信号是接通（ON）状态还是断开（OFF）状态，指定的继电器输出保持为 ON，直到复位触发信号接通（ON）。

4) 如果置位、复位触发信号同时接通（ON），则复位触发优先。

5) 即使在 MC 指令（可参见后面相关内容）运行期间，指定的继电器仍可保持其状态。

6) 当工作方式选择开关从“RUN”切换到“PROG”方式，或当切断电源时，KP 指令的状态不再保持。若要在从“RUN”切换到“PROG”方式或切断电源时保持输出状态，则使用保持型内部继电器。

11. NOP 指令

(1) 指令功能　指令 NOP 的功能是空操作。

(2) 程序举例　梯形图（如图 4-59 所示）及程序编制如下：

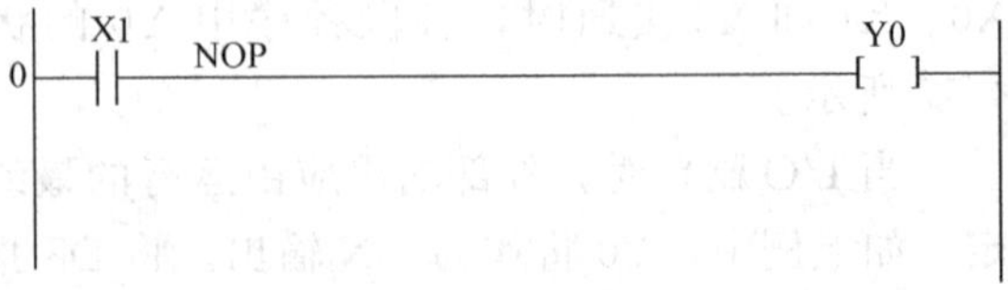

图 4-59　梯形图

程序编制如下：

0	ST	X1
1	NOP	

2　　OT　　Y0

例题解释：当 X1 接通时，Y0 输出为 ON。

(3) 指令使用说明

1) NOP 指令可用来使程序在检查或修改时易读。

2) 当插入 NOP 指令时，程序的容量稍稍增加，但对算术运算结果无影响。

12. TMR、TMX 和 TMY 指令（定时器）

(1) 指令功能

TMR：以 0.01s 为单位设置延时 ON 定时器。

TMX：以 0.1s 为单位设置延时 ON 定时器。

TMY：以 1s 为单位设置延时 ON 定时器。

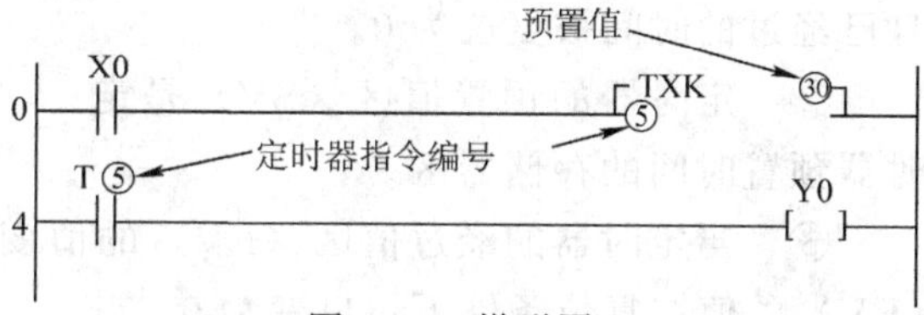

图 4-60　梯形图

(2) 程序举例　梯形图（如图 4-60 所示）及程序编制如下：

程序编制如下：

0　　ST　　X0
1　　TM　　X1
2　　K　　30
3　　ST　　T5
4　　OT　　Y0

例题解释：X0 接通（ON）3s 后，定时器接点（T5）接通（ON）。这时“Y0”接通。

(3) 指令使用说明

1) TM 指令是一减计数型预置定时器。

2) 如果定时器的个数不够用，则可通过改变系统寄存器 NO.5 的设置来增加其个数。

3) 定时器的预置时间为：单位×预置值例如：TMX5 K30（0.1s×30=3s）。

4) 当预置值用十进制常数设定时，设定步骤为：

① 当 PLC 的工作方式设置为“RUN”，则十进制常数“K30”传送到预置值区“SV5”。

② 当检测到“X0”上升沿（OFF→ON）时，预置值 K30 由“SV5”传送到经过值区“EV5”。

③ 当“X0”为接通（ON）状态时，每次扫描，经过的时间从“EV5”中减去。

④ 当经过值区“EV5”的数据为 0 时，定时器接点（T5）接通（ON），随后“Y0”接通（ON），如图 4-61 所示。

5) 当预置值用“SVN”设置时的步骤为：

① 当检测到“X0”上升沿（OFF→ON）时，预置值 K30 由“SV5”传送到经过值区“EV5”。

② 当“X0”为接通（ON）状态时，每次扫描，过去的时间从“EV5”中减去。

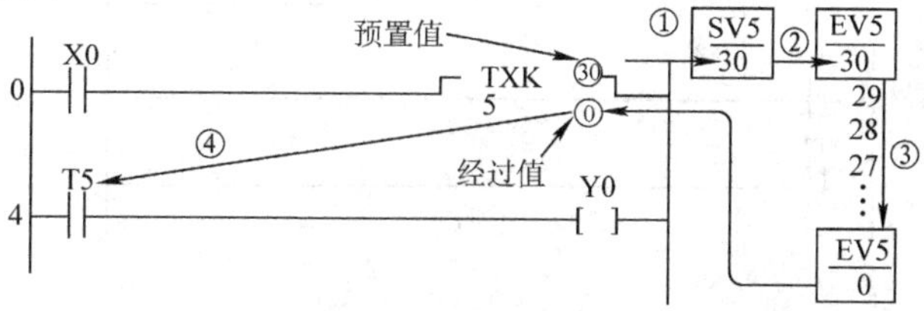

图 4-61　梯形图

③ 当经过值区“EV5”的数据为 0 时，定时器接点（T5）接通（ON），随后“Y0”接通（ON），如图 4-62 所示。

6）使用 TM 指令时还应注意以下几点：

① 如果在定时器工作期间断开定时器触发信号（X0），则其运行中断，且已经过的时间被复位为 0。

② 定时器的预置值区（SV）是定时器预置时间的存储器区。

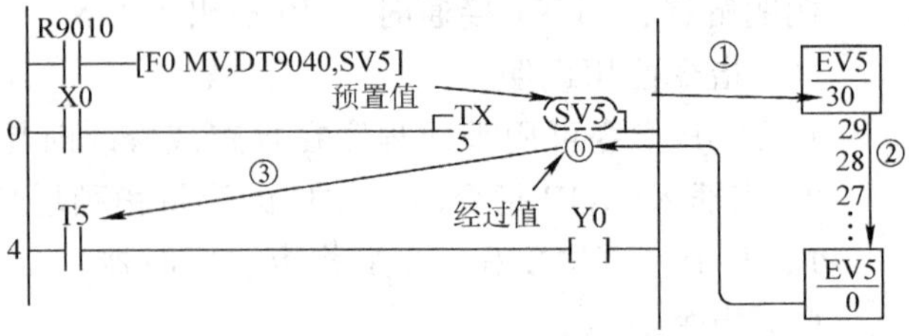

图 4-62 梯形图

③ 当定时器的经过值区（EV）的值变 0 时，定时器的接点动作，且定时器经过值区（EV）的值在复位条件下，也变为 0。

④ 每个 SV、EV 为一个字，即 16 位存储器区。对每个定时器号，对应有一组 SV、EV，见表 4-9。

表 4-9 对应定时器的 SV 及 EV 值

定时器指令号	预置值区“SV”	经过值区“EV”
T0	SV0	EV0
·	·	·
·	·	·
·	·	·

⑤ 一旦断电工作方式从“RUN”切换为“PROG”，则定时器被复位。若想保持其运行中的状态，则可通过设置系统寄存器 No. 6 来实现。

⑥ 因定时操作是在定时器指令扫描期间执行，故用定时器指令编程时，应使 TM 指令每次扫描只执行一次（当程序中有 INT、JP、LOOP 和某些其他这类指令时，应确保 TM 指令每次扫描只执行一次）。

7）改变预置值区（SV）的值。利用 F0（MV）指令或编程工具，均可改变所有的控制单元预置值区（SV）的值，甚至在“RUN”方式下亦可。预置值区中，SV 编号规定的取值范围为：

FP1 的 C14 和 C16 系列：SV0～SV127。

所有 FP1 的 C24、C40、C56 和 C72 系列：SV0～SV143。

（4）应用举例 当用两个定时器指令时，程序举例 1 如图 4-63 所示，程序举例 2 如图 4-64 所示。

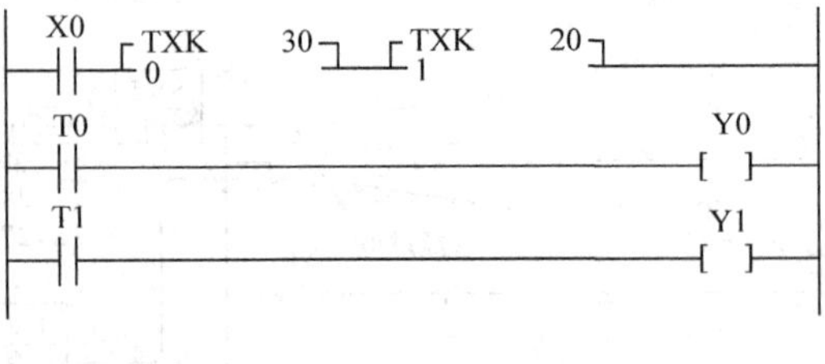

图 4-63 程序举例 1 的梯形图

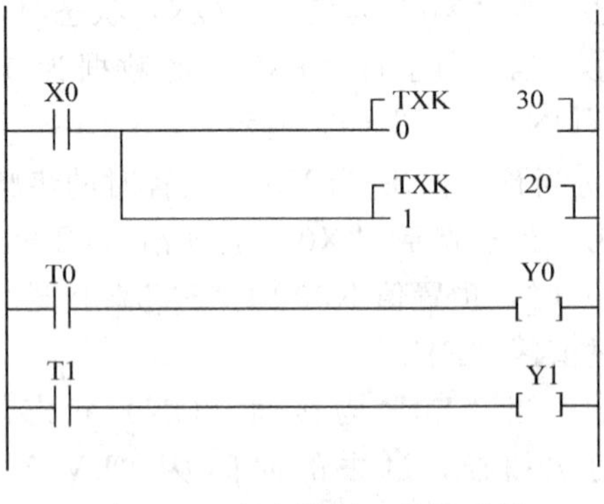

图 4-64 程序举例 2 的梯形图

13. CT 计数器指令

(1) 指令 CT 功能　为预置计数器，完成减计数操作，当计数输入端信号从 OFF 变为 ON 时，计数值减 1，当计数值减为零时，计数器为 ON，使其常开接点闭合，常闭接点打开。

(2) 程序举例　梯形图（如图 4-65 所示）及程序编制如下：

程序编制如下：

0	ST	X0
1	ST	X1
2	CT	100
	K	10
5	ST	C100
6	OT	Y0

例题解释：当“X0”的上升沿检测到 10 次时，计数器接点“C100”接通，随后 Y0 接通。当“X1”接通时，经过值“EV100”复位。若要使计数器恢复计数，则需将复位触发信号接通后，再断开。

(3) 指令使用说明

1) CT 指令是一减计数型预置计数器。

2) 如果 CT 个数不够，可通过改变系统寄存器 No. 5 的设置来增加其个数。

3) 当用 CT 指令编程时，一定要编入计数和复位信号。

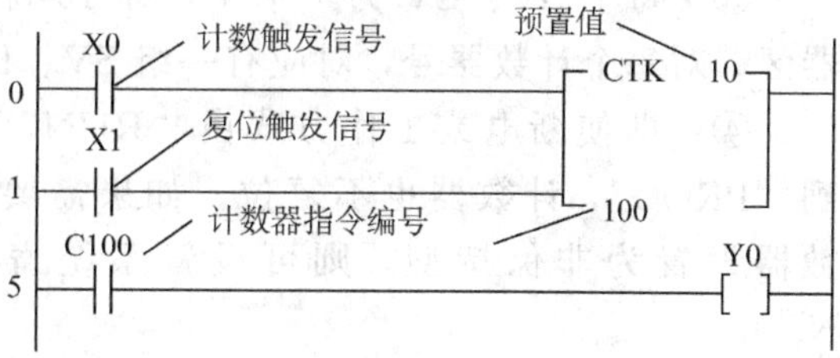

图 4-65　梯形图

4) 计数触发信号：每检测到一次上升沿时，则从经过值区“EV”减 1（例题中 X0 为计数触发信号）。

5) 复位触发信号：当该触发信号“ON”时，计数器复位（例题中 X1 为复位触发信号）。

(4) 计数器运行

1) 预定值用十进制常数设定

① 当 PLC 的工作方式设置为“RUN”时，十进制常数“K10”被送到预置值区“SV100”。如果这时复位触发信号“X1”为“OFF”，则预置区“SV100”中的“K10”被传送到经过值区“EV100”。

② 每次检测到计数触发信号“X0”的上升沿，经过值区“EV100”的值减 1。

③ 当经过值区“EV”变为 0 时，计数器接点“C100”接通，随后 Y0 接通。

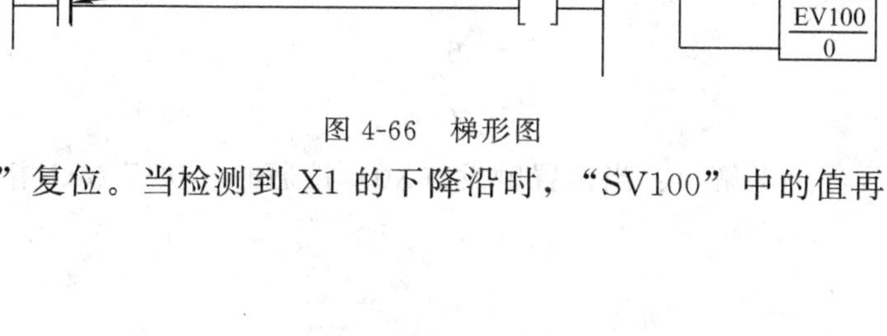

图 4-66　梯形图

④ 当复位触发信号“X0”接通（ON）时，经过值区“EV100”复位。当检测到 X1 的下降沿时，“SV100”中的值再

次送到“EV100”，如图 4-66 所示。

2）预置值用“SVN”设定

① 当 PLC 的工作方式设置为“RUN”，且复位触发信号“X1”为 OFF 时，预置值区“SV100”中的“K10”被传送到经过值区“EV100”中。

② 每次检测到计数触发信号“X0”的上升沿，经过值区“EV100”的值减 1。

③ 当经过值“EV”变为 0 时，计数器接点“C100”接通，随后 Y0 接通。

④ 当复位触发信号“X1”接通（ON）时，经过值区“EV100”复位。当检测到 X1 的下降沿时，“SV100”中的值再次送到“EV100”，如图 4-67 所示。

3）使用计数器指令时应注意的问题

① 计数器的预置值区（SV）是计数器预置值的存储区。

② 当计数器的经过值区（EV）的值变为 0 时，计数器的接点动作。且计数器经过值区（EV）的值在复位条件下，也变为 0。

③ 每个 SV、EV 为一个字，即 16 位存储器区。对每个计数器号，对应有一组 SV、EV。

④ 即使断电或工作方式由“RUN”切换到“PROG”，计数器也不复位。如果需要将计数器设置为非保持型，则可设置系统寄存器 No. 6。

⑤ 当同时检测到计数触发信号和复位触发信号时，复位信号优先。

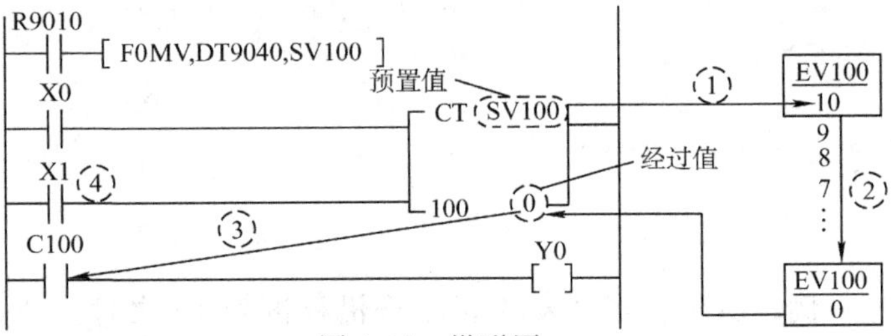

图 4-67 梯形图

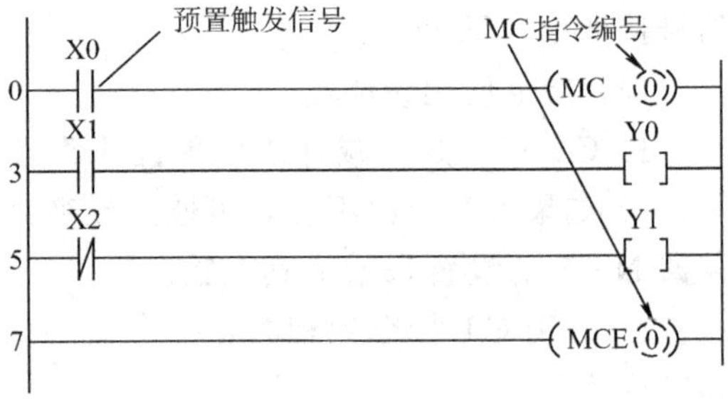

图 4-68 梯形图

14. MC（主控继电器）和 MCE（主控继电器结束）指令

（1）指令 MC 与 MCE 的功能　当预置触发信号接通时，执行 MC 至 MCE 之间的指令。

（2）程序举例　梯形图（如图 4-68 所示）及程序编制如下：

程序编制如下：

0		
1	ST	X0
2	MC	0
3	ST	X1
4	OT	Y0
5	ST/	X2
6	CT	Y1
7	MCE	0

例题解释：当预置触发（X0）接通时，执行 MC 指令至 MCE 指令之间的指令。

（3）指令使用说明

1）当预置触发接通时，执行 MC 至 MCE 间的程序。

2）当预置触发为 OFF 时，MC 和 MCE 之间的指令操作见表 4-10。

表 4-10　MC 和 MCE 之间指令操作

指　　令	I/O 状态
OT	全 OFF
KP	在触发信号 OFF 之前，保持状态
SET	
RST	
TM 和 F137（STMR）	复位
CT 和 F118（UDC）	在触发信号 OFF 之前，经过值保持
SR 和 F119（LRSR）	
其他指令	不执行

3）如图 4-69 所示，在一对主控指令（MC、MCE）之间可以有另一对主控指令。这种结构称为“嵌套”。

4）在主控指令对之间应用 DF、DF/指令时：当主控指令对为 OFF 状态时，微分指令存储并保持其在 MC 指令触发信号断开之前的状态（ON 或 OFF）。在用微分指令编程时，还要注意以下几点：

①　当 MC 指令执行条件为 OFF 时，则在 MC、MCE 指令之间的微分指令无效，如图 4-70 所示。

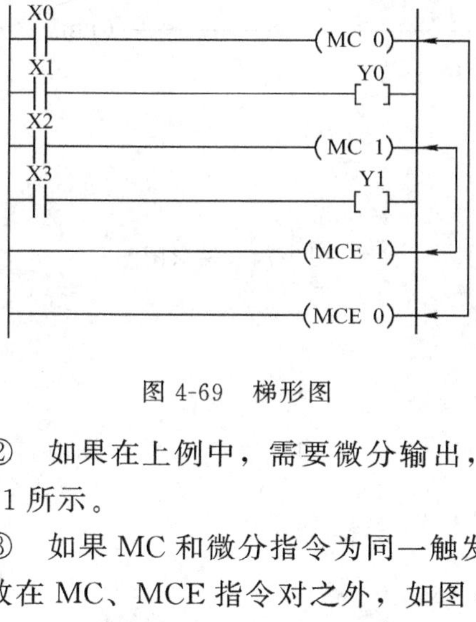

图 4-69　梯形图

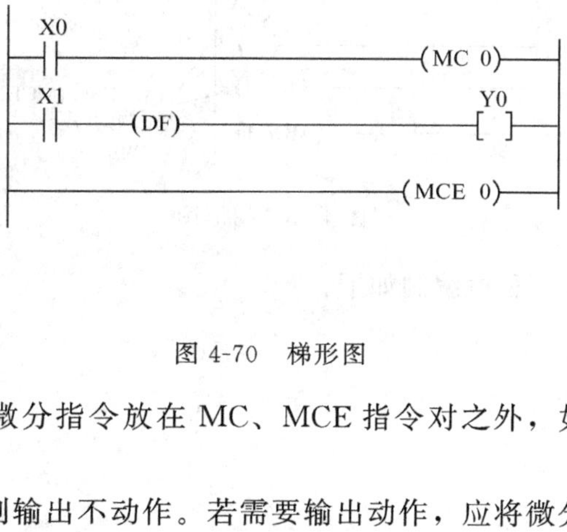

图 4-70　梯形图

②　如果在上例中，需要微分输出，则应将微分指令放在 MC、MCE 指令对之外，如图 4-71 所示。

③　如果 MC 和微分指令为同一触发信号，则输出不动作。若需要输出动作，应将微分指令放在 MC、MCE 指令对之外，如图 4-72 所示。

5）MC 指令不能直接从左母线开始。程序中，MC 指令之前一定要有一接点输入。

6）在下列条件下，程序不能执行：

MC 指令无触发信号；有两个或多个同号的主控指令对；MC 和 MCE 指令的顺序颠倒，如图 4-73 所示。

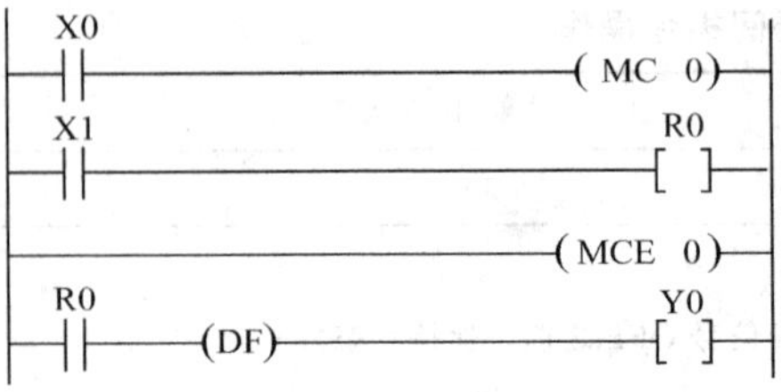

图 4-71　梯形图

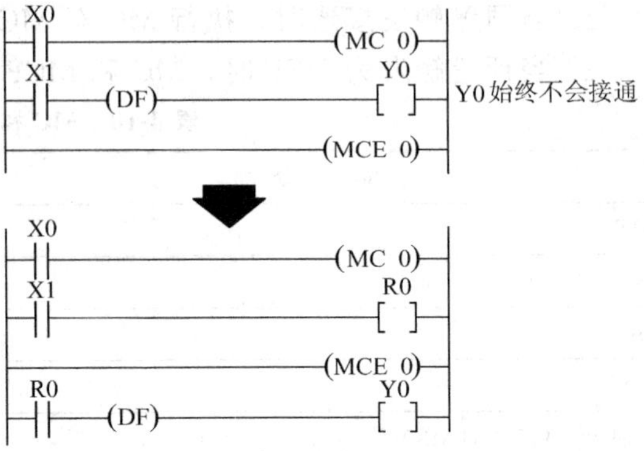

图 4-72　梯形图

15. JP（跳转）和 LBL（标号）指令

（1）指令功能　指令 JP 和 LBL 的功能是当预置触发信号接通时，跳转到与 JP 指令编号相同的 LBL 指令。

（2）程序举例　梯形图（如图 4-74 所示）及程序编制如下：

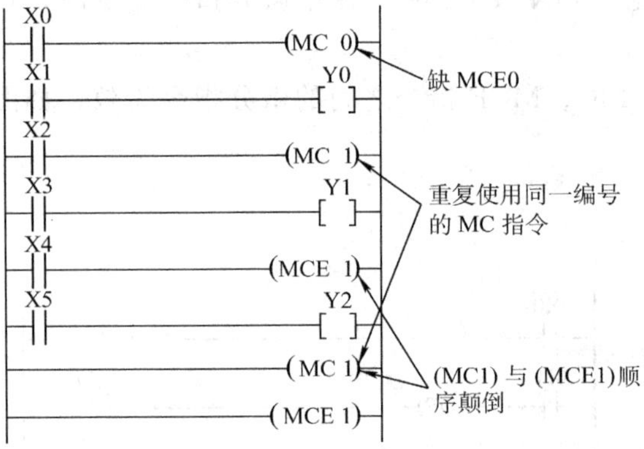

图 4-73　梯形图

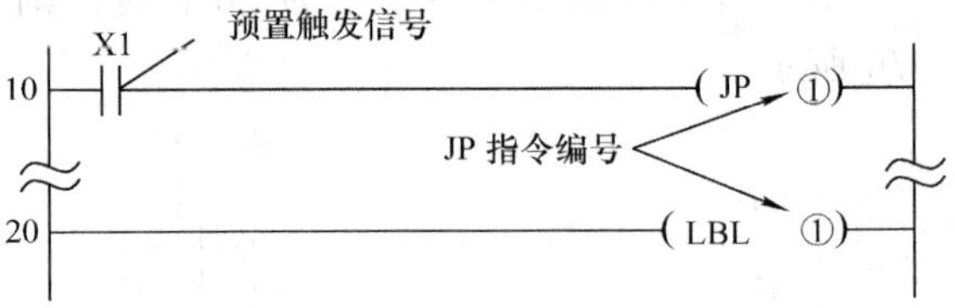

图 4-74　梯形图

程序编制如下：

10	ST	1
11	JP	1
·	·	
·	·	
·	·	
·	·	
20	LBL	1

例题解释：当触发信号 X1 接通时，程序由 JP1 跳转到 LBL1，如图 4-75 所示。

（3）指令使用说明

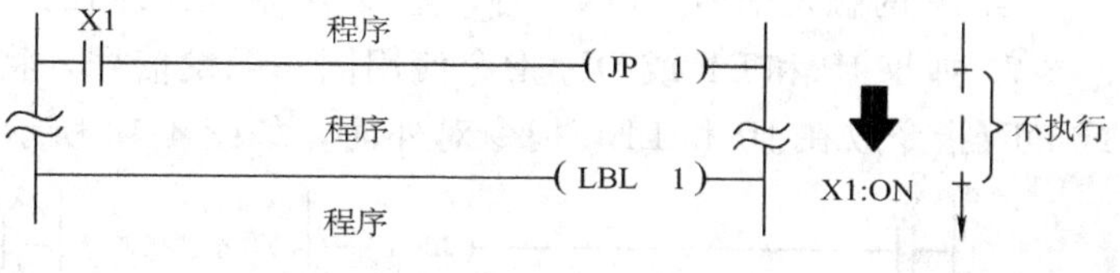

图 4-75　梯形图

1）JP 指令跳过位于 JP 和编号相同的 LBL 指令间的所有指令。当执行 JP 指令时，跳转指令执行的时间不计入扫描时间。

2）编号相同的两个或多个 JP 指令可以用在同一程序里，但是，在同一程序中，不可能使用相同编号的两个或多个 LBL 指令。

3）LBL 指令专门用作 JP 和 LOOP 指令的目标指令。

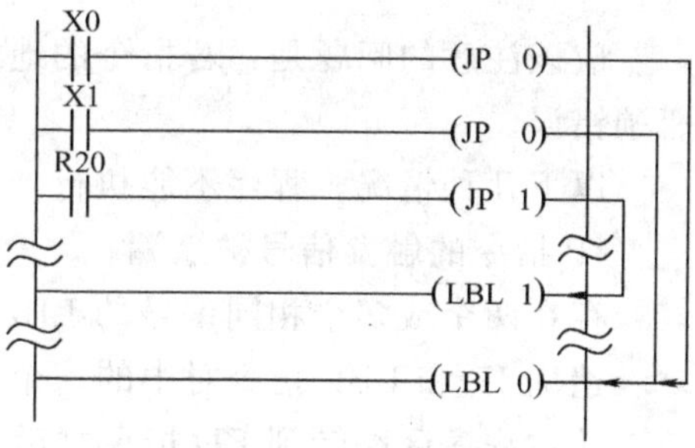

图 4-76　梯形图

4）如图 4-76 所示，在一对 JP 和 LBL 指令间，可以编入另一 JP 和 LBL 指令对。该图示结构称为“嵌套”。

5）在执行 JP 指令期间，TM、CT 和 SR 指令的运行说明：

①　LBL 指令位于 JP 指令之后：

TM 指令：不执行定时器指令，如果该指令每次扫描都没被执行，则不能保证准确的时间。

CT 指令：即使计数输入接通，也不执行计数操作。经过值保持不变。

SR 指令：即使移位输入接通，也不执行移位操作。特殊寄存器的内容保持不变。

②　LBL 指令位于 JP 指令之前：

TM 指令：由于定时器指令每次扫描都执行多次，故不能保证准确的时间。

CT 指令：在扫描期间，如果计数输入的状态不改变，则计数操作照常运行。

SR 指令：在扫描期间，如果移位输入的状态没有变化，则移位操作照常进行。

含 TM、CT 和 SR 指令的梯形图如图 4-77 所示。

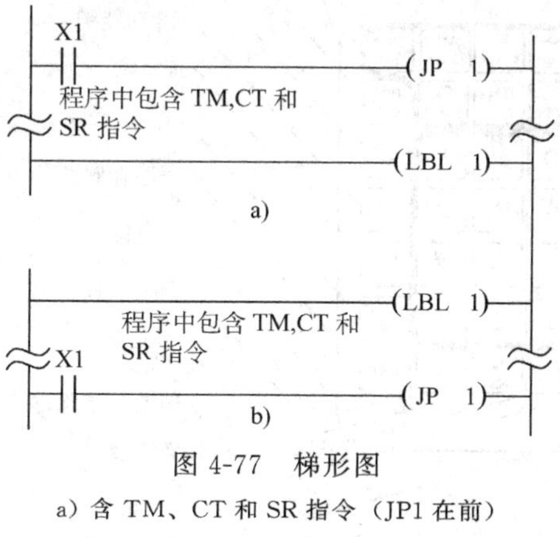

图 4-77　梯形图

a）含 TM、CT 和 SR 指令（JP1 在前）

b）含 TM、CT 和 SR 指令（LBL1 在前）

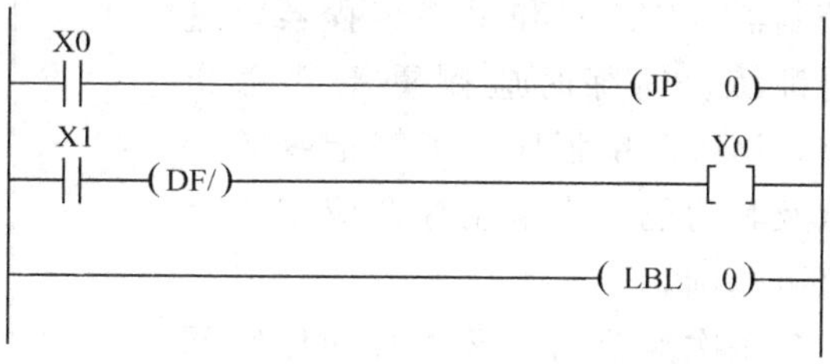

图 4-78　梯形图

6）在 JP 和 LBL 指令间使用 DF 或 DF/指令，说明如下：

当 JP 的触发信号“ON”时，触发 JP 和 LBL 间的 DF 或 DF/指令无效，如图 4-78 所示。

7）如果 JP 和 DF 或 DF/指令使用同一触发信号，将不会有输出。若需要输出，应将 DF 或 DF/指令放在 JP 和 LBL 指令对外面，如图 4-79 所示。

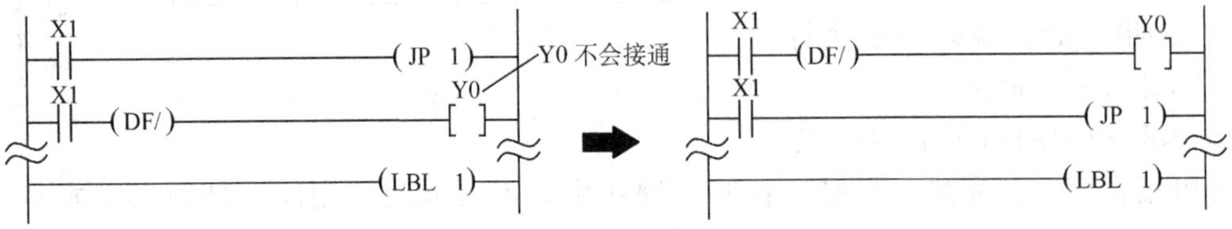

图 4-79　梯形图

应该注意的问题是：若指令的地址放在 JP 指令地址之前，扫描不会终止，会发生运行瓶颈错误。

以下几种情况，程序不能执行：

JP 指令的触发信号被遗漏；

存在两个或多个相同编号的 LBL 指令；

遗漏 JP 和 LBL 指令对中的一个指令；

从主程序区跳转到 ED 指令之后的一个地址；

从步进程序区之外跳转到步进程序区；

从子程序或中断程序区跳转到子程序或中断程序区之外。

四、编程规则

1）程序以指令列按顺序编制，指令语句的顺序与控制逻辑有密切关系，随意颠倒、插入和删除指令都会引起程序出错或逻辑出错。

2）器件号必须是所用机器允许范围内的参数，参数超出元素允许范围将引起程序出错。

3）指令语表达式指令编程与梯形图相互对应，两者可以相互转换。

五、PLC 应用练习

练习使用日本松下电工可编程控制器（PLC）和手持编程器，进行训练。训练时应侧重于熟悉指令，运行简单程序，了解指令的特点及其功能，为编制综合应用程序打下基础。

每次实验前，学生必须仔细阅读有关的指令部分，分析实验中可能得到的结果。在实验过程中，要认真观察 PLC 的输入输出状态，以验证分析结果是否正确。

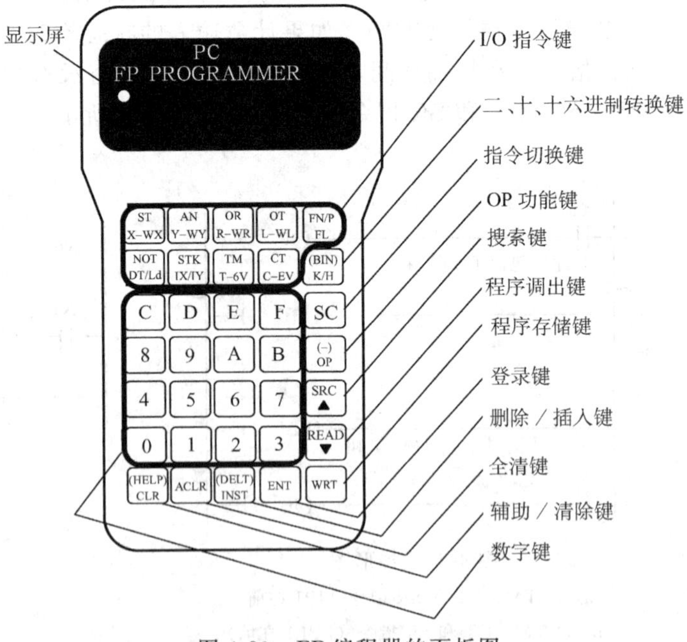

图 4-80　FP 编程器的面板图

1. 编程器操作训练　编程器是

开发、维护 PLC 控制系统不可缺少的外围设备，它用来给 PLC 编程、发命令和监视 PLC 工作状态等。要掌握 PLC 的应用和开发，首先必须学会编程器如何操作。

编程器的使用有关的部分是显示器和键盘，显示器用来显示编程用的各种指令、符号及故障提示信息等。编程器的键盘有数字键、指令键、编辑键和功能键。

每个指令键与一条指令相对应，键上印有相应指令的符号，按下该键即输入了相应的指令。编辑键用来对程序进行删除、插入、修改等编辑工作。功能键用来改变键盘功能，实现某些控制。数字键像通用的计算机装置一样，用于输入所需的数据。FP 编程器的面板图如图 4-80 所示。

键码功能：

[ST / X. WY] 输入 ST（START）指令、X（继电器）和 WX（数据字）；

[AN / Y. WY] 输入 AN（AND）指令、Y（继电器）和 WY（数据字）；

[OR / Y. WY] 输入 OR（OR）指令、R（内部继电器）和 WR（数据字）；

[OT / L. WL] 输入 OT（OUT）指令、L（连接继电器）和 WT（数据字）；

[NOT / DT/Ld] 输入 NOT（NOT）指令、DT（数据寄存器）和 Ld（连接寄存器）；

[STK / IX/IY] 输入 STK（STACK）指令、IX（数据字）和 IY（数据字）；

[TM / T. SV] 输入 TM（TIMER）指令、T（接点）和 SV（T/C 设定值区域）；

[CT / C. EV] 输入 CT（COUNTBR）指令、C（接点）和 EV（T/C 经过值区域）；

[FN/P / FL] 输入扩展功能指令或输入 FL（文件寄存器）的转换键；

[(BIN) / K/H] 当输入或显示常数时，用于二、十、十六进制间的转换；

[SC] 指令切换键，转换到 SC 状态，可输入 FP 编程器键码上没有的指令，按两次可退出该状态；要实现键码上括号内的指令（黄色）则先按该键；

[(−) / OP] 该键用于执行 OP 功能或输入负常数；

[SRC / ▲] 搜寻一程序或将程序的上一行移到当前行；

[READ / ▼] 调出程序或将程序的下一行移到当前行；

[WRT] 将程序储存到可编程序控制器的存储器中，输入指令，I/O 及 I/O 号后按此键；

[ENT] 输入扩展功能指令，TM/CT 指令的操作数或确定 OP 功能；

[(DELT) / INST] 输入指令、I/O 及 A/O 号后按该键则插入；若按 [SC] 后按该键则删除当前行；

[ACLR]清除屏幕所有显示并回到初始状态，该状态称为 ALL CLEAR 状态；

[(HELP)/CLR]清除当前行显示；如果在 SC 状态或 OP 功能下用该键，则可显示非键盘指令表及 OP 功能表；

[1]～[F]数字键，输入 I/O 接点号，常数或扩展功能指令的功能码。

以下有几点补充说明：

1）有些键不止一种功能，[ST/X. WY]键可以输入 ST 指令、X（继电器）或 WX（数据字），用该键输入的是什么取决于程序的步骤，它由 FP 编程器根据编码程序自动判断。当需输入指令码时，按此键输入的是 ST，当输入操作数时，第一次按输入 X，第二次按输入 WX，第三次按又输入 X，以此类推。[NOT/DT/Ld]、[STK/IX/IY]、[FN/P/FL]和[(BIN)/K/H]键同样使用。

2）如果使用键码上括号内的指令（黄色）时，要先按[SC]键。

3）[READ/▲]键有两种功能：调出程序和使显示内容一行一行地下移。[SRC/▲]键也有两种功能：查找程序和使显示内容一行一行地上移。

4）每按一个键，蜂鸣器响一次，如果响两次或不停地响，则表明了操作或运行错误，这时按[ACLR]或[(HELP)/CLR]可停止响声并删除错误指令或解除错误运行状态。

指令按其输入方式可分为三类：

1）键盘指令：这类指令是指键盘上已有的指令，直接按键即可输入。

2）非键盘指令：这类指令是指键盘上没有，需用指令代码方可输入的指令。其输入方法为：

① 当已知指令代码时（代码表见编程器手册），其操作方法为：

[SC]——[指令代码]——[SC]

② 当不知道指令代码时，先按[SC]，再按[(HELP)/CLR]，即显示出非键盘指令表。按[SRC/▲]或[READ/▲]可使指令表下移或上移，把要输入的指令与代码移入显示屏，按相应数字键（指令代码）即可。

3）扩展功能指令：这类指令是指键盘上没有，需用“F”功能键方可输入的指令，其输入方法为：

① 指令后有操作数的应按如下操作：

[FN/P/FL]——[功能号]——[ENT]

[操作数 1]——[ENT]

[操作数 n]——[WRT]　（n≥1 为整数）

② 指令后无操作数的应按如下操作：

FN/P FL — 功能号 — WRT

2. 程序输入

(1) 实验目的

1) 掌握编程器的键盘操作。

2) 学习程序的输入和指令的增删。

(2) 实验设备 日本松下电工可编程控制器（PLC）和手编编程器。

(3) 实验内容与操作

1) 清除命令操作

① 清除屏幕显示保留内存：按 ACLR 键，屏幕显示 * *，该状态称为“全清”状态。

② 清除原内存，以送入新的程序，操作步骤如下：

ACLR — (－) OP — O — ENT — SC — (DELT) INST

最后自动回到“全清”状态。通过此操作后，内存中存储的各程序地址中的内容均变为“NOP”。

③ 清除屏幕上当前行显示以便修改：按 (HELP) CLR 键，则该行仅显示地址号（行号）。

2) 程序输入操作

以图 4-81 所示梯形图的程序为例说明程序输入方法步骤：

该段程序的功能是：如果 X0、X2 同时“ON”，或者 X1“OFF”，X3 为“ON”，则当 X5 为“OFF”时 Y0 为“ON”，其指示灯亮即 Y0“ON”，3s 后，Y1“ON”，其指示灯亮，与此同时，DT0 内容被传送到 WR0 中，见表 4-11。

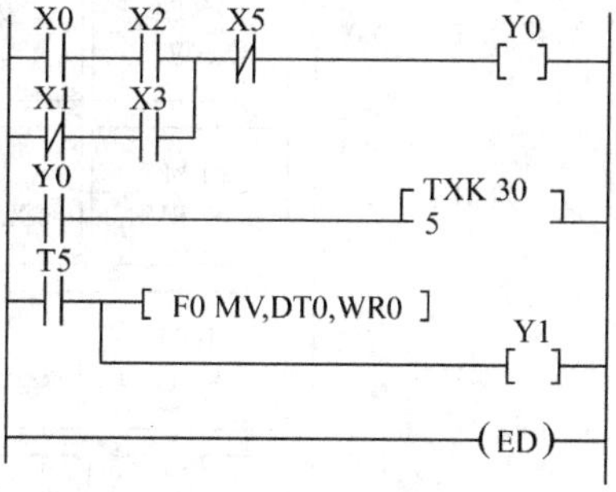

图 4-81 梯形图

表 4-11 程序输入操作

程序	键盘操作	屏幕显示
	ACLR　(－) OP　0　ENT	
	SC　(DELT) INST	* *
地址 内容	0　READ ▼	0 NOP
0 ST X0	ST X. WX　ST X. WX　0　WRT	0 ST X 0 1 NOP

（续）

程序	键盘操作					屏幕显示
1 AN X2	AN Y. WY	ST X. WX	2	WRT		1 AN X 2 2 NOP
2 ST/ X1	ST X. WX	NOT DT/Ld	ST X. WX	1	WRT	2 ST/X 1 3 NOP
2 AN X3	AN Y. WY	ST X. WX	3	WRT		3 AN X 3 4 NOP
4 ORS	OR R. WR	STK 1X/1Y	WRT			4 ORS 5 NOP
5 AN/ X5	AN Y. WY	NOT DT/Ld	ST X. WX	5	WRT	5 AN/ X 5 6 NOP
6 OT Y0	OT L. WY	AN Y. WY	0	WRT		6 OT Y 0 7 NOP
7 ST Y0	ST X. WX	AN Y. WY	0	WRT		7 ST Y 0 8 NOP
8 TMX 5	TM T. SV	ST X. WX	5	ENT		8 TM X 5
K 30	BIN K/H	3	0	WRT		8 TM X 5 11 NOP
11 ST T5	ST X. WX	TM T. SV	5	WRT		11 ST T 5 12 NOP
12 F0（MV）	FN/P FL	0	ENT			11 MV
DT0	NOT DT/Ld	0	ENT			12 MV
WR0	OR R. WR	0	WRT			12 17
17 OT Y1	OT L. WL	AN Y. WY	1	WRT		17 OT Y 1 18 NOP
18 ED	SC	1	0	SC	WRT	18 ED 19 NOP

当不知道ED的指令代码时，则依次按 SC ，再按下 (HELP) CLR ，屏幕显示 E=CSTP F=STOP 10=ED 11=CNDE ，这时依次按 1 0 WRT ，即可。

3）检查程序以及有关修改程序操作

① 检查程序，操作步骤如下：

ACLR — (−) OP — 9 — ENT — READ ▼

若无错则自动回到“全清”状态；若有错，继续按 READ ▼ 键，则连续显示地址及信息。

② 改错，操作如下：

将要修改的程序调到当前行，按 CLR 键，键入正确的指令后，按 WRT 即可。

③ 删除指令，操作步骤如下：

a. 删除一条指令：把要删除的指令移到当前行，按 SC 、 (DELT) INST 即可。

b. 删除一段程序，操作步骤为：

ACLR — 地址1 — ENT — 地址2 — READ ▼ — SC — (DELT) INST

地址1、地址2分别为要删除程序的首末地址，删除后自动回到全清状态。

4）插入指令，操作步骤如下：

将插入地址移到当前行，按 CLR 后键入要插入的指令，按 (DELT) INST 键，则插入完毕。

5）去掉程序中的“NOP”指令：

程序在修改过程中，有可能形成一些NOP行，例如将

TM　X5　5

K　　30

改为　OT　R0

则会产生两个NOP行，这将使程序变长，并将延长扫描周期，因此要将它们去掉。操作步骤如下：

ACLR — (−) OP — 1 — ENT — SC — (DELT) INST

3. 检查和运行程序

(1) 实验目的

1）学习快速检索编辑功能。

2）了解输入输出监控。

(2) 实验设备　日本松下电工可编程控制器（PLC）和手编编程器。

(3) 实验内容与操作

1）快速检索编辑功能

在一个大程序内，FP—C24 提供三种简便的方法检索指定的地址、指令和接点。

① 直接访问一个已知地址，操作步骤如下：

屏幕当前行显示该地址的内容，按 SRC ▲ / READ ▼ 可使程序上下移动。

② 查找 I/O 接点或数据字，操作步骤如下：

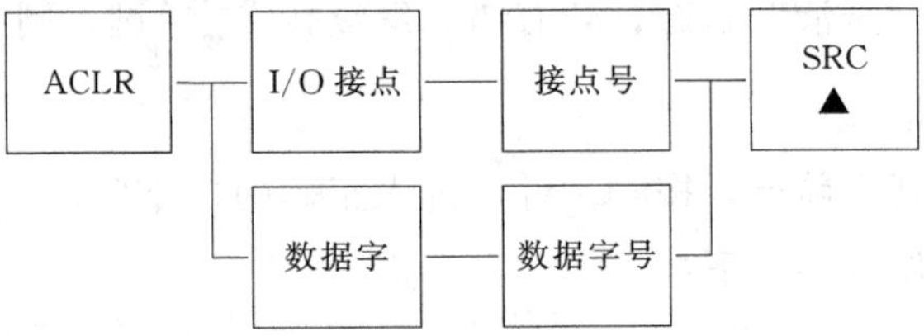

若没有要找的接点数据字，则返回到“全清”状态，否则继续按 SRC ▲ 键，可由低到高依次显示有该节点的地址号，查找完毕后自动回到“全清”状态。若要编辑已找到地址处的指令，按 READ ▼ 键，则指令可显示在当前行地址的后面。

③ 查找某一条指令的地址，操作步骤如下：

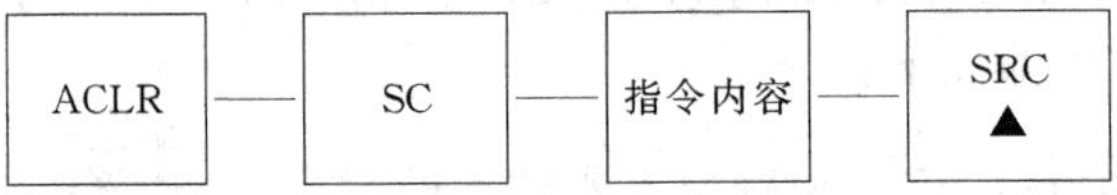

屏幕显示第一个存有该条指令的地址，继续按 SRC ▲ 键，可依次找出所有存在该指令的地址。查找完毕后，自动返回“全清”状态。若编辑已找到地址的指令，按 READ ▼ 键，即可使指令显示在当前行地址的后面。

2）输入、输出（I/O）监视

① 监视和改变单字（16 位）数据内容 0P-2，3，8（任选其中一个功能码），其步骤如下：

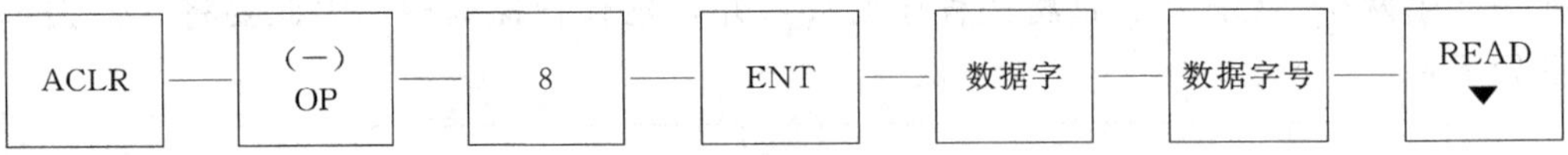

屏幕上以十进制显示该字的内容，按 (BIN) K/H 则转换为十六进制，按 SC (BIN) K/H 则转换为二进制，若要改变字内容，则继续进行下列步骤：

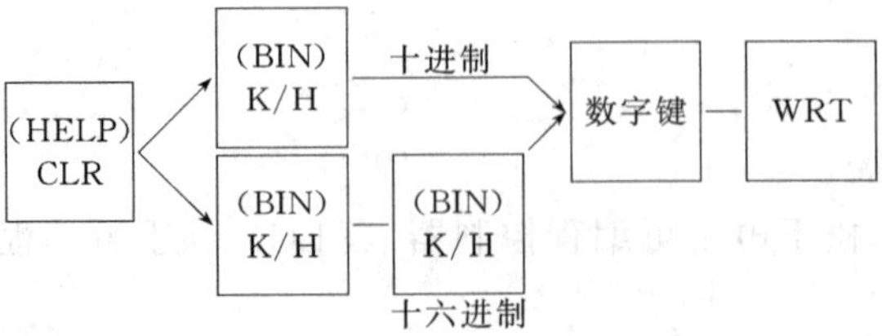

按 (HELP) CLR 两次则使 OP 初始化，可输入别的数据字进行监控，按 ACLR 则回到“全清”状态。

② 监视多个 I/O 接点（1～4 个）OP-7 步骤如下：

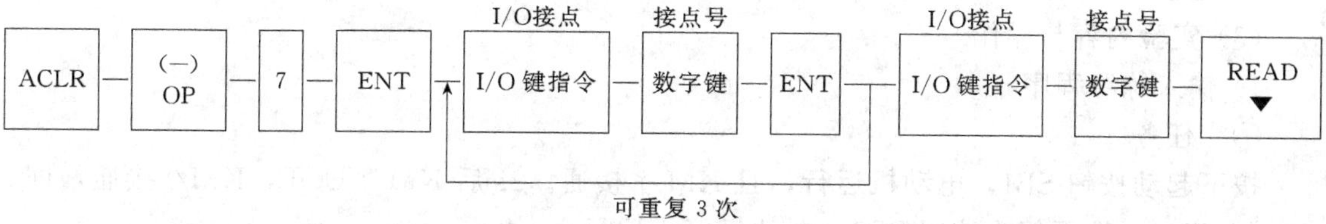

按 SRC ▲ 则停止监视，再按 READ ▼ 则又开始监视。

▲在停止监视的情况下依次按下 (HELP) CLR —— I/O 键指令 —— 数字键 —— ENT 则可送入新的被监视接点。

▲在停止监视的情况下按两次 (HELP) CLR ，OP-7 初始化，可重新输入其他 I/O 接点进行监视。

▲按 ACLR 键，则回到“全清”状态。

4. 逻辑指令

(1) 实验目的

1) 加深对逻辑指令的理解。

2) 进一步熟悉 FP 编程器的使用方法。

(2) 实验设备

1) 天津源峰科技公司的 TVT—90E 实验台或相同设备。

2) 连接导线若干。

(3) 实验内容与操作

1) 输入练习程序

将图 4-82 中的程序输入 PLC 中，并观察现象。

操作及运行结果：把方式选择开关拨至“RUN”，则可运行程序，这时可观察到以下现象：

① 当“X0”、“X1”输入开关都断开时，Y0 灭，Y1 亮。

② 将“X0”输入开关闭合，主机上输入显示灯“X0”亮，Y0，Y1 均保持原状态。

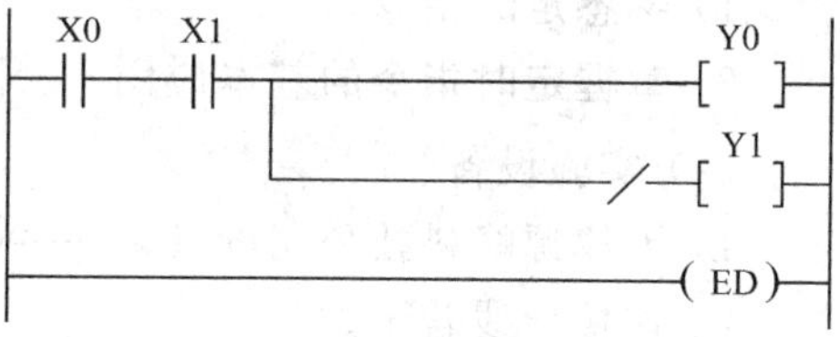

图 4-82 梯形图

③ 将“X1”输入开关闭合，主机上输入显示灯“X1”亮，同时 Y0 亮，Y1 灭。

④ 只要“X0”、“X1”任何一个断开，Y0 灭，Y1 亮。

5. 定时指令

(1) 实验目的

1) 熟悉定时指令。

2) 掌握定时指令的基本应用。

(2) 实验设备

1) 天津源峰科技公司的 TVT—90E 实验台或相同设备。

2) 连接导线若干。

3) 电动机控制实验板。

(3) 实验内容与操作

1) 输入练习程序

① 任务

按下起动按钮 SB1，电动机运行，且 KM丫接通。2s 后 KM丫断开，KM△接通，即完成丫/△起动，按下停止按钮 SB2，电动机停止运行。

② I/O 分配

输入	输出
X0——SB1	Y0——KM丫
X1——SB2	Y1——KM△
	Y2——KM1

③ 将图 4-83 中的程序输入 PLC 中，并观察现象。

2) 定时指令的应用

说明：在 FP1—C24 型机中有 144 个定时/计数继电器 (TM/CT)，用它们可进行定时或计数控制。在使用时要注意它们是共用继电器序号的，为了避免重复使用造成混乱，一般把 TM/CT 分区使用，通常 0～99 为 TM 区，100 的之后为 CT 区（也可通过系统寄存器 No.5 对此重新设置），即在使用时，对 TM 和 CT 的序号定义为：TM 为 T1、T2…CT 为 C100、C101。

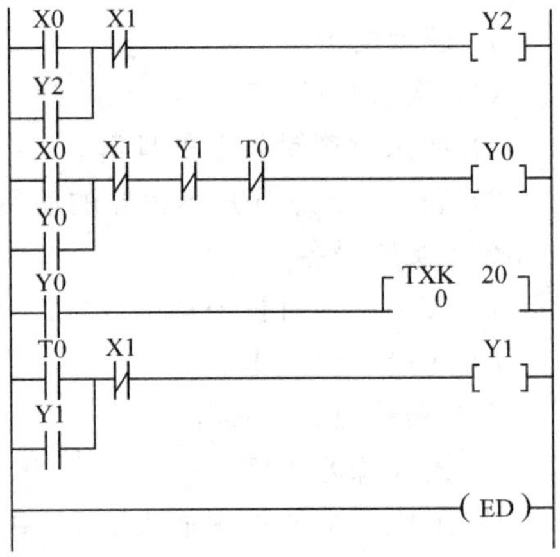

图 4-83 梯形图

6. 计数指令

(1) 实验目的

1) 熟悉定时指令。

2) 掌握定时指令的基本应用。

(2) 实验设备

1) 天津源峰科技公司的 TVT—90E 实验台或相同设备。

2) 连接导线若干。

(3) 实验内容与操作

1) 输入练习程序

将图 4-84 中的程序输入 PLC 中，并观察现象。

2) 计数指令的应用

① 任务：用一个按钮（X1）控制三个灯（Y0、Y1、Y2），将按钮按下 3 次则 1 号灯亮，再按 3 次 2 号灯亮，再按 3 次 3 号灯亮，再按一下全部熄灭。X0 为停止按钮，按下后可反复计数。

② 编程提示：在任务中，为了使各个灯能从亮且一直可靠地维持到按下一组三下的最后一下之后再熄灭，可引用保持指令（KP）。

7. 交通信号灯控制

（1）实验目的　用 PLC 构成交通灯控制系统。

（2）实验设备

1）天津源峰科技公司的 TVT—90E 实验台或相同设备。

2）连接导线若干。

3）交通灯控制实验板。

（3）实验内容

① 控制要求：开关合上后，东西绿灯亮 4s 后闪 2s 灭；黄灯亮 2s 灭；红灯亮 8s；绿灯亮循环，对应东西绿黄灯亮时南北红灯亮 8s，接着绿灯亮 4s 后闪 2s 灭；黄灯亮 2s 后，红灯又亮循环。

② I/O 分配

输入	输出
X0——起动按钮	Y0——东西红灯
X1——停止按钮	Y1——东西黄灯
	Y2——东西绿灯
	Y3——南北红灯
	Y4——南北黄灯
	Y5——南北绿灯

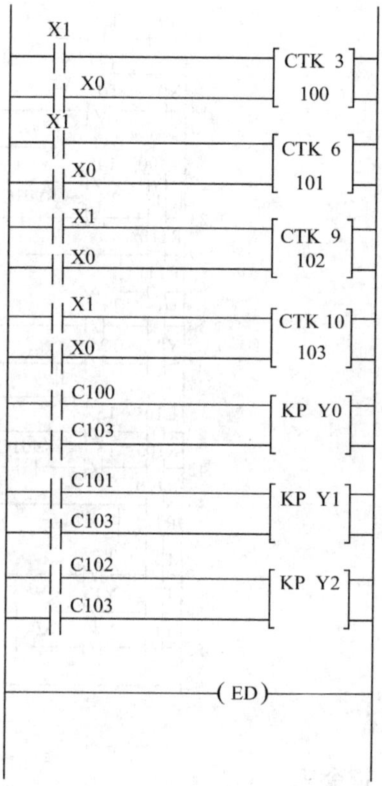

图 4-84　梯形图

③ 按图 4-85 所示的梯形图输入程序。

④ 调试并运行程序。

六、操作技能训练 4-3　用 PLC 控制电动机Y/△减压起动

（1）训练要求　熟练掌握可编程控制器（PLC）指令系统和手编编程器的操作方法。

（2）训练内容　按图 4-86 设计梯形图及 PLC 控制 I/O 口（输入/输出）接线图，根据梯形图，列出指令表，并进行试验，熟练掌握 PLC 的使用方法。

（3）准备要求

1）天津源峰科技公司的 TVT—90E 实验台或相同设备。

2）连接导线若干。

3）电动机控制实验板或相同实验板。

4）万用表。

（4）训练步骤及要求

1）按图 4-86 设计梯形图及 PLC 控制 I/O 口（输入/输出）接线图，根据梯形图，列出

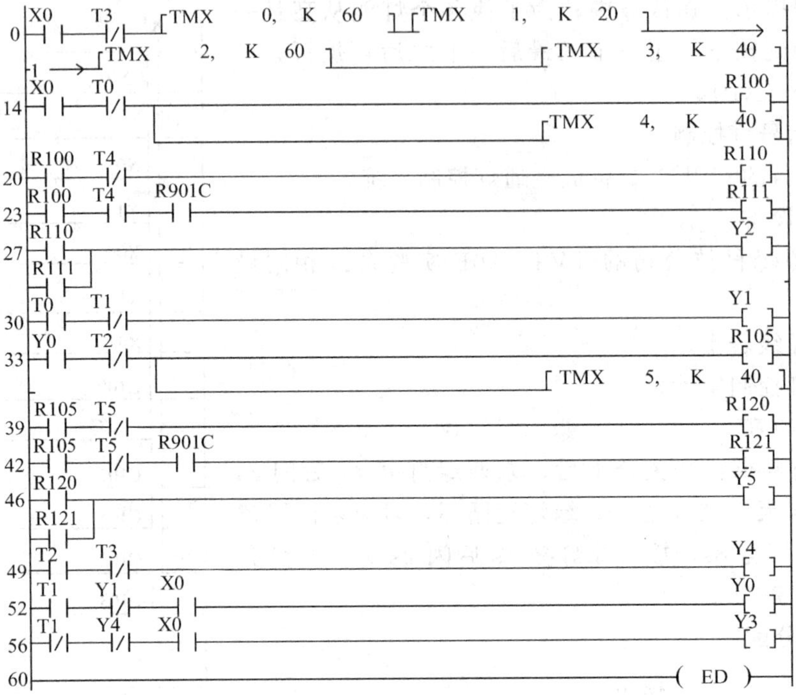

图 4-85　梯形图

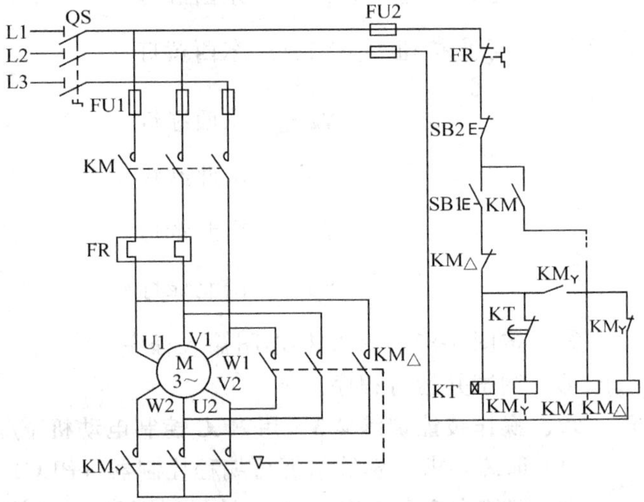

图 4-86　时间继电器自动Y-△减压起动线路

指令表。

2）PLC 键盘操作：熟练操作 PLC 键盘，能正确地将所编程序输入 PLC；按照被控制设备的动作要求进行模拟调试。

3）通电试验：正确使用设备及万用表，进行仔细检查，最好通电试验一次成功，并注意人身和设备安全。

（5）评分标准　见表 4-12。

七、操作技能训练 4-4　用 PLC 构成闪光灯控制系统

（1）训练要求　熟练掌握可编程控制器（PLC）指令系统和手编编程器的操作方法。

（2）训练内容　按下启动按钮 X1，Y0 亮 2s 后灭，接着 Y1，Y2，Y3，Y4 亮，2s 后灭，再接着 Y11，Y12，Y13，Y14 亮 2s 后灭，Y0 又亮，如此循环下去。按下停止按钮 X2 后关闭。

（3）准备要求

1）天津源峰科技公司的 TVT—90E 实验台或相同设备。

2）连接导线若干。

3）天塔之光实验板或相同实验板。

表 4-12 用 PLC 控制电动机Y/△减压起动考核标准

序号	主要内容	考核要求	评分标准	配分	扣分	得分
1	设计程序	根据任务，设计梯形图及 PLC 控制 I/O 口（输入/输出）接线图，根据梯形图，列出指令表	1. 梯形图表达不正确或画法不规范每处扣 5 分 2. I/O 口（输入/输出）接线图表达不规范每处扣 5 分 3. 指令表表达不规范每处扣 5 分 4. 指令有错，每条扣 5 分	50		
2	程序输入及调试	熟练操作 PLC 编程器，能正确地将所编程序输入 PLC；按照被控设备的动作要求进行模拟调试，达到设计要求	1. 不会熟练操作 PLC 编程器输入指令扣 5 分 2. 不会用删除、插入、修改等命令、每项扣 5 分 3. 一次试车不成功扣 10 分；二次试车不成功扣 20 分；三次试车不成功扣 40 分	40		
3	安全文明生产	1. 劳动保护用品穿戴整齐 2. 电工工具佩带齐全 3. 遵守操作规程 4. 尊重老师，讲文明礼貌 5. 考试结束要清理现场		10		
备注			开始时间	结束时间	实际时间	成绩

4）万用表。

（4）训练步骤及要求

1）按给定要求设计梯形图及 PLC 控制 I/O 口（输入/输出）接线图，根据梯形图，列出指令表。

2）PLC 键盘操作：熟练操作 PLC 键盘，能正确地将所编程序输入 PLC；按照被控制设备的动作要求进行模拟调试。

3）通电试验：正确使用设备及万用表，进行仔细检查，最好通电试验一次成功，并注意人身和设备安全。

（5）评分标准　同操作技能训练 4-3。

八、操作技能训练 4-5　用 PLC 控制交通信号灯的设计及模拟安装与调试

（1）训练要求　熟练掌握可编程控制器（PLC）指令系统和手编编程器的操作方法。

（2）训练内容　开关合上后，东西绿灯亮 8s 后，闪 4s，灭；黄灯亮 4s 后，灭；红灯亮 16s；绿灯亮……循环，对应东西绿黄灯亮时南北红灯亮 16s，接着绿灯亮 8s 后，闪 4s，灭；黄灯亮 4s 后，红灯又亮……如此循环。

（3）准备要求

1）天津源峰科技公司的 TVT—90E 实验台或相同设备。

2) 连接导线若干。

3) 交通灯控制实验板。

4) 万用表。

(4) 训练步骤及要求

1) 按给定要求设计梯形图及PLC 控制I/O口（输入/输出）接线图，根据梯形图，列出指令表。

2) PLC键盘操作：熟练操作PLC键盘，能正确地将所编程序输入PLC；按照被控制设备的动作要求进行模拟调试。

3) 通电试验：正确使用设备及万用表，进行仔细检查，最好通电试验一次成功，并注意人身和设备安全。

(5) 评分标准 同操作技能训练4-3。

复习思考题

1. 什么叫开环控制系统？有何特点？画出框图。

2. 什么叫闭环控制系统？有何特点？画出框图。

3. 简述电机扩大机的结构特点。

4. 简述电机扩大机的工作原理。

5. 转速负反馈的主要作用是什么？

6. 电压负反馈的主要作用是什么？它又是怎样稳定转速的？

7. 在调速系统中，既然有了电压负反馈环节，为什么还要引入电流正反馈环节？

8. 什么是“挖土机特性”？电流截止负反馈的主要作用是什么？电流截止负反馈在什么情况下才起作用？

9. 在调速系统中，为什么要引入稳定环节？

10. 桥式稳定环节在调速系统中是如何起稳定作用的？

11. 简述LJ1—24型接近开关的工作原理。

12. 简述图4-16中稳压管VS的作用。

13. 在图4-17中，晶闸管导通后是怎样关断的？

14. 在图4-18中，晶闸管导通后是怎样关断的？

15. JJSB1型晶体管时间继电器是怎样工作的？

16. T610型卧式镗床主轴点动时的制动作用是怎样实现的？

17. 图4-20中，电容器 C_6 与KM3的触头（307-308）的作用是什么？

18. 简述JG-D型光电继电器的工作原理。

19. 简述M7475B型平面磨床的电磁吸盘励磁工作原理。

20. 简述M7475B型平面磨床的电磁吸盘退磁工作原理。

21. 简述T610型卧式镗床钢球无级变速器的升速控制过程。

22. T610型卧式镗床钢球无级变速器的低速极限位置自动停车是怎样实现的？

23. T610型卧式镗床钢球无级变速器极限位置自动停车装置应该怎样进行调试？

24. 图4-29中转速负反馈环节，若桥式全波整流器UR4短路或开路，对调速系统将产生什么影响？

25. 已知图4-87梯形图，试编写程序。

26. 已知图4-88梯形图，试编写程序。

27. 试画出满足下列条件的相应图形：①电动机双重联锁正反转继电器控制电路图；②并转换成梯形

图和编写程序。

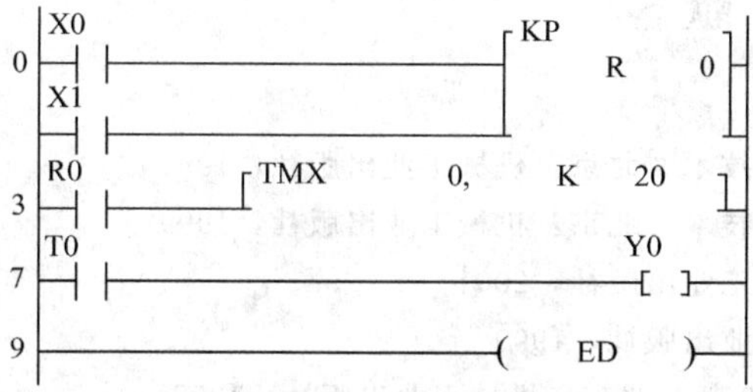

图 4-87　梯形图

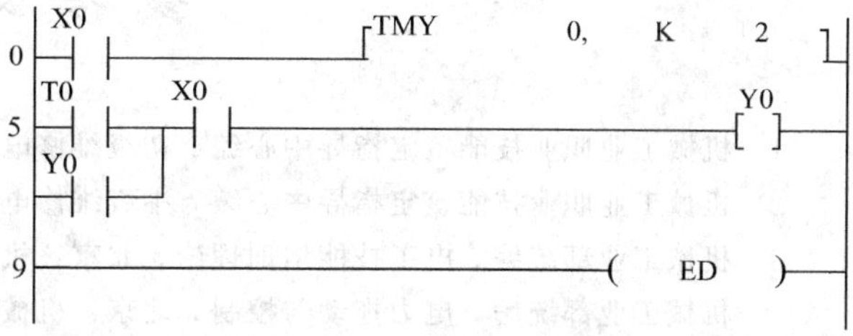

图 4-88　梯形图

28. 用 TM 指令实现：X0“ON”10s 后 Y0 接通，X0“OFF”5s 后 Y0 断开，设计梯形图。

29. 采用两个计数器 CT，设计出梯形图，可实现如下功能：当输入 X0 为 ON，经过 400s 后，输出 Y0 为 ON，当 X0 为 OFF 时，电路复位。

30. 采用左移寄存器指令设计梯形图，实现如下功能：开始输出 Y0～YF 指示灯全灭；Y0～YF 依次每秒亮 1 个，直至全亮；Y0～YF 指示灯全亮后全灭；Y0～YF 再依次每秒亮 1 个，直至全亮；重复此过程。要求 X0 为启/停信号。

参 考 文 献

1 机械工业职业技能鉴定指导中心编．初级维修电工技术．北京：机械工业出版社，1999

2 机械工业职业技能鉴定指导中心编．中级维修电工技术．北京：机械工业出版社，1999

3 机械工业部统编．电工技能培训理论．北京：机械工业出版社，2001

4 机械工业部统编．电力拖动与控制．北京：机械工业出版社，1999

5 常斗南主编．可编程序控制器原理 应用 实验．第2版．北京：机械工业出版社，1998

中等职业技术教育规划教材书目

机床切削加工专业

机械制图*
公差与配合*
机械基础*
机械加工常识*
金属切削原理与刀具*
电工与电子技术基础*
数控机床编程与操作*
切削加工工艺与技能训练

数控机床加工专业

机械制图*
公差与配合*
机械基础*
机械加工常识*
金属切削原理与刀具*
电工与电子技术基础*
数控机床编程与操作*
数控机床操作训练

机械设备维修专业

机械制图*
公差与配合*
机械基础*
机械加工常识*
电工与电子技术基础*
液压与气动
金属切削机床*
机修钳工工艺与技能训练*

模具制造与维修专业

机械制图*
公差与配合*
机械基础*
电工与电子技术基础*
模具材料与热处理*
模具 CAD/CAM
冲压与注塑成形工艺
模具钳工工艺与技能训练*
机械加工操作基本训练*

电气维修专业

电工基础*
电子技术基础
电机与变压器
电工仪表与测量*
机械常识与识图*
维修电工技能训练*
电力拖动控制与技能训练

注：带*号的教材为教育部职业教育与成人教育司推荐教材。

配套习题集

机械制图习题集
公差与配合习题集
机械基础习题集
机械加工常识习题集
电工与电子技术基础习题集
电工基础习题集
电子技术基础习题集
机械常识与识图习题集